华南苏铁科植物保育及开发利用研究

Research on the Conservation and Utilization of the Cycadaceae Plant in Southern China

唐健民 李德祥 韦 霄 邹 蓉 许 恬 等 著

中国林业出版社
CFPH China Forestry Publishing House

内容简介

苏铁类植物是一类古老孑遗植物，具有重要的观赏、食用和药用价值。我国苏铁科植物大部分种类为狭域分布的类群，种群小，数量少，生存环境和繁衍受到了严重的威胁和破坏，目前均已被列为国家一级保护野生植物，具有重要的科学研究和保护价值。因此，开展苏铁科植物保育及开发利用研究具有重要的意义。

本书内容是研究团队 10 多年来从保育生物学角度对华南地区野生苏铁科植物进行综合研究的成果系统总结，汇集了华南地区野生苏铁科植物地理分布、生境特征、保护遗传学、生理生态学、传粉生物学和种苗繁育技术、活性成分等多方面的研究内容，本书是目前比较系统、完整地研究华南苏铁科野生植物的专著，可为我国苏铁科野生植物的保护和开发利用提供参考和科学指导。

本书可供从事苏铁科植物保育生物学、植物学、生态学、药学和自然保护等相关研究工作的高等院校师生、科研院所技术人员以及自然保护区基层工作人员参考使用，以及为苏铁科植物保护决策者提供科学决策理论依据。

图书在版编目(CIP)数据

华南苏铁科植物保育及开发利用研究 / 唐健民等著.
北京 : 中国林业出版社, 2024. 12. -- ISBN 978-7
-5219-2849-5

Ⅰ. S791. 11

中国国家版本馆 CIP 数据核字第 2024GB7911 号

责任编辑：于界芬　张　健

出版发行　中国林业出版社
　　　　　(100009，北京市西城区刘海胡同 7 号，电话 83143542)
电子邮箱　cfphzbs@ 163. com
网　　址　https://www. cfph. net/
印　　刷　河北京平诚乾印刷有限公司
版　　次　2024 年 12 月第 1 版
印　　次　2024 年 12 月第 1 次印刷
开　　本　787mm×1092mm　1/16
印　　张　18. 75　　彩插　16
字　　数　490 千字
定　　价　108. 00 元

华南苏铁科植物保育及开发利用研究

著者名单

顾　问　韦发南

著　者

唐健民	李德祥	韦　霄	邹　蓉	许　恬
谢建光	韦源林	甘金佳	杨一山	陈泰国
潘李泼	杨泉光	丁　涛	高丽梅	蔡欣茹
岑华飞	岑湘涛	柴胜丰	陈　锋	陈海宁
陈宗游	邓丽丽	邓克云	邓振海	董嘉钰
丰　硕	顾钰峰	何国华	胡亚康	胡永志
黄　珂	黄甫克	江海都	蒋昊龙	蒋生发
蒋运生	蒋志斌	康　明	黎　舒	李　茜
李　蓉	李东昌	李军伟	李俐熙	刘　铭
刘晟源	卢　励	罗亚进	马嘉铭	马杰铭
莫丽文	欧阳子龙	潘鑫峰	盘　波	彭丽辉
任路明	史艳财	覃俏梅	谭海波	谭宏生
汤亚飞	唐文秀	王峥峰	韦国旺	韦良炬
冼康华	熊雅兰	熊忠臣	曾丹娟	曾小飚
张寿洲	钟文彤	周太久	朱成豪	朱舒靖

支持单位：

广西壮族自治区中国科学院广西植物研究所

南宁植物园（青秀山）

序

苏铁科植物是一类古老孑遗植物，具有重要的观赏、食用和药用价值，被誉为“植物界的大猫”，是世界重点保护的濒危植物类群之一。我国苏铁科苏铁属植物种类丰富，是世界苏铁属物种多样性中心之一，尤其华南地区是苏铁资源重要的分布区。我国苏铁科植物大部分种类为狭域分布的类群，种群小，数量少，生存环境和繁衍受到了严重的威胁和破坏，目前均已被列为国家一级保护野生植物，具有重要的科学研究和保护价值。因此，开展苏铁科植物的保育生物学及开发利用研究意义重大。

《华南苏铁科植物保育及开发利用研究》是广西壮族自治区中国科学院广西植物研究所濒危植物保育生物学研究团队10多年来从保育生物学角度对华南地区野生苏铁科植物进行综合研究成果的系统总结。本书首次从就地保护、迁地保护和回归引种3个方面对华南地区野生苏铁科植物进行保护研究，提出了保护对策和措施；总结了华南地区野生苏铁科植物迁地保护和回归引种技术，对华南苏铁科野生植物资源的有效保护起到重要的参考价值和指导作用。该书还创新性地开展苏铁科植物的传粉机制、生理生态学、育苗生产标准操作规程和主要部位活性成分等研究，取得一定的创新性成果。本书将对我国苏铁科野生植物的种植技术推广和进一步开发利用提供重要的科学依据和技术支撑。

在该书出版之际，乐意为之作序。

中国工程院院士 曹福亮

2024年10月

前言

华南地区，是中国七大地理分区之一，简称华南，包括广东省、广西壮族自治区、海南省、香港特别行政区及澳门特别行政区。华南地区的植物资源丰富，植物生长茂盛，种类繁多，有热带雨林、季雨林和南亚热带季风常绿阔叶林等地带性植被。现状植被多为热带灌丛、亚热带草坡和小片的次生林，热带性森林植物丰富多样。该地区大量的热带、亚热带森林和灌草成为中国植物资源的重点分布地区。其自然面貌的热带-南亚热带特征突出，与华中地区的亚热带景色有明显的区别，华南植物区系以亚热带科属为主，具有起源古老、孑遗植物和特有属较多。

苏铁科植物是热带起源的古老孑遗植物类群，我国苏铁科植物主要分布在福建、广东、台湾、海南、广西、湖南、贵州、四川和云南等9个省份的热带与亚热带地区。苏铁科植物是现存种子植物最原始的类群之一，具有重要的、观赏、食用和药用价值，深受我国及世界人民的喜爱，在我国及世界广为栽培，可供布置庭园、会场、宾馆、家居等以供观赏；苏铁科植物还与我国民间文化与佛教文化有着密切的联系。

我国是世界上苏铁科苏铁属植物最丰富的国家之一。分布最北的种类为攀枝花苏铁 *Cycas panzhihuaensis*，在四川省的宁南县，约27°11′N，也是苏铁科植物分布在欧亚大陆的最北界；分布最南的海南苏铁 *Cycas hainanensis*，在海南经济特区三亚市的甘什岭自然保护区，约18°24′N；分布最东的是台东苏铁 *Cycas taitungensis*，在台湾的台东县海岸山脉，约121°15′E；分布最西的是中缅交界的篦齿苏铁 *Cycas pectinata*，约97°28′E。南北跨越纬度8°47′、东西跨越经度23°47′，华南地区是苏铁资源重要的分布区。我国将苏铁科苏铁属所有种均列为国家一级保护野生植物(国家林业局和农业部，1999；国家林业和草原局和农业农村部，2021)。同时苏铁属也是《世界自然保护联盟(IUCN)濒危植物红色名录》的重点保护对象，并被《濒危野生动植物种国际贸易公约(CITES)》列入附录Ⅰ与Ⅱ中，禁止非法进出口。濒危植物代表了地球上生物多样性的一个重要方面，它们的消失会极大地影响生物圈的健康状态。保护濒危植物就是保护这个星球上多样的生命形态。苏铁科植物的人为破坏和非法过度利用是导致大多数种类处于极度濒危境地的主要原因。国内苏铁科植物专家陈家瑞、王定跃、韦发南等知名学者前辈以及山水等环保组织和志愿者多次发声呼吁有关部门和公众保护苏铁科植物，并通过自身行动对苏铁科植物进行保护，但苏铁科植物仍然面临持续盗采等威胁。它们的存续与否直接关系到自然生物多样性的保护和物种的可持续健康发展。因此，为更有效保护和利用苏铁科植物，我们必须弄清其生存现状、濒危程度、致濒原因、分类等级、分布范围等，并开展分类学、植物资源学、物种生物学、生理生态学、分子生态学、栽培学、药物化学等多学科的综合研究。

根据席辉辉和龚洵等(2022)对我国苏铁科植物种及分布情况的最新整理，我国产苏铁科苏铁属植物种类较多，并表现出丰富的多样性，目前认可的苏铁属物种有22种，约占世界苏铁属植物总数的30%。其中华南地区(广西、广东和海南)分布的物种有宽叶苏铁(十万大山苏铁)*Cycas balansae*、叉叶苏铁*Cycas bifida*、德保苏铁*Cycas debaoensis*、长叶苏铁*Cycas dolichophylla*、锈毛苏铁*Cycas ferruginea*、贵州苏铁(隆林苏铁)*Cycas guizhouensis*、叉孢苏铁(西林苏铁)*Cycas segmentifida*、六籽苏铁(石山苏铁)*Cycas sexseminifera*、四川苏铁(仙湖苏铁)*Cycas szechuanensis*、台湾苏铁(海南苏铁、葫芦苏铁)*Cycas taiwaniana*10种，占全国的45.45%。近年来，由于生境的恶化及人为的破坏，使得野生苏铁种群遭受严重破坏，几乎所有的野生种都面临着濒危的危险，一些野生种已基本灭绝。

我国为苏铁科植物保护做出了大量的工作。在就地保护方面，目前专为保护苏铁科植物建立的自然保护区有四川攀枝花苏铁国家级自然保护区、云南禄劝攀枝花苏铁省级自然保护区、云南红河苏铁省级自然保护区、广西西林县那佐苏铁自然保护区、台湾台东苏铁自然保护区。此外，其他的自然保护区有些也有苏铁分布，比如广西弄岗国家自然保护区、广西百色澄碧河保护区、广西十万大山保护区、云南铜壁关自然保护区、海南吊罗山国家森林公园等。在迁地保护方面，许多植物园、科研单位都开展了苏铁类植物的引种与栽培，比如桂林植物园、南宁植物园(青秀山)、华南植物园、深圳仙湖植物园等；其中深圳仙湖植物园经过数十年的努力，已建成了国际上最大的苏铁迁地保护中心，为濒危苏铁科植物的保护、繁育以及回归自然做出了很大的贡献。随着对苏铁科植物的保护日渐为国内和国际所重视，近年来国内外学者对苏铁类植物的研究进行了一些工作，并取得一定的成果。但由于经费、自然条件、科研条件等多方面的限制，我国对苏铁科植物的研究有待深入。

保育生物学，又名保护生物学，是研究生物多样性变化规律及其保护的科学。保育生物学是一门综合性学科，目标是评估人类对生物多样性的影响，提出防止物种灭绝的具体措施。它具有理论科学和应用管理科学的双重特征，由基础生物学、应用生物学和社会科学交叉融合而成。广西壮族自治区中国科学院广西植物研究所濒危植物保育生物学科研团队在广泛搜集、整理前人资料的基础上，先后对华南苏铁科植物进行了全面的野外调查。以席辉辉和龚洵等(2022)对中国苏铁物种整理分类为依据，主要以分布于华南地区的10种苏铁科植物开展保育生物学相关研究。本书系统地总结了其地理分布、生境特征、遗传多样性、光合生理生态、传粉生物学、主要活性成分、繁殖和栽培技术等多方面的研究成果。该成果可为华南苏铁科植物的保护、物种恢复、引种栽培和合理开发利用提供科学理论依据和指导，为中国苏铁科植物研究和保护提供参考。

全书共分5章。第1章：概论。系统介绍了中国苏铁科植物分类研究概况和华南苏铁科植物的保育生物学研究进展，并对中国苏铁科植物保护现状、存在的问题提出了保护策略，详细介绍了华南苏铁科植物物种情况、地理分布及生境特征的调查成果。第2章：华南苏铁科植物遗传多样性研究。总结了8种华南苏铁科植物遗传多样性和遗传结构以及叉叶苏铁复合体种群遗传学的研究成果。第3章：华南苏铁科植物生理生态学研究。系统总结了华南苏铁科植物光合生理生态特性的研究成果，对苏铁科花粉活性、萌发机理及保存条件进行了分析，并开展德保苏铁传粉生物学特性和传粉机制探索研究。第4章：华南苏铁科植物迁地保护技术研究。总结了华南苏铁科植物六籽苏铁、叉孢苏铁、叉叶苏铁和宽叶苏铁的种子萌发特性和种苗分级标准研究，并制定了广西苏铁科植物育苗生产标准操作规程，以及开展迁地保护苏铁科植物病虫害调查与综合防治对策和苏铁科植物专类园养护规程等方面的研究内容。第5章：华南苏铁科植物主要部位活性成分研究。系统总结了华南苏铁科植物不同部位的活性成分含量和总黄酮抗氧化能力的比较研究。

本书得到了以下项目的资助：①国家自然科学基金“迁地保护的东兴金花茶群体遗传多样性、近交衰退和远交衰退研究”(项目编号：32160091)。②国家重点研发计划(项目编号：No. 2022YFF1300703)。③广西自然科学基金项目“广西极小种群十万大山苏铁的遗传结构及濒危机制研究”(项目编号：2020GXNSFAA259029)。④广西自然科学基金项目“珍稀濒危植物香木莲的交配系统和遗传多样性研究”(项目编号：2024GXNSFAA010452)。⑤中国科学院“西部之光”计划(2022)。⑥广西林业科技推广项目“珍稀濒危植物香木莲的遗传多样性、交配系统及生境适应性研究”(项目编号：2024GXLK10)。⑦中央财政林业草原生态保护项目“叉孢苏铁人工扩繁与野外回归”。⑧中央财政林业草原生态保护项目“广西苏铁种质资源收集与保存项目”。研究工作得到国内外众多老师和朋友的支持和帮助，包括中国科学院华南植物园邢福武研究员、康明研究员、王峥峰研究员等。广西壮族自治区中国科学院广西植物研究所韦发南研究员对整个研究工作悉心指导和支持。在本书的组稿和撰写过程中，得到了本书作者所在单位广西壮族自治区中国科学院广西植物研究所各位领导和相关同事的大力支持和帮助。在此，致以衷心的感谢！

由于华南地区苏铁科资源丰富和涉及内容较广，加上客观条件限制及著者水平有限，疏漏和错误之处在所难免，敬请各有关专家、同行及广大读者不吝赐教和批评指正。

著者

2024年10月

目录

概　论

1.1　概　述

1.1.1　中国苏铁科植物分类学研究

苏铁类植物，即苏铁目 CYCADALES 现存的所有成员，是现存种子植物最原始的类群之一，被称为植物界的“活化石”，具有重要的科学研究、观赏和药用价值，对古地理、古植物、古气候，种子植物和维管植物的系统演化过程，现代植被类型的形成过程，生态学方面以及园林、医药、食品等多方面都具有重要意义。苏铁类植物起源很早，在古生代中晚石炭纪也就是 3 亿 2 千万年前的地层中发现了苏铁的大孢子叶化石；在早二叠纪的地层中发现了和现代苏铁属非常相似的大孢子叶和雄球花的化石，表明苏铁植物起源远在二叠纪之前。苏铁类植物到侏罗纪时期发展至全盛阶段，各种各样的古苏铁植物遍布于各个大陆，成为中生代植物景观的指示植物之一。到白垩纪时，苏铁植物随着被子植物的兴盛急剧衰退。绝大部分的古苏铁植物现在已经消亡，现存苏铁植物成为著名的孑遗植物。

在早期植物分类史上，所有的苏铁类植物都被列入苏铁科 Cycadaceae。1959 年，澳大利亚植物学家 Lawrence A. S. Johnson 发现应分为 3 个不同的科，即苏铁科 Cycadaceae、蕨叶铁科 Stangeriaceae、泽米铁科 Zamiaceae，才能更好地解释苏铁类植物之间的种群差异。1992 年，纽约植物园的植物学家 Dennis W. Stevenson 对所有现存的苏铁类植物进行了一系列的分支分析，主要以形态学、植物化学为主要分类特征，共以 52 个性状进行了谱系分支分析(Dennis，1992)，进一步确立了把苏铁类植物分为 3 科的观点。在 Stevenson 苏铁分类系统确立后的 10 多年时间里，很多关于苏铁类植物的书籍及论文均使用该系统，如《中国苏铁》(王定跃，1992)、《观赏苏铁》(胡松华，2011)、《常见苏铁类植物识别手册》(印红等，2011)等。

随着分子领域研究的不断突破，近年来，叶绿体基因组的非编码序列已成为研究植物分子进化的一个新的重点。许多学者尝试着从分子水平重新构建了苏铁类植物系统进化树。分子系统遗传学的研究表明，波温铁属 *Bowenia* 和蕨叶铁属 *Stangeria* 亲缘关系并不相近，而更近于泽米铁属 *Zamia*，不支持蕨叶铁科独立，应归并入泽米铁科。同时从分子分类上分析，奇寡属 *Chigua* 应被归入泽米铁属 *Zamia*（Chaw et al.，2005；Sangin et al.，2008）。基于基因测序的新分类系统，如今苏铁类植物被分为 2 科 10 属，此外还有不少种类被进行种间归并。国际上比较权威的植物种类记录网站（http://www.theplantlist.org/）——植物清单 Plantlist 目前采用的是此分类系统。

现存苏铁类植物有苏铁科和泽米铁科 2 科 10 属 360 余种。其中苏铁科仅含苏铁属 *Cycas*1 个属，分布在亚洲、非洲、大洋洲、美洲的热带和亚热带局部地区（Osborne，1995）。无论基于形态学还是分子基因研究的苏铁类分类系统，苏铁属都被认为是一个单系统类群，物种种类最多。我国是世界上苏铁属植物最丰富的国家之一，在我国普遍分布于西南地区、华南地区和中南地区。在我国分布的苏铁属植物有 20 种以上，占世界苏铁属植物总数的 30%左右，集中分布在西南地区（云南、广西、贵州、四川）和东南沿海一带（福建、台湾、广州、海南）。其中中国西南地区是现存苏铁属植物的分化中心和多样化中心，不仅种类多，而且特有种多。中国苏铁属植物呈零散状或聚团状分布，且多沿江河流域分布，其中红河流域、南盘江流域、澜沧江流域的种类较多(席辉辉等，2022)。

植物分类学（Plant Taxonomy）是区分植物种类、探索植物间亲缘关系、阐明植物界自然系统的科学，是一门既有实用价值又富有理论意义的学科。不仅用于识别物种、鉴定名称，而且还用于阐明物种之间的亲缘关系和分类系统，进而研究物种的起源、分布中心、演化过程及趋势，能反映植物界各种类间性状异同、亲缘关系和进化历程。1753 年，林奈在其名著《植物种志》建立了苏铁属；Richard 于 1807 年以苏铁属为模式创立苏铁科。自林奈（1753）建立苏铁属以来，分类学家对苏铁植物做出了大量的研究。在此后的 200 多年时间里，苏铁属的分类一直很混乱，除了正式发表并被大多数学者认同的种外，仍然存在很多种类鉴定错误和分类学地位不清楚等很多疑问。主要由于分类观点不同，种的把握标准不一致。例如，Pilger（1926）鉴定苏铁属有 15 种，并根据胚珠数目的多少把苏铁属分成两个组；Shuster（1932）在其专著中把苏铁属归为 8 种，其他的皆作为亚种或是变型，并把该属分成拳叶苏铁组 Section *Lemuricae*、暹罗苏铁组 Section *Indosinensis* 和苏铁组 Section *Endemicae*。其中暹罗苏铁组包括暹罗苏铁 *Cycas siamensis*、篦齿苏铁 *Cycas pectinata* 和叉叶苏铁 *Cycas bifida*。Groff（1930）、Li（1963）、Sprone（1965）等认为苏铁属有 15 种；Bailey（1926，1949）、Steward（1958）等认为苏铁属有 16 种；Pant 和 Mehra（1962）在其专著《裸子植物苏铁属研究》一书中认为苏铁属有 17 种，同时认为苏铁属的分类混乱，研究苏铁属需要详尽的形态学特征、种的变异幅度等其他特征资料。

我国苏铁科植物分类研究起步相对较晚。Carruthers（1893）将采自我国东南省份的一份标本为模式，发表台湾苏铁 *Cycas taiwaniana*，这是我国的苏铁植物最早命名的苏铁植物。但是，长期以来，苏铁植物研究一直处于零散的、不全面的研究状态。在 1978 年出版的《中国植物志（第七卷）》中，仅记载了篦齿苏铁 *Cycas pectinata*、台湾苏铁 *Cycas taiwaniana*、四川苏铁 *Cycas szechuanensis*、苏铁 *Cycas revoluta*、海南苏铁 *Cycas hainanensis*、云南

苏铁 *Cycas siamensis* 和华南苏铁 *Cycas rumphii* 等 8 种(中国科学院中国植物志编辑编员会，1978)。随后，国内许多学者如陈家瑞(1996，1998，2000)、陈家瑞等(1996a，1996b)、张宏达等(Zhang et al.，1997，1998)、管中天和周林(1996)、杨四林等(Yang et al.，1996，1999)、刘念(1998)、刘念等(Liu et al.，1999，2004)、韦发南(1994，1996a，1996b)、王定跃(1996a，1996b，1996c，1996d，2000；Wang，1995a，1995b)、王发祥等(1996)、黄玉源(2001)等开始比较全面地研究中国苏铁属植物，开展全面的野外苏铁调查，仔细研究各地的苏铁标本，取得了较好的研究成果，出版了《中国苏铁植物》《中国苏铁》《中国苏铁科植物的系统分类与演化研究》等多本专著。到目前为止，中国苏铁属植物总共出现过 52 个名称记录。这些类群多数是根据微小的形态变异发表，且部分种类仅基于植物园栽培个体发表，并未找到野生群体。因此，这类名称通常不能得到业界认可并采用，造成苏铁属植物许多种类混乱，不清晰明白。苏铁属植物由于性成熟时间较长，且野外调查到的种群规模通常较小，少见开花植株，难以对其形态特征进行全面观察；再加上形态分类特征较少且生境的异质性导致同一苏铁各种群的形态特征存在较大差异，不同物种间可能存在的自然杂交现象(邓朝义，1999；Tao et al.，2021)等因素，导致我国苏铁属植物的部分物种在分类上存在一定困难和争议。因此，对形态上相似、难以分类的苏铁植物复合群，需要采用分子鉴定与形态性状相结合的方法进行物种界定，进行分类修订。

国内外学者对我国苏铁科苏铁属进行了分类处理。例如，王定跃(1997，2000)主要依据大孢子叶与种子的形态特征，提出了叉一苏铁属分类系统，下设组、亚组和系，其中统计国内自然分布的苏铁种类为 24 种。黄玉源(2001)基于羽片解剖等研究，也提出了一个苏铁属的分类系统，下设组、亚组和系，其中统计国内自然分布的苏铁种类高达 36 种(表 1-1)。席辉辉和龚洵等(2022)对我国苏铁物种及分布情况的最新整理(表 1-2)，表明目前我国认可苏铁属物种有 22 种。其中华南地区(广西、广东和海南)分布的物种有宽叶苏铁 *Cycas balansae*(十万大山苏铁 *Cycas shiwandashanica*)、叉叶苏铁 *Cycas bifida*、德保苏铁 *Cycas debaoensis*、长叶苏铁 *Cycas dolichophylla*、锈毛苏铁 *Cycas ferruginea*、贵州苏铁 *Cycas guizhouensis*(隆林苏铁 *Cycas longlinensis*)、叉孢苏铁 *Cycas segmentifida*(西林苏铁 *Cycas longlinensis*)、六籽苏铁 *Cycas sexseminifera*(石山苏铁 *Cycas miquelii*)、四川苏铁 *Cycas szechuanensis*(仙湖苏铁 *Cycas fairylakea*)、台湾苏铁 *Cycas taiwaniana*(海南苏铁 *Cycas hainanensis*、葫芦苏铁 *Cycas changjiangensis*)10 种，占全国物种的 45. 45%。但《中国植物志(英文版)》仅记录了 16 种苏铁属植物(Wu et al.，1999)。

复合体(Complex)是指由于杂交或其他遗传上的联系和基因交流而形成的一群在形态特征上交叉连续而难以进行分类学划分的类群。但在实际操作过程中，因确定分类群之间的生殖生物学性状较难观察，遗传上的联系和基因交流很难准确地认定，一般将形态特征非常相似，分布区连续或是重叠的几个种作为复合体来研究(葛颂，1998)。国内外学者对苏铁复合群进行了大量研究。Liu(2015)的研究结果，将滇南苏铁复合群 *Cycas diannanensis* complex 的元江苏铁 *Cycas parvula* 和多胚苏铁 *Cycas multiovula* 应归并到滇南苏铁中。Feng 等(2016)的研究结果，将尖尾苏铁 *Cycas acuminatissima*、长球果苏铁 *Cycas longiconifera*、西林苏铁 *Cycas xilingensis*、厚柄苏铁 *Cycas crassipes* 和多裂苏铁 *Cycas multifda* 归并到叉孢苏铁，隆林苏铁 *Cycas longlinensis* 归并到贵州苏铁。Feng 等(2021)的研究结果，将海南苏

铁 *Cycas hainanensis*、葫芦苏铁 *Cycas changjiangensis* 和念珠苏铁 *Cycas lingshuigensis* 归并到台湾苏铁，将仙湖苏铁 *Cycas fairylakea* 归并到四川苏铁。此外，一些学者对间型苏铁组 *Cycas media* Group(Hill，1994a)、刺叶苏铁复合体 *Cycas rumphii* complex(Hill，1994b)、篦齿苏铁复合体 *Cycas pectinata* complex(Yang et al.，1996)、台湾苏铁复合体 *Cycas taiwaniana* complex(简曙光等，2013)等分类上存在较多混乱的类群进行研究。这些研究主要采用野外调查、形态学、等位酶、分子标记等方法。这些研究使我们对这些类群有了更深刻的认识。

我国华南地区是苏铁资源重要的分布区。特别是广西苏铁属植物资源十分丰富，多样化的生境为苏铁属植物生存、演化提供了有利的条件。广西石灰岩地区有记载的苏铁属植物达 24 种。但是广西林业局最新颁布的《广西野生植物保护名录》中认可只有 7 种，一些存疑类群急需进一步研究和保护。苏铁科苏铁属植物多为狭域分布，种群数量少，种群也较小，且遭受了严重的破坏；因此，我国将苏铁属所有种均列为国家一级保护野生植物(国家林业局和农业部，1999；国家林业和草原局和农业农村部，2021)。目前，苏铁类植物的保护是一个世界性的问题，我国是苏铁类植物在欧亚大陆分布的边缘地带，生态的脆弱性与濒危状况更为突出。不仅要保护现存的苏铁类植物种群及其生境，而且要研究种群生态多样性，基因生物多样性、栽培生理生态学、种苗繁育和回归引种，从而保存并增加种群数量。因此，研究我国苏铁科植物的濒危原因和保护更为迫切和重要，为我国苏铁科植物研究和保护提供参考资料和指导，对维护生物多样性与持续发展具有重要意义。

表 1-1　我国苏铁科苏铁属植物野生资源(黄玉源，2001)

序号	中文名	学名	发表时间(年)
1	德保苏铁	*Cycas debaoensis*	1997
2	多歧苏铁	*Cycas multipinnata*	1994
3	长柄叉叶苏铁	*Cycas longipetiolula*	1996
4	叉叶苏铁	*Cycas bifida*	1899
5	多羽叉叶苏铁	*Cycas multifrondis*	1996
6	西林苏铁	*Cycas xilingensis*	1997
7	叉孢苏铁	*Cycas segmentifida*	1995
8	多裂苏铁	*Cycas multifida*	1997
9	滇南苏铁	*Cycas diannanensis*	1994
10	多胚苏铁	*Cycas multiovula*	1996
11	四川苏铁	*Cycas szechuanensis*	1975
12	台湾苏铁	*Cycas taiwaniana*	1893
13	仙湖苏铁	*Cycas fairylakea*	1999
14	海南苏铁	*Cycas hainanensis*	1983
15	长球果苏铁	*Cycas longiconifera*	1998
16	十万大山苏铁	*Cycas shiwandashanica*	1994
17	掌裂苏铁	*Cycas palmatifida*	1998

（续）

序号	中文名	学名	发表时间(年)
18	元江苏铁	*Cycas parvula*	1994
19	尖尾苏铁	*Cycas acuminatissima*	1998
20	隆林苏铁	*Cycas longlingensis*	1997
21	贵州苏铁	*Cycas guizhouensis*	1983
22	宽叶苏铁	*Cycas balansae*	1900
23	谭清苏铁	*Cycastanqingii*	1996
24	单羽苏铁	*Cycas simplicipinna*	1995
25	锈毛苏铁	*Cycas ferruginea*	1995
26	石山苏铁	*Cycas miquelii*	1996
27	六籽苏铁	*Cycas sexseminifera*	1996
28	七籽苏铁	*Cycas septemsperma*	1998
29	刺孢苏铁	*Cycas spiniformis*	1997
30	长孢苏铁	*Cycas longioporophylla*	1997
31	短叶苏铁	*Cycas brevipinnata*	1998
32	苏铁	*Cycas revoluta*	1782
33	台东苏铁	*Cycas taitungensis*	1994
34	攀枝花苏铁	*Cycas panzhihuaensis*	1981
35	篦齿苏铁	*Cycas pectinata*	1826
36	红河苏铁	*Cycas hongheensis*	1826

表 1-2　我国苏铁科苏铁属植物野生资源(席辉辉，2022)

序号	中文名	学名	备注
1	宽叶苏铁	*Cycas balansae*	十万大山苏铁 *Cycas shiwandashanica* 并入该种
2	叉叶苏铁	*Cycas bifida*	
3	陈氏苏铁	*Cycas chenii*	
4	德保苏铁	*Cycas debaoensis*	
5	滇南苏铁	*Cycas diannanensis*	
6	长叶苏铁	*Cycas dolichophylla*	
7	锈毛苏铁	*Cycas ferruginea*	
8	贵州苏铁	*Cycas guizhouensis*	隆林苏铁并入该种
9	灰干苏铁	*Cycas hongheensis*	
10	长柄叉叶苏铁	*Cycas longipetiolula*	
11	多羽叉叶苏铁	*Cycas multifrondis*	
12	多歧苏铁	*Cycas multipinnata*	
13	攀枝花苏铁	*Cycas panzhihuaensis*	
14	篦齿苏铁	*Cycas pectinata*	

（续）

序号	中文名	学名	备注
15	苏铁	*Cycas revoluta*	
16	叉孢苏铁	*Cycas segmentifida*	西林苏铁 *Cycas xilingensis* 并入该种
17	六籽苏铁	*Cycas sexseminifera*	常用名石山苏铁
18	单羽苏铁	*Cycas simplicipinna*	
19	四川苏铁	*Cycas szechuanensis*	仙湖苏铁 *Cycas fairylakea* 并入该种
20	台东苏铁	*Cycas taitungensis*	
21	台湾苏铁	*Cycas taiwaniana*	海南苏铁 *Cycas hainanensis* 和葫芦苏铁 *Cycas changjiangensis* 并入该种
22	谭清苏铁	*Cycas tanqingii*	

1.1.2 华南苏铁科植物保育生物学研究进展

1.1.2.1 种群生态学研究

对濒危植物进行种群结构特征和地理分布格局的研究，可以更好地了解种群现阶段所处的环境和未来的发展趋势，对制定相应的保护措施具有重要的指导性意义。李娟等(2016)通过研究发现广西崇左的叉叶苏铁种群结构呈金字塔形，幼苗个体数量较大，占总体的59.17%，属于增长类型的种群且种群的结构稳定，但是可开花结实的成年植株极少，占总体的0.42%，极少的可繁殖个体，限制了其种群的发展。其研究结果还表明，叉叶苏铁的空间分布格局为集群分布，此种分布格局对于幼苗的生长具有很好的保护作用，同时，又可以增强种群抵御外来物种入侵的能力，是植物为保护自身种群所作出的应对之策。在叉叶苏铁的物种竞争方面，林建勇等(2019)对叉叶苏铁进行了种内和种间的竞争研究，通过调查研究发现，叉叶苏铁的种间竞争为96.21%，远远大于3.79%的种内竞争，随着植株高度的增加，其种内竞争的强度随之减少，但幼苗个体所受的种内竞争的压力较大。此外，研究人员还提出了对于小于0.6m的叉叶苏铁植株，应该加强人工抚育保护，适当清除一些优势物种，以降低种间竞争压力。王超红等(2007)的野外调查，共发现德保苏铁呈星散的岛屿状分布的13个野生种群，其中还有两个种群趋于消失，研究人员还将这些种群根据土壤性质分为了石灰岩和砂页岩两大类型。在石灰岩类型种群中扶平种群作为模式种群拥有的个体数量最大，其年龄结构呈倒金字塔形，幼苗数较少，成年植株较多。在砂页岩类型的种群中那岩的种群数量最大，其年龄结构为金字塔形，但是幼苗的数量不是最多的，主要是小植株的数量最多。在所有种群中的调查发现，雄株的数量大于或等于雌株，造成这种现象的主要原因与人为地采挖开花雌株密不可分。王祎晴等(2021)在对西南地区的长叶苏铁分布现状进行调查研究时发现，由于历史上受到严重的采挖，长叶苏铁仅存3个种群，共45株。这3个种群中的幼苗占比都比较大，为60%，在整个种群中成年植株的占比均值为26.7%，幼株占比数为13.3%，为增长型的种群。长叶苏铁主要分布于广西的德保、靖西两地，蕴藏量较大，共有1000余株(黎德丘，2004)。根据资料考证，广西隆林县金钟山国家级自然保护区内曾经有10万余株贵州苏铁，但是由于长时间的大量采挖，现存的植株只剩下 2000 余株，保护区内的未谷地区，分布着数量较大的贵州苏铁野生种群，种群内处于幼年期的个体数较多，占总体的 64.8%，年龄组成呈金字塔形，有利于种群的发展。整体的种群类型为聚集型，这种分布类型与贵州苏铁具有的较高结实率等自身生物学特征和周围的环境有关（罗在柒等，2010）。汪殿蓓等（2007，2009）采用典型相关分析方法发现仙湖苏铁（四川苏铁）种群构件与土壤养分因子相关关系显著；探讨仙湖苏铁群落的组成结构及演替趋势，发现周围鼠刺 *Itea chinensis*、假苹婆 *Sterculia lanceolata* 和鹅掌柴 *Heptaplecurum heptaphyllum* 等为优势种群，聚集强度高，有较高的郁闭度，会限制仙湖苏铁的生长发育。黄应锋（2013）等对深圳梅林地区仙湖苏铁的种群特征进行研究，发现仙湖苏铁呈块状聚集分布，水流、坡度和海拔对仙湖苏铁种群分布影响很大，对排水土壤要求明显，对水流距离要求严格且集中于 15°～45°的坡度和海拔 100～190m。吴二焕等（2021）对野生海南苏铁（台湾苏铁）种群分布及结构进行研究，发现其分布于海拔 400～800m、40%～60%郁闭度的热带雨林中，种群结构为稳定型，种群分布有向均匀分布转变的趋势。十万大山苏铁（宽叶苏铁）作为广西特有的苏铁极小种群的野生植物，只分布于广西的防城港地区，现仅存的数量不过 500 株（刘博等，2018）。对宽叶苏铁（十万大山苏铁）、锈毛苏铁、叉孢苏铁、六籽苏铁（石山苏铁）的种群特征、结构等种群生态学还未见有相关的报道和研究。

1.1.2.2 传粉生物学研究

对苏铁科植物的传粉生物学进行研究，有助于更好地了解其濒危的原因，从而为更好地保护这一物种提供科学的理论支持。同时，对其繁殖技术的发展和种群的恢复也具有重要意义，对研究种子植物的演化过程也有很大的帮助。苏铁属植物拥有很长的寿命，但是生长发育的过程漫长，开花所需要的年限较长，此外苏铁属植物雌雄异株并且雌雄不在同一时间成熟，导致其结实率很低，为了加强对苏铁植物的研究和保护，国内外已经有许多学者对其中一部分进行了较为系统的研究。有关苏铁属植物的传粉途径，甘金佳等（2013）对广西特有种德保苏铁传粉生物学进行了全面系统的研究，结果表明，虫媒在德保苏铁的传粉过程中起着重要的作用，而风媒所发挥的作用十分小，此外研究人员还推测传粉的甲虫和德保苏铁存在着互利共生的关系。刘兰等（2014）对贵州苏铁的传粉受精问题进行了研究，结果表明贵州苏铁茎干和枝叶所生成的特异漏斗结构，对于花粉的收集有很好的辅助作用，此实验还证明虫媒是主要的授粉途径，为增加贵州苏铁的结实率和结实量，研究人员还对其进行了辅助授粉，结实率达到了 86.8%，相比自然状态下提高了 21 个百分点。杨泉光等（2009）通过对广东深圳市仙湖植物园德保苏铁花粉萌发的研究发现最适培养液配方为蔗糖（1%～2.5%）、硼酸（100～500mg/L）、pH 值 6.0～7.0。

尽管前人已经对华南地区苏铁科植物做了一定的研究，但是由于缺乏足够的科学证据，传粉生物学的研究中依然还存在着一些问题，导致苏铁科植物的传粉方式等问题依然存在争议。一些研究认为传粉的昆虫与苏铁科植物存在着互利共生的关系（Irene et al.，2009）；另一些研究则认为苏铁植物本身就存在着特有的传粉机质（Thomas，2010）。利用传粉生物学对种子植物进行物种进化系统的研究现在也是一个热点问题。就现有对苏铁科植物的研究来说，传粉媒介主要是昆虫，但是绝大多数学者并没有对苏铁植物进行开花时挥发物质的检测，之后可以利用气相色谱-质谱联用仪（Gas-Chromatography-Mass-Spectrom-

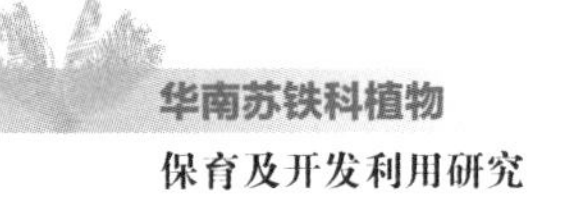

eter)等电子信息技术进行挥发物质的检测。因此，对于苏铁植物的传粉受精过程依然存在着很多的秘密等待挖掘，需要继续进行传粉分子生物学的探索。

1.1.2.3 繁殖技术研究

经过近几年的调查研究发现，野生苏铁的种群数量和种类正在逐步减少，可繁育的个体数更是少之又少，加之苏铁属植物的开花授粉等生物学机制还处于摸索阶段，所以对于华南苏铁科植物的繁殖技术的研究愈发的重要。刘兰等(2014)通过对贵州苏铁种子形态特征的研究，为贵州苏铁的种实特性提供了科学的基础数据，其研究对贵州苏铁的种质资源的保护具有重要意义。种子休眠是指具有正常生命力的种子，由于受到种皮或胚的限制，在外界条件适宜的情况下，仍然不能萌发的现象。种子休眠是种子植物的一种生存策略，这使得植物的种子可以更好地传播，并且在最为理想的条件下萌发。为提高苏铁植物种子的萌发率，消除种子的休眠显得尤为重要。德保苏铁的种子通常在10~11月成熟且存在后熟的现象，需要沙藏或者低温贮藏，直到翌年的2月才可以播种。播种前需要去除种子的种皮，提高其发芽率，但是这种传统的处理手段不适于大量播种，所以有研究人员使用1000mg/L的GA_3、50%多菌灵800~1000倍液、40%辛硫磷1500倍液混合后浸种1天的方法来提高种子的发芽率(许恬，2018)。骆文华(2013)等采用生物检测、GA_3溶液浸种的方法对德保苏铁的种子进行处理，其结果表明德保苏铁的种皮是限制种子萌发的因素之一，此外德保苏铁种子的各个部分都存在着抑制萌发的物质并且用1000mg/L的GA_3可以提高种子的萌发率，可达到83.33%。梁庚云等(2022)发现硫酸浸泡，30~35℃，采用腐殖土并保持40%的土壤含水量为种子发芽的基本条件，光照和深埋不是种子萌发的必要条件。孙湘来等(2019)将葫芦苏铁种子在0.1mol/L盐酸中浸泡发芽率可达80%，去皮后发芽率和发芽势分别为80%和80%。

除了传统的种子繁育方法，研究人员还在对苏铁的其他繁育方法进行探索。罗在柒等(2011)以贵州苏铁的无菌植株的主根、茎干和鳞片为实验对象，MS为基础培养基进行组织培养的研究，但是此实验由于未能选出适合的培养基和激素配比，所以未能诱导出新叶。但是，此实验作为开创性的发展，为将来的贵州苏铁以及苏铁属植物的组织培养提供了丰富的经验。

1.1.2.4 遗传多样性研究

保护生物学最主要的目的之一就是保护生物的多样性，而生物的多样性又是物种遗传基因多样性的外在表现，所以对濒危物种进行遗传多样性的分析是至关重要的。外界环境的不断变化，要求生物要进行不断地进化来适应环境。物种的遗传多样性的丰富水平，决定其适应环境能力的大小。只有存在足够丰富的物种类型，也就是遗传多样性越丰富，才可以避免被环境淘汰。现如今由于人类活动的影响力持续增长，良好的生态系统遭到破坏，各圈层自然环境极不稳定，草原植被及森林退化或消亡，大量物种处于濒危状态或已经灭绝。与此同时许多物种群居规模锐减，种内遗传多样性急剧丧失。因此保护物种及其遗传多样性，就是保护生物多样性，就是保护人类赖以生存的环境，就是保护人类自己。同时对濒危保护物种进行遗传多样性的研究和群体遗传结构的分析，可以揭示其发展进化史、适应环境的能力和发展的潜力，为保护单元的确定等保护策略制定提供科学系统的理论支持与依据(李昂等，2002)。

苏铁属植物作为最原始的种子植物，其遗传多样性与其他种子植物相比，多样性的水平普遍偏低。但是，遗传分化在苏铁属植物的种群之间又十分显著(肖龙骞，2006)。王运华等(2014)对仙湖苏铁野生种群进行遗传结构研究发现仙湖苏铁遗传多样性水平低，但种群间遗传分化显著。肖龙骞等(2003)在对贵州苏铁进行遗传多样性分析研究时也发现了遗传多样性偏低和种群遗传分化显著的现象，并认为造成此类现象可能有 3 种原因：①贵州苏铁在长时间的生存繁衍过程中，遭遇了严重的遗传瓶颈效应，导致大量遗传多样性的丢失，保留下来的，构成了现在的个体和种群。建立者效应导致了现在种群间遗传分化的增大。②贵州苏铁的小种群效应导致了遗传漂变，并增加了近交。③贵州苏铁有效的基因交流距离远远小于种群之间的距离，从而致使种群之间的交流受到了阻碍。

马永等(2005)利用分子标记(ISSR)技术对叉孢苏铁进行了遗传多样性的研究，确定了叉孢苏铁 ISSR 的最佳反应体系，并且实验结果表明在种级水平上，叉孢苏铁具有中等稍高的遗传多样性，且种群间有着很高的遗传分化度。对濒危保护植物的遗传生物学鉴定和物种亲缘关系的测定，最为关键的是反应体系的构建以及反应程序的确定。秦惠珍等(2022)以十万大山苏铁(宽叶苏铁)为实验对象，筛选出了其野生种群的 SSR 引物和 ISSR 引物，并采用 L16(4^3)正交设计方法，对所建立的 SSR-PCR 反应体系和 ISSR-PCR 反应体系进行了优化，其验证结果表明反应体系具有很好的稳定性。邓丽丽等(2023)通过 SSR 分子标记发现长叶苏铁遗传分化小，遗传多样性水平低，应将德保县那甲镇种群作为重点保护单元。刘念(2002)通过 ISSR 分析显示台湾苏铁复合体遗传多样性低，且变异主要存在于种群间(66%)。龚奕青等(2015)通过对筛选的叉叶苏铁、越南叉叶苏铁和多歧苏铁的 3 个叶绿体基因的片段(atpB-rbcL，psbA-trnH 和 psbB-psbH)进行测序分析，并结合已有的德保苏铁叶绿体基因片段(atpB-rbcL 和 psbA-trnH)数据，进行遗传多样性和遗传分化的分析比较，根据 16 个微卫星点在整个类群中的数据显示，叉叶苏铁有 198 个等位基因，其中包括 21 个特有等位基因；德保苏铁等位基因和特有等位基因都为最少，只有 164 个和 14 个，故德保苏铁在四者中具有较小的遗传多样性。此外，四者遗传分化的结果显示，叉叶苏铁遗传分化显著，且 83.28%发生在种群间，遗传分化指数 F_{st} 为 0.83281；德保苏铁的遗传分化最低，遗传分化指数 F_{st} 为 0.11438。德保苏铁的核基因数据也显示出其在种群间的遗传分化不显著，处于中度水平。同时，也有研究人员利用 ISSR 对德保苏铁的遗传多样性进行研究发现德保苏铁的遗传多样性处于中等的水平，种群间的遗传分化程度高(Xie et al.，2005)。简曙光等(2005)采用等位酶技术分析葫芦苏铁 5 个种群的遗传多样性，发现其具有较高的遗传变异，且主要存在于种群内(93.6%)，种群间遗传分化较低。

遗传多样性等植物保护遗传学的研究，对于濒危植物的研究和保护意义重大。对于物种本身来说，遗传基因的丢失，致使物种适应环境的能力下降，严重的还可能威胁到物种的生存，导致物种的灭绝。对于人类来说，物种遗传基因的多样性减少，使我们丧失了一些潜在的利用价值和资源。因此对遗传多样性的研究会使我们更加清楚地认识到生物多样性的起源和进化，为动植物的分类、育种、进化和遗传改良奠定基础。

1.1.2.5 生理生态学研究

关于华南苏铁科植物的其他生物学的研究多集中在光合作用和环境胁迫等方面。通过研究可以更好地确定生物适应环境的能力大小，同时为濒危物种的保护与引种驯化提供科学的理论依据和技术支持。光合作用是植物利用二氧化碳和水，释放氧气和制造有机物的生理过程，也是植物生长发育的基础。光合特性的研究，对于探究其生长发育特性和环境的适应性具有重要的意义。唐健民等(2021)对十万大山苏铁进行了光合特性的研究，结果表明十万大山苏铁净光合速率较低，整体上利用光制造有机物的能力较弱，因此在引种栽培时需要进行一定光照强度的照射。刘伟丽等(2006)对德保苏铁、十万大山苏铁、台东苏铁等的3年生幼苗进行光合特性的研究发现，这几种苏铁的光合特性有：①有效光合作用时间短；②净光合速率小，表观量子效率低；③具有较高的 CO_2 补偿点和饱和点；④光合最适气温为25~32℃，气温的升高则会抑制光合作用。以上的种种研究结果表明，苏铁类植物的净光合速率都比较小，光合作用的能力较弱，不利于有机物的积累，致使其生存能力较弱。植物的光合作用受到多方面环境因素的影响，不良的环境，如高温、干旱、低温等，在影响光合作用的同时对植物整体也造成了一定程度的伤害。对濒危保护物种的抗逆性研究，可以为探究其濒危的原因和制定相应的保护策略提供帮助。傅瑞树(2001)研究表明苏铁类植物羽状叶片叶缘反卷以及叶片在轴承角度排列，使得其有较强的抗寒能力，随着叶片的生长，叶片中含水量以及水势下降，但蒸腾速率和自然饱和度增大，这使得叶片抗旱性更强。苏铁类植物幼苗抗寒性较差，随着生长发育其冻害敏感指数下降，抗寒性会增强。德保苏铁在模拟酸雨的环境胁迫下，当酸雨的pH值达到2.1时，植株会受到严重的影响，光合作用下降，但是其本身也存在一定的自我调节机制，其根系可以通过分泌更多的有机酸来加强自身的环境适应性和抗逆性(周明昆等，2012)。潘李泼(2023)等对叉叶苏铁幼苗及成年植株的光合特性进行研究，发现幼苗的弱光转化利用能力高于成年苗，幼苗净光合速率与蒸腾速率和气孔导度呈负相关，成年植株净光合速率与二氧化碳浓度呈负相关。吴二焕(2021)通过研究不同光环境对海南苏铁幼苗光和指标的影响，发现林内净光合速率最大，有机物积累更多，更适合该幼苗的生长；胞间二氧化碳浓度对净光合速率大小呈正相关，气温过高不利于该幼苗的光合作用。夏志宁等(2020)通过对叉叶苏铁冰冻胁迫的研究发现，在-5℃的环境下处理过的个体，叶绿素的含量明显降低且叶绿素的合成受阻，光合作用的效率下降，碳水化合物的合成受阻，导致作为抗冻剂的可溶性糖的含量降低，但是同样作为光合色素的类胡萝卜素的含量有一定程度的升高，这可能与冰冻胁迫的适应性有关。此外，研究还发现叉叶苏铁在冰冻胁迫下，抗氧化酶SOD的活性相比于CK有大幅度的提高，这可能对冰冻胁迫的适应性有促进的作用。综上所述，苏铁属植物对于不良环境的有一定的抗性，可以自身做出相应的生理机制的调整，但是这种调节机制也存在一定的限度。随着全球环境变化的加剧，这种低限度的适应能力，可能也是其濒临灭亡的原因。所以，在考虑对苏铁属植物等濒危物种进行引种栽培时，应提供一个与植株可以生长良好的原生境相类似的适宜环境，确保其可以正常地生长发育。

1.1.2.6 总结与展望

目前华南苏铁科研究主要针对宽叶苏铁、叉叶苏铁、德保苏铁、长叶苏铁、贵州苏铁、叉孢苏铁、四川苏铁和台湾苏铁等的种群生态学、传粉生物学、人工繁育技术、种群遗传多样性和生理生态学这几个方面。虽然前人已经对华南苏铁科植物做了一系列的研究，但是还未形成科学系统的研究体系。例如，目前关于锈毛苏铁还处于空白的阶段。因此，必须加快对处于极危状态的华南苏铁科植物研究的进展。总体来说，首先需要对其进行资源的调查，摸清华南地区苏铁资源的“家底”，搞清楚资源的分布状况和种群特征，明确种群所处的年龄阶段等种群特征，判断好野生种群的发展趋势，并制定相关的保护措施并确定保护单元。其次引种驯化栽培技术还需要进一步研究，逐步在技术上有所突破。再次，野生种群的“回归”实验也需要随之跟进，恢复野生种群的数量，对于缓解其濒危状况具有重要的意义。最后，随着苏铁资源的慢慢减少，必须加强其种质资源基因库的建立，对物种的遗传多样性进行有效保护。

1.2 中国苏铁科植物保护现状、存在的问题及保护策略

1.2.1 保护现状

1974 年国际自然保护联盟(IUCN)成立苏铁专家组(Cycads Specialist Group)，苏铁类植物被列入《濒危野生动植物种国际贸易公约》(CITES)。1981 年 4 月 8 日中国正式加入该公约。公约中规定所列植物必须加以有效控制和管理，各签约成员国不允许对所列植物进行违约贸易。1994 年中国苏铁协会成立，1996 年我国林业部公布《珍稀保护植物名录》，将我国境内的所有苏铁类植物列为一级保护植物。2001 年正式启动的全国野生动植物保护及自然保护区建设工程将苏铁列为 15 大重点保护物种之一，并专门组织编制了《全国苏铁保护工程专项规划》(陈家瑞等，2003)。2015 中国野生植物保护协会苏铁保育委员会成立。1999 年和 2021 年，我国将苏铁科苏铁属所有种均列为国家一级保护野生植物(国家林业局和农业部，1999；国家林业和草原局和农业农村部，2021)。

保护形式上以就地保护和迁地保护相结合，我国目前已建立了一批自然保护区，其中四川攀枝花苏铁国家级自然保护区、云南禄劝攀枝花苏铁省级自然保护区、云南红河苏铁省级自然保护区、广西西林县那佐苏铁自然保护区、台湾台东县台东苏铁自然保护区等自然保护区特地为苏铁植物而建。此外，其他的自然保护区，如海南万宁市六连岭自然保护区、广西隆林县金钟山自然保护区、广西弄岗国家级自然保护区、云南省西双版纳自然保护区等也有苏铁分布。在迁地保护方面，国家林业和草原局与深圳市联合共建了深圳仙湖植物园国际苏铁迁地保护中心，厦门植物园、华南植物园、福州植物园、西双版纳植物园、南宁植物园(青秀山)、广西壮族自治区中国科学院广西植物研究所等 10 多个单位均开展苏铁类植物迁地保护的各项工作。其中深圳仙湖植物园经过数十年的努力，已建成了国际上最大的苏铁迁地保护中心，为濒危苏铁类植物的保护、繁育以及回归自然做出了很大的贡献。南宁植物园(青秀山)苏铁园是苏铁植物专类园之一，1998 年建成，面积 80 余亩*。1998—2020 年共有引种苏铁类植物 75 种，分属 2 科 8 属，其中苏铁属 33 种，波温铁属 1 种，角果铁属 *Ceratozamia* 4 种，双子铁属 *Dioon* 4 种，鳞木铁属 *Lepidozamia* 1 种，大泽米属 *Macrozamia* 5 种，非洲铁属 *Encephalartos* 21 种，泽米铁属 *Zamia* 6 种。引种种类已达现存苏铁植物种类的 1/5，目前共有苏铁植物 1 万多株，景观展示上以中国苏铁为主。

---

* 1 亩≈666.67 m^2。

这些都表明我国对苏铁类植物的保护日渐重视。

1.2.2 存在的问题

1.2.2.1 生态环境遭受破坏

苏铁科植物所处生态环境脆弱，加之人为因素的影响使得一些种类几乎丧失生境。华南地区中广西壮族自治区以喀斯特地貌为主，其土层形成缓慢，水土流失严重，生态环境脆弱，不利于苏铁科植物的生长。同时毁林开荒、矿石开采、水电站及修路工程等人为活动，加速了苏铁科植物生境破碎化甚至丧失生境。因此，保护好其残存且脆弱的生态环境，并尽可能恢复其原有生境尤为重要。

1.2.2.2 自身生物学特性导致繁殖困难

野生苏铁属植物有更新能力差、种群数量少且分散、繁殖能力弱等一系列问题。苏铁属植物雌雄异株，大孢子球与小孢子球成熟时间有差异，且苏铁属植物之间不完全的生殖隔离，使得种群之间发生杂交，难以保证物种的纯度。苏铁属植物生态环境遭到破坏后，种群数量减少，个体间距增大，使得传粉媒介迁徙及扩散能力弱，导致结实率低，数量进一步减少，不利于种群及优良基因的延续。

1.2.2.3 病虫害问题逐渐突出

随着迁地引种保护及就地保护的加强，苏铁属植物病虫害种类及危害程度日益增加，科学用药，对症治疗，既能控制病虫，又能最大限度地保护生物多样性，维护生态系统的稳定，从而达到长期可持续地控制病虫害的发生与发展。

1.2.2.4 私自盗采、非法贩卖愈演愈烈

受食品药品、园林及其他商业用途等利益驱使下，非法盗挖、贩卖严重，致使石山苏铁和德保苏铁等一些姿态优美、株形奇特的野生苏铁属资源种群数量急剧下降。在电商及互联网平台仍存在野生苏铁属植物的交易现象，野生苏铁属植物正被疯狂盗采、乱采滥挖，数量巨大，这些被采挖的野生苏铁通过电商平台、互联网社交论坛等方式进行交易，而且很多苏铁都是极度濒危的种类。2023 年济南市森林警察支队在南宁警方的协助下在广西崇左市将犯罪嫌疑人抓捕归案，其为了牟利在广西南宁、扶绥等地野外高山上非法采挖、贩卖石山苏铁等野生植物达 8 万余元，最大一棵直径超 30cm，树龄超过百年，对其野生种群造成了不可逆的严重破坏。目前当务之急，是要提高公众对苏铁属植物的保护意识，同时加大对盗采、非法买卖苏铁的打击力度，尤其是停止电商平台和互联网社交论坛的野生苏铁非法交易。

1.2.3 保护策略

1.2.3.1 确定保护的指导思想，把握资源利用的尺度

苏铁科植物作为世界上的濒危保护物种，野生资源正在日益减少，所以我们在资源开发时，应以保护为根本原则，在保护中合理开发利用，把握资源利用的尺度。秉持就地保护和野生自然生境保护为重点举措，建立种质资源基因库和资源苗圃等迁地保护为辅的原

则。在资源可以有效保护的基础之上，加大科研、宣传和教育等的力度，实现资源的可持续利用。努力实现“科学指导”“科学建设”和“科学利用”。

1.2.3.2 建立苏铁保护区，加强现有保护区的建设

在华南地区苏铁科植物重点分布的区域建立自然保护区，如广西百色建立的雅长自然保护区中分布有叉孢苏铁、大王岭自然保护区分布有德保苏铁、王子山自然保护区分布有贵州苏铁，海南省五指山自然保护区分布有海南苏铁，广东南岭国家级自然保护区分布的仙湖苏铁等。对于一些野生种群较小，个体分布相对较为集中的地区，建立自然保护小区，对原始自然生境实施有效地保护，帮助其自然恢复和扩大其野生种群面积。对于现有的保护区，加大经费的投入和科学技术的应用，完善基础设施，加大保护力度。

1.2.3.3 加强人工辅助授粉、种苗扩繁和回归引种

对原生境遭到破坏或管理困难地区的苏铁，实施迁地保护。苏铁属植物作为雌雄异株且雌雄开花时间不一致的植物，需要对其进行人工的辅助授粉，提高其结实率，扩大种群数量。积极开展野生种质资源的人工扩繁、回归引种以及回归后的跟踪评估工作，逐步形成苏铁类植物“引种收集—人工授粉—种苗扩繁—野外回归—扩大种群”全过程科学精准保育的研究模式，为苏铁植物的濒危机制、遗传多样性、繁育系统、生理生态特性、野外回归、种群复壮等研究奠定坚实基础。

1.2.3.4 加强苏铁科植物病虫害防治技术研究

加强对苏铁属植物病虫害的控制与预防：苏铁类植物疾病和虫害有很多种类型，目前国内已经报道的病害有根茎病害和叶部病害两大类。根茎病害腐烂部位确定病原菌是茄腐皮镰刀菌 *Fusarium solani*。叶部病害主要包括苏铁炭疽病 *Colletotrichum* sp.、苏铁斑点病 *Ascochyta cycadina*、苏铁叶枯病 *Phomopsis cycadis*、苏铁镰刀菌球茎腐烂病 *Fusarium solani*。虫害包括 4 种食叶类和 44 种刺吸汁液类，其中有 18 种介壳虫都能对苏铁植物造成十分严重的危害。化学防治是病虫害高发期的主要措施。加强苏铁炭疽病、苏铁叶枯病、曲纹紫灰蝶 *Chilades pandava* 等病虫害的防治技术研究：单一从化学防治的方法很难从根本上解决病虫害问题，必须化学方法与生物防治相结合。例如，通过检疫防治来防止苏铁病虫害扩散；利用寄生性小蜂与捕食性瓢甲、草蛉 *Chrysopa perla* 等天敌，进行危害苏铁的介壳虫等的生物防治。

1.2.3.5 实施宣传教育和依法管理的双重举措

苏铁科植物的野生种群大都分布在偏远山区，当地的居民对于濒危植物缺乏足够的了解，很多居民在不知情的情况下，对野生的濒危植物种群进行了不同程度的破坏，包括牛羊的啃食和开荒耕种等行为。所以，需要开展并逐步加强濒危保护植物的宣传工作，向当地居民以及植物保护区专业护林人员宣传我国为保护濒危保护植物出台的政策和法律法规，通过发放宣传保护手册、开展宣传教育会等，建立起当地的居民对濒危植物的保护意识。在宣传教育的同时，管理执法人员也应该认真学习濒危植物的知识和相关的法律法规，加大执法力度，对保护植物偷盗的违法行为保持零容忍的态度，贯彻落实“执法必严，违法必究”的执法理念。

1.3 华南苏铁科植物物种、地理分布及生物学特征

1.3.1 植物物种生物学特征

1.3.1.1 德保苏铁

德保苏铁 *Cycas debaoensis*，常绿木本植物。树干粗壮，圆柱形，树干高 20~40cm，直径 10~20cm，褐灰色。叶顶生，直立，长达 3.5m，宽 0.7m。羽片三回羽状，馒形。具 12~18 枚近对生的一回羽片，以 60°~90°夹角丛主轴展开，横断面观，以 100°~130°夹角从主轴上向上张开成龙骨状；一回羽片披针形，中下部一对最长，长 35~45cm，宽 12~15cm，向着两端的逐渐变短，长 15~30cm，宽 5~10cm。具 7~11 枚互生的二回羽片，横断面观，以 95~110°夹角从次级轴上张开成龙骨状。二回羽片扇形或倒三角形，长 10~18cm，宽 4~14cm，(2)3~5 次二歧分枝，在中央，尤在下半部形成合轴，柄长 0.5~4cm。小叶(小羽片)革质，倒卵状条形，长 7~12cm，宽 1.0~1.5cm，先端渐尖，基部渐狭，并下延 1.5~4.0cm；上面具光泽，深绿色，下面淡绿色，中脉两面稍隆起，下面后变无毛，边缘平或微波状。叶柄近圆柱状，长达 2m，粗达 2.5cm；约 40 对，着生于柄基部至近顶端，圆锥状，微扁，长 3~5mm，刺间距 3~5cm。花期 5~6 月，种子成熟期 11~12 月。

1.3.1.2 六籽苏铁

六籽苏铁 *Cycas sexseminifera*，常绿木本植物。树干矮小，基部膨大成卵状茎或盘状茎，上部逐渐缩成圆柱形或卵状圆柱形，高 30~180cm 或稍高，直径 10~60cm，基部常有萌蘖生长成分枝状。叶羽状分裂，聚生于茎的顶部，全叶长 120~250cm 或更长，幼时被锈色柔毛，以后深绿色，无毛；叶柄长 40~100cm，两侧具稀疏的刺或有时无刺；羽片薄革质，披针状条形，直或微弯，长 25~33cm，宽 1.5~2.3cm，边缘稍厚，两面中脉隆起，平滑有光泽。球花单性异株；雄球花卵状圆柱形，长达 30cm，直径 6~8cm，小孢子叶楔形，长 2~3cm，顶部近菱形，密被黄色茸毛，以后脱落。雌球花由多数大孢子叶组成，大孢子叶密被红褐色茸毛，裂片条形，长 2~4cm，直径 1.8~2.5cm。胚珠 2~4 枚，着生于叶柄的两侧，无毛。种子卵圆形，长 2~3cm，直径 1.8~2.5cm，顶端有尖头，种皮硬质，平滑，有光泽。花期 3~4 月，种子成熟期 8~10 月。

1.3.1.3 锈毛苏铁

锈毛苏铁 *Cycas ferruginea*，常绿木本植物。茎干近一半地下生，地上茎高达 60cm，径 15cm，基部常膨大，中部常有数个稍凹陷的环；干皮灰色，上部有宿存叶基，下部近光滑。叶 25~40，一回羽裂，长 1~2m，宽 40~60cm；叶柄长 45~70cm，具刺(0)8~21 对，刺毛约 3mm，叶轴(尤 1 年生的背面)密被锈色茸毛；羽片与叶轴间夹角近 90°，叶间距 1~2cm，直或镰刀状，薄革质，长 20~28cm，宽 6~10mm，基部渐窄，具短柄，对称，基部下延，边缘强烈反卷，下面被锈色茸毛，中脉上面明显隆起，干时中央常有 1 条不明显的槽，下面稍隆起。小孢子叶球卵状纺锤形，小孢子叶宽楔形，顶端边缘有少数浅齿，先端具上弯的短尖头。大孢子叶长 9~14cm，不育顶片菱状卵形。种子 2~4，黄色至橘红色，

倒卵状球形或近球形，长2~2.8cm，中种皮光滑。孢子叶球期3~4月，花期4~5月，种子成熟期9~10月。

1.3.1.4 叉叶苏铁

叉叶苏铁 *Cycas bifida*，又名龙口苏铁、叉叶凤尾草、虾爪铁等，常绿木本植物。叶呈叉状二回羽状深裂，长2~3m，叶柄两侧具宽短的尖刺；羽片间距离约4cm，叉状分裂；裂片条状披针形，边缘波状，长20~30cm，宽2~2.5cm，幼时被白粉，后呈深绿色，有光泽，先端钝尖，基部不对称。雄球花圆柱形，长15~18cm，径约4cm，梗长3cm，粗1.5cm；小孢子叶近匙形或宽楔形，光滑，黄色，边缘橘黄色，长1~1.8cm，宽约8mm，顶部不育部分长约8mm，有茸毛，圆或有短而渐尖的尖头，花药3~4个聚生；大孢子叶基部柄状，橘黄色，长约8cm，柄与上部的顶片近等长或稍短，胚珠1~4枚，着生于大孢子叶叶柄的上部两侧，近圆球形，被茸毛，上部的顶片菱形倒卵形，宽约3.5cm，边缘具篦齿状裂片，裂片钻形，站立，长1.5~2cm。种子成熟后变黄色，长约2.5cm。花期3~4月，种子成熟期9~10月。

1.3.1.5 叉孢苏铁

叉孢苏铁 *Cycas segmentifida*，常绿木本植物。树干圆柱形，高达50cm，直径达50cm，叶痕宿存。鳞叶三角状披针形，长7~9cm，宽1.5~5cm，羽叶长2.6~3.3m，具55~96对羽片，叶柄长78~140cm，两侧具长达0.4cm的刺，刺33~35对；羽片长21~40cm，宽(1.1)1.4~1.7cm，无毛，先端渐尖，基部宽楔形，边缘平，中脉两面隆起，叶表面常绿色，发亮，下面浅绿色。雄球花狭圆柱形，黄色，长30~60cm，直径5~12cm，小孢子叶楔形，长1~2.5cm，顶端有长0.2~0.3cm的小尖头；大孢子叶不育顶片卵圆形，被脱落性棕色茸毛，长5~13cm，宽5~15cm，边缘篦齿状深裂，两侧具8~19对侧裂片，裂片钻形，裂片长1.5~7cm，纤细，渐尖，先端芒状，通常二叉或二裂，有时重复分叉，顶裂片钻形至菱状披针形，长2~12.5cm，宽不足0.2cm，有14枚浅裂片，大孢子叶柄部长6~9(18)cm，具黄褐色茸毛，胚珠(2)4~6枚，无毛，扁球形，长0.5cm，宽0.6cm，顶端具小尖头。种子球形，直径2.8~3.5cm，成熟时黄色至黄褐色。花期5~6月，种子成熟期11~12月。

1.3.1.6 贵州苏铁

贵州苏铁 *Cycas guizhouensis*，常绿木本植物。树干高65cm，羽状叶长达1.6m；叶柄长47~50cm，基部两侧具直伸短刺，长2mm；羽状裂片条形或条状披针形，微弯曲或直伸，厚革质，长8~19(稀29)cm，宽8~12mm，无毛，基部两侧不对称，先端渐尖，边缘稍反曲，上面深绿色，有光泽，下面淡绿色；中脉两侧隆起。大孢子叶在茎顶密生呈球状，密生黄褐色或锈色茸毛，长14~20cm，顶片近圆形，深羽裂，长6~7cm，宽7~8cm；钻形裂片17~33，长2~4.5cm，宽2~4mm，先端渐尖，两面无毛，边缘和基部密生黄褐色茸毛；顶上的裂片长3~4.5cm，宽1.1~1.7cm；上部有3~5个浅裂片；大孢子叶下部急缩成粗短柄状，长3~5cm，两侧着生胚珠2~8枚；胚珠无毛，球形近球形，稍扁，金黄色，顶端红褐色，具有短的小尖头。花单元性异株，开花的植株一般当年不发新叶。花期5~6月，种子成熟期11~12月。

1.3.1.7 宽叶苏铁

宽叶苏铁 *Cycas balansae*，又名十万大山苏铁，常绿木本植物。茎干圆柱形，高不足1m，直径约10cm，无茎顶茸毛，叶痕宿存。鳞叶三角状披针形，长3~9cm，宽1~2cm，羽片长1.4~2m，宽32~40cm，叶柄长15~105cm，具18~45对短刺，刺长0.4~0.8cm，较为直伸，间距0.4~0.6cm，羽片45~73对，长17~50.5cm，宽1~2cm，条形，深绿色，发亮，中脉两面隆起，边缘平，有时稍反卷或波状，革质，两面均无毛。雄球花窄长圆柱形，长18~25cm，径4~5cm，有长5~6cm的短梗，被黄褐色茸毛，小孢子叶窄楔形，长1.5~2cm，顶端钝或有短尖头，上部宽1cm，背面有黄褐色茸毛；大孢子叶长8~10cm，有黄褐色茸毛，顶片卵形至三角状卵形，长3~5cm，宽3~6cm，边缘篦齿状深裂，每侧有裂片4~9条，裂片长1~4cm，宽0.15cm，先端尖，顶裂片钻形，比侧裂片稍大或明显宽大，椭圆形，长2~3cm，宽0.4~0.9cm，胚珠2~6枚，扁球形，直径0.4~0.5cm，无毛。种子倒卵形，长3~3.5cm，直径2.5~3cm。花期4~5月，种子成熟期10~11月。

1.3.1.8 长叶苏铁

长叶苏铁 *Cycas dolichophylla*，常绿木本植物。高达1.5m，最窄处直径18~30cm。叶从茎顶长出，8~40片。叶鲜绿色至深绿色，有光泽，长200~450cm，剖面扁平(不为龙骨状)，羽片对生，150~270枚，有橙色茸毛，随着叶片生长而脱落；叶柄长40~110cm，无毛，具刺。最下部羽片不退化为刺，长90~240mm。中间羽片单生，变色，长190~420mm，宽14~25mm，基部明显圆形，先端软，渐尖，不具刺；中脉上面凸起，下面扁平。小孢子囊球果狭卵球形或纺锤形，黄色，长35~58cm，直径8~10cm；小孢子叶柔软，背面不加厚，长30~36mm，宽9~13mm，可育带长27~34mm，不育先端长2~4mm，水平，顶端棘不发育或无，尖锐，向上翻，长0~3mm；大孢子叶长15~26cm，棕色被茸毛毛；胚珠2~4枚，无毛；大孢子叶圆形，长60~120mm，宽50~100mm，深梳状，具16~26软刺，长40~50mm，宽2~3mm，顶端刺与侧刺不明显。种子卵球形或扁平卵球形或长圆形，长40~64mm，宽33~36mm；肉种皮黄色，不具白粉，厚2~4mm；无纤维层；表面有疣状突起；无海绵层。花期4~5月，种子成熟期10~11月。

1.3.1.9 台湾苏铁

台湾苏铁 *Cycas taiwaniana*，又名广东苏铁、海铁鸥(台湾)，常绿木本植物。树干圆柱形，高1~3.5m，径20~35cm，有残存的叶柄。羽状叶，条状矩圆形，先端钝，基部渐狭，叶柄长15~40cm，横切面卵圆形，两侧有刺，羽状裂片90~144对，条形，薄革质，斜上伸展，中部的羽状裂片与叶轴成60°的角，通常直或中上部微弯，上部渐窄，先端有渐尖的刺状长尖头，基部狭窄，下侧较上侧稍宽，下延生长，边缘全缘，稍增厚不反卷，两面中脉隆起或微隆起，通常上面的隆起更显著，上面绿色，有光泽，下面淡绿色，无毛。雄球花近圆柱形或长椭圆形，小孢子叶近楔形，横切面宽三角形，顶端近截形，有刺状尖头，两角、锐尖，下部渐窄，下面及顶部密生暗黄色或锈色茸毛，上面光滑，花药2~4个聚生；大孢子叶密生黄褐色或锈色茸毛，成熟后逐渐脱落，横切面近菱形，柄的中上部两侧着生4~6枚胚珠，成熟时下部光滑无毛，胚珠栗褐色，光滑无毛，宽倒卵圆形或圆球形。种子椭圆形或矩圆形，稀卵圆形，稍扁，熟时红褐色，顶端微凹，外面有不规则的皱纹。花期 4~5 月，种子成熟期 10~11 月。

1.3.1.10 四川苏铁

四川苏铁 *Cycas szechuanensis*，又名仙湖苏铁，常绿木本植物。树干圆柱形，直或弯曲，高 2~5m。羽状叶长 1~3m，集生于树干顶部；羽状裂片条形或披针状条形，微弯曲，厚革质，长 18~34cm，宽 1.2~1.4cm，边缘微卷曲，上部渐窄，先端渐尖，基部不等宽，两侧不对称，上侧较窄，几靠中脉，下侧较宽、下延生长，两面中脉隆起，上面深绿色，有光泽，下面绿色。大孢子叶扁平，有黄褐色或褐红色茸毛，后渐脱落，上部的顶片倒卵形或长卵形，长 9~11cm，宽 4.5~9cm，先端圆形，边缘篦齿状分裂，裂片钻形，长 2~6cm，粗约 3mm，先端具刺状长尖头，无毛，下部柄状，长 10~12cm，密被茸毛，下部的茸毛后渐脱落，在其中上部每边着生 2~5(多为 3~4)枚胚珠，上部的 1~3 枚胚珠的外侧常有钻形裂片生出，胚珠无毛。花期 4~6 月，种子成熟期 10~11 月。

该种的叶形宽长，胚珠无毛，与台湾苏铁和云南苏铁相似。唯四川苏铁之叶质地厚，羽状裂片长达 39cm，宽 1.2~1.4cm；大孢子叶长 19~23cm，上部的顶片先端圆，裂片通常无毛或基部微被茸毛，胚珠通常 3~4 对，稀 5 对，上部的 1~3 枚胚珠的外侧常有钻形裂片生出，而与后两种不同。

1.3.2 地理分布及生境特征

1.3.2.1 德保苏铁

(1)地理分布

德保苏铁分布于我国广西和云南，105°~107°E、23°00′~23°47′N 的滇桂交界区，区域范围是广西百色地区与云南富宁县的石灰岩地区及砂页岩地区。由于生境的破碎与片段化，现存的野生种群呈星散的岛屿状分布。在广西主要分布于百色市右江区、德保县、靖西市、那坡县，分布区狭窄，水平分布区范围在 105°55′~106°12′E、23°29′~23°46′N，垂直分布于 600~980m。百色市右江区的德保苏铁主要分布于泮水乡；德保县的德保苏铁主要分布于敬德镇；靖西市的德保苏铁主要分布于魁圩乡；那坡县的德保苏铁主要分布于那坡县龙合乡。

(2)生境特征

由于土壤基质的不同，德保苏铁立地条件为石灰岩类型与砂页岩类型两大类型。其中石灰岩地区是典型的峰林谷地地貌，德保苏铁种群星散分布在各个孤立的石灰岩山上；砂页岩种群在地理上是连续分布的，主要沿滇桂交界河-谷拉河及其支流沿岸分布。德保苏铁在广西德保县(彩图 1)和那坡县的分布生境为石灰岩石山；在百色市右江区的分布生境为土山。在石山区，主要生长在石灰岩向阳山坡灌木丛中。德保苏铁喜阳耐旱，对土壤要求不严，多生长于石缝中，极少数生长于土层较厚的土壤中。优势植被是次生石山矮灌丛，德保苏铁是植被的优势种之一。伴生植物多为旱生的灌木、草类和小乔木。主要伴生植物有肥牛树 *Cephalomappa sinensis*、石山棕 *Guihaia aryrata*、董棕 *Caryota urens*、棕竹 *Rhapis excelsa*、红背山麻杆 *Alchornea trewioides*、圆叶乌桕 *Sapium rotundifolium*、黑面神 *Breynia fruticosa*，毛桐 *Mallotus barbatus*、五月茶 *Antidesma bunius*、灰毛浆果楝 *Cipadessa baccifera*、桃金娘 *Rhodomyrtus tomentosa*、了哥王 *Wicktroemia indica*、野漆树 *Rhussuccedanea*、清香木 *Pistacia weinmannifolia*、石山柿 *Diospyros saxatilis*、大叶杜茎山 *Maesa balansae*、锈色蛛毛苣苔 *Paraboea rufescens*、铁线莲 *Clematis florrida*、云香竹 *Indocalamus calcicolus*、肾蕨 *Nephrolepis cordifolia*、小画眉 *Eragrostis poaeoides*、荩草 *Arthraxon hispidus*、五节芒 *Miscanthus floridulus* 等。在土山区，德保苏铁生长于海拔 230～300m 的山坡次生林中。德保苏铁在林下也能正常生长、开花结实。上层树种主要有麻栎 *Quercus acutissima*、苹婆 *Sterculia monosperma*、大果榕 *Ficus auriculata*、秋枫 *Bischofia javanica*。灌木层主要有土蜜树 *Bridelia tomentosa*、三叉苦 *Euodia lepta*、水锦树 *Wendlandia uvarlifolia*、灰毛浆果楝 *Cipadessa baccifera*、盐肤木 *Rhus chinensis* var. *chinensis* 等；草本层主要有荩草 *Arthraxon hispidus*、白茅 *Imperata cylindrca*、地瓜榕 *Ficus tikoua*、肾蕨 *Nephrolepis cordifolia*、线瓣玉凤花 *Habenaria fordii*。

广西百色市德保县敬德镇扶平村上平屯种群是目前发现最早也是最大的德保苏铁种群，面积约 15.3hm^2，数量约 800 株。当地植被由于人类的干扰情况不同出现两种类型。一类为次生性石山矮灌丛，由于人类干扰严重，大型乔木基本上缺乏，主要伴生植物多为旱生灌木和草本。近山顶出现桃金娘 *Rhodomyrtus tomentosa*、铁芒萁 *Dicranopteris dichotoma* 灌丛群落。另一类为典型的原生性石灰岩森林植被。植物种类以肥牛树 *Cephalomappa sinensis*、石山棕 *Guihaia aryrata*、董棕 *Caryota urens*、棕竹 *Rhapis excelsa* 等主。这一小部分植被作为当地水源林兼风水林被严格保护起来，但面积较小，约占整个种群面积的 5%。

（3）土壤理化性质

表 1-3 所示为 3 个德保苏铁野生种群的土壤营养状况。由表可知，土壤中的全钾含量在 11.586～20.902g/kg，百色市泮水乡种群、册外村种群土壤全钾含量均显著高于上平屯种群。全磷含量在 0.436～0.514g/kg，泮水乡种群的全磷含量最高，上平屯种群含量次之，册外村种群含量最低。3 个德保苏铁野生种群的全氮含量在 2.054～2.499g/kg，有机碳含量在 14.736～25.778g/kg，碱解氮含量在 0.147～0.216g/kg，其中上平屯种群土壤中这 3 种营养元素含量均高于其他 2 个种群，而泮水乡种群土壤中的含量均最低。德保苏铁野生种群的土壤 pH 值在 5.650～6.260，可知德保苏铁适宜生长于中性偏酸的土壤中。由以上可知，上平屯种群的土壤营养状况优于其他 2 个种群，而泮水乡种群的土壤营养状况最差。

表 1-3 德保苏铁土壤营养状况 单位：g/kg

名称	全钾	全磷	全氮	pH 值	有机碳	碱解氮
百色市敬德镇上平屯种群	11.586±0.149b	0.493±0.023a,b	2.499±0.003a	6.260±0.030a	25.778±0.107a	0.216±0.002a
百色市泮水乡大王岭种群	20.902±0.123a	0.514±0.014a	2.054±0.046c	5.650±0.010c	14.736±0.240c	0.147±0.002c
百色市册外村种群	20.446±0.183a	0.436±0.003c	2.184±0.004b	5.755±0.005b	18.218±0.126b	0.173±0.001b

注 同一列不同字母表示差异显著（$P<0.05$）。下同。

德保苏铁土壤矿质元素状况见表 1-4。速效钾含量在 0.063～0.196g/kg，泮水乡种群土壤中的含量最高，说明此种群土壤中可供植物体利用的钾最多，该种群土壤中的铁元素含量也高于其他 2 个种群，为 54.883g/kg。上平屯种群中的钙元素和钠元素含量显著高于其他 2 个种群且相差较大，分别为 4.998、11.687g/kg。册外村种群土壤中的镁元素含量最高，为 8.022g/kg。综合土壤矿质元素指标可知，册外村种群的矿质元素含量最为丰富。

表 1-4 德保苏铁土壤矿质元素状况

单位：g/kg

名称	速效钾	钾元素	钙元素	钠元素	镁元素	铁元素
百色市敬德镇上平屯种群	0.063±0.001c	11.500±0.445b	4.988±0.080a	11.687±0.247a	3.892±0.242c	44.879±0.017b
百色市泮水乡大王岭种群	0.196±0.001a	24.978±0.202a	0.645±0.094c	3.771±0.207b	5.677±0.036b	54.883±0.853a
百色市泮水乡册外村种群	0.108±0.001b	26.203±0.443a	1.749±0.028b	4.280±0.168b	8.022±0.220a	54.665±0.720a

1.3.2.2 六籽苏铁

(1)地理分布

六籽苏铁分布越南和中国。在我国分布于云南、广东和广西(扶绥、龙州、凭祥、宁明、崇左、武鸣、田阳等)，在广西分布于 12 个县级行政区域，是广西分布县级行政区最多的苏铁种类。常生长于低海拔的石灰岩山地或石灰岩缝隙，呈团状或小片状分布。

(2)生境特征

六籽苏铁的生境是石灰岩山地灌丛(彩图 2)。桂西北与西南的土壤可分为两大类型：石灰岩地区的土壤以黑色淋溶石灰土和棕色、红色淋溶石灰土为主；土山地区的土壤为砂页岩发育成的赤红壤和山地红壤。石灰岩地区土壤产生垂直分异性，形成有规律的垂直带谱：海拔 300~600m 以上主要为黑色石灰土，红色石灰土常在山顶石缝或凹地出现；<300m 的山坡地段多为棕色石灰土；峰丛洼地多为棕泥土和黄色石灰土。土山山地海拔 600~850m 多砂页岩黄红壤；300~600m 为砂页岩赤红壤；<300m 多属砖红壤性红壤谷地多为赤红壤。主要伴生植物有粉苹婆 *Sterculia euosma*、广西密花树 *Myrsine kwangsiensis*、翻白叶树 *Pterospermum heterophyllum*、圆叶乌桕 *Sapium rotundifolium*、红背山麻杆 *Alchornea trewioides*、灰毛浆果楝 *Cipadessa baccifera*、石山棕 *Guihaia argyrata*、九里香 *Murraya exotica*、石山巴豆 *Croton euryphyllus*、锈毛苏铁 *Cycas ferruginea*、老虎刺 *Pterolobium punctatum*、了哥王 *Wicktroemia indica*、细叶谷木 *Memecylon scutellatum*、构树 *Broussonetia papyrifera*、鹅耳枥 *Carpinus turczaninowii*、锈色蛛毛苣苔 *Paraboea rufescens*、石柑子 *Pothos chinensis*、荩草 *Arthraxon hispidus* 等。

(3)土壤理化性质

六籽苏铁土壤营养状况见表 1-5。六籽苏铁野生种群的土壤全钾含量在 1.136~4.410g/kg，其中广何村种群和陇怀种群的全钾含量显著高于其他种群，这 2 个种群之间不存在显著性差异，分别为 4.140、3.998g/kg。全磷含量在 0.508~1.808g/kg，作登种群的全磷含量最高，为 1.808g/kg。全氮含量在 2.369~6.537g/kg，排汝种群和作登种群的含量显著高于其他种群，分别为 6.537、6.481g/kg。6 个六籽苏铁的野生种群的土壤 pH 值在 6.470~8.390，说明六籽苏铁适宜生长于偏碱性的土壤。有机碳的含量在 25.497~

83.164g/kg，广何村种群和排汝种群的含量最高，新会村种群最低，且不同种群之间相差较大。碱解氮含量在0.184～0.495g/kg，广何村种群的含量最高，新会村种群的含量最低。对六籽苏铁种群的土壤营养状况进行比较发现，广何村种群的土壤营养状况优于其他种群，新会村种群的土壤营养状况最差。

表1-5 六籽苏铁土壤营养状况 单位：g/kg

名称	全钾	全磷	全氮	pH值	有机碳	碱解氮
崇左市江州区左州镇广何村种群	4.140±0.128a	1.024±0.025b	4.763±0.126b	7.500±0.071b	83.164±2.467a	0.495±0.004a
南宁市隆安县布泉乡陇怀种群	3.998±0.021a	0.788±0.001c	2.673±0.12d	6.470±0.014d	70.952±0.882c	0.478±0.001b
崇左市江州区左州镇排汝种群	1.819±0.057c	0.730±0.015c	6.537±0.158a	7.025±0.035c	81.217±1.295a	0.470±0.006c
南宁市隆安县布泉乡新会村种群	1.745±0.073c	0.966±0.035b	2.369±0.016e	8.390±0.028a	25.497±0.042e	0.184±0.003e
崇左市江州区左州镇中干村种群	1.136±0.057d	0.508±0.036d	4.054±0.059c	7.490±0.113b	47.353±0.781d	0.330±0.001d
百色市田东县作登种群	3.456±0.065b	1.808±0.024a	6.481±0.049a	7.615±0.065b	77.600±1.224b	0.477±0.001b,c

六籽苏铁土壤矿质元素状况见表1-6。速效钾是指容易被植物吸收利用的钾素。6个种群中速效钾含量最高的是排汝种群，为0.169g/kg，最低的为新会村种群。钾元素含量最高的为广何村种群和陇怀种群，这可能与这2个种群的土壤中全钾含量较高有关。钙元素含量最高的为作登种群，为44.722g/kg，最低的为中干村种群。钠元素含量在0.325～0.552g/kg，排汝种群和中干村种群含量最高，其他种群之间不存在显著性差异。镁元素在6.800～23.937g/kg，新会村种群的镁元素含量最高，各个种群之间的差异性较大。铁元素在56.186～90.334g/kg，中干村种群含量最高，为90.334g/kg，陇怀种群的铁元素含量最低。综合上述土壤营养元素和矿质元素指标可知，六籽苏铁的广何村种群土壤条件最好。

表1-6 六籽苏铁土壤矿质元素状况 单位：g/kg

名称	速效钾	钾元素	钙元素	钠元素	镁元素	铁元素
崇左市江州区左州镇广何村种群	0.159±0.001b	3.711±0.144a	11.559±0.286d	0.325±0.018b	11.398±0.155b	80.949±2.488b
南宁市隆安县布泉乡陇怀种群	0.142±0.001d	3.707±0.227a	11.564±0.149d	0.352±0.006b	6.800±0.040d	56.186±0.17e
崇左市江州区左州镇排汝种群	0.169±0.001a	0.534±0.036d	13.849±0.676c	0.503±0.013a	9.402±0.103c	71.958±2.672c
南宁市隆安县布泉乡新会村种群	0.044±0.001f	0.502±0.081d	39.031±0.499b	0.365±0.03b	23.937±0.461a	82.02±1.426b
崇左市江州区左州镇中干村种群	0.072±0.002e	1.093±0.025c	7.88±0.144e	0.552±0.051a	8.955±0.424c	90.334±1.499a
百色市田东县作登种群	0.150±0.002c	1.924±0.132b	44.722±0.842a	0.358±0.079b	7.284±0.251d	64.779±1.540d

1.3.2.3 锈毛苏铁

(1)地理分布

锈毛苏铁主要分布于广西百色市田东县、田阳县地区，崇左市龙州县、大新县，河池市大化瑶族自治县等地。锈毛苏铁分布较为特殊，田东县有较纯的锈毛苏铁种群及较广泛的六籽苏铁和锈毛苏铁混合种群。

(2)生境特征

锈毛苏铁分布区属南亚热带季风气候。主要生存于海拔 200~500m 喀斯特石山窝地或岩石缝隙残存的稀薄土壤中(彩图 3)。分布在山坡中上部。母岩为石灰岩，土壤为棕色石灰土。上层乔木层物种类型主要有粉苹婆 *Sterculia euosma*、秋枫 *Bischofia javanica*、广西密花树 *Myrsine kwangsiensis*、盐肤木 *Rhus chinensis*、大果榕 *Ficus auriculata*、圆叶乌桕 *Sapium-rotundifolium*、构树 *Broussonetia papyrifera*。灌木层物种主要有石山巴豆 *Croton euryphyllus*、三脉叶荚迷 *Viburnum triplinerve*、对叶榕 *Ficus hispida*、矮小天仙果 *Ficus erecta*、茶条木 *Delavaya toxocarpa*、木姜子 *Litsea pungens*、清香木 *Pistacia weinmanniifolia*、鲫鱼胆 *Maesa perlarius*、红背山麻杆 *AIchornea trewioides*、灰毛浆果楝 *Cipadessa cinerascens*、竹叶花椒 *Zanthoxylum armatum*、漆树 *Toxicodendron vernicifluum*、海桐 *Pittosporum tobira* 等。草本层物种有火炭母 *Polygonum chinense*、芒箕 *Dicranopteris pedata*、贝母兰 *Coelogyne cristata*、乌毛蕨 *Blechnopsis orientalis* 等。锈毛苏铁的种间竞争来源于乔木层植物幼苗、林下灌木层植物。

(3)土壤理化性质

锈毛苏铁土壤营养状况见表 1-7。锈毛苏铁土壤全钾含量在 2.526~7.117g/kg，全磷含量在 1.808~3.815g/kg，岜尿绸种群土壤中的全钾和全磷含量显著高于其他 2 个种群，木棉山庄种群土壤中的全钾含量最低，作登种群的全磷含量最低。全氮含量在 6.049~7.532g/kg，有机碳含量在 69.772~97.117g/kg，碱解氮含量在 0.461~0.558g/kg，木棉山庄种群土壤中的全氮、有机碳和碱解氮含量均高于其他 2 个种群。3 个锈毛苏铁种群的土壤 pH 值在 7.615~7.925，由此可知锈毛苏铁适宜生长于偏碱性土壤中。综合上述土壤营养指标可知，岜尿绸种群和木棉山庄种群的土壤营养状况较好。

表 1-7 锈毛苏铁土壤营养状况 单位：g/kg

名称	全钾	全磷	全氮	pH 值	有机碳	碱解氮
百色市田东县作登种群	3.456±0.091b	1.808±0.034c	6.481±0.069b	7.615±0.078b	77.600±1.731b	0.477±0.001b
河池市大化县岜尿绸种群	7.117±0.209a	3.815±0.031a	6.049±0.043c	7.925±0.049a	69.779±2.715b	0.461±0.003c
河池市大化县木棉山庄种群	2.526±0.094c	3.097±0.034b	7.532±0.215a	7.91±0.014a	97.117±2.936a	0.558±0.001a

锈毛苏铁土壤矿质元素状况见表 1-8。除钙元素和钠元素外，岜尿绸种群土壤中的速效钾、钾元素、镁元素和铁元素均显著高于其他种群，分别为 0.198、3.564、22.892、73.630g/kg。作登种群土壤中的钙元素含量最高，岜尿绸种群的钙元素含量最低。3 个锈毛苏铁野生种群的钠元素含量不存在显著性差异。综合土壤中的营养元素和矿质元素含量可知，岜尿绸种群土壤的营养条件最好。

表 1-8　锈毛苏铁群落土壤矿质元素状况　　单位：g/kg

名称	速效钾	钾元素	钙元素	钠元素	镁元素	铁元素
百色市田东县作登种群	0. 150±0. 004b	1. 924±0. 187b	44. 722±1. 191a	0. 358±0. 112a	7. 284±0. 355b	64. 779±2. 178b
河池市大化县岜尿绸种群	0. 198±0. 002a	3. 564±0. 067a	24. 226±0. 473c	0. 365±0. 017a	22. 892±1. 176a	73. 630±0. 943a
河池市大化县木棉山庄种群	0. 120±0. 001c	0. 316±0. 05c	29. 752±0. 380b	0. 350±0. 018a	7. 930±0. 586b	72. 291±0. 669a

1. 3. 2. 4　叉叶苏铁

(1)地理分布

叉叶苏铁分布于我国云南、广西及海南，越南、老挝也有分布。在广西主要分布于崇左市扶绥县、凭祥市、宁明县、龙州县。水平分布区范围在 106°43′~107°24′E、22°09′~22°33′N，垂直分布于 300~500m。

(2)生境特征

叉叶苏铁分布区位于热带北部季风区。为喜钙植物，喜欢在阴湿、土壤较肥沃的环境下生长，通常生长于石灰岩低峰丛或石山中下部的灌木丛和草丛中(彩图 4)。土壤为石灰岩土，中性至弱碱性。植被类型是以仪花 *Lysidice rhodostegia* 或闭花木 *Cleistanthus sumatranus* 等为优势种的石山季节性雨林。上层乔木树种主要有蚬木 *Excentrodendron tonkinense*、海南椴 *Diplodiscus trichosperma*、闭花木 *Cleistanthus sumatranus*、海南风吹楠 *Horsfieldia hainanensis*、秋枫 *Bischofia javanica*、肥牛树 *Cephalomappa sinensis*、高山榕 *Ficus altissima*、仪花 *Lysidice rhodostegia*、人面子 *Dracontomelon duperreanum*、东京桐 *Deutzianthus tonkinensis*、石山樟 *Cinnamomum calcarea*、厚壳桂 *Cryptocarya chinensis*、金丝李 *Garcinia paucinervis* 等。灌木层主要有红背山麻秆 *Alchornea trewioides*、枫香树 *Liquidambar formosana*、剑叶龙血树 *Dracaena cochinchinensis*、对叶榕 *Ficus hispida*、南酸枣 *Choerospondias axillaris*、山榄叶柿 *Diospyros siderophylla*、灰毛浆果楝 *Cipadessa baccifera*、大叶紫珠 *Callicarpa macrophylla* 等。草本层主要有火炭母 *Polygonum chinense* var. *chinense*、山芝麻 *Helicteres angustifolia*、沿阶草 *Ophiopogon bodinieri*、芸香竹 *Bonia saxatilis*、伞房花耳草 *Hedyotis corymbosa*、光果姜 *Zingiber nudicarpum* 等。

(3)土壤理化性质

叉叶苏铁土壤营养状况见表 1-9。4 个种群的土壤全钾含量在 3. 517~18. 537g/kg，陇楼种群的全钾含量最高，为 18. 537g/kg，排汝种群的含量最低，各种群之间均存在显著性差异。陇郎种群土壤中的全磷、全氮、有机碳和碱解氮的含量均显著高于其他 3 个种群，分别为 1. 866、8. 564、122. 548、0. 718g/kg。陇楼种群土壤中除全钾含量高于其他种群外，其他土壤营养元素均最低。4 个叉叶苏铁野生种群的土壤 pH 值在 6. 735~7. 840，表明叉叶苏铁适宜生长于偏碱性土壤中。

表 1-9 叉叶苏铁土壤营养状况 单位：g/kg

名称	全钾	全磷	全氮	pH 值	有机碳	碱解氮
崇左市江州区磨布种群	17. 169±0. 096b	0. 625±0. 023c	5. 925±0. 287b	7. 285±0. 075b	82. 881±2. 263b	0. 562±0. 002b
崇左市江州区陇楼种群	18. 537±0. 039a	0. 473±0. 018d	4. 079±0. 009d	6. 735±0. 045c	44. 161±0. 564d	0. 345±0. 001d
崇左市江州区排汝种群	3. 517±0. 017d	1. 253±0. 004b	4. 757±0. 055c	6. 775±0. 045c	69. 120±2. 109c	0. 455±0. 002c
崇左市江州区陇郎种群	15. 560±0. 286c	1. 866±0. 002a	8. 564±0. 105a	7. 840±0. 085a	122. 548±0. 261a	0. 718±0. 001a

叉叶苏铁土壤矿质元素状况见表 1-10。陇楼种群的钾元素含量最高，这可能得益于土壤中高含量的全钾，但其速效钾的含量却低于宜村陇郎种群。叉叶苏铁野生种群的速效钾含量在 0. 261～0. 317g/kg，陇郎种群中的速效钾的含量最高，为 0. 317g/kg，说明该种群土壤中植物可利用的钾含量最高。除速效钾外，陇郎种群土壤中的钙元素含量也显著高于其他 3 个种群，为 23. 473g/kg，钙元素含量最低的为陇楼种群。钠元素含量在 0. 285～9. 437g/kg，磨布种群、马鞍村陇楼种群之间不存在显著性差异但显著高于其他两个种群，陇郎种群土壤中的钠元素含量最低，仅为其他种群的 1/33、1/32、1/29。镁元素含量在 6. 486～10. 264g/kg，铁元素含量在 54. 310～69. 227g/kg，与钠元素相同，磨布种群、陇楼种群土壤中的镁元素和铁元素含量之间无显著性差异，但显著高于其他 2 个种群，陇郎种群土壤中的含量最低。综合数据可知，叉叶苏铁陇郎种群土壤营养条件最好，而磨布种群的土壤矿质元素的条件最好。

表 1-10 叉叶苏铁群落土壤矿质元素状况 单位：g/kg

名称	速效钾	钾元素	钙元素	钠元素	镁元素	铁元素
崇左市江州区磨布种群	0. 261±0. 003d	18. 943±0. 495b	15. 488±0. 447b	9. 437±0. 324a	10. 264±0. 059a	66. 770±1. 831a
崇左市江州区陇楼种群	0. 292±0. 002b	20. 955±0. 001a	8. 180±0. 353d	9. 316±0. 017a	9. 796±0. 202a	69. 227±0. 222a
崇左市江州区排汝种群	0. 265±0. 001c	4. 768±0. 055d	10. 768±0. 300c	8. 239±0. 124b	7. 606±0. 228b	57. 310±1. 499b
崇左市江州区陇郎种群	0. 317±0. 001a	13. 105±0. 075c	23. 473±0. 740a	0. 285±0. 010c	6. 486±0. 061c	54. 803±1. 301b

1. 3. 2. 5 叉孢苏铁

(1)地理分布

叉孢苏铁主要分布于广西、云南和贵州。在贵州主要分布于册亨和望谟；在云南主要分布于富宁、广南、麻栗坡等地；在广西主要分布于德保、乐业、凌云、隆安、隆林、平果、天等、天峨、田东、田林、田阳、西林、右江等地。

(2)生境特征

叉孢苏铁主要生长于林下阴湿地，在喀斯特地区和酸性土环境均有分布(彩图 5)，对

土壤选择性不强，分布区土壤有砖红壤和赤红壤、黑色石灰土、红色石灰土。上层乔木植物主要有假苹婆 *Sterculia lanceolata*、八角枫 *Alangium chinensis*、粗糠柴 *Mallotus philippinensis*、糙叶树 *Aphananthe aspera*、朴树 *Celtis sinensis*、盐肤木 *Rhus chinensis*、粗叶榕 *Ficus hirta* 等。灌木层主要有灰毛浆果楝 *Cipadessa cinerascens*、毛桐 *Mallotus barbatus*、构树 *Broussonetia papyrifera*、杜茎山 *Maesa japonica*、鹅掌柴 *Heptapleurum heptaphyllum*、瓜馥木 *Fissistigma oldhamii*、大叶紫珠 *Callicarpa macrophylla* 等。草本层主要有大叶仙茅 *Curculigo capitulata*、驳骨九节 *Psychotria prainii*、魔芋 *Amorphophallus konjac*、火炭母 *Persicaria chinensis*、蔓生秀竹 *Micorostegium vagans*、小飞蓬 *Conyza canadensis*、棕叶芦 *Thysanolaena maxima*、野芝麻 *Lamium barbatum*、半边旗 *Pteris semipinnata* 等。

(3)土壤理化性质

叉孢苏铁土壤营养状况见表 1-11。5 个叉孢苏铁野生种群的全钾含量在 2.545～15.755g/kg，那务种群的全钾含量最高，一沟种群的含量最低，2 个种群相差 6 倍。全磷含量在 0.373～1.237g/kg，其中那佐种群的全磷含量最高，为 1.237g/kg，二沟种群最低。那务种群的全氮、有机碳和碱解氮的含量均显著高于其他种群，分别为 3.620、48.855、363.753g/kg，而那佐种群土壤中的全氮、有机碳和碱解氮含量均最低。5 个叉孢苏铁种群土壤的 pH 值在 4.940～7.210，不同种群土壤的 pH 值相差较大，除田坝种群土壤呈偏酸性外，其他种群土壤均呈弱碱性。

表 1-11　叉孢苏铁土壤营养状况　　单位：g/kg

名称	全钾	全磷	全氮	pH 值	有机碳	碱解氮
百色市乐业县二沟种群	12.958±0.215b	0.373±0.001d	2.331±0.049c	7.070±0.029c	25.624±0.103c	190.657±1.01
百色市右江区那务种群	15.755±0.242a	0.625±0.010b	3.620±0.036a	6.690±0.008d	48.855±1.193a	363.753±2.675a
百色市乐业县一沟种群	2.545±0.016d	0.534±0.014c	3.003±0.029b	7.910±0.036a	48.579±1.485a	253.486±0.197c
百色市田林县田坝种群	12.511±0.015b	0.513±0.001c	2.834±0.081b	4.940±0.016e	31.951±0.426b	276.673±3.118b
百色市西林县那佐种群	11.291±0.047c	1.237±0.011a	1.921±0.038d	7.210±0.037b	20.108±0.049e	162.654±1.222e

叉孢苏铁土壤矿质元素状况见表 1-12。速效钾含量在 96.639～276.882g/kg，各种群之间均存在显著性差异，那佐种群含量最高，为 276.882g/kg。田坝种群的含量最低，仅为优母音种群的 1/3。各种群土壤中钾元素情况与全钾一致，均为那务种群最高，那佐种群最低。钙元素含量在 1.584～33.621g/kg，一沟种群的钙元素含量最高且远高于其他种群，为含量最低的田坝种群的 21 倍。那务种群钠元素、镁元素和铁元素含量均显著高于其他种群，分别为 6.433、6.954、38.605g/kg，二沟种群的钠元素和铁元素的含量显著低于其他种群，分别为 1.455、23.879g/kg。那佐种群中的镁元素含量显著低于其他种群，为 3.380g/kg。综合以土壤营养和矿质元素指标来看，叉孢苏铁那务种群土壤条件最好。

表 1-12 叉孢苏铁土壤矿质元素状况 单位：g/kg

名称	速效钾	钾元素	钙元素	钠元素	镁元素	铁元素
百色市乐业县二沟种群	108. 195±1. 840d	14. 187±0. 001b	5. 244±0. 204b	1. 455±0. 022e	5. 804±0. 091b	23. 879±0. 278d
百色市右江区那务种群	116. 552±0. 056c	16. 382±0. 427a	5. 435±0. 295b	6. 433±0. 319a	6. 954±0. 273a	38. 605±0. 445a
百色市乐业县一沟种群	141. 689±2. 084b	2. 611±0. 149d	33. 621±0. 506a	4. 333±0. 009b	5. 479±0. 102b	31. 466±1. 037b
百色市田林县田坝种群	96. 639±1. 609e	12. 264±0. 225c	1. 584±0. 087c	2. 218±0. 108d	3. 578±0. 139c	28. 989±0. 340c
百色市西林县那佐种群	276. 882±0. 755a	11. 713±0. 323c	4. 705±0. 155b	3. 398±0. 136c	3. 380±0. 050c	33. 533±0. 544b

1. 3. 2. 6 贵州苏铁

(1)地理分布

贵州苏铁分布于广西、云南和贵州。在云南主要分于开远、泸西、蒙自、弥勒、丘北、师宗等地；在贵州主要分布于兴义和安龙；在广西主要分布于隆林、西林。

(2)生境特征

贵州苏铁主要分布于低纬度高海拔的中亚热带季风气候，其气候特征为夏季高温多雨，秋季温凉湿润，冬季阴冷，春季干旱。生长于海拔 350～1200m 的河谷地带灌丛中及沟谷季雨林下(彩图 6)。成土母岩为砂页岩，土壤为山地红黄壤。上层乔木植物主要有青冈栎 *Quercus glauca*、高山栲 *Castanopsis delavayi*、栓皮栎 *Quercus variabilis*、大叶栎 *Quercus griffithii*、饭甑青冈 *Cyclobalanopsis fleuryi*、粗糠柴 *Mallotus philippinensis*、秋枫 *Bischofia javanica* 等。灌木层主要有灰毛浆果楝 *Cipadessa baccifera*、斜叶榕 *Ficus tinctoria* subsp. *gibbosa*、余甘子 *Phyllanthus emblica*、盐肤木 *Rhus chinensis* var. *chinensis*、八角枫 *Alangium chinense*、黄杞 *Engelhardia roxburghiana*、构树 *Broussonetia papyrifera* 等。草本层植物种类有肾蕨 *Nephrolepis cordifolia*、野菊 *Chrysanthemum indicum*、豨莶 *Siegesbeckia orientalis*、紫茎泽兰 *Ageratina adenophora* 等。

(3)土壤理化性质

贵州苏铁土壤营养状况见表 1-13。隆林县 2 个贵州苏铁野生种群的土壤营养指标均具有显著性差异。兰电沟种群土壤中的全钾、全磷含量高于狮子口大山种群，分别为 20. 068、0. 910g/kg。而狮子口大山种群的全氮、有机碳和碱解氮的含量高于兰电沟种群。2 个种群相差最大的为有机碳，狮子口大山种群约为兰电沟种群的 2. 8 倍。2 个贵州苏铁野生种群的土壤均为中性土。

表 1-13 贵州苏铁土壤营养状况 单位：g/kg

名称	全钾	全磷	全氮	pH 值	有机碳	碱解氮
百色市隆林县狮子口大山种群	14. 629±0. 332b	0. 804±0. 004b	4. 958±0. 076a	6. 805±0. 045b	75. 592±0. 879a	0. 450±0. 003a
百色市隆林县兰电沟种群	20. 068±0. 143a	0. 910±0. 010a	2. 427±0. 043b	7. 685±0. 015a	27. 157±0. 009b	0. 189±0. 001b

贵州苏铁土壤矿质元素状况见表1-14。狮子口大山种群的速效钾、钾元素和钠元素含量高于兰电沟种群，而兰电沟种群的钙元素、镁元素、铁元素含量高于狮子口大山种群。2个种群相差最多的矿质元素为钠元素，兰电沟种群约为狮子口大山种群的3.8倍。综合以土壤营养和矿质元素指标来看，2个贵州苏铁的野生种群的土壤条件较为相似，但狮子口大山种群土壤条件略优于兰电沟种群。

表1-14　贵州苏铁土壤矿质元素状况　　单位：g/kg

名称	速效钾	钾元素	钙元素	钠元素	镁元素	铁元素
百色市隆林县狮子口大山种群	0.124±0.001b	14.392±0.333b	8.099±0.201a	2.416±0.219b	9.111±0.111a	71.895±1.633a
百色市隆林县兰电沟种群	0.350±0.001a	23.243±1.672a	6.293±0.147b	9.107±0.021a	5.992±0.098b	47.989±0.102b

1.3.2.7　宽叶苏铁

(1)地理分布

宽叶苏铁分布于我国广西、云南，老挝、缅甸、泰国、越南等也有分布。在云南主要分布于河口、金平、马关、屏边等地；在广西主要分布于南宁市隆安县，防城港市防城区、东兴市，崇左市，凭祥市等。据近几年野外调查，目前在市防城区和防城港东兴市发现有野生宽叶苏铁种群分布。防城区主要分布于那梭镇和扶隆乡；东兴市主要分布于马路镇。水平分布区域范围在107°56′~108°58′E、21°41′~21°50′N，垂直分布于100~800m。

(2)生境特征

宽叶苏铁主要生长于季雨林海拔120~700m的低山和山前丘陵地带，分布于山坡的小沟谷两旁(彩图7)。喜光，好温暖，耐干旱，也耐半阴。土壤类型主要为山地红壤性。乔木层主要树种有狭叶坡垒 *Hopea chinensis*、鹅掌柴 *Schefflera heptaphylla*、猴耳环 *Pithecellobium clypearia*、岭南山竹子 *Garcinia oblongifolia*、假苹婆 *Sterculia lanceolata*、臀果木 *Pygeum topengii*、罗浮柿 *Diospyros morrisiana*、红鳞蒲桃 *Sygium hancei*、鹅掌柴 *SCceflera heptaphylla* 等。灌木层主要有华润楠 *Machilus chinensis*、黑面神 *Breynia fruticosa*、白楸 *Mallotus paniculatus*、九节 *Psychotria rubra* var. *rubra*、三椏苦 *Evodia lepta*、木姜子 *Litsea pungens*、锯叶竹节树 *Carallia diphopetala* 等。草本层主要有淡竹叶 *Lophatherum gracile*、五节芒 *Miscanthus floridulus*、石柑子 *Pothos chinensis*、乌毛蕨 *Blechnum orientale*、金毛狗蕨 *Cibotium barometz* 等。

(3)土壤理化性质

宽叶苏铁群落土壤营养状况见表1-15。宽叶苏铁野生种群的土壤pH值在3.79g/kg~4.84g/kg，表明宽叶苏铁生存的土壤环境偏酸性土壤。全钾在0.343g/kg~1.276g/kg，全磷在0.028g/kg~0.244g/kg，全氮在2.562g/kg~4.88g/kg，3个指标中，均是平风坳种群、稔稳岭种群显著高于上岳种群、妹仔田种群。

在4个野生种群中平风坳种群、稔稳岭种群的速效钾和碱解氮均显著高于上岳种群、妹仔田种群。这与平风坳、稔稳岭2个野生种群长势较好和种群数量较多有关。在经典植物矿质营养理论中，碳是名列首位的营养元素，但是在化肥工业中却长期缺乏相应的产品开发，其原因在于认识上的偏差。有机碳营养来源于大气中的 CO_2，但靠天补碳的 CO_2 仅为植物需求的 20%，作物实际上处于严重的“碳饥饿”中，是最突出的营养短板。若能开拓施肥补碳的新途径，减轻“碳饥饿”，可明显提质增效且节肥。理论研究和有机碳肥的实践都证明，有机营养是植物中碳的重要来源之一。有机碳在 32.4g/kg～61.6g/kg，平风坳种群、稔稳岭种群显著高于上岳种群、妹仔田种群。

表 1-15　宽叶苏铁土壤营养状况　　单位：g/kg

名称	全钾	全磷	全氮	pH 值	有机碳	碱解氮
防城港市防城区妹仔田种群	0.343±0.027a	0.035±0.003a	2.766±0.02a	3.79±0.028a	32.4±0.001a	307.818±2.022a
防城港市防城区平风坳种群	1.276±0.028b	0.054±0.001ab	4.025±0.063b	4.51±0.014a	51.5±2.121ab	426.162±3.588b
防城港市防城区上岳种群	0.234±0.003a	0.028±0.001a	2.562±0.121a	4.625±0.064a	41.5±0.001a	300.664±2.463a
防城港市防城区稔稳岭种群	0.792±0.006ab	0.244±0.003c	4.88±0.007b	4.84±0.014a	61.6±0.141b	393.464±2.685b

宽叶苏铁土壤矿质元素状况见表 1-16。平风坳种群含有丰富的钾元素，种群土壤中的速效钾的含量也较高，但速效钾含量最高的为稔稳岭种群，为 238.219g/kg。除钾元素外，平风坳种群土壤中的铁元素和钠元素含量均显著高于其他种群，分别为 49.376、8.377g/kg。稔稳岭种群土壤中的钙元素和镁元素含量也显著高于其他种群，分别为 5.534、4.922g/kg。综合土壤中各营养元素和矿质元素指标发现，平风坳种群和稔稳岭种群的土壤条件较好，而上岳种群的土壤条件较差。

表 1-16　宽叶苏铁群落土壤矿质元素状况　　单位：g/kg

名称	速效钾	钾元素	钙元素	钠元素	镁元素	铁元素
防城港市防城区妹仔田种群	88.035±0.136a	5.045±0.198a	1.154±0.017a	6.799±0.19b	3.366±0.179a	35.042±0.299b
防城港市防城区平风坳种群	212.285±2.066c	24.272±1.371c	1.882±0.176a	8.377±0.774b	4.280±0.293ab	49.376±0.937b
防城港市防城区上岳种群	63.663±1.095a	1.609±0.076a	1.8175±0.2a	1.618±0.073a	3.482±0.109a	29.939±0.051a
防城港市防城区稔稳岭种群	238.219±0.168c	11.323±0.019b	5.534±1.11b	1.62±0.072a	4.922±0.136b	29.745±3.192a

1.3.2.8　长叶苏铁

（1）地理分布

长叶苏铁分布于我国云南和广西，越南北部也有分布。在云南主要分布于河口、金平、麻栗坡、马关、勐海、勐腊、屏边等地；在广西主要分布于百色市德保县和田东县。德保县分布于那甲镇和城关镇，田阳县分布于梅茶镇。水平分布区范围在 106°9′～106°47′E、23°21′～23°28′N，垂直分布于 200～1000m。

(2)生境特征

长叶苏铁野生个体为零星分布，且数量极为稀少，种群生境受人为干扰严重。为喀斯特专性植物，多生长于石灰岩山地雨林或山地季雨林下，主要分布于次生林下(彩图8)。上层乔木植物主要有构树 *Broussonetia papyrifera*、菜豆树 *Radermachera sinica*、大果榕 *Ficus auriculata*、蚬木 *Excentrodendron tonkinense* 等。灌木层主要有臭椿 *Ailanthus altissima*、广西密花树 *Myrsine kwangsiensis*、杜茎山 *Maesa japonica*、枫香树 *Liquidambar formosana*、灰毛浆果楝 *Cipadessa baccifera*、假鹰爪 *Desmos chinensis* 等。草本层主要有肾蕨 *Nephrolepis cordifolia*、落地生根 *Bryophyllum pinnatum*、鸭跖草 *Commelina communis*、光石韦 *Pyrrosia calvata* 等。

(3)土壤理化性质

长叶苏铁土壤营养状况见表1-17。长叶苏铁野生种群的土壤pH值在7.120~7.735，表明长叶苏铁生存的土壤环境为中性偏碱。3个种群的全钾含量在3.585~14.159g/kg，那录种群的全钾含量最高，梅茶种群含量最低。全磷含量在0.941~2.521g/kg，全氮含量在5.460~6.185g/kg，渠灰种群的全磷和全氮含量均高于其他2个种群。那录种群的全磷、全氮含量最低，而有机碳和碱解氮的含量却高于其他种群。

表1-17 长叶苏铁土壤营养状况 单位：g/kg

名称	全钾	全磷	全氮	pH值	有机碳	碱解氮
百色市田东县梅茶种群	3.585±0.063c	1.541±0.03b	6.143±0.101a	7.735±0.134a	80.643±3.246b	0.521±0.003c
百色市德保县那录种群	14.159±0.292a	0.941±0.013c	5.46±0.109b	7.665±0.064a	90.087±2.896a	0.607±0.001a
百色市德保县渠灰种群	8.194±0.244b	2.521±0.004a	6.185±0.092a	7.120±0.127b	85.859±0.561a,b	0.533±0.002b

长叶苏铁土壤矿质元素状况见表1-18。那录种群高含量的钾元素可能得益于该种群土壤中高含量的全钾，但该种群土壤中的速效钾的含量却最低，速效钾含量最高的为渠灰种群，为0.253g/kg。除钾元素外，那录种群土壤中的钙元素和镁元素的含量均显著高于其他种群，分别为83.293、16.058g/kg。渠灰种群土壤中的铁元素含量也显著高于其他种群。而梅茶种群土壤中仅钠元素的含量高于其他种群。梅茶种群和那录种群的钠元素含量远高于渠灰种群，分别是渠灰种群的16、14倍。综合土壤中各营养元素和矿质元素指标发现，那录种群的土壤条件较好，而梅茶种群的土壤条件较差。

表1-18 长叶苏铁土壤矿质元素状况 单位：g/kg

名称	速效钾	钾元素	钙元素	钠元素	镁元素	铁元素
百色市田东县梅茶种群	0.168±0.001b	4.926±0.241b	65.713±2.333b	4.711±0.517a	8.758±0.38b	76.595±1.725b
百色市德保县那录种群	0.167±0.001b	16.08±0.445a	83.293±2.382a	4.041±0.354a	16.058±0.877a	58.041±2.635c
百色市德保县渠灰种群	0.253a±0.001	4.494±0.530b	15.389±0.200c	0.296±0.013b	5.851±0.113c	86.225±3.835a

1.3.2.9 四川苏铁

(1)地理分布

四川苏铁分布于四川、福建、广东。在四川主要分布于峨眉山、乐山、雅安；在福建主要分布于诏安；在广东主要分布深圳、广州、乐昌、清远等地。

(2)生境特征

四川苏铁分布区地处中亚至南亚热带。生长于海拔580m以下的低山、常绿阔叶林下(彩图9)。土壤类型主要为黄壤和红壤。上层乔木植物主要有假苹婆 *Sterculia lanceolata*、降真香 *Acronychia pedunculata*、银柴 *Aporusa dioica*、香叶树 *Lindera communis*、枫香 *Liquidambar formosana*、南酸枣 *Choerospondias axillaris* var. *axillaris*、野柿 *Diospyros kaki* var. *silvestris*、苦槠 *Castanopsis sclerophylla*、无患子 *Sapindus saponaria* 等。灌木层主要有朴树 *Celtis sinensis*、黄荆 *Vitex negundo* var. *negundo*、盐肤木 *Rhus chinensis* var. *chinensis*、山矾 *Symplocos sumuntia*、鸭脚木 *Schefflera octophylla* 等。草本层主要有白藤 *Calamus tetradactylus*、皱叶狗尾草 *Setaria plicata* var. *plicata*、积雪草 *Centella asiatica*、醉鱼草 *Buddleja lindleyana*、五节芒 *Miscanthus floridulus*、金星蕨 *Parathelypteris glanduligera* 等。

1.3.2.10 台湾苏铁

(1)地理分布

台湾苏铁分布于台湾、福建、广东和海南。在福建主要分布于厦门、芗城、云霄、漳州等地，在海南主要分布于昌江、陵水、琼中、三亚等地；台湾东部卑南大溪、清水等地以及红叶村的深山峭壁里，发现有较大面积的野生林，广东的罗浮山等地亦有分布。

(2)生境特征

分布区属热带海洋季风气候，气候温和，夏季时间长，冬季短，雨量充沛。主要生长在低海拔山坡灌丛、松林或热带雨林下，呈星散或小片状分布(彩图10)。土壤类型主要为砖红壤和赤红壤。上层乔木植物主要有枝花李榄 *Linociera ramiflora*、海南山龙眼 *Helicia hainanensis*、黄桐 *Endospermum chinense*、黄牛木 *Cratoxylum cochinchinense*、破布叶 *Microcos paniculata*、厚皮树 *Lannea coromandelica*、岭南山竹子 *Garcinia oblongifolia* 等。灌木层主要有银柴 *Aporosa dioica*、猪肚木 *Canthium horridum*、山石榴 *Catunaregam spinosa*、粉背琼楠 *Beilschmiedia glauca*、潺槁木姜子 *Litsea glutinosa*、九节 *Psychotria asiatica* 等。草本层主要有草豆蔻 *Alpinia hainanensis*、海金沙 *Lygodium japonicum* 等。

第2章 华南苏铁科植物遗传多样性研究

2.1 基于 SSR 分子标记的华南苏铁科植物遗传多样性研究

2.1.1 基于简化基因组开发 SSR 分子标记引物

2.1.1.1 方法原理

(1)分型检测平台

采用 96 通道全自动 ABI 3730XL 遗传分析仪(图 2-1)。该分析仪是公认的遗传分析金标准检测平台。

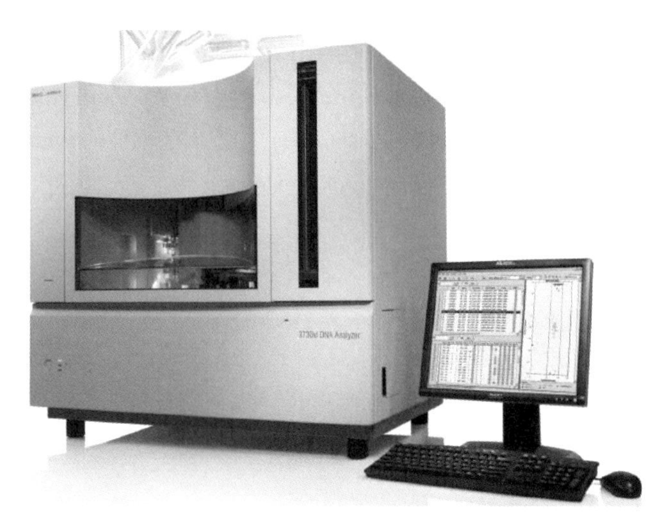

图 2-1 96 通道全自动 ABI 3730xl 遗传分析仪

(2)分型检测原理

微卫星标记(Microsatellite)，又称为短串联重复序列(Simple Tandem Repeats，STRs)或简单重复序列(Simple Sequence Repeats，SSRs)，是均匀分布于真核生物基因组中的简单重复序列，由2~6个核苷酸的串联重复片段构成，微卫星中重复单位的数目存在高度变异，这些变异表现为微卫星单位数目的整倍性变异或重复单位序列中的序列有可能不完全相同，因而造成位点的多态性。根据微卫星保守序列设计特异性引物并添加荧光基团，进行荧光 PCR 扩增，将带有荧光信号的扩增产物进行 3730 毛细管荧光电泳检测。重复单元次数不同的片段具有不同位置的峰图。根据峰图的读数判断不同等位基因(图 2-2)。

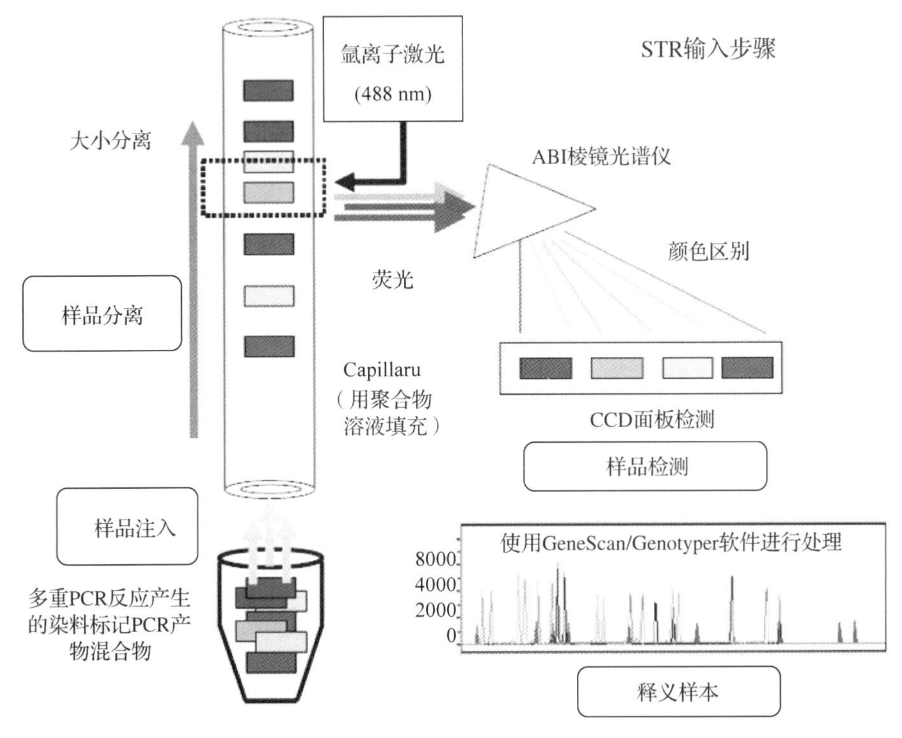

图 2-2 荧光毛细管电泳分型原理示意图

2.1.1.2 实验流程(图 2-3)

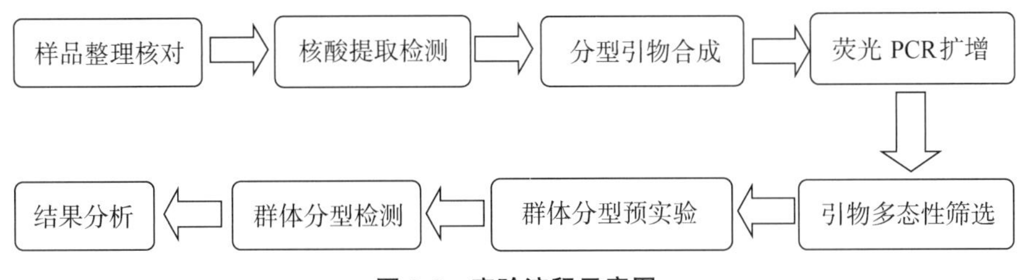

图 2-3 实验流程示意图

2.1.1.3 仪器试剂

(1)实验仪器(表 2-1)

表 2-1 实验仪器

仪器名称	型号	生产厂家
台式离心机	CR4i	Thermo Fisher
超微量分光光度计	NanoDrop ONE	Thermo Fisher
PCR 仪	Veriti 384well	Applied Biosystem
电泳仪	DYY-6C	北京六一
紫外分析仪	GelDoc™ XR+	BIO-RAD
测序仪	ABI 3730XL	Applied Biosystem

(2)实验试剂耗材(表 2-2)

表 2-2 实验试剂耗材

试剂耗材名称	生产厂家
2×Taq PCR Master Mix	Gene Tech
384 孔 PCR 板	Axygen
分子量内标 GeneScan™500 LIZ	Applied Biosystem
Hi-Di™ Formamide	Applied Biosystem
POP-7™ Polymer	Applied Biosystem
3730 Running Buffer(10X)	Applied Biosystem

2.1.1.4 实验步骤

(1)核酸提取检测

根据全基因组序列分析设计 SSR 引物，得到 96 对引物用于筛选。引物采用接头法合成，即合成时在上游引物加上 21bp 的接头序列。采用接头法进行 PCR 扩增时，第一步带接头的上游引物和下游引物与模板结合，得到带有接头序列的 PCR 产物，第二步带荧光基团的接头引物和下游引物与第一步的 PCR 产物结合，得到带有荧光基团和 21bp 接头序列的 PCR 产物(以上步骤均在一个 PCR 体系和程序中完成)。采用荧光引物进行 PCR 扩增时，5 端带有荧光基团的上游引物与下游引物直接对 DNA 模板进行扩增，得到带有荧光基团的 PCR 产物，引物信息详见表 2-3。

表 2-3 引物信息

引物编号	引物名称	荧光标记	引物序列
SPE11491	SPE11491_ GZST002_ F	FAM	TGTGGAACGTGGAATGGTAA
SPE11492	SPE11492_ GZST002_ R		AGGAATCCCGAAGGAAGAAA
SPE11493	SPE11493_ GZST019_ F	FAM	GATGAGGAAGCCTACGCAGT
SPE11494	SPE11494_ GZST019_ R		GAAAGACCTCACCATCCGAG
SPE11495	SPE11495_ GZST055_ F	HEX	TCATGAAGATGGCAACCAAC

（续）

引物编号	引物名称	荧光标记	引物序列
SPE11496	SPE11496_ GZST055_ R		TCCCTTCCAAGCAAATGTCT
SPE11497	SPE11497_ GZST013_ F	HEX	ACCGGTCGACTAGATGGATG
SPE11498	SPE11498_ GZST013_ R		AGGTCCGAAGCTTTCCTCTC
SPE11499	SPE11499_ GZST088_ F	TAMRA	TGGCTTTCGATTTCCACACT
SPE11500	SPE11500_ GZST088_ R		GAACGCTCGCTCTCTCTCTC
SPE11501	SPE11501_ GZST065_ F	ROX	GCTTGGCTGTACCGTTCTTT
SPE11502	SPE11502_ GZST065_ R		CGCCATTGACAACAACAGAC

（2）荧光 PCR 扩增

①16 个样本筛选 96 对引物。从每个群体中共选取 16 个筛选样本，扩增 96 对引物，反应在 Veriti 384 PCR 仪上进行。PCR 扩增程序设置为：95℃预变性 5 分钟；95℃变性 30 秒，62~52℃梯度退火 30 秒，72℃延伸 30 秒，运行 10 个循环；95℃变性 30 秒，52℃退火 30 秒，72℃延伸 30 秒，运行 25 个循环；72℃延伸 20 分钟，最后 4℃保存。PCR 反应结束后，扩增产物经荧光毛细管电泳检测。使用 GeneMarker 软件对结果进行分析，初步筛选到 6 对引物。

②12 个样本复筛 6 对引物。12 个样本对上一步筛出的 6 对引物进行复筛，反应在 Veriti 384 PCR 仪上进行。PCR 扩增程序设置为：95℃预变性 5 分钟；95℃变性 30 秒，62~52℃梯度退火 30 秒，72℃延伸 30 秒，运行 10 个循环；95℃变性 30 秒，52℃退火 30 秒，72℃延伸 30 秒，运行 25 个循环；72℃延伸 20 分钟，最后 4℃保存。PCR 反应结束后，扩增产物经荧光毛细管电泳检测。使用 GeneMarker 软件对结果进行分析，得到 6 对扩增稳定，多态性良好的引物。

③62 个样本检测 6 对引物。62 个群体样本扩增 6 对多态性引物，反应在 Veriti 384 PCR 仪上进行。PCR 扩增程序设置为：95℃预变性 5 分钟；95℃变性 30 秒，62~52℃梯度退火 30 秒，72℃延伸 30 秒，运行 10 个循环；95℃变性 30 秒，52℃退火 30 秒，72℃延伸 30 秒，运行 25 个循环；72℃延伸 20 分钟，最后 4℃保存。PCR 反应结束后，扩增产物经荧光毛细管电泳检测。使用 GeneMarker 软件对结果进行分析，获得每个样品的等位基因数、峰图和基因型。PCR 扩增操作表（部分），见表 2-4。

表 2-4　PCR 扩增操作表（部分）

订单：RP521-黄远声-黄远声　扩增板号：RKZ2212086-Q1　扩增条件：62-52　制表人：胡子豪　实验日期：

扩增位点	象限 FAM/SPE11491，SPE11492　象限 FAM/SPE11493，SPE11494　象限 HEX/SPE11495，SPE11496　象限 HEX/SPE11497，SPE11498　象限 TAMRA/SPE11499，SPE11500　象限 ROX/SPE11501，SPE11502										
A01	A02	A03	A04	A05	A06	A07	A08	A09	A10	A11	A12
DT2156-A01	DT2156-A02	DT2156-A03	DT2156-A04	DT2156-A05	DT2156-A06	DT2156-A07	DT2156-A08	DT2156-A09	DT2156-A10	DT2156-A11	DT2156-A12
B01	B02	B03	B04	B05	B06	B07	B08	B09	B10	B11	B12
DT2156-B01	DT2156-B02	DT2156-B03	DT2156-B04	DT2156-B05	DT2156-B06	DT2156-B07	DT2156-B08	DT2156-B09	DT2156-B10	DT2156-B11	DT2156-B12

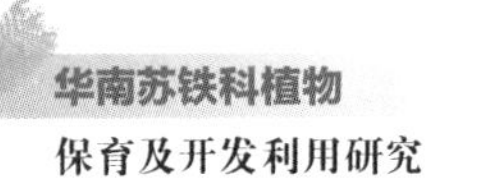

（续）

C01	C02	C03	C04	C05	C06	C07	C08	C09	C10	C11	C12
DT2156-C01	DT2156-C02	DT2156-C03	DT2156-C04	DT2156-C05	DT2156-C06	DT2156-C07	DT2156-C08	DT2156-C09	DT2156-C10	DT2156-C11	DT2156-C12
D01	D02	D03	D04	D05	D06	D07	D08	D09	D10	D11	D12
DT2156-D01	DT2156-D02	DT2156-D03	DT2156-D04	DT2156-D05	DT2156-D06	DT2156-D07	DT2156-D08	DT2156-D09	DT2156-D10	DT2156-D11	DT2156-D12
E01	E02	E03	E04	E05	E06	E07	E08	E09	E10	E11	E12
DT2156-E01	DT2156-E02	DT2156-E03	DT2156-E04	DT2156-E05	DT2156-E06	DT2156-E07	DT2156-E08	DT2156-E09	DT2156-E10	DT2156-E11	DT2156-E12
F01	F02	F03	F04	F05	F06	F07	F08	F09	F10	F11	F12
DT2156-F01	DT2156-F02	DT2156-F03	DT2156-F04	DT2156-F05	DT2156-F06	DT2156-F07	DT2156-F08	DT2156-F09	DT2156-F10	DT2156-F11	DT2156-F12
G01	G02	G03	G04	G05	G06	G07	G08	G09	G10	G11	G12
DT2156-G01	DT2156-G02	DT2156-G03	DT2156-G04	DT2156-G05	DT2156-G06	DT2156-G07	DT2156-G08	DT2156-G09	DT2156-G10	DT2156-G11	
H01	H02	H03	H04	H05	H06	HO7	H08	H09	H10	H11	H12
DT2156-H01	DT2156-H02	DT2156-H03	DT2156-H04	DT2156-H05	DT2156-H06	DT2156-H07	DT2156-H08	DT2156-H09	DT2156-H10	DT2156-H11	

注　每张 PCR 扩增操作表对应一个 96 孔 PCR 扩增孔，记录每次 PCR 扩增的订单编号、扩增板号、扩增条件、扩增位点(荧光标记/上游引物编号，下游引物编号)、每个扩增孔中的 DNA 模板(样品入库板号-孔号)等实验信息，确保实验过程准确无误。

④PCR 扩增体系和扩增程序，见表 2-5。

表 2-5　PCR 扩增体系和扩增程序

试剂名称	体积(μL)	步骤	时间	循环
2×Taq PCR Master Mix	5.0	95℃预变性	5 分钟	
		95℃变性	30 秒	10 个循环，每个循环下降 1℃
基因组 DNA(20ng)	1.0	62~52℃退火	30 秒	
		72℃延伸	30 秒	
上游引物(浓度 10pmol/μL)	0.5	95℃变性	30 秒	
下游引物(浓度 10pmol/μL)	0.5	52℃退火	30 秒	25 个循环
ddH_2O	3.0	72℃延伸	30 秒	
总体积	10.0	72℃末端延伸	20 分钟	
		4℃	保温	

(3) 荧光 PCR 产物电泳鉴定稀释

荧光 PCR 产物电泳鉴定稀释，如图 2-4 所示。

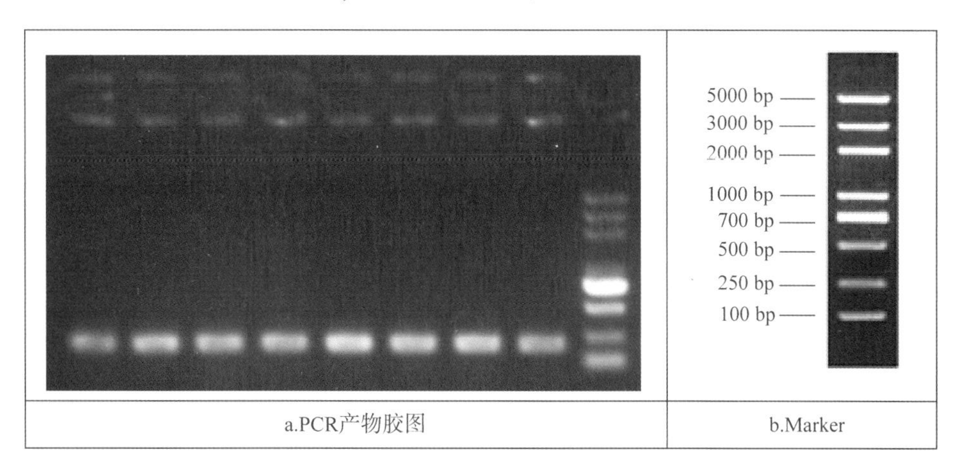

图 2-4　扩增电泳胶图

为了确保荧光 PCR 扩增的特异性和上机检测样本的浓度均一性，荧光 PCR 扩增完成后，取 2μL PCR 产物进行琼脂糖凝胶电泳检测(1%浓度)，通过 PCR 产物的带型来判断各 SSR 引物扩增的特异性，通过 PCR 产物条带的亮度来判断各 SSR 引物的扩增效率，按照样本上机检测浓度要求，对各荧光 PCR 产物进行稀释，得到浓度均一的荧光 PCR 产物，安排上测序仪进行检测。由于琼脂糖凝胶电泳检测分辨率较低，SSR 扩增片段均较小，该步骤默认为抽检。

(4) 荧光毛细管电泳检测

①按照实验信息管理系统中的实验方案，将稀释至统一浓度的荧光 PCR 产物加至上机板中，并按以下体系分别加入上机检测试剂(表 2-6)。

表 2-6　PCR 反应体系组分

试剂名称	体积(μL)
荧光 PCR 产物	1.0
GeneScan™ 500 LIZ	0.5
Hi-Di™ Formamide	8.5
总体积	10.0

②将加好样本和试剂的待检测板，离心后放到 PCR 仪上运行变性程序(95℃，3 分钟)，变性完成后立即冷却。

③参照 ABI 3730xl 上机操作流程，选择待检测板名称对应的检测文件，运行 SSR 样本分析检测程序。

(5)原始数据分析

从 ABI 3730xl 仪器上导出“.fsa”格式原始数据，按检测位点进行分类归档后，分别导入到 GeneMarker 分析软件中，进行基因型数据的读取，并按位点名称分别导出 Excel 基因型原始数据和 PDF 分型峰图文件，部分数据如图 2-5 和彩图 11 所示。

```
Allele Report
Software Package: SoftGenetics GeneMarker 3.0.0
Date/Time: 12/29/2022 - 17:25:03

Project: C:\Users\1\Desktop\GZST002.SGF
Panel: RP521-GZST002-GZST019
Size: GS500_1
Analysis Type: Fragment


Report Style: Marker Table

                    GZST019
        1 GZST002_G      199       199
        2 GZST002_G      199       199
        3 GZST002_G      199       199
        4 GZST002_G      199       199
        5 GZST002_G      199       199
        6 GZST002_G      199       199
        7 GZST002_G      199       199
        8 GZST002_G      199       199
```

图 2-5　Excel 基因型原始数据

(6)引物筛选结果

根据全基因组序列中得到 96 对引物，一共筛选出 6 对扩增成功，峰型良好引物(表 2-7)。

表 2-7　筛出的 6 对引物信息

位点名称	重复单元	上游引物	下游引物	等位基因区间
GZST002	$(GA)_6$	TGTGGAACGTGGAATGGTAA	AGGAATCCCGAAGGAAGAAA	158～160
GZST019	$(ATAA)_5$	GATGAGGAAGCCTACGCAGT	GAAAGACCTCACCATCCGAG	212～221
GZST055	$(AT)_6$	TCATGAAGATGGCAACCAAC	TCCCTTCCAAGCAAATGTCT	161～184
GZST013	$(GAG)_5$	ACCGGTCGACTAGATGGATG	AGGTCCGAAGCTTTCCTCTC	252～265
GZST088	$(AG)_7$	TGGCTTTCGATTTCCACACT	GAACGCTCGCTCTCTCTCTC	136～159
GZST065	$(CGA)_5$	GCTTGGCTGTACCGTTCTTT	CGCCATTGACAACAACAGAC	157～174

(7)引物多态性分析

6 对引物在 62 个样本中共检测出 17 个等位基因(*Na*)，其中，最小等位基因数目为 1，最大等位基因数目为 5，平均每个位点等位基因数目为 2.8333(表 2-8、表 2-9)。有效等位基因(*Ne*，等位基因在群体中分布得越均匀，*Ne* 越接近实际检测到的等位基因的个数)总数为 9.403，数值变化范围为 1(GZST055)～2.062(GZST013)，平均每个位点有效等位基因数目为 1.56717。香农指数(*I*)的数值范围为 0(GZST055)～0.822(GZST065)，平均值 0.49183。观测杂合度(*Ho*)的数值范围为 0(GZST002/GZST055)～0.984(GZST013)，平均值 0.44050。期望杂合度(*He*)的数值范围为 0(GZST055)～0.515(GZST013)，平均值 0.30083。多态信息含量(*PIC*)的数值范围为 0(GZST055)～0.408(GZST065)，平均值

0. 24533。近交系数平均值为-0. 166，数值为-0. 909(GZST013)~1(GZST002)。

表 2-8　6 对 SSR 引物的多态性

位点	*Na*	*Ne*	*I*	*Ho*	*He*	*F*	*PIC*	*Prob*	*Signif*
GZST002	2	1. 033	0. 082	0	0. 031	1	0. 031	0. 000	* * *
GZST013	3	2. 062	0. 764	0. 984	0. 515	-0. 91	0. 398	0. 000	* * *
GZST019	2	1. 975	0. 687	0. 855	0. 494	-0. 731	0. 372	0. 000	* * *
GZST055	1	1	0	0	0	0	0	—	—
GZST065	4	1. 949	0. 822	0. 525	0. 487	-0. 077	0. 408	0. 835	ns
GZST088	5	1. 384	0. 596	0. 279	0. 278	-0. 004	0. 263	0. 440	ns
平均	2. 833	1. 56717	0. 49183	0. 44050	0. 30083	-0. 12033	0. 24533		
标准偏差	1. 472	0. 48940	0. 35830	0. 42155	0. 23735	0. 67550			

注　*Na*：观测等位基因；*Ne*：有效等位基因；*I*：香农指数；*Ho*：观测杂合度；*He*：期望杂合度；*F*：固定指数，评估实际观测值与理论值偏离程度的指标；*PIC*：多态信息指数；*Prob*：*P* 值；*Signif*：显著性(ns 表示不显著，即群体符合 HWE；* 表示显著性差异 $P<0.05$，* * 表示显著性差异 $P<0.01$，* * * 表示显著性差异 $P<0.001$)。

表 2-9　6 对引物的近交系数和基因流

位点	*Fis*	*Fit*	*Fst*	*Nm*
GZST002	1. 000	1. 000	0. 040	6. 000
GZST013	-0. 909	-0. 906	0. 001	171. 370
GZST019	-0. 765	-0. 756	0. 005	45. 923
GZST055	—	—	—	—
GZST065	-0. 148	-0. 080	0. 059	3. 958
GZST088	-0. 006	0. 018	0. 024	9. 999
平均	-0. 166	-0. 145	0. 026	39. 542
标准偏差	0. 309	0. 309	0. 010	27. 232

注　*Fis*：群体内近交系数；*Fit*：整体近交系数；*Fst*：遗传分化系数；*Nm*：基因流[$Nm=0.25(1-Fst)/Fst$]。

2. 1. 1. 5　数据分析

(1)遗传多样性分析

在 GenAlEx version 6. 501 软件中，计算 SSR 位点和群体的各项遗传多样性指标，包括观测等位基因(*Na*)、有效等位基因(*Ne*)、香农指数(*I*)、多态性信息指数(*PIC*)、观测杂合度(*Ho*)、期望杂合度(*He*)和近交系数(*Fis*)。

(2)群体遗传结构分析

利用 Powermarker 软件计算各群体间的遗传距离。利用 UPGMA 方法进行聚类分析，并绘制环状聚类图。利用 STRUCTURE 2. 3. 4 对样本进行群体结构分析，设置 K=1~20，Burn-in 周期为 10000，MCMC(MarkovChain Monte Carlo)设为 100000，每个 K 值运行 20 次，并利用在线工具 STRUCTURE HARVESTER 算出最佳△K 值(即为最佳群体分层情况)。根据最佳 K 值结果作图。结构分析的结果图用 CLUMMP 和 DISTRUCT 软件绘制。

(3)分子方差分析(AMOVA)和基因流估算

根据群体遗传结构分析结果，在 GenAlEx version 6.501 软件中计算各群体间和群体内的变异、分化并进行显著性检验；计算遗传分化系数(Fst)和基因流(Nm)，基因流(Nm)按 Wright(1931)的公式来计算：$Nm=0.25(1-Fst)/Fst$。

2.1.2 遗传多样性和遗传结构研究

2.1.2.1 德保苏铁

2.1.2.1.1 材料与方法

(1)材料

德保苏铁样品采集地详细信息，见表 2-10。德保苏铁的种群分别为广西壮族自治区百色市上平屯(SP)、册外村(CW)、泮水乡(BS)、百维村(BM)和桂林市广西壮族自治区中国科学院植物研究所种植园(ZWS)等 5 个地区的德保苏铁，共计 75 个样品。采集德保苏铁叶片放置于装有变色硅胶的密封袋中干燥保存，对每份样品的具体信息做好标签，并对采样点进行 GPS 定位。植物样品由广西植物研究所韦霄研究员鉴定。

表 2-10　德保苏铁种群的采集信息

地点	种群	经度	纬度	样品数量(个)
广西壮族自治区百色市上平屯	SP	106°12′49″E	23°29′27″N	16
广西壮族自治区百色市册外村	CW	106°10′01″E	23°46′40″N	26
广西壮族自治区百色市泮水乡大王岭保护区	BS	106°10′18″E	23°47′11″N	16
广西壮族自治区百色市百维村	BM	106°9′12″E	23°38′20″N	9
广西植物研究所种质圃	ZWS	110°17′56″E	25°04′14″N	16

(2)方法

①DNA 的提取和检测。采用 CTAB 改良法提取德保苏铁叶片中的 DNA，用 1%琼脂糖凝胶电泳法检验 DNA 质量，用超微量分光光度计检测 DNA 浓度和纯度，检测合格的 DNA 样品稀释至 30ng/uL 置于-20℃冰箱备用。

②引物的筛选和 PCR 扩增。通过全基因组序列分析设计 SSR 引物，得到 96 对引物用于筛选。从每个群体中共选取 16 个筛选样本，扩增 96 对引物，反应在 Veriti 384 PCR 仪上进行，复筛后得到扩增稳定、多态性良好的引物。聚丙烯酰胺凝胶电泳 PCR 扩增采用 20μL 体系：1μL 模板 DNA(30ng/μL)、10μL2×TaqPCR MIX、正引物和反引物各 0.5μL(10μmol/L)、8μL ddH2O 补齐至 20μL 体系。PCR 扩增程序设置为：95℃预变性 5 分钟；95℃变性 30 秒，62~52℃梯度退火 30 秒，72℃延伸 30 秒，运行 10 个循环；95℃变性 30 秒，52℃退火 30 秒，72℃延伸 30 秒，运行 25 个循环；72℃延伸 20 分钟，最后 4℃保存。PCR 反应结束后，扩增产物经荧光毛细管电泳检测。使用 GeneMarker 软件对结果进行分析。再对上一步筛出的引物进行复筛，反应在 Veriti 384 PCR 仪上进行。PCR 扩增程序设置为：95℃预变性 5 分钟；95℃变性 30 秒，62~52℃梯度退火 30 秒，72℃延伸 30 秒，10 个循环；95℃变性 30 秒，52℃退火 30 秒，72℃延伸 30 秒，25 个循环；72℃延伸 20 分

钟，最后保存于4℃环境下备用。PCR反应结束后，扩增产物经荧光毛细管电泳检测。使用GeneMarker软件对结果进行分析，最终得到6对多态性较高的引物。

③数据分析。

遗传多样性分析　在GenAlEx version 6.501软件中，计算SSR位点和群体的各项遗传多样性指标，包括观测等位基因（*Na*）、有效等位基因（*Ne*）、香农指数（*I*）、观测杂合度（*Ho*）、期望杂合度（*He*）和近交系数（*Fis*）。

群体遗传结构分析　利用Powermarker软件计算各群体间的遗传距离。利用UPGMA方法进行聚类分析，并绘制环状聚类图。利用STRUCTURE 2.3.4对75个样本进行群体结构分析，设置K=1-20，Burn-in周期为10000，MCMC（MarkovChain Monte Carlo）设为100000，每个K值运行20次，并利用在线工具STRUCTURE HARVESTER算出最佳△K值（即为最佳群体分层情况）。根据最佳K值结果作图。结构分析的结果图用CLUMMP和DISTRUCT软件绘制。

分析方差分析（AMOVA）和基因流计算　根据群体遗传结构分析结果，在GenAlEx version 6.501软件中计算各群体间和群体内的变异、分化并进行显著性检验；计算遗传分化系数（*Fst*）和基因流（*Nm*），基因流（*Nm*）按Wright（1931）的公式来计算：$Nm = 0.25(1-Fst)/Fst$。

系统发育分析　利用Powermarker v3.25计算了两两样品之间的Neis遗传距离。基于Neis遗传距离矩阵，利用MAGA v6.0的UPGMA方法构建所有个体的系统发育树。

2.1.2.1.2　结果

（1）引物多态性分析

6对引物在75个样本中共检测出31个等位基因（*Na*），其中，最小等位基因数目为3，最大等位基因数目为8，平均每个位点等位基因数目为5.167（表2-11）。有效等位基因（*Ne*，等位基因在群体中分布得越均匀，*Ne*越接近实际检测到的等位基因的个数）总数为13.229，数值变化范围为1.406（GZST019）~3.16（GZST065），平均每个位点有效等位基因数目为2.205。香农指数（*I*）的数值范围为0.581（GZST019）~1.466（GZST055），平均值0.961。观测杂合度（*Ho*）的数值范围为0.014（GZST002）~0.603（GZST065），平均值0.398。期望杂合度（*He*）的数值范围为0.289（GZST019）~0.684（GZST065），平均值0.508。多态信息含量（*PIC*）的数值范围为0.265（GZST019）~0.631（GZST055），平均值0.454。

表2-11　6对SSR引物的多态性

位点	*Na*	*Ne*	*I*	*Ho*	*He*	*F*	*PIC*	*Prob*	*Signif*
GZST002	3.000	1.830	0.675	0.014	0.453	0.969	0.357	0.000	***
GZST013	3.000	1.727	0.641	0.592	0.421	-0.406	0.338	0.006	**
GZST019	6.000	1.406	0.581	0.319	0.289	-0.104	0.265	0.000	***
GZST055	8.000	2.940	1.466	0.411	0.660	0.377	0.631	0.000	***
GZST065	4.000	3.160	1.240	0.603	0.684	0.118	0.625	0.033	*
GZST088	7.000	2.166	1.160	0.446	0.538	0.171	0.510	0.000	***

（续）

位点	*Na*	*Ne*	*I*	*Ho*	*He*	*F*	*PIC*	*Prob*	*Signif*
平均	5.167	2.205	0.961	0.398	0.508	0.188	0.454		
标准偏差	2.137	0.702	0.374	0.217	0.151	0.467			

注　*Na*：观测等位基因；*Ne*：有效等位基因；*I*：香农指数；*Ho*：观测杂合度；*He*：期望杂合度；*F*：固定指数，评估实际观测值与理论值偏离程度的指标；*PIC*：多态信息指数；*Prob*：*P* 值；*Signif*：显著性（ns 表示不显著，即群体符合 HWE；＊ 表示显著性差异 $P<0.05$，＊＊ 表示显著性差异 $P<0.01$，＊＊＊表示显著性差异 $P<0.001$）。

（2）群体间遗传多样性分析

德保苏铁 5 个种群的遗传多样性见表。由表 2-12 可知，5 个种群的 *Na* 在 2.500～4.167，均值为 3.100，其中 CW 种群的 *Na* 最高，BM 种群最低。*Ne* 在 1.457～2.125，均值为 1.875，其中 BS 种群的 *Ne* 最高，SP 种群最低。*I* 在 0.575～0.838，均值为 0.681，其中 CW 种群的 *I* 最高，BM 种群最低。*Ho* 在 0.247～0.456，均值为 0.387，其中 BS 种群的 *Ho* 最高，SP 种群最低。*He* 在 0.300～0.440，均值为 0.374，其中 CW 种群的 *He* 最高，SP 种群最低。5 个种群的 PPB 在 83.33%～100%，其中 CW 种群和 SP 种群的多态位点百分比最高。综合以上遗传多样性参数可知，德保苏铁的 CW 种群的遗传多样性水平最高，可将此种群作为重点保护单元和遗传育种的选育材料。

表 2-12　群体间的遗传多样性

种群	*Na*	*Ne*	*I*	*Ho*	*He*	*F*	*PPB*（%）
BM	2.500	1.745	0.575	0.411	0.324	−0.203	83.33
BS	3.167	2.125	0.758	0.456	0.421	−0.091	83.33
CW	4.167	2.083	0.838	0.443	0.440	0.102	100
SP	3.000	1.457	0.566	0.247	0.300	0.159	100
ZWS	2.667	1.965	0.666	0.378	0.386	−0.016	83.33
平均	3.100	1.875	0.681	0.387	0.374	0.000	

注　*Na*：观测等位基因；*Ne*：有效等位基因；*I*：香农信息指数；*Ho*：观测杂合度；*He*：期望杂合度；*F*：固定指数；*PPB* 多态位点百分比。

（3）种群的遗传分化分析

5 个德保苏铁种群的基因流（对角线上方）与遗传分化系数（对角线下方），见表 2-13。由表可知，CW 与 ZWS 两个种群之间的遗传分化系数（*Fst*）最小，为 0.046，并且这两个种群之间的基因流（*Nm*）最大，为 5.133。ZWS 种群和 BM 种群的 *Fst* 最大，为 0.262，这两个种群之间 *Nm* 最小，为 0.706。由此可知，德保苏铁种群之间有效的基因交流可降低种群之间的遗传分化。分子方差分析表明 25%的遗传变异存在于种群，有 75%的遗传变异存在于个体，其中个体间的变异为 10%，个体内的变异为 65%，由此可知个体水平上的变异是该物种变异的主要来源（彩图 12）。

表 2-13　德保苏铁种群间的基因流（*Nm*）和遗传分化系数（*Fst*）

	BM	BS	CW	SP	ZWS
BM	—	1.865	0.926	0.781	0.706

（续）

	BM	BS	CW	SP	ZWS
BS	0. 118	—	1. 139	0. 985	0. 881
CW	0. 213	0. 180	—	3. 736	5. 133
SP	0. 242	0. 202	0. 063	—	2. 064
ZWS	0. 262	0. 221	0. 046	0. 108	—

注 对角线上方为基因流；对角线下方为遗传分化系数。

(4)群体遗传结构分析

利用6个分子标记对75个样本的群体结构进行评估。根据似然值最大原则，判断最佳K值等于2，可以将75个样本划分为2个亚群(彩图13和彩图14)。

(5)群体的聚类分析和主成分分析

在Powermarker中对群体间的遗传距离(Nei，1983)进行计算(表2-14)。5个群体间遗传距离最大为0. 332(BM、SP)，最小为0. 126477(CW、ZWS)。采用基于Nei遗传距离的非加权组平均法(UPGMA)进行聚类分析。由该聚类结果可知(图2-6)，BS种群和BM种群聚为一类，SP种群与ZWS种群、CW种群聚成的一类聚为另一个亚群。75个样本的聚类结果与5个种群的聚类结果基本一致(图2-7)，CW种群的个体与ZWS种群的个体之间相互穿插，并且有少量的SP个体混入。而BS种群与BM种群的个体之间也相互穿插聚类，但并未有其他种群个体的混入。主成分分析，可更为直观展示出种群间以及个体间的遗传距离。对5个德保苏铁种群的所有个体进行主成分分析，结果如彩图15所示。由图可知，横轴(PC-1)代表的差异为47. 20%，纵轴(PC-2)代表的差异为8. 65%。ZWS种群和CW种群主要分布于分界线的左方，BS种群和BM种群则主要分布于右方，而SP种群个体较为分散，主要分布于分界线的下方，并且有部分个体穿插于ZWS种群和CW种群所组成的类群中。主成分分析结果与群体聚类结果一致。

表2-14 群体间的遗传距离

	BM	BS	CW	SP	ZWS
BM	—	0. 137	0. 214	0. 332	0. 308
BS	0. 137	—	0. 195	0. 313	0. 310
CW	0. 214	0. 195	—	0. 141	0. 126
SP	0. 332	0. 313	0. 141	—	0. 151
ZWS	0. 308	0. 310	0. 126	0. 151	—

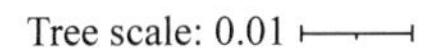
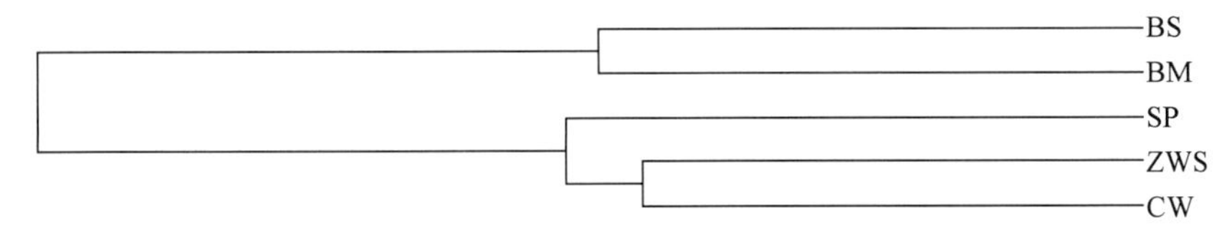

图2-6 5个种群德保苏铁的聚类结果

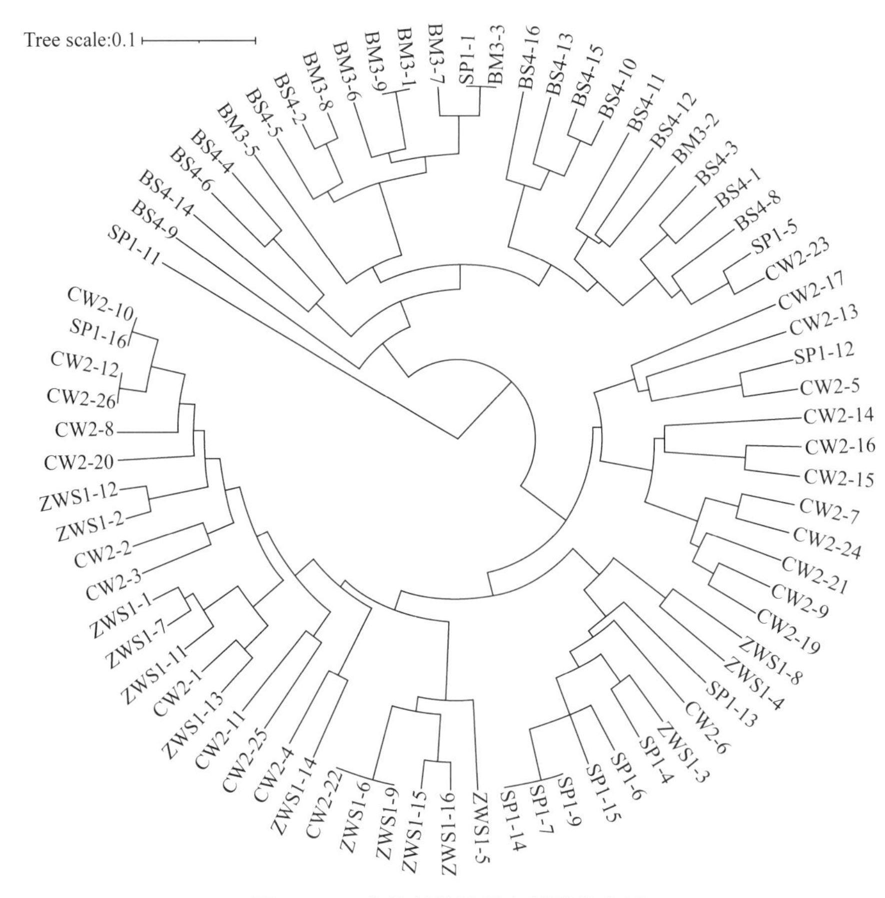

图 2-7　75 个德保苏铁样本的聚类分析

2.1.2.1.3　讨论与结论

96 条通用引物中共筛选出 6 条高质量引物，*PIC* 变化范围为 0.265~0.631，平均值为 0.454，表明筛选出的引物可用于德保苏铁的遗传多样性分析(Botstein et al.，1980)。遗传多样性分析结果表明，百色市泮水乡种群(BS)的遗传多样性(*He*=0.374)是 5 个德保苏铁种群中最高的，可将此种群作为重点保护单元和良种选育的材料。但与其他孑遗植物相比，如银杏 *Ginkgo biloba*(*He*=0.705)(祁铭等，2019)、水杉 *Metasequoia glyptostroboides*(*He*=0.582)(岳雪华，2019)，德保苏铁的遗传多样性较低，同样低于同属的叉叶苏铁(*I*=1.213，*He*=0.543)(龚奕青，2015)、多岐苏铁 *Cycas multipinnata*(*He*=0.497)(马永，2005)、台湾苏铁(*He*=0.703)和贵州苏铁(*He*=0.419)，但高于攀枝花苏铁 *Cycas panzhihuaensis*(*He*=0.328)和四川苏铁(*He*=0.288)(席辉辉等，2022)。

5 个德保苏铁种群之间的遗传分化系数(*Fst*)在 0.046~0.262，大部分为高度分化(董丽敏等，2019)，其中分化程度最低的为 CW 种群和 ZWS 种群(*Fst*=0.046)，这两个亚群之间不存在遗传分化。同时，这两个种群之间存在较大的基因流(*Nm*=5.133)。由于这两个种群存在地理位置上的隔绝，因此本文推测 ZWS 迁地保护种群的个体可能大部分来源于 CW 种群或 CW 种群个体更适合迁地保护区的生态环境。4 个野生种群相较发现，其中分化程度最高的为 BM 种群和 SP 种群，种群之间存在较小的基因流。最低的为 CW 种群和 SP 种群，种群之间的基因流较大。影响种群遗传分化的因素有多种，其中基因流是影响种群遗传分化的重要因素之一(陈海玲等，2019)。根据 Wright(1931)理论，只有当种群间 $Nm>1$ 时，基因流才能抵制遗传漂变的作用，并防止遗传漂变导致的种群间遗传分化的发生。在德保苏铁 10 组种群中有 5 组种群间的 Nm 大于 1，基因流平均值为 1.822 大于 1，因此德保苏铁在一定程度上能阻止遗传分化。分子方差分析表明 25%的遗传变异存在于种群，有 75%的遗传变异存在于个体，个体水平上的变异是该物种变异的主要来源。主成分分析结果与聚类分析结果一致表明，5 个德保苏铁种群 75 个样本可分为 2 个亚群，BS 种群、BM 种群聚为一类，SP 种群、ZWS 种群和 CW 种群聚为一类。其中 SP 种群个体与 CW 种群、ZWS 种群个体虽然聚类一类，但有少部分该种群个体远离聚类中心。

本研究得到德保苏铁具有中等偏上遗传多样性水平和较高的遗传分化，野外实地调查发现，野生德保苏铁数量稀少，且幼苗植株较少。建议采取就地保护、建立保护区等措施，保护栖息地的同时，可以避免破碎化，植株菌根、真菌和传粉者也能得到保护，同时减少人为采挖与贩卖等现象的产生。这对于延长该物种生命周期和恢复野生种群极其重要(Munoz et al.，2010)。根据结果分析，如进行迁地保护，BS 和 CW 这两个种群的遗传多样性最高，可作为育种的优良材料，由于苏铁植物之间不完全的生殖隔离可能会增加不同种之间群体杂交的概率(Zheng et al.，2017)，所以在栽植过程中应避免因杂交导致的德保苏铁不纯正的风险。

2.1.2.2 六籽苏铁

2.1.2.2.1 材料与方法

(1)材料

实验材料均采自于广西壮族自治区，分别为南宁市、崇左市、百色市 6 个野生种群(XH、LH、GH、ZG、ZD、PR)和 1 个广西植物研究所引种种群(ZWS)，共采集 114 株野生植株的叶置于变色硅胶中干燥保存(表 2-15)。样品由广西植物研究所韦霄研究员鉴定。

表 2-15 六籽苏铁野生种群样品采集信息

地点	种群	经度	纬度	样品数量(个)
南宁市隆安县新会村	XH	107°28′17″E	23°3′33″N	16
南宁市隆安县陇怀	LH	107°27′25″E	23°4′39″N	12
崇左市江州区广河	GH	107°27′30″E	23°36′29″N	15
崇左市江州区中干村	ZG	107°21′5″E	23°37′17″N	20
百色市田东县作登	ZD	107°3′33″E	23°29′38″N	8
崇左市江州区排汝屯	PR	107°24′41″E	22°33′49″N	22
桂林市广西植物研究所	ZWS	110°18′03″E	25°4′10″N	21

(2)方法

同 2.1.1 中德保苏铁遗传多样性的分析方法。筛选的引物信息见 2.1.1。

2.1.2.2.2 结果与分析

(1)引物多态性分析

由表2-16可以看出，6对引物在114个样本中共检测出37个等位基因(*Na*)，其中，最小等位基因数目为3，最大等位基因数目为12，平均每个位点等位基因数目为6.167。有效等位基因(*Ne*，等位基因在群体中分布得越均匀，*Ne*越接近实际检测到的等位基因的个数)总数为18.285，数值变化范围为1.233(GZST013)~5.25(GZST088)，平均每个位点有效等位基因数目为3.04750。香农指数(I)的数值范围为0.356(GZST013)~1.925(GZST088)，平均值1.19067。观测杂合度(*Ho*)的数值范围为0.009(GZST002)~0.723(GZST088)，平均值0.429。期望杂合度(*He*)的数值范围为0.189(GZST013)~0.81(GZST088)，平均值0.593。多态信息含量(*PIC*)的数值范围为0.173(GZST013)~0.788(GZST088)，平均值0.547。近交系数平均值为0.135，数值为-0.300(GZST019)~0.941(GZST002)。引物具有2个私有等位基因。

表2-16　六籽苏铁6对SSR引物的多态性

位点	*Na*	*Ne*	*I*	*Ho*	*He*	*F*	*PIC*	*Prob*	*Signif*
GZST002	5	3.755	1.381	0.009	0.734	0.988	0.685	0.000	* * *
GZST013	3	1.233	0.356	0.209	0.189	-0.107	0.173	0.682	ns
GZST019	3	1.926	0.710	0.614	0.481	-0.277	0.374	0.000	* * *
GZST055	9	3.174	1.495	0.414	0.685	0.395	0.650	0.000	* * *
GZST065	5	2.947	1.277	0.604	0.661	0.086	0.612	0.042	*
GZST088	12	5.250	1.925	0.723	0.810	0.107	0.788	0.000	* * *
平均	6.167	3.048	1.191	0.429	0.593	0.199	0.547		
标准偏差	3.600	1.409	0.566	0.274	0.226	0.448			

注　*Na*：观测等位基因；*Ne*：有效等位基因；*I*：香农指数；*Ho*：观测杂合度；*He*：期望杂合度；*F*：固定指数，评估实际观测值与理论值偏离程度的指标；*PIC*：多态信息指数；*Prob*：*P*值；*Signif*：显著性(ns表示不显著，即群体符合HWE；* 表示显著性差异 $P<0.05$，* * 表示显著性差异 $P<0.01$，* * * 表示显著性差异 $P<0.001$)。

(2)种群的遗传多样性分析

种群遗传多样性参数，见表2-17。六籽苏铁各种群观测等位基因*Na*值的范围是2.667(ZD)~4.167(GH)，平均值为3.667。有效等位基因*Ne*数值变化范围为1.788(ZD)~2.918(ZWS)，平均每个位点有效等位基因数目为2.247。香农指数(*I*)的数值范围为0.630(ZD)~1.025(ZWS)，平均值0.828。观测杂合度(*Ho*)的数值范围为0.254(ZD)~0.516(XH)，平均值0.417。期望杂合度(*He*)的数值范围为0.330(XH)~0.533(ZWS)，平均值0.444。固定系数(*F*)的数值范围为-0.161(PR)~0.480(ZD)，平均值0.074。

表2-17　六籽苏铁各野生种群的遗传多样性参数

种群	*Na*	*Ne*	*I*	*Ho*	*He*	*F*
GH	4.167	2.069	0.881	0.433	0.469	0.096
LH	3.500	2.088	0.796	0.486	0.435	-0.129
PR	3.500	2.267	0.804	0.498	0.453	-0.161

（续）

种群	*Na*	*Ne*	*I*	*Ho*	*He*	*F*
XH	3.667	2.364	0.852	0.516	0.330	-0.143
ZD	2.667	1.788	0.630	0.254	0.353	0.480
ZG	4.000	2.232	0.804	0.344	0.408	0.100
ZWS	4.167	2.918	1.025	0.390	0.533	0.236
平均	3.667	2.247	0.828	0.417	0.444	0.074

注 *Na*：观测等位基因；*Ne*：有效等位基因；*I*：香农信息指数；*Ho*：观测杂合度；*He*：期望杂合度；*F*：固定指数。

(3)种群的遗传分化分析

群体间的基因流由表 2-18 可知，种群 ZD 和 LH 之间的遗传分化系数最大，为 0.248，种群 XH 与 LH 之间的基因流最小，为 0.049。基因流最大的是种群 XH 与 GH，为 6.303，遗传分化系数最小的是种群 DZ 与 XH，为 0.805。分子方差分析是一种通过进化距离来度量并计算单倍型(或基因型)间遗传变异的方法。分子方差分析表明 24%的遗传变异存在于种群，有 76%的遗传变异存在于个体，个体的变异是总变异的主要来源(彩图 16)。

表 2-18 种群间的基因流(*Nm*)和遗传分化系数(*Fst*)

	GH	LH	PR	XH	ZD	ZG	ZWS
GH	—	1.199	6.303	1.447	0.967	1.434	3.029
LH	0.173	—	0.921	4.866	0.757	0.970	1.339
PR	0.038	0.213	—	0.929	0.946	0.976	1.777
XH	0.147	0.049	0.212	—	0.805	1.098	2.052
ZD	0.205	0.248	0.209	0.237	—	0.917	1.864
ZG	0.148	0.205	0.204	0.185	0.214	—	3.136
ZWS	0.076	0.157	0.123	0.109	0.118	0.074	—

注 对角线上方为基因流；对角线下方为遗传分化系数。

(4)群体的遗传结构分析

利用 6 个分子标记对 114 个样本的群体结构进行评估。根据似然值最大原则，判断最佳 K 值等于 3(彩图 17)，可以将 114 个样本划分为 3 个亚群(彩图 18)。种群 LH 和 XH 划为一个亚群，种群 PR 与 GH 划为一个亚群，种群 ZD 和 ZG 划为一个亚群，种群 ZWS 为引种种群，其分布于各个亚群，集中分布于 ZD 和 ZG 亚群，说明种群 ZWS 引种的种源多来自这些种群。主坐标分析(PCoA)可呈现研究数据相似性或差异性的可视化坐标，是一种非约束性的数据降维分析方法，同样可用来研究样本群体组成的相似性或相异性。由彩图 19 可以看出，种群 XH、LH、ZG、ZWS 4 个集中在一起，种群 PR、GH 聚集在一起。

(5)遗传距离与聚类分析

在 Powermarker 中对群体间的遗传距离(Nei，1983)进行计算(表 2-19)。7 个群体间遗传距离最大为 0.411(LH/ZD)，最小为 0.082(LH/XH)。采用基于 Nei 遗传距离的非加权组平均法(UPGMA)进行聚类分析(图 2-8)。LH 和 XH 聚类在一起，ZD 单独分支，PR 和

GH 聚类一起，再与 ZWS 和 ZG 种群聚类一起。

表 2-19　六籽苏铁群体间的遗传距离

	GH	LH	PR	XH	ZD	ZG	ZWS
GH	—	0.286	0.106	0.269	0.287	0.204	0.144
LH	0.286	—	0.340	0.082	0.411	0.259	0.307
PR	0.106	0.340	—	0.345	0.331	0.257	0.197
XH	0.269	0.082	0.345	—	0.386	0.243	0.242
ZD	0.287	0.411	0.331	0.386	—	0.250	0.187
ZG	0.204	0.259	0.257	0.243	0.250	—	0.103
ZWS	0.144	0.307	0.197	0.242	0.187	0.1030127	—

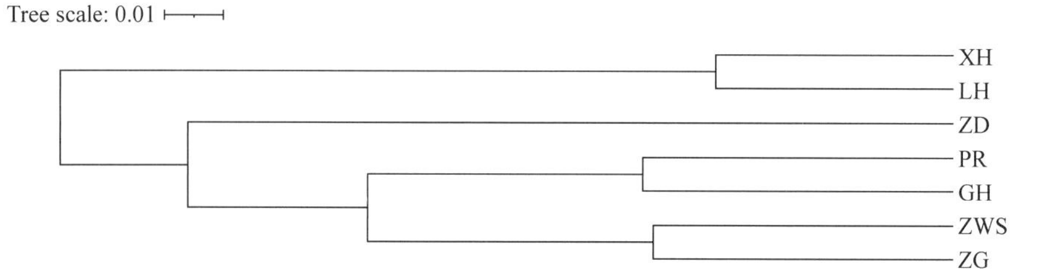

图 2-8　7 个种群的 UPGMA 聚类结果

2.1.2.2.3　讨论与结论

遗传多样性是物种生存和发展的前提条件，其遗传水平是物种长期进化的结果，可以通过基因遗传给种群的后代，而一些由发育或环境可塑性引起的变异是不能遗传的。一般来说，一个物种的遗传多样性水平越高，面对环境变化时的适应性就越强（王峥峰等，2005；秦惠珍等，2022）。本实验采用筛选出的 6 对 SSR 引物进行遗传多样性检测，其中 GZST002、GZST055、GZST065、GZST088 具有高度多态性（PIC>0.5）。7 个六籽苏铁种群的期望杂合度（*He*）的数值范围为 0.330（XH）~0.533（ZWS），平均值 0.444，表明六籽苏铁遗传多样性中等偏高，超过了中国苏铁属植物 *He* 为 0.442 的平均水平。低于叉叶苏铁（0.543）、德保苏铁（0.484）、长叶苏铁（0.466）的 *He*，高于四川苏铁（0.247）、贵州苏铁（0.419）、攀枝花苏铁（0.328）。野生种群中隆安 XH 和百色 ZD 种群的遗传多样性低于平均水平，所有种群中 ZWS 种群的 *He* 最高，为 0.533，表明迁地保护的方法能高效保存和保留六籽苏铁的遗传多样性资源。7 个种群的 *He* 值大小顺序为：广西植物研究所引种（ZWS）>崇左广河（GH）>崇左排汝（PR）>隆安陇怀（LH）>崇左中干（ZG）>百色作登（ZD）>隆安新会（XH）。固定系数（*F*）的数值范围为-0.161（PR）~0.480（ZD），平均值 0.074。其中 LH、PR、XH 三个种群为负值，表明这三个种群具有杂合子现象。GH、ZD、ZG 三个野生种群的固定系数都大于 0，表明三个种群里有过剩的纯合子。而六籽苏铁的平均 *F* 值为 0.074，整体理论上接近于随机交配。因此，六籽苏铁需要重点保护的种群是崇左广河（GH）、崇左排汝（PR）这两个遗传多样性高的种群。

基因流（*Nm*）最大的是种群 XH 与 GH，为 6.303，这与两个种群之间离地位置较近有关，同样 XH 和 LH 之间的基因流也较大，也与其地理距离近有关，表明近距离的野生六籽苏铁种群之间基因交流频繁。根据似然值最大原则，判断最佳 K 值等于 3，将 114 个样本划分为 3 个亚群。种群 LH 和 XH 划为一个亚群，种群 PR 与 GH 划为一个亚群，种群 ZD 和 ZG 划为一个亚群，ZD 和 ZG 为一个亚群。该聚类结果与基于 Nei 遗传距离的聚类分析结果一致。分子方差分析表明 24%的遗传变异存在于种群，有 76%的遗传变异存在于个体，个体的变异是总变异的主要来源。显著的群体遗传结构分化和种群间较大的遗传差异说明六籽苏铁属经历了种群缩减事件。

2.1.2.3 锈毛苏铁

2.1.2.3.1 材料与方法

(1)材料

2022 年于河池大化县六也乡野生种群(MMSZ)、河池大化县六也乡野生种群(BNCX9144)、百色市田东县作登野生种群(ZD)和桂林市雁山区引种保育种群(ZWS)4 地采集不同群体的锈毛苏铁样品共计 57 份作为实验材料，其中 MMSZ 群体 14 份、BNCX914 群体 6 份、ZD 群体 26 份、ZWS 群体 11 份。采集的锈毛苏铁叶片置于装有硅胶的密封袋中保存，记录每份样品的具体信息并做好标签，并对采样点进行 GPS 定位，具体采样点信息见表 2-20。植物样品由广西植物研究所韦霄研究员鉴定。

表 2-20　4 个锈毛苏铁群体的采样信息

地点	种群	经度	纬度	样品数量(个)
河池大化县六也乡	MMSZ	107°53′5. 97″E	23°47′42. 28″N	14
河池大化县六也乡	BNCX914	107°49′28. 76″E	23°52′13. 29″N	6
百色市田东县作登乡	ZD	107°3′33. 68″E	23°29′38. 23″N	26
桂林市广西植物研究所	ZWS	110°18′03″E	25°04′10″N	11

(2)方法

同 2. 1. 1 中德保苏铁遗传多样性的分析方法。筛选的引物信息见 2. 1. 1。

2. 1. 2. 3. 2　结果与分析

(1)引物多态性分析

6 对引物在 42 个样本中共检测出 24 个等位基因(*Na*)，其中，最小等位基因数目为 2，最大等位基因数目为 10，平均每个位点等位基因数目为 4(表 2-21)。有效等位基因(*Ne*，等位基因在群体中分布得越均匀，*Ne* 越接近实际检测到的等位基因的个数)总数为 13. 954，数值变化范围为 1. 053(GZST019)~5. 226(GZST088)，平均每个位点有效等位基因数目为 2. 326。香农指数(*I*)的数值范围为 0. 121(GZST019)~1. 887(GZST088)，平均值 0. 800。观测杂合度(*Ho*)的数值范围为 0. 025(GZST002)~0. 463(GZST088)，平均值 0. 206。期望杂合度(*He*)的数值范围为 0. 051(GZST019)~0. 809(GZST088)，平均值 0. 417。多态信息含量(*PIC*)的数值范围为 0. 049(GZST019)~0. 787(GZST088)，平均值 0. 379。近交系数平均值为 0. 194，数值为-0. 261(GZST013)~0. 692(GZST002)。

根据表 2-22 中的群体位点遗传多样性分析结果，得在 BNCX914 群体中，GZST088 的等位基因数(Na)最多，为4个，并且GZST088在该群体中表现出最好的有效等位基因数量($Ne=3.846$)、香农指数($I=1.366$)、观测杂合度($Ho=0.600$)和期望杂合度($He=0.740$)。因此，在BNCX914群体中，GZST088的各遗传多样性指标表现最高。在MMSZ群体中，GZST055表现出最好的有效等位基因数量($Ne=2.513$)、香农指数($I=0.992$)和期望杂合度($He=0.602$)。然而，GZST088的等位基因数更多，为4个，且GZST065和GZST088的观测杂合度最好($Ho=0.286$)。这意味着在MMSZ群体中，GZST055在某些指标上表现优秀，但GZST088在等位基因数和观测杂合度方面表现更好。在ZD群体中，GZST065在各项遗传多样性指标中表现最高，包括有效等位基因数量($Na=3$)、平均等位基因数($Ne=2.299$)、香农指数($I=0.927$)、观测杂合度($Ho=0.300$)和期望杂合度($He=0.565$)。但是GZST088的等位基因数也较高，为3个。所以，在ZD群体中，GZST065在多样性方面表现优异，但GZST088的等位基因数也不可忽视。在ZWS群体中，GZST088在各项遗传多样性指标中均表现最高，包括等位基因数量($Na=10$)、有效等位基因数($Ne=5.586$)、香农指数($I=1.949$)、观测杂合度($Ho=0.611$)和期望杂合度($He=0.821$)，在ZWS群体中，GZST088是具有最高遗传多样性的个体。综上所述，根据对4个群体的群体位点遗传多样性分析结果，GZST088在不同群体中表现出优异的遗传多样性，成为值得关注的个体。同时，其他基因如GZST055和GZST065在某些指标上也展现出良好的表现，但GZST088在总体上表现最佳。

表2-21　6对SSR引物的多态性

位点	*Na*	*Ne*	*I*	*Ho*	*He*	*F*	*PIC*	*Prob*	*Signif*
GZST002	3	2.765	1.055	0.025	0.638	0.961	0.564	0.000	* * *
GZST013	3	1.056	0.146	0.054	0.053	−0.022	0.052	0.999	ns
GZST019	2	1.053	0.121	0.051	0.051	−0.013	0.049	0.869	ns
GZST055	3	2.106	0.879	0.317	0.525	0.396	0.456	0.003	* *
GZST065	3	1.748	0.71	0.325	0.428	0.24	0.363	0.000	* * *
GZST088	10	5.226	1.887	0.463	0.809	0.427	0.787	0.000	* * *
平均	4	2.326	0.800	0.206	0.417	0.332	0.379		
标准偏差	2.966	1.563	0.656	0.186	0.310	0.364			

注　*Na*：观测等位基因；*Ne*：有效等位基因；*I*：香农指数；*Ho*：观测杂合度；*He*：期望杂合度；*F*：固定指数，评估实际观测值与理论值偏离程度的指标；*PIC*：多态信息指数；*Prob*：*P*值；*Signif*：显著性(ns表示不显著，即群体符合HWE；*表示显著性差异$P<0.05$，* *表示显著性差异$P<0.01$，* * *表示显著性差异$P<0.001$)。

表2-22　6对引物的近交系数和基因流

位点	*Fis*	*Fit*	*Fst*	*Nm*
GZST002	0.692	0.924	0.752	0.082
GZST013	−0.261	−0.075	0.148	1.442
GZST019	−0.075	−0.028	0.043	5.507
GZST055	0.384	0.438	0.088	2.587
GZST065	0.144	0.198	0.063	3.709

（续）

位点	*Fis*	*Fit*	*Fst*	*Nm*
GZST088	0.280	0.457	0.246	0.767
平均	0.194	0.319	0.223	2.349
标准偏差	0.138	0.152	0.110	0.823

注　*Fis*：群体内近交系数；*Fit*：整体近交系数；*Fst*：遗传分化系数；*Nm*：基因流[*Nm* = 0.25(1 − *Fst*)/*Fst*]。

(2)群体的遗传多样性分析

锈毛苏铁 4 个野生群体的遗传多样性检测结果，见表 2-23。4 个群体的等位基因数(*Na*)数值范围在 1.833(ZD)~3.333(ZWS)，平均值为 2.500。其中 ZWS 群体的有效等位基因数(*Ne*)最高，为 2.096，平均值为 1.745。香农信息指数(*I*)在不同群体间变化，范围为 0.378(ZD)~0.651(MMSZ)，平均值为 0.536。观测杂合度(*Ho*)最高的群体是 BNCX914(0.292)，最低的群体是 ZD(0.156)，平均值为 0.222。期望杂合度(*He*)数值在 0.238(ZD)~ 0.363(MMSZ)，平均值为 0.301。固定指数(*F*)平均值为 0.200。综合而言，对于锈毛苏铁这 4 个野生群体，它们在遗传多样性方面表现出不同程度的差异，其中 ZWS 群体在等位基因数和有效等位基因数方面表现最优，而在观测杂合度和期望杂合度方面，BNCX914 和 MMSZ 群体表现较好。固定指数的平均值较低，表明这些群体之间存在一定的基因交流和基因流动。

表 2-23　群体间的遗传多样性

种群	*Na*	*Ne*	*I*	*Ho*	*He*	*F*
BNCX914	2.000	1.699	0.468	0.292	0.276	−0.134
MMSZ	2.833	1.706	0.651	0.213	0.363	0.245
ZD	1.833	1.477	0.378	0.156	0.238	0.331
ZWS	3.333	2.096	0.646	0.228	0.328	0.335
平均	2.500	1.745	0.536	0.222	0.301	0.200

注　*Na*：观测等位基因；*Ne*：有效等位基因；*I*：香农信息指数；*Ho*：观测杂合度；*He*：期望杂合度；*F*：固定指数。

(3)群体的遗传分化分析

对锈毛苏铁群体间的基因流和遗传分化系数分析结果，见表 2-24。BNCX914 群体与 MMSZ 群体之间的基因流最大，达到 2.688，而遗传分化系数最小，为 0.085。BNCX914 群体与 ZD 群体之间的基因流最小，为 0.538，而遗传分化系数最大，为 0.317。综上可得，锈毛苏铁群体间的遗传变异主要受到个体内的遗传变异贡献最大，而群体间的遗传变异和个体间的遗传变异也起到了显著作用。同时，基因流和遗传分化系数的分析表明，BNCX914 群体与 MMSZ 群体之间的基因流最频繁，表现出较小的遗传分化程度；而 BNCX914 群体与 ZD 群体之间的基因流最少，且遗传分化程度较大。这些结果表明锈毛苏铁群体之间存在一定程度的遗传交流，但也有不同程度的遗传分化。锈毛苏铁的群体的分子方差分析(AMOVA)(彩图 20)，结果显示锈毛苏铁群体间的遗传变异占 32%，个体间的遗传变异占 32%，来源于个体内的遗传变异占 36%。这说明 32%的遗传变异存在于种群，有68%的遗传变异存在于个体，个体的变异是总变异的主要来源。

表 2-24 群体间的基因流(上三角)和遗传分化系数(下三角)

	BNCX914	MMSZ	ZD	ZWS
BNCX914	—	2. 688	0. 538	1. 082
MMSZ	0. 085	—	1. 050	1. 861
ZD	0. 317	0. 192	—	0. 968
ZWS	0. 188	0. 118	0. 205	—

注 对角线上方为基因流；对角线下方为遗传分化系数。

(4)种群遗传结构分析

利用6个分子标记对42个样本的群体结构进行评估(彩图21)。根据似然值最大原则，判断最佳K值等于4，可以将42个样本划分为4个亚群(彩图22)。主坐标分析(PCoA)可呈现研究数据相似性或差异性的可视化坐标，是一种非约束性的数据降维分析方法，同样可用来研究样本群体组成的相似性或相异性。PcoA分析通过直观地比较坐标轴中样本之间的直线距离，即可反映2个或2组样本之间的差异性，2个样本或2组样本之间的直线距离较近，则表示这2个样本或2组样本的差异性较小；相反，若2个样本或2组样本之间的直线距离较远，则表示它们之间差异性较大。PCoA分析由GenAIex软件进行(彩图23)。锈毛苏铁三个野生种群中，MMSZ和BNCX种群接近，实际直线距离也显示两点较近，并于ZD种群相差较远。ZWS和ZD种群有交叉，表明ZWS引种群体中有来自ZD野生种群的种源。

(5)遗传距离与聚类分析

4个群体间遗传距离最大为0. 341(BNCX914/ ZD)，最小为0. 142(BNCX914/MMSZ)。采用基于Nei遗传距离的非加权组平均法(UPGMA)进行聚类分析。锈毛苏铁地理距离和遗传距离的相关性热图如彩图24所示，结果表明3个锈毛苏铁野生种群之间的遗传距离与地理距离的关系呈正相关，地理位置相隔越远，遗传距离越大。采用遗传距离对4个锈毛苏铁群体进行UPGMA聚类分析(图2-9、图2-10)，结果显示4个锈毛苏铁群体可分为2个组，其中ZWS和ZD遗传关系更近，可归为一类，MMSZ和BNCX914遗传关系更近，可归为另一类。

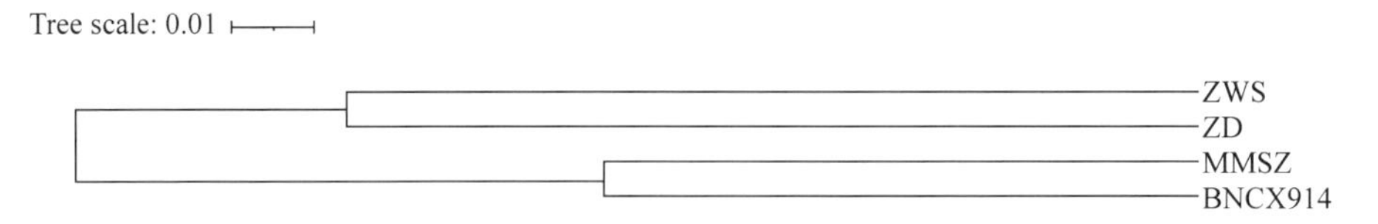

图 2-9 4个种群的UPGMA聚类结果

2. 1. 2. 3. 3 讨论与结论

本研究选取6对多态性高重复性好的SSR引物对锈毛苏铁遗传多样性进行检测，结果表明6对引物中，位点GZST088表现出较高的遗传多样性，说明该位点的多态性和遗传变异高。本研究中有2个位点(GZST002、GZST088)是高度多态性位点($PIC \geq 0.5$)，2个位点(GZST019、GZST055)是中度多态性位点($0.25 < PIC < 0.5$)，2个位点(GZST013、

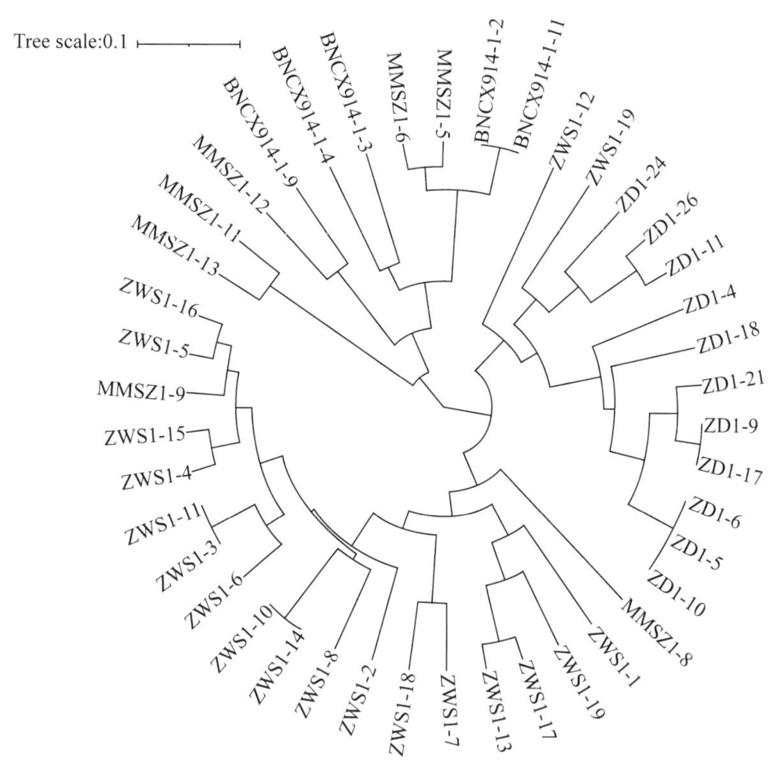

图 2-10　42 个样品的 UPGMA 聚类结果

GZST019）是低度多态性位点（*PIC*≤0.25）（张红瑞等，2023）。期望杂合度（*He*）是衡量一个物种遗传多样性水平的指标（庄嘉楠等，2021），本研究中 4 个群体的期望杂合度（0.301）与其他苏铁属植物相比，锈毛苏铁期望杂合度（*He*）低于叉叶苏铁（*He*＝0.543）、德保苏铁（*He*＝0.484）、长叶苏铁（*He*＝0.466）、贵州苏铁（*He*＝0.419）等，高于四川苏铁（*He*＝0247）（席辉辉等，2022；Zheng et al.，2017）。

锈毛苏铁的遗传分化结果表明，4 个种群的遗传分化系数为 0.223，物种水平上的遗传分化和遗传变异程度较高。在总的遗传变异中，约 32%存在于种群之间，而有约 68%的遗传变异存在于个体之间，个体的遗传变异是总变异的主要来源。遗传结构分析结果表明，42 个个体被划分为 4 个群体。此外，UPGMA 聚类和 PCoA 分析的结果也显示 4 个群体的个体间存在相互交叉现象。本研究发现锈毛苏铁的 4 个群体之间存在较高的遗传分化和遗传变异程度。3 个野生群体的锈毛苏铁遗传背景复杂，BNCX914 种群与 MMSZ 种群之间遗传距离和地理距离小，且基因交流大遗传分化小，ZD 种群与 MMSZ 种群之间遗传距离、地理距离相差最大，但基因交流最小、遗传分化最大的两个种群为 BNCX914 与 ZD，推测或许该研究中 3 个野生种群中 BNCX914 种群最早，经种群扩散先形成 MMSZ 种群，MMSZ 种群再经扩散形成 ZD 种群，但 BNCX914 种群与 ZD 种群之间存在不适合这两个种群进行基因交流的因素如地形、人类活动、动物等，导致这两个种群间遗传分化大。

锈毛苏铁是一种珍贵的植物资源，由于生境破坏、过度采伐以及气候变化等因素的影响，其种群数量逐渐减少，已经面临濒危的境地（姚志等，2021）。为了保护和维护锈毛苏铁的生存状况，参考德保苏铁和攀枝花苏铁的保护现状(卢燕，2023；王昌洪等，2023；龚丽莉等，2022)，以下是一些可行的保护策略：一是建立自然保护区。划定并建立专门保护锈毛苏铁的自然保护区和野生动植物保护区，以确保其栖息地的完整性和稳定性。保护区内应该严格限制人类活动，以减少人为干扰。二是种质资源收集与保存。采集和保存锈毛苏铁的种质资源，建立植物园或种质库，进行人工繁殖和保存濒危种群。同时，推广其栽培和种植，减轻对野生种群的压力。三是加强监测与研究。定期对锈毛苏铁的种群数量、分布范围、繁殖状况等进行监测和研究，及时掌握其生态状况和濒危原因，为制定更有效的保护措施提供科学依据。四是恢复和修复生境。采取恢复和修复措施，改善锈毛苏铁生境的质量，包括植被恢复、水土保持和防止非法砍伐等。

2.1.2.4 贵州苏铁

2.1.2.4.1 材料与方法

(1)材料

4个贵州苏铁种群详细信息，见表2-25。实验材料来自均来自广西壮族自治区百色市。4个种群共采集62株野生植株的叶片，采集后置于变色硅胶中干燥保存。样品由广西植物研究所韦发南研究员鉴定。

表2-25 贵州苏铁野生种群样品采集信息

地点	种群	经度	纬度	样品数量(个)
百色市隆林县金钟山兰电沟	LDG	104°52′35″E	24°36′15″N	14
百色市隆安县椏杈镇	SZKDS	105°10′40″E	24°57′56″N	16
百色市隆安县椏杈镇水库新村	SKSC	105°10′21″E	24°57′42″N	13
百色市隆安县椏杈镇弄徕村	NLC	105°11′53″E	24°55′52″N	19

(2)方法

同2.1.1中德保苏铁遗传多样性的分析方法。筛选的引物信息见2.1.1。

2.1.2.4.2 结果与分析

(1)引物多态性分析

6对引物在62个样本中共检测出17个等位基因(Na)，其中，最小等位基因数目为1，最大等位基因数目为5，平均每个位点等位基因数目为2.833(表2-26)。有效等位基因(Ne，等位基因在群体中分布得越均匀，Ne越接近实际检测到的等位基因的个数)总数为9.403，数值变化范围为1(GZST055)~2.062(GZST013)，平均每个位点有效等位基因数目为1.567。香农指数(I)的数值范围为0(GZST055)~0.822(GZST065)，平均值0.492。观测杂合度(Ho)的数值范围为0(GZST002/ GZST055)~0.984(GZST013)，平均值0.441。期望杂合度(He)的数值范围为0(GZST055)~0.515(GZST013)，平均值0.301。多态信息含量(PIC)的数值范围为0(GZST055)~0.408(GZST065)，平均值0.245。近交系数平均值为-0.166，数值为-0.909(GZST013)~1(GZST002)。

表 2-26　6 对 SSR 引物的多态性

位点	*Na*	*Ne*	*I*	*Ho*	*He*	*F*	*PIC*	*Prob*	*Signif*
GZST002	2. 000	1. 033	0. 082	0. 000	0. 031	1. 000	0. 031	0. 000	* * *
GZST013	3. 000	2. 062	0. 764	0. 984	0. 515	−0. 910	0. 398	0. 000	* * *
GZST019	2. 000	1. 975	0. 687	0. 855	0. 494	−0. 731	0. 372	0. 000	* * *
GZST055	1. 000	1. 000	0. 000	0. 000	0. 000	0. 000	0. 000	—	—
GZST065	4. 000	1. 949	0. 822	0. 525	0. 487	−0. 077	0. 408	0. 835	ns
GZST088	5. 000	1. 384	0. 596	0. 279	0. 278	−0. 004	0. 263	0. 440	ns
平均	2. 833	1. 567	0. 492	0. 441	0. 301	−0. 120	0. 245	—	—
标准偏差	1. 472	0. 489	0. 358	0. 422	0. 237	0. 676	—	—	—

注　*Na*：观测等位基因；*Ne*：有效等位基因；*I*：香农指数；*Ho*：观测杂合度；*He*：期望杂合度；*F*：固定指数，评估实际观测值与理论值偏离程度的指标；*PIC*：多态信息指数；*Prob*：*P* 值；*Signif*：显著性(ns 表示不显著，即群体符合 HWE；* 表示显著性差异 $P<0.05$，* * 表示显著性差异 $P<0.01$，* * * 表示显著性差异 $P<0.001$)。

(2)种群的遗传多样性分析

4 个贵州苏铁种群的遗传多样性参数，见表 2-27。4 个贵州苏铁种群的观测等位基因数(*Na*)在 2. 000~2. 333，均值为 2. 083，NLC 种群的 *Na* 最大。有效等位基因数(*Ne*)在 1. 506~1. 580，均值为 1. 550，NLC 种群的 *Ne* 最大。香农信息指数(*I*)在 0. 438~0. 491，均值为 0. 454，NLC 种群的 I 最大。观测杂合度(*Ho*)在 0. 408~0. 470，均值为 0. 441，SKSC 种群的 *Ho* 最大。期望杂合度(*He*)在 0. 280~0. 311，均值为 0. 293，NLC 种群的 *He* 最大。通过对比可知，除 *Ho* 外，NLC 种群的其他遗传多样性指标均高于其他种群，由此可知，NLC 种群的遗传多样性最高。

表 2-27　4 个贵州苏铁种群的遗传多样性参数

种群	*Na*	*Ne*	*I*	*Ho*	*He*	*F*
LDG	2. 000	1. 506	0. 443	0. 408	0. 280	−0. 342
NLC	2. 333	1. 580	0. 491	0. 430	0. 311	−0. 133
SKSC	2. 000	1. 559	0. 438	0. 470	0. 288	−0. 549
SZKDS	2. 000	1. 555	0. 444	0. 458	0. 293	−0. 518
平均	2. 083	1. 550	0. 454	0. 441	0. 293	−0. 370

注　*Na*：观测等位基因；*Ne*：有效等位基因；*I*：香农信息指数；*Ho*：观测杂合度；*He*：期望杂合度；*F*：固定指数。

(3)种群的遗传分化分析

4 个贵州苏铁的基因流和遗传分化系数，见表 2-28。4 个种群的遗传分化系数在 0. 006~0. 032，其中 SZKDS 种群与 NLC 种群、SKSC 种群的遗传分化系数最小，分别为 0. 006、0. 008，SKSC 种群与 LDG 种群的遗传分化系数最大，为 0. 032。4 个种群的基因流在 7. 511~42. 451，不同种群之间的基因流相差较大。其中 SKSC 种群和 SZKDS 种群之间的基因流最大，为 42. 451，而 SKSC 种群和 LDG 种群的基因流最小，为 7. 511。由此可知，贵州苏铁种群之间的基因流越大，遗传分化系数越小，种群之间有效的基因交流可降低不同种群之间过度的遗传分化。分子方差的分析结果表明，仅有1%的遗传变异发生在种群之间，有99%的遗传变异来源于个体变异(彩图25)。

表2-28　4个贵州苏铁的基因流(上三角)和遗传分化系数(下三角)

	LDG	NLC	SKSC	SZKDS
LDG	—	11.121	7.511	9.838
NLC	0.022	—	20.366	42.451
SKSC	0.032	0.012	—	31.081
SZKDS	0.025	0.006	0.008	—

(4)群体遗传结构分析

利用6个分子标记对贵州苏铁的62个样本的群体结构进行评估(彩图26)。根据似然值最大原则，判断最佳K值等于2，可以将62个样本划分为2个亚群(彩图27)。SZKDS种群、NLC种群、SKS种群为一个亚群，LDG种群单独为一个亚群。值得注意的是，两个亚群中每个个体中均有一半基因来自两个亚群，由此说明，两个亚群之间也存在着较为紧密的亲缘关系。

主成分分析可通过降维的方式，清晰地展现出个体之间的差异。62个贵州苏铁样本之间的主成分分析见彩图28。4个种群之间并未出现明显的聚类，不同个体之间混杂在一起。另外，NLC种群、SKSC种群、SZKDS种群个体重叠在一起。由此说明，在种群水平上，4个贵州苏铁种群的遗传信息的差异较小，多为个体水平上的差异。NLC种群、SKSC种群、SZKDS种群三个种群亲缘关系较近。

(5)种群间的遗传距离与聚类分析

4个种群间遗传距离(表2-29)最大为0.054(LDG/SKSC)，最小为0.007(NLC/SZKDS)。采用基于Nei遗传距离的非加权组平均法(UPGMA)进行聚类分析，结果如图2-11所示。结果表明，NLC种群、SZKDS种群先聚为一类后又与SKSC种群聚为一个大类。LDG种群单独聚为一类。62个个体之间并未按种群的差异进行聚类，而是按个体差异混杂聚类。该聚类结果与群体结构分析和主成分分析结果一致。

表2-29　4个贵州群体间的遗传距离

	LDG	NLC	SKSC	SZKDS
LDG	—	0.034	0.054	0.029
NLC	0.034	—	0.030	0.007
SKSC	0.054	0.030	—	0.029
SZKDS	0.029	0.007	0.029	—

2.1.2.4.3　讨论与结论

多态信息含量PIC常用于衡量位点的多态性程度(吕宝忠等，1994)。本研究所选用的6对引物的PIC均值为0.245，除GZST002、GZST055引物外，选用的其他4条引物均为中度多态性(肖志娟等，2014)。另外，等位基因数(*Na*)也常用于衡量SSR位点的多态性和种群的变异程度(陈焘等，2020)。6对SSR引物在4个贵州苏铁种群中共检测出17个*Na*，

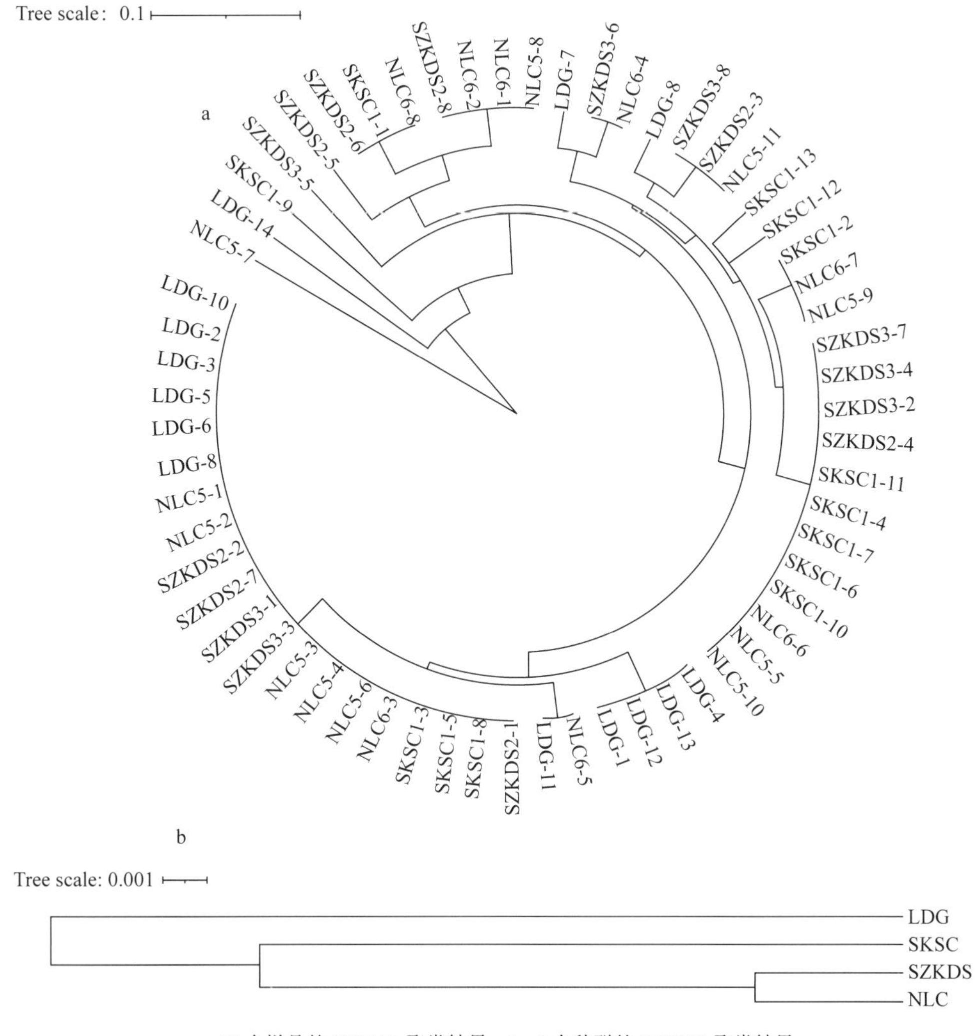

a. 62 个样品的 UPGMA 聚类结果；b. 4 个种群的 UPGMA 聚类结果

图 2-11 贵州苏铁种群的 UPGMA 聚类结果

平均每条引物上具有 2.83 个 *Na*。以上结果均表明，筛选出的引物具有较好的多态性，可用于该物种的遗传多样性分析。贵州苏铁物种水平上的遗传多样性(*He*=0.301)高于种群的遗传多样性(*He*=0.293)，这与肖龙骞等(2003)研究结果一致，这种现象也出现在其他苏铁属植物中，如长叶苏铁(邓丽丽等，2023)。本文研究结果发现，分布于广西地区的贵州苏铁其遗传多样性水平(*He*=0.293)明显低于其他苏铁属植物，如台湾苏铁、德保苏铁、多歧苏铁和叉叶苏铁(席辉辉等，2022)。造成此类现象的原因一方面可能是贵州苏铁在长时间的进化演变过程中积累了比较丰富的遗传变异，但近些年来其生态和生境发生了很大的变化，加之人类过度砍伐挖掘、毁林开荒和自然灾害等原因，其分布已经呈现破碎化和片段化的格局，个体数量不断减少，导致其种群的遗传多样性降低。另一方面，由于生境不断片段化，使其原本广泛连续的分布被打断，使物种的适应能力下降，一些种群甚至完全消失，残余种群内近交率不断提高，引起有些等位基因的消失，继而导致其遗传多样性不断降低。另外，本研究仅是对分布于百色市的4个贵州苏铁的野生种群的样品进行采集，取样片面化也可能是造成所得结果较低的原因。本研究以*I*、*He*为参考指标，对4个贵州苏铁种群的遗传多样性比较发现，百色市隆安县桠杈镇弄徕村种群(NLC)的遗传多样性高于其他种群，此种群可作为引种栽培的优质种质资源。

4个贵州苏铁种群的遗传分化系数在0.006~0.032，各亚群之间不存在分化(Curnow et al.，1979)。高水平的基因流动可能是种群间遗传分化系数较低的原因之一。主成分分析结果也发现，SZKDS种群、SKSC种群和NLC种群个体存在重合现象。同时，AMOVA分析结果也表明，种群之间的遗传变异仅占1%，而个体之间的差异有99%。以上结果均表明，本研究中4个贵州苏铁种群之间存在极为频繁的基因交流，高水平的基因交流可能是各亚群不产生遗传分化的原因之一。但高水平的基因交流，却并未提高百色地区贵州苏铁的遗传多样性。本研究认为，可能是所研究的种群地理位置较近，来源于同一种群。

鉴于贵州苏铁种群的特殊遗传特性，本文对广西地区贵州苏铁种质资源的保护提出以下建议：一是可将百色市隆安县桠杈镇弄徕村种群作为优质的种质资源进行引种栽培，并加强人工繁育研究，增加其种群规模。二是分布于广西地区的贵州苏铁种群之间虽然具有较高的基因交流，但种群遗传多样性水平较低，种群较为封闭，急需其他地区种群的基因迁入，以提高其整体遗传多样性。三是就地保护，本文所研究的种群多处于保护区外，开山采石、人工造林往往会对种群造成毁灭性的破坏，可在种群数量较多的地区建立自然保护小区并加强人工管理和维护。四是加强迁地保护与回归，并注意引入多种群个体，提高种群的遗传多样性，另外，还需对迁地保护种群的遗传多样性进行世代检测，并及时引入原生种质资源，以保持其对原生环境的适应性，有利于未来的种苗回归。

2.1.2.5 叉叶苏铁

2.1.2.5.1 材料与方法

(1)材料

2022年对广西崇左市4个叉叶苏铁野生种群和1个迁地保护种群进行采样，具体采样信息，见表2-30。其中YCLL、MB和MALL 3个种群为位于保护区外的野外种群，PR种群为白头叶猴保护区内的野生种群，ZWS种群为桂林植物园的迁地保护种群。5个种群中共采集叉叶苏铁样品109份，采集时选择完整无病虫害的叉叶苏铁叶片放置于装有变色硅胶的密封袋中干燥保存，对每份样品做好标签，并对采样点进行GPS定位。植物样品由广西植物研究所韦霄研究员鉴定。

表2-30 叉叶苏铁种群的采样信息

种群	种群类型	地点	经度	纬度	样品数量(个)
YCLL	野外种群	崇左市太平镇陇郎屯	107°17′23″E	22°30′01″N	29
MB		崇左市太平镇磨布屯	107°16′19″E	22°30′15″N	22
MALL		崇左市太平镇陇楼屯	107°18′19″E	22°28′59″N	17
PR		崇左市左州镇排汝屯	107°24′09″E	22°33′19″N	26
ZWS	迁地保护种群	桂林市雁山镇桂林植物园	110°18′18″E	25°04′33″N	15

（2）方法

同 2. 1. 1 中德保苏铁遗传多样性的分析方法。筛选的引物信息见 2. 1. 1。

2. 1. 2. 5. 2　结果与分析

（1）SSR 引物多态性分析

6 对引物在 109 个样本中共检测出 24 个等位基因，其中，最小等位基因数目为 3. 000，最大等位基因数目为 6. 000，平均每个位点等位基因数目为 4. 000（表 2-31）。有效等位基因总数为 12. 461，平均每个位点有效等位基因数目为 2. 077。香农信息指数的数值范围为 0. 286（GZST013）~ 1. 186（GZST088），平均值 0. 846。观测杂合度最大为 0. 679（GZST019），平均值为 0. 355。期望杂合度最小为 0. 130（GZST013），最大为 0. 642（GZST088），平均值为 0. 482。多态性信息指数的数值范围为 0. 124（GZST013）~ 0. 591（GZST088），平均值为 0. 418。6 对引物中除 GZST013 不存在显著性，其余 5 对引物均存在显著性差异。综合来看，引物 GZST088 的多态性较好。

表 2-31　SSR 引物的多态性

位点	*Na*	*Ne*	*I*	*Ho*	*He*	*PIC*	*Prob*	*Signif*
GZST002	3. 000	1. 998	0. 802	0. 000	0. 500	0. 413	0. 000	* * *
GZST013	3. 000	1. 149	0. 286	0. 138	0. 130	0. 124	0. 898	ns
GZST019	6. 000	2. 068	1. 016	0. 679	0. 516	0. 475	0. 017	*
GZST055	4. 000	2. 204	0. 874	0. 370	0. 546	0. 444	0. 001	* * *
GZST065	4. 000	2. 252	0. 910	0. 330	0. 556	0. 463	0. 000	* * *
GZST088	4. 000	2. 790	1. 186	0. 615	0. 642	0. 591	0. 000	* * *
平均	4. 000	2. 077	0. 846	0. 355	0. 482	0. 418		
标准偏差	1. 095	0. 533	0. 305	0. 263	0. 179			

注　*Na*：观测等位基因；*Ne*：有效等位基因；*I*：香农指数；*Ho*：观测杂合度；*He*：期望杂合度；*F*：固定指数，评估实际观测值与理论值偏离程度的指标；*PIC*：多态信息指数；*Prob*：*P* 值；*Signif*：显著性（ns 表示不显著，即群体符合 HWE；* 表示显著性差异 $P<0.05$，* * 表示显著性差异 $P<0.01$，* * * 表示显著性差异 $P<0.001$。

（2）叉叶苏铁群体间的遗传多样性分析

对叉叶苏铁群体的遗传多样性进行分析（表 2-32），4 个野生种群的观测等位基因数在 2. 500（PR）~ 3. 333（MALL），平均值为 2. 875。YCLL 种群的有效等位基因数最高（1. 855），PR 种群最低（1. 662），平均值为 1. 796。香农信息指数平均值为 0. 637，MALL 种群的最高（0. 711）。观测杂合度最高是 0. 402（MB），最低是 0. 269（PR），平均值为 0. 363。PR 种群期望杂合度最低（0. 324），MALL 种群最高（0. 394），平均值为 0. 373。综合来看，PR 种群的各项指标数值在 4 个野生种群中表现最低，遗传多样性水平最低。迁地保护种群（ZWS）的香农信息指数和期望杂合度值高于 4 个野生种群的平均值，但香农信息指数略低于 MALL 种群，而期望杂合度值略低于 MALL 和 YCLL 野生种群。

表 2-32　叉叶苏铁群体间的遗传多样性

种数	*Na*	*Ne*	*I*	*Ho*	*He*	*F*
MALL	3. 333	1. 852	0. 711	0. 388	0. 394	0. 029

（续）

种数	*Na*	*Ne*	*I*	*Ho*	*He*	*F*
MB	2. 833	1. 816	0. 638	0. 402	0. 379	-0. 054
PR	2. 500	1. 662	0. 543	0. 269	0. 324	0. 091
YCLL	2. 833	1. 855	0. 657	0. 393	0. 393	-0. 015
ZWS	3. 000	1. 865	0. 686	0. 323	0. 391	0. 244
平均	2. 900	1. 810	0. 647	0. 355	0. 376	0. 059

注　*Na*：观测等位基因；*Ne*：有效等位基因；*I*：香农信息指数；*Ho*：观测杂合度；*He*：期望杂合度；*F*：固定指数。

(3)群体的遗传分化

5 个种群整体的分子方差分析表明(彩图 29)，叉叶苏铁种群间的遗传变异占 25%，个体间的遗传变异占 7%，而大多数的遗传变异来源于种群内(68%)。

对叉叶苏铁种群间的基因流和遗传分化系数进行分析(表 2-33)，5 个种群中 YCLL 与 MB 种群间的基因流最大(26. 635)且遗传分化系数最小(0. 009)，PR 与 MB 种群间的基因流最小(0. 952)且彼此间的遗传分化系数最大(0. 208)，迁地保护种群与 4 个野生种群间的遗传分化系数和基因流的数值范围分别为 0. 119~0. 200 和 0. 998~1. 855。

表 2-33　叉叶苏铁群体间的基因流(上三角)和遗传分化系数(下三角)

种群	MALL	MB	PR	YCLL	ZWS
MALL	—	5. 700	1. 009	7. 855	0. 998
MB	0. 042	—	0. 952	26. 635	1. 263
PR	0. 199	0. 208	—	1. 037	1. 855
YCLL	0. 031	0. 009	0. 194	—	1. 156
ZWS	0. 200	0. 165	0. 119	0. 178	—

注　对角线上方为基因流；对角线下方为遗传分化系数。

(4)叉叶苏铁群体遗传结构分析

对野生种群和迁地保护种群共 109 份叉叶苏铁样品进行 Structure 遗传结构分析，根据似然值最大原则，当 K=2 时，ΔK 最大(彩图 30)，根据彩图 31 分类结果可以看出，本研究中的 109 份叉叶苏铁样品大致分为 2 种基因型，2 种基因型可大致按地理位置明显区分，其中 MALL、YCLL 和 MB 3 个野生种群基因型相近，分为 1 类，而迁地保护种群(ZWS)与 PR 种群更为接近，二者可分为一类。

(5)叉叶苏铁的聚类分析和主坐标分析

对 109 份叉叶苏铁样品进行 UPGMA 聚类分析(图 2-12a)，109 份样品主要分为 2 大类(类 1 和类 2)，类 1 包含了迁地保护种群(ZWS)和 PR 种群的所有样品，在这类中，多数样品按地区分类，但各有 2 个样品穿插在彼此的分组中；类 2 包含 MALL、YCLL 和 MB 3 个野外种群的所有样品，在这类中，3 个种群的样品相互穿插，也说明了这 3 个种群遗传距离更近，存在较高的基因交流现象。

对 5 个叉叶苏铁种群进行 UPGMA 聚类分析(图 2-12b)，结果显示 5 个种群可分为 2

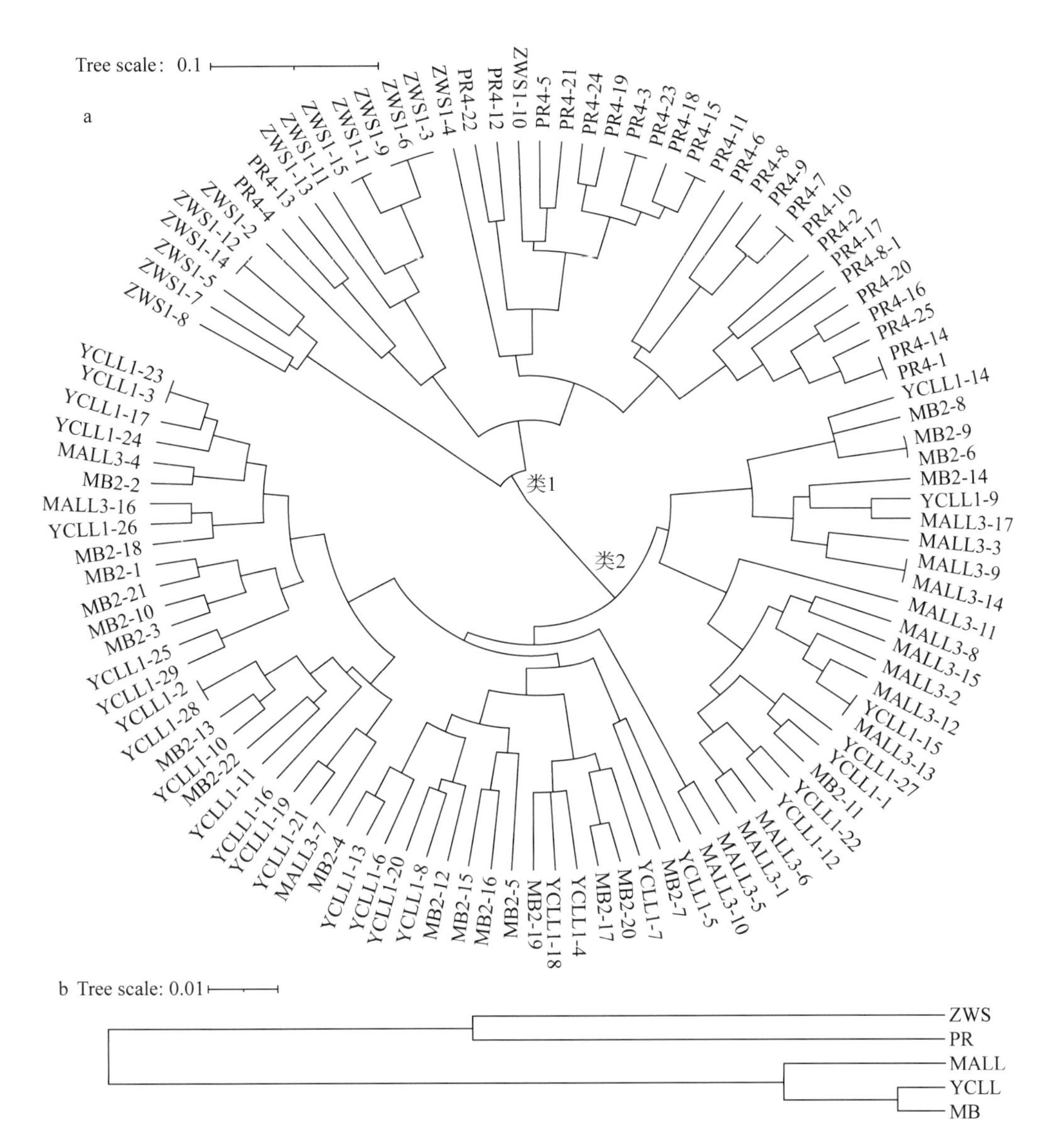

a. 109 个样品的 UPGMA 聚类结果；b. 5 个种群的 UPGMA 聚类结果

图 2-12 叉叶苏铁的 UPGMA 聚类结果

个亚群，其中一个亚群包括迁地保护种群(ZWS)和 PR 种群，这 2 个种群的遗传距离较近；另一个亚群包括 MALL、YCLL 和 MB 3 个野外种群，在这个亚群中，YCLL 和 MB 种群的遗传距离是最近的。

对叉叶苏铁的 109 份样品进行主坐标分析(彩图 32)，结果显示第一主坐标贡献率为 27.42%，第二主坐标贡献率为 17.92%，累积贡献率达到 45.34%，可代表原始数据的主要信息。5 个种群的 109 个样本个体可以明显分为 2 个组，其中 MALL、YCLL 和 MB 3 个野外种群的样品距离更近，聚为一组；而迁地保护种群(ZWS)和 PR 种群距离更近，为另一个组。

2.1.2.5.3　讨论与结论

本研究的6个位点中，仅GZST013位点的多态信息指数(0.124)是低度多态性位点(*PIC*≤0.25)，其余5个位点均显示中高度多态性。叉叶苏铁野生种群遗传多样性分析结果显示，香农信息指数平均值为0.637，期望杂合度的平均值为0.373，低于龚奕青的研究结果(*I*=1.213，*He*=0.446)(龚奕青，2015)，与其他同属植物相比，叉叶苏铁期望杂合度高于四川苏铁(*He*=0.247)(龚奕青，2012)和攀枝花苏铁(*He*=0.328)(Xiao et al.，2020)，低于德保苏铁(*He*=0.484)(Gong et al.，2016)、多歧苏铁(*He*=0.497)(Gong et al.，2015)和台湾苏铁(*He*=0.703)(Wang et al.，2019)。总体来看，崇左市叉叶苏铁遗传多样性水平较低，在4个野生种群中，MALL和YCLL种群的遗传多样性较高，但PR种群遗传多样性较低，由于种群间的遗传多样性不平衡，部分较低的遗传多样性会使得整体的遗传多样性水平降低。

叉叶苏铁种群间的遗传分化系数平均为0.134，迁地保护种群(ZWS)与PR种群的遗传分化达中度分化水平(0.119)，与另外3个野生种群间的遗传分化系数在0.194~0.200，达到高度分化水平(董丽敏等，2019)，这可能是因为引种保护地与4个野生种群地理距离较远，基因交流频率低而形成了一定程度的遗传分化。4个野生种群中，MALL、MB和YCLL 3个野生种群间的遗传分化系数在0.009~0.042，种群间分化较小，但这3个种群与PR种群间的遗传分化系数在0.194~0.208，均大于0.15，达到高度分化水平，导致这个现象的原因可能是MALL、MB和YCLL 3个野生种群间地理距离相对较近，存在基因交流的概率更大从而使得这3个野生种群的遗传分化小，遗传距离更近。遗传结构分析结果表明，4个野生种群之间均存在相同的祖先，可能是经过长时间的进化加上人为砍伐和破坏导致了叉叶苏铁生境片段化，从而分化而形成了2个分支，而由于迁地保护种群(ZWS)引种于PR种群，遗传距离非常近，所以这两个种群的遗传结构极其相似。从UPGMA结果看也显示迁地保护种群(ZWS)和PR种群遗传距离非常近，两者最先汇聚成一支。PCoA分析结果也支持以上结论，即109份叉叶苏铁样品可大致分为2类，迁地保护种群(ZWS)和PR种群可分为一类；而MALL、MB和YCLL 3个野生种群距离更近，为另1类。本研究中叉叶苏铁种群间的遗传变异占25%，种群内的遗传变异占75%，变异主要来源于种群内，种群水平的遗传交流较低。

结合叉叶苏铁的遗传特性，本文提出以下保护措施和建议：一是保护濒危植物的栖息地是延长该物种生命周期及恢复野生种群的主要方法之一，4个野生种群中，MALL种群的遗传多样性表现最高，应作为野生种群的重点保护种群，由于叉叶苏铁种群少，建议将位于保护区外的MALL、MB和YCLL 3个种群均建立保护小区，以此更好保护其完整的遗传多样性。同时，还要进行种群动态监测、小种群生存概率方面的研究工作。二是对崇左市叉叶苏铁进行迁地保护在一定程度能有效地保护其遗传多样性，但还需继续开展其迁地保护的种质资源的收集，特别加强MALL和YCLL种群资源的引种工作，以加强迁地保护种群的遗传多样性水平。三是叉叶苏铁为极小种群植物，其种质资源少，种群数量和个体都很少，需加强叉叶苏铁良种筛选、人工授粉、培育种苗、生物学特性、栽培技术方面的研究。四是加强叉叶苏铁野外回归引种工作，需开展就地回归和异地回归实验，扩大叉叶苏铁种群数量，加大其遗传交流，从而有效提高叉叶苏铁遗传多样性。

2.1.2.6 长叶苏铁

2.1.2.6.1 材料与方法

(1)材料

2022 年于广西百色市的田东县印茶镇(PL)、德保县那甲镇(NL)和德保县城关镇(QH)3 地采集 3 个不同种群的长叶苏铁样品共计 42 份，其中 PL 种群 19 份，NL 种群 14 份，QH 种群 9 份(表 2-34)。采集的长叶苏铁叶片放置于装有变色硅胶的密封袋中干燥保存，对每份样品的具体信息做好标签，并对采样点进行 GPS 定位。植物样品由广西植物研究所韦发南研究员鉴定。

表 2-34 3 个长叶苏铁群体的采样信息

地点	种群	经度	纬度
田东县印茶镇	PL	107°3′6″E	23°27′30″N
德保县那甲镇	NL	106°47′54″E	23°28′4″N
德保县城关镇	QH	106°39′49″E	23°21′50″N

(2)方法

同 2.1.1 中德保苏铁遗传多样性的分析方法。筛选的引物信息见 2.1.1。

2.1.2.6.2 结果与分析

(1) SSR 引物多态性分析

使用 6 对引物对 42 份长叶苏铁样品进行的 SSR 多态性分析结果，见表 2-35。共检测到等位基因(*Na*)23 个，等位基因数在 2~8，平均每个位点等位基因数目为 3.833。有效等位基因数(*Ne*)总数为 13.161，数值在 1.024(GZST019)~3.662(GZST065)，平均值为 2.194。Shannon 信息指数(*I*)最高的是 GZST065(1.525)，平均值为 0.762。观测杂合度(*Ho*)和期望杂合度(*He*)的平均值分别为 0.279 和 0.396，GZST065 和 GZST088 的观测杂合度(*Ho*)最高，均为 0.610，而期望杂合度(*He*)最高的位点是 GZST065(0.727)。多态信息指数(*PIC*)范围在 0.023~0.695，平均值为 0.364，其中位点 GZST065 的多态性最高(*PIC*=0.695)。6 对引物中，GZST013、GZST019 和 GZST088 不存在显著性，其余 3 对引物均存在显著性差异。综合来看，位点 GZST065 的各项遗传多样性指数数值均最高。

表 2-35 6 对 SSR 引物的多态性

位点	*Na*	*Ne*	*I*	*Ho*	*He*	*PIC*	*Prob*	*Signif*
GZST002	2	1.049	0.113	0.000	0.047	0.046	0.000	* * *
GZST013	2	1.325	0.410	0.286	0.245	0.215	0.280	ns
GZST019	2	1.024	0.065	0.024	0.024	0.023	0.938	ns
GZST055	3	2.620	1.016	0.143	0.618	0.538	0.000	* * *
GZST065	6	3.662	1.525	0.610	0.727	0.695	0.004	* *
GZST088	8	3.481	1.444	0.610	0.713	0.665	0.421	ns
平均	3.833	2.194	0.762	0.279	0.396	0.364		
标准偏差	2.563	1.219	0.655	0.276	0.329			

注 *Na*：观测等位基因；*Ne*：有效等位基因；*I*：香农指数；*Ho*：观测杂合度；*He*：期望杂合度；*F*：固定指数，评估实际观测值与理论值偏离程度的指标；*PIC*：多态信息指数；*Prob*：*P* 值；*Signif*：显著性(ns 表示不显著，即群体符合 HWE；* 表示显著性差异 $P<0.05$，* * 表示显著性差异 $P<0.01$，* * * 表示显著性差异 $P<0.001$)。

(2)群体位点的遗传多样性分析

长叶苏铁3个群体的群体位点遗传多样性分析结果，见表2-36。在NL群体中，GZST065和GZST088的等位基因数最多，均为5个，GZST065的有效等位基因、香农指数、观测杂合度和期望杂合度均表现最好，分别为4.170、1.509、0.643和0.760，GZST065的各遗传多样性指数最高。在PL群体中，GZST065的有效等位基因(3.640)、香农指数(1.437)和期望杂合度(0.725)在6个引物中表现最好，GZST088的等位基因(6)和观测杂合度(0.833)在6个引物中表现最好。在QH群体中，GZST088的各项遗传多样性指数(*N*a=5，*N*e=2.746，*I*=1.274，*H*o=0.556，*H*e=0.636)在6个引物中均表现最高。

表2-36 长叶苏铁群体位点的遗传多样性

种群	Locus	*Na*	*Ne*	*I*	*Ho*	*He*
NL	GZST002	2	1.153	0.257	0.000	0.133
	GZST013	2	1.600	0.562	0.500	0.375
	GZST019	1	1.000	0.000	0.000	0.000
	GZST055	3	2.579	1.004	0.143	0.612
	GZST065	5	4.170	1.509	0.643	0.760
	GZST088	5	2.904	1.245	0.357	0.656
PL	GZST002	1	1.000	0.000	0.000	0.000
	GZST013	2	1.296	0.389	0.263	0.229
	GZST019	2	1.054	0.122	0.053	0.051
	GZST055	3	2.876	1.076	0.211	0.652
	GZST065	5	3.640	1.437	0.667	0.725
	GZST088	6	3.273	1.381	0.833	0.694
QH	GZST002	1	1.000	0.000	0.000	0.000
	GZST013	1	1.000	0.000	0.000	0.000
	GZST019	1	1.000	0.000	0.000	0.000
	GZST055	2	1.976	0.687	0.000	0.494
	GZST065	4	1.820	0.884	0.444	0.451
	GZST088	5	2.746	1.274	0.556	0.636

注 *N*a：观测等位基因；*N*e：有效等位基因；*I*：香农信息指数；*H*o：观测杂合度；*H*e：期望杂合度；*F*：固定指数。

(3)群体遗传多样性分析

长叶苏铁3个野生群体的遗传多样性检测结果，见表2-37。3个群体的等位基因数(*N*a)数值在2.333(QH)~3.167(PL)，平均值为2.833。NL群体的有效等位基因数(*N*e)最高，为2.234，平均值为2.005。Shannon信息指数(*I*)在0.474(QH)~0.763(NL)，平均值为0.657。观测杂合度(*H*o)最高是0.338(PL)，最低是0.167(QH)，平均值为0.259。期望杂合度(*H*e)数值在0.263(QH)~0.423(NL)，平均值为0.359。固定指数(*F*)平均值为0.274。

表 2-37　长叶苏铁群体间的遗传多样性

种群	*Na*	*Ne*	*I*	*Ho*	*He*	*F*
NL	3.000	2.234	0.763	0.274	0.423	0.409
PL	3.167	2.190	0.734	0.338	0.392	0.076
QH	2.333	1.590	0.474	0.167	0.263	0.380
平均	2.833	2.005	0.657	0.259	0.359	0.274

注　*Na*：观测等位基因；*Ne*：有效等位基因；*I*：香农信息指数；*Ho*：观测杂合度；*He*：期望杂合度；*F*：固定指数。

(4)群体的遗传分化分析

长叶苏铁的群体的分子方差分析(AMOVA)，分子方差百分比如彩图 33 所示。结果显示长叶苏铁群体间的遗传变异仅占 3%，个体间的遗传变异占 30%，而大多数的遗传变异来源于个体内(67%)。对长叶苏铁群体间的基因流和遗传分化系数分析结果，见表 2-38，NL 与 PL 间的基因流最大(11.034)且遗传分化系数最小(0.022)，NL 与 QH 间的基因流最小(2.981)且遗传分化系数最大(0.077)。

表 2-38　长叶苏铁群体间的基因流(上三角)和遗传分化系数(下三角)

种群	NL	PL	QH
NL	—	11.034	2.981
PL	0.022	—	4.996
QH	0.077	0.048	—

注　对角线上方为基因流；对角线下方为遗传分化系数。

(5)群体的遗传结构分析

对 42 份长叶苏铁样品进行 Structure 遗传结构分析，当 K=9 时，ΔK 最大(彩图 34)，表明 42 个样品可分为 9 个群体。分类结果如彩图 35 所示，本研究中 42 份长叶苏铁样品均混合了 9 个色块，样本植株间存在复杂的基因交流现象(基因交流程度高)，遗传背景丰富。

(6)群体间的聚类分析和主坐标分析

采用遗传距离对 3 个长叶苏铁群体进行 UPGMA 聚类分析(图 2-12)，结果显示 3 个群体可分为两个组，其中 PL 和 NL 遗传关系更近，可归为一类，QH 独自一类。42 份长叶苏铁样品的 UPGMA 聚类分析结果如图 2-12a，42 份样本主要分为 3 大类(类 1、类 2、类 3)，每个大类进而又各分为 3 个小类(类 a-类 i)。3 个群体的 42 份样本在各大类中相互穿插，并不存在明显的群体分组。在各小类中，多数 PL 和 NL 聚类同一类，也说明了 PL 和 NL 群体遗传距离更近。

对长叶苏铁的 42 个样本进行主坐标分析(彩图 36)，结果显示第一主坐标贡献率为 26.38%，第二主坐标贡献率为 15.20%，累积贡献率为 41.58%，可代表原始数据的主要信息。3 个群体的 42 个样本个体相互交叉和重叠，显示了 3 个群体间存在着丰富的基因渗透和基因交流。

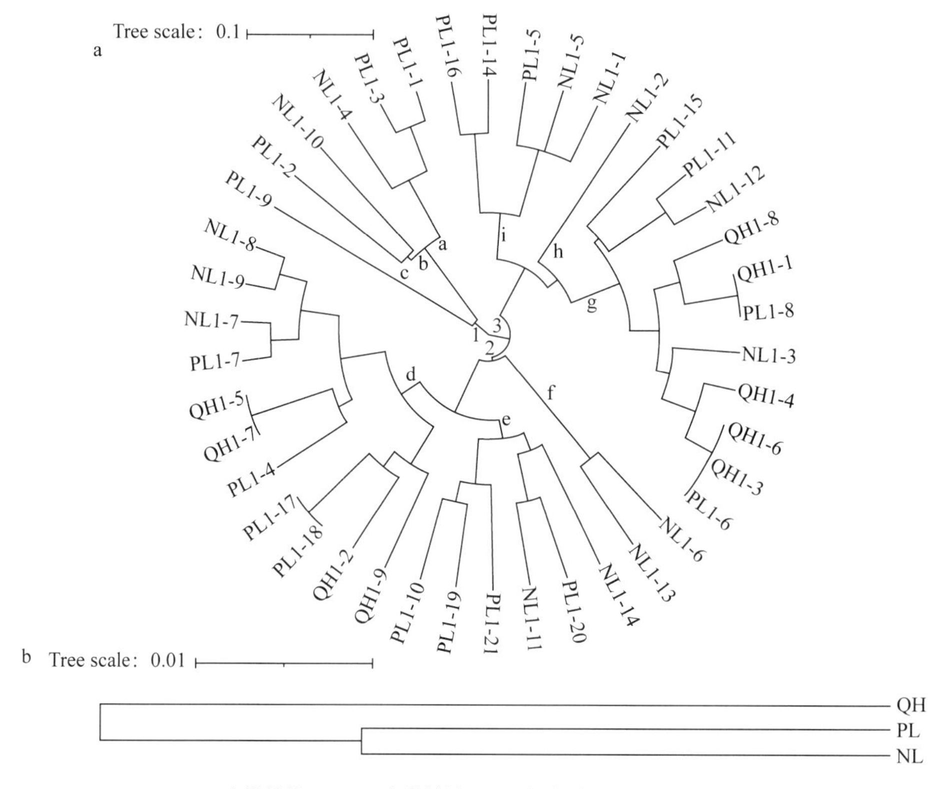

a. 42 个样品的 UPGMA 聚类结果；b. 3 个种群的 UPGMA 聚类结果

图 2-12　长叶苏铁的 UPGMA 聚类结果

2. 1. 2. 6. 3　讨论与结论

本研究使用筛选出的 6 对重复性好的 SSR 引物对长叶苏铁遗传多样性行测。结果表明，6 对引中，GZST065 和 GZST088 的各项遗传多样性指数数值较高，说明这两个位点的多态性较高，拥有的遗传变异较多。3 个长叶苏铁的期望杂合度(0. 359)低于红河断裂带分布的长叶苏铁(*He* = 0. 446)(Zheng et al. , 2016)，也低于其他濒危物种的平均值(*He* = 0. 42)(杨磊等，2023)。与其他苏铁属植物相比，长叶苏铁期望杂合度低于台湾苏铁(*He* = 0. 703)、叉叶苏铁(*He* = 0. 543)、多歧苏铁(*He* = 0. 497)和德保苏铁(*He* = 0. 484)等，高于攀枝花苏铁(*He* = 0. 328)和四川苏铁(*He* = 0. 288)(席辉辉等，2022；Zheng et al. , 2017)。3 个种群中德保县那甲镇种群(NL)的遗传多样性最高。但总体来看，广西长叶苏铁遗传多样性水平均较低(Zheng et al. , 2016)。这可能与广西长叶苏铁的种群植株数量少且成年植株稀少有关，因此急需对广西长叶苏铁进行繁育及回归引种的相关研究，扩大其种群植株数量。

对于本研究中的长叶苏铁，其群体间的遗传变异占 3%，群体内的遗传变异占 97%，变异主要集中在群体内，种群间的遗传交流较少。这种现象发生的原因可能有两点：一是广西长叶苏铁种群所积累的遗传变异少，这是种群植株数量少导致的；二是长叶苏铁的花粉可能无法远距离传播。苏铁类植物传粉方式大多为虫媒或者风媒。根据杨泉光等(2012)发现的越南篦齿苏铁 *Cycas enlongata* 在 3 m 范围外花粉的分布密度随距离的增加而急剧下降的研究结果，笔者推测长叶苏铁多为种群内杂交，种群内的基因交流频繁。关于长叶苏铁传粉机制的研究目前还未见报道，后续应加强这方面的研究。

鉴于长叶苏铁自身的生物学性状及外界的影响，对广西长叶苏铁种质资源保护提出以下建议：一是 3 个种群均位于保护区外，因此都需要建立保护小区，全面保护长叶苏铁野外个体和种群。德保县那甲镇(NL)种群的遗传多样性较高，保护时应将该种群作为重点保护单元进行保护。二是筛选遗传多样性高的优良个体进行迁地保护，并系统地对其生物学性状、繁育方法及回归引种等相关基础知识进行研究。三是加大对群众的宣传教育力度，增强群众保护环境的意识。四是加强种群动态监测，采用人工授粉等方式人为辅助长叶苏铁种群更新。

2.1.2.7 叉孢苏铁

2.1.2.7.1 材料与方法

(1)材料选取

实验选取广西壮族自治区百色市西林县那佐苗族乡母鲁村(NZML)、田林县浪坪乡田坝 1(TB1)、田林县浪坪乡田坝 2(TB2)、乐业县雅长乡花坪镇一沟(YG)、乐业县雅长乡花坪镇二沟(EG)和乐业县雅长乡花坪镇科普园(KPY)共 6 个地区的 99 份长势良好的叉孢苏铁新鲜叶片，并利用变色硅胶进行干燥保存(表 2-39)。样品由广西植物研究所韦发南研究员鉴定。

表 2-39　6 个叉孢苏铁种群的基本信息

地点	种群	经度	纬度	样品数量(个)
西林县那佐苗族乡母鲁村	NZML	105°23′48.1″E	24°8′53.2″N	14
田林县浪坪乡田坝 1	TB1	106°16′2.7″E	24°29′10.0″N	21
田林县浪坪乡田坝 2	TB2	106°15′51.9″E	24°29′12.3″N	19
乐业县雅长乡花坪镇一沟	YG	106°12′59.5″E	24°47′57.1″N	6
乐业县雅长乡花坪镇二沟	EG	106°14′0.4″E	24°46′14.5″N	16
乐业县雅长乡花坪镇科普园	KPY	106°22′42.5″E	24°51′1.4″N	23

(2)方法

同 2.1.1 中德保苏铁遗传多样性的分析方法。筛选的引物信息见 2.1.1。

2.1.2.7.2 结果和分析

(1)SSR 标记的多态性分析

使用筛选出的 6 对引物对 99 份叉孢苏铁样本进行 SSR 多样性分析(表 2-40)。共得到 27 个等位基因(Na)，等位基因数在 2~6，平均每个位点等位基因数目为 4.5。有效等位基因总数为 13.704，数值变化范围为 1.274(GZST019)~3.829(GZST055)，平均每个位点有效等位基因数目为 2.284。香农指数(I)的数值范围为 0.403(GZST019)~1.634(GZST055)，平均值 0.91333。观测杂合度(Ho)的数值范围为 0(GZST002)~0.612(GZST088)，平均值 0.400。期望杂合度(He)的数值范围为 0.215(GZST019)~0.739(GZST055)，平均值 0.498。多态信息含量(PIC)的数值范围为 0.196(GZST019)~0.71(GZST055)，平均值

0.438。遗传分化系数(*Fst*)范围在0.102~0.957，平均值为0.286。基因流(*Nm*)指数范围在0.011(GZST002)~2.195(GZST019)，平均值为1.272。大部分引物SSR标记多态性良好。其中，GZST055、GAST088两个位点的多态信息含量(*PIC*)>0.5，具有高度多态性。

表2-40　6对SSR引物的多态性

位点	*Na*	*Ne*	*I*	*Ho*	*He*	*Fst*	*PIC*	*Nm*
GZST002	3.000	1.974	0.725	0	0.493	0.957	0.381	0.011
GZST013	2.000	1.567	0.548	0.475	0.362	0.131	0.296	1.654
GZST019	3.000	1.274	0.403	0.242	0.215	0.102	0.196	2.195
GZST055	9.000	3.829	1.634	0.583	0.739	0.236	0.71	0.808
GAST065	4.000	2.023	0.843	0.49	0.506	0.148	0.426	1.439
GAST088	6.000	3.037	1.327	0.612	0.671	0.141	0.616	1.527
平均	4.500	2.284	0.913	0.400	0.498	0.286	0.438	1.272

注　*Na*：观测等位基因；*Ne*：有效等位基因；*I*：香农指数；*Ho*：观测杂合度；*He*：期望杂合度；*Fst*：遗传分化系数；*PIC*：多态信息指数；*Nm*：基因流。

(2)群体的遗传多样性分析

6个叉孢苏铁种群的遗传多样性的检测结果，见表2-41。等位基因数(*Na*)数值范围在2.167(YG)~3.333(EG)，平均值为2.861，EG种群的等位基因数最高。有效等位基因数(*Ne*)范围在1.546(TB1)~2.146(EG)，平均值为1.845，EG种群的有效等位基因数最多。香农信息指数(*I*)范围在0.552(TB1)~0.758(EG)，平均值为0.634，EG种群的*I*值最高。观测杂合度(*Ho*)在0.294(TB1)~0.528(YG)，平均值为0.416，YG种群的Ho最高。期望杂合度(*He*)在0.296(TB1)~0.428(YG)，平均值为0.361，YG种群的*He*最高。

表2-41　叉孢苏铁6个种群的遗传多样性水平

种群	*Na*	*Ne*	*I*	*Ho*	*He*	*F*
EG	3.333	2.146	0.758	0.426	0.406	0.055
KPY	2.667	1.799	0.578	0.478	0.344	-0.320
NZML	3.000	1.914	0.687	0.417	0.382	-0.320
TB1	3.167	1.546	0.552	0.294	0.296	-0.002
TB2	2.833	1.749	0.578	0.357	0.307	-0.119
YG	2.167	1.916	0.649	0.528	0.428	-0.244
平均	2.861	1.845	0.634	0.416	0.361	-0.118

注　*Na*：观测等位基因；*Ne*：有效等位基因；*I*：香农指数；*Ho*：观测杂合度；*He*：期望杂合度；*F*：固定指数。

(3)群体遗传结构分析

通过Structure软件对99份叉孢苏铁样本的群体结构进行分析，当K=2时，Delta K值最高，表明99份样本可以划分为2个亚群(彩图37和彩图38)。

(4)群体的遗传分化与主坐标(PCoA)分析

AMOVA分子方差分析结果显示，群体间的遗传变异占总变异的31%，有69%的遗传变异存在于个体，说明个体变异是总变异的主要来源(彩图39)。叉孢苏铁6个种群间的基因流和遗传分化系数(表2-42)表明，叉孢苏铁的基因流(Nm)范围在0.571~11.103，平均值为3.332。其中，KPY与TB2之间的基因流最大，为11.103；KPY与TB1之间的基因流最小，为0.571。遗传分化系数(Fst)范围在0.043~0.319，平均值为0.143。TB2与KPY遗传分化系数最大，为0.319；KPY与EG遗传分化系数最小，为0.043，平均值为0.143。

对99份叉孢苏铁样本进行主坐标分析(彩图40)，结果表明PCoA1与PCoA2对遗传变异的贡献率分别为40.73%和11.30%。TB1和TB2种群主要分布在分界线的左侧，并且两个种群的分离度较好。EG、KPY、NZML、YG种群主要分布于分界线的右侧，除NZML种群与其他三个种群存在一定程度上的分离外，EG、KPY、YG三个种群之间的个体之间相互混杂。

表2-42　6个种群间基因流(Nm)和遗传分化系数(Fst)

种群	EG	KPY	NZML	TB1	TB2	YG
EG	—	5.508	4.175	0.814	0.842	3.336
KPY	0.043	—	1.941	0.571	11.103	2.631
NZML	0.056	0.114	—	0.816	3.199	2.636
TB1	0.235	0.304	0.235	—	11.056	0.684
TB2	0.229	0.319	0.201	0.046	—	0.674
YG	0.070	0.087	0.087	0.268	0.271	—

注　对角线上方为基因流；对角线下方为遗传分化系数。

(5)群体聚类(UPGMA)分析

根据Neis遗传距离与UPGMA方法构建叉孢苏铁种质资源遗传关系的进化树，结果如图2-13所示。99份样本可以分为I、II、III 3类。II可进一步分为a、b小群，其中a包含TB1的1份，TB2的2份；b包含TB1的19份，TB2的18份。III可进一步分为c、d小群，c包含NZML 11份，KPY 2份，EG 2份，YG 1份；d群包含NZML 3份，YG 5份，KPY 21份，EG 13份。基于Neis遗传距离的非加权组平均法(UPGMA)进行聚类分析，TB1与TB2为一类，NZML为一类，EG、YG、KPY为一类(图2-14)。

2.1.2.7.3　讨论与结论

本研究利用6对扩增成功，峰型良好引物对叉孢苏铁99份样本进行检测，结果显示多态信息含量(PIC)的数值范围为0.196(GZST019)~0.71(GZST055)，平均值0.4375。其中，GZST055(PIC=0.710)、GAST088(PIC=0.616)两个位点多态性指数较高，说明叉孢苏铁SSR标记普遍呈现出较高的多态性。在本研究中，叉孢苏铁期望杂合度(He)平均值为0.361，低于Feng等(2016)分析的中国西南地区特有的叉孢苏铁(He=0.436，I=0.874)，同样低于银杏(He=0.705)(祁铭等，2019)等孑遗植物。与其他种类苏铁比较发现，其低于叉叶苏铁(He=0.543，I=1.213)(龚奕青，2015)、多岐苏铁(He=0.497)(Gong et al.，2015)、台湾苏铁(He=0.703)，高于攀枝花苏铁(He=0.328)、四川苏铁(He=0.288)(Wang et al.，2019；Xiao et al.，2020；席辉辉等，2022)等苏铁属植物。叉孢苏铁遗传多样性处于中等水平。

本研究中叉孢苏铁遗传分化系数(F_{st})范围在0.043~0.319，平均值为0.143，表明群体间遗传分化程度处于中等水平(Wright，1978)。AMOVA分子方差分析结果表明，群体间的遗传变异占31%，69%的遗传变异存在于个体，说明叉孢苏铁的遗传变异主要来源于

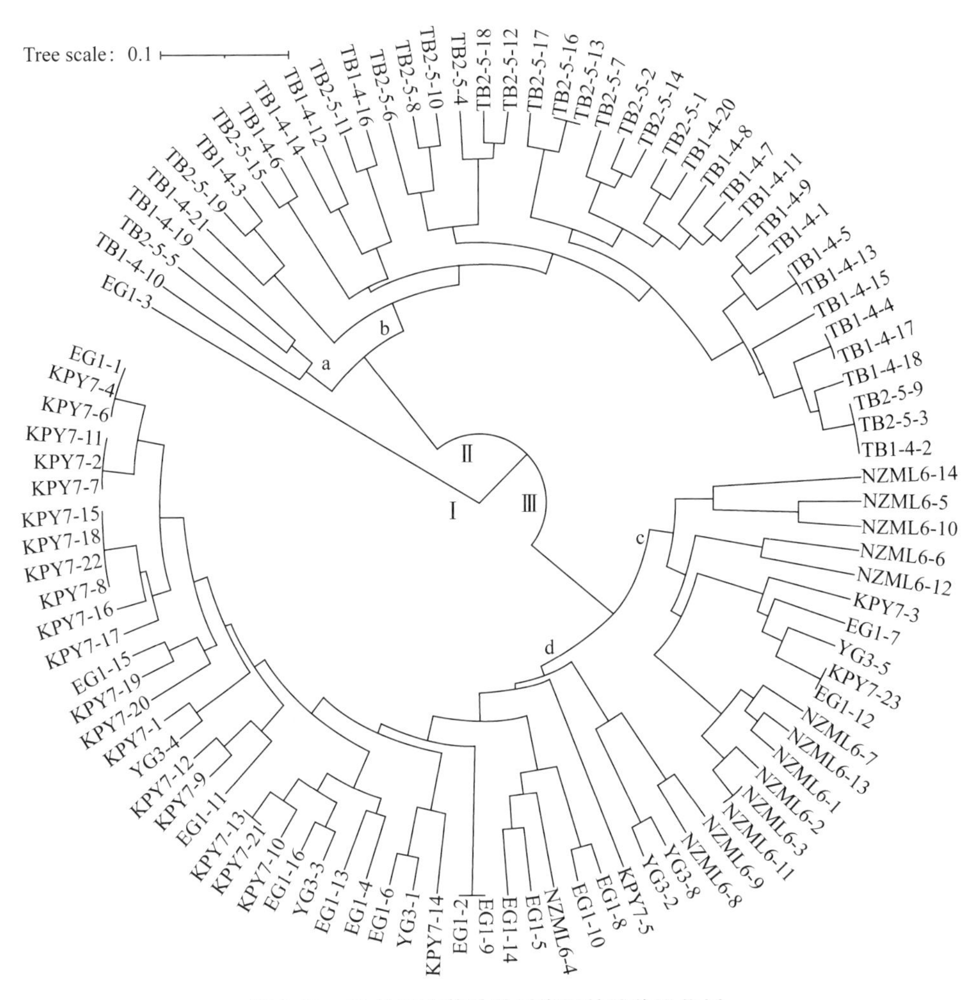

图 2-13　99 份叉孢苏铁种质资源的遗传进化树

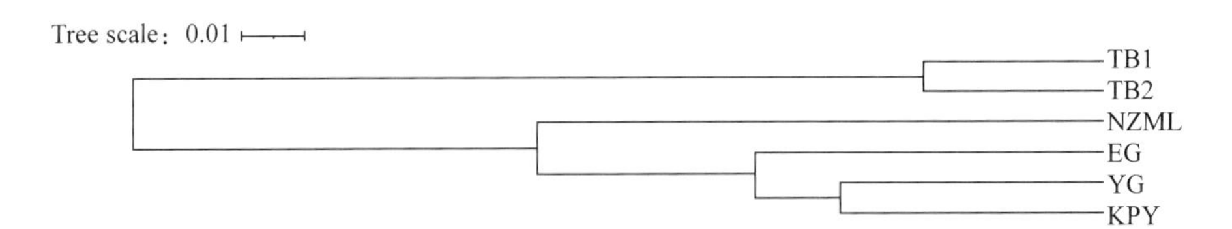

图 2-14　6 个叉孢苏铁种群 UPGMA 聚类图

个体内。事实上，大多数叉孢苏铁种群有效群体数量<50。有效群体数量较小，说明叉孢苏铁遗传漂变程度较大。基因流是影响群体遗传变异的影响因素(Wright，1978)。叉孢苏铁的基因流平均值(N_m=3.332>1)较高，在一定程度上能抵消遗传漂变的影响。叉孢苏铁雌雄异株，异体受精且借助以甲虫为主的昆虫传粉。甲虫等昆虫的活动距离有限，导致花粉的传播距离受限。此外，叉孢苏铁种子较大且较重，会散布于母株周围，进而提高了近亲繁殖的概率，影响其遗传分化程度(Feng et al.，2017)。遗传结构分析表明 6 个叉孢苏铁种群在进化过程中较为独立。聚类分析结果表明，田林县浪坪乡田坝 1(TB1)与田林县浪坪乡田坝 2(TB2)主要聚集在一起，乐业县雅长乡花坪镇一沟(YG)、乐业县雅长乡花坪镇一沟(EG)与乐业县雅长乡花坪镇科普园(KPY)聚为一类，位于西林县那佐苗族乡母鲁村的叉孢苏铁(NZML)单独一类，说明地理位置较近的种群亲缘关系较近。

基于本研究结果对叉孢苏铁提出以下保护建议：一是保护区的规模大小应根据具体物种群和环境制定保护措施(Soulé et al.，1986)。对叉孢苏铁分布面积较大且生长较集中的种群建立保护区。同时，对野外的叉孢苏铁分布面积较小且生长较集中的种群设立保护小区。研究所采集的叉孢苏铁样本均在保护区内，应定期对其进行监测与数据分析，及时了解叉孢苏铁在保护区内的生长情况，注意通过生物防治预防其病虫害等问题。此外，对遗传多样性较高的乐业县雅长乡花坪镇一沟(YG)叉孢苏铁种群给予重点保护。二是目前位于保护区外的叉孢苏铁生境因人为干扰导致原生境破坏较为严重，对此类叉孢苏铁种群建议采取迁地保护的措施，减少人为采挖与贩卖等现象的产生。苏铁之间不完全的生殖隔离可能会增加不同种之间群体杂交的概率(Zheng et al.，2017)，所以在栽植过程中应避免因杂交导致的叉孢苏铁不纯正的风险。及时搜寻处于恶劣环境的野生叉孢苏铁，辅以人工繁育的方式，提高叉孢苏铁植物的结实率。三是重视叉孢苏铁种质资源的搜集与保存方面的研究，构建叉孢苏铁种质资源库。本研究结果对叉孢苏铁遗传多样性、品种鉴定、分子标记辅助育种等研究工作具有重要参考意义。

2.1.2.8　宽叶苏铁

2.1.2.8.1　材料与方法

(1)材料

2022 年于广西防城港市的防城港市那梭镇妹仔田(MZT)、平风坳(PFA)、上岳村(SY)、稳稳岭(WWL)和桂林市广西植物研究所(ZWS)5 地，采集宽叶苏铁样品共计 102 份，其中广西植物研究所种群为迁地保护种群。采集的宽叶苏铁叶片放置于装有变色硅胶的密封袋中干燥保存，对每份样品的具体信息做好标签，并对采样点进行 GPS 定位，具体采样点信息如表 2-43。植物样品由广西植物研究所韦发南研究员鉴定。

表 2-43　5 个宽叶苏铁群体的采样信息

地点	种群	经度	纬度	样品数量(个)
防城港市那梭镇妹仔田	MZT	108°06′01″E	21°45′10″N	21
防城港市那梭镇平风坳	PFA	108°04′21″E	21°41′59″N	18
防城港市那梭镇上岳村	SY	108°06′44″E	21°43′15″N	36
防城港市那梭镇稳稳岭	WWL	108°03′39″E	21°42′20″N	12
桂林市广西植物研究所	ZWS	110°18′14″E	25°04′04″N	15

(2)方法

同 2.1.1 中德保苏铁遗传多样性的分析方法。筛选的引物信息见 2.1.1。

2.1.2.8.2　结果

(1)引物的多态性分析

6 对引物在 102 个样本中共检测出 26 个等位基因(Na)，其中，最小等位基因数目为 2，最大等位基因数目为 9，平均每个位点等位基因数目为 4.333(表 2-44)。有效等位基因

表 2-44 6 对 SSR 引物的多态性

位点	*Na*	*Ne*	*I*	*Ho*	*He*	*F*	*PIC*	*Prob*	*Signif*
GZST002	2	1.587	0.557	0	0.37	1	0.302	0.000	***
GZST013	2	1.062	0.135	0.059	0.058	-0.021	0.057	0.758	ns
GZST019	2	1.561	0.545	0.471	0.36	-0.309	0.295	0.002	**
GZST055	4	2.552	1.032	0.794	0.608	-0.306	0.53	0.000	***
GZST065	9	5.083	1.835	0.763	0.803	0.05	0.78	0.522	ns
GZST088	7	2.683	1.340	0.571	0.627	0.089	0.596	0.023	*
平均	4.333	2.421	0.907	0.443	0.471	0.084	0.427		
标准偏差	3.011	1.446	0.619	0.342	0.263	0.481			

注 *Na*：观测等位基因；*Ne*：有效等位基因；*I*：香农指数；*Ho*：观测杂合度；*He*：期望杂合度；*F*：固定指数，评估实际观测值与理论值偏离程度的指标；*PIC*：多态信息指数；*Prob*：P 值；*Signif*：显著性（ns 表示不显著，即群体符合 HWE；* 表示显著性差异 $P<0.05$，** 表示显著性差异 $P<0.01$，*** 表示显著性差异 $P<0.001$）。

（*Ne*，等位基因在群体中分布得越均匀，*Ne* 越接近实际检测到的等位基因的个数）总数为 14.528，数值变化范围为 1.062（GZST013）~5.083（GZST065），平均每个位点有效等位基因数目为 2.421。香农指数（*I*）的数值范围为 0.135（GZST013）~1.835（GZST065），平均值 0.907。观测杂合度（Ho）的数值范围为 0（GZST002）~0.794（GZST055），平均值 0.443。期望杂合度（*He*）的数值范围为 0.058（GZST013）~0.803（GZST065），平均值 0.471。多态信息含量（*PIC*）的数值范围为 0.057（GZST013）~0.78（GZST065），平均值 0.4267。

（2）种群的遗传多样性分析

5 个宽叶苏铁种群的遗传多样性参数，见表 2-45。5 个宽叶苏铁种群的观测等位基因数（*Na*）在 2.667~3.833，均值为 3.000，SY 种群的 *Na* 最大。有效等位基因数（*Ne*）在 1.929~2.341，均值为 2.174，PFA 种群的 *Ne* 最大。香农信息指数（*I*）在 0.679~0.735，均值为 0.709，MAT 种群的 *I* 最大。观测杂合度（*Ho*）在 0.349~0.533，均值为 0.453，ZWS 种群的 *Ho* 最大。期望杂合度（*He*）在 0.348~0.406，均值为 0.384，NLC 种群的 *He* 最大。以 *He* 为遗传多样性评价依据，发现 MZT 种群的遗传多样性高于其他种群，遗传多样性最低的是 PFA 种群。

表 2-45 5 个群体间的遗传多样性

种群	*Na*	*Ne*	*I*	*Ho*	*He*	*F*
MZT	2.833	2.173	0.735	0.484	0.406	-0.175
PFA	2.833	2.341	0.679	0.349	0.348	-0.023
SY	3.833	1.929	0.712	0.417	0.369	-0.133
WWL	2.833	2.219	0.732	0.480	0.405	-0.032
ZWS	2.667	2.207	0.689	0.533	0.390	-0.393
平均	3.000	2.174	0.709	0.453	0.384	-0.147

注 *Na*：观测等位基因；*Ne*：有效等位基因；*I*：香农指数；*Ho*：观测杂合度；*He*：期望杂合度；*F*：固定指数。

（3）种群的遗传分化分析

5 个宽叶苏铁种群的基因流和遗传分化系数见表 2-46。宽叶苏铁的基因流（*Nm*）在 0.666~11.620，均值为 2.944，其中 SY 种群和 MZT 种群之间的基因流最大，ZWS 种群与

PFA 种群、SY 种群、MZT 种群之间的基因流较小，而与 WWL 种群的基因流较大。5 个种群的遗传分化系数(*Fst*)在 0.021~0.273，均值为 0.140。SY 种群与 MZT 种群的分化程度最小，ZWS 种群与 PFA 种群的分化程度最大。由此可知，宽叶苏铁种群之间有效的基因流动，可降低种群之间的遗传分化程度。分子方差的分析结果表明 21%的遗传变异存在于种群之间，有 79%的遗传变异存在于个体内，个体的变异是宽叶苏铁总变异的主要来源(表 2-47)。

表 2-46　群体间的基因流(上三角)和遗传分化系数(下三角)

	MZT	PFA	SY	WWL	ZWS
MZT	—	3.031	11.620	1.301	1.058
PFA	0.076	—	2.510	1.237	0.666
SY	0.021	0.091	—	1.185	0.966
WWL	0.161	0.168	0.174	—	5.870
ZWS	0.191	0.273	0.206	0.041	—

注　对角线上方为基因流；对角线下方为遗传分化系数。

表 2-47　种群的分子方差分析(AMOVA)

变异来源	自由度	总方差	均方差	估算的差异值	变异百分比
群体间	4	57.456	14.364	0.335	21%
个体间	98	115.762	1.181	0.000	0%
个体内	103	131.000	1.272	1.272	79%
合计	205	304.218		1.607	100%

注：个体内差异是指由杂合的等位基因引起的遗传差异，大小与个体杂合位点数相关，即个体的遗传多样性。

(4)群体遗传结构分析

利用 6 个分子标记对 102 份宽叶苏铁样本的群体结构进行评估(彩图 41)。根据似然值最大原则，判断最佳 K 值等于 2，可以将 102 份宽叶苏铁样本划分为 2 个亚群。

102 个宽叶苏铁样本之间的主成分分析，如彩图 42 所示。5 个种群明显的聚为两个类群，其中 ZWS 种群和 WWL 种群分布于分界线的左侧，PFA 种群、SY 种群和 MZT 种群分布于右侧。在 ZWS 种群和 WWL 种群组成的亚群中，个体之间较为混杂，无明显分离。在 PFA 种群、SY 种群和 MZT 种群构成的亚群中，出现了一个 WWL 种群个体，说明该亚群与 WWL 种群存在一定的亲缘关系。在该亚群中，SY 种群多集中分布于分界线下方，而 PFA 种群多分布于上方，存在一定的分离趋势，而 MZT 种群混杂在这两个种群之间。

(5)种群间的遗传距离与聚类分析

5 个种群间遗传距离(表 2-48)最大为 0.268(SY/ZWS)，最小为 0.049(SY/MZT)。采用基于 Nei 遗传距离的非加权组平均法(UPGMA)进行聚类分析。发现 ZWS 种群与 WWL 种群聚为一类，PFA 种群、SY 种群和 MZT 种群聚为一类，该聚类结果与 PCA 分析结果一致(图 2-15)。

表 2-48 群体间的遗传距离

	MZT	PFA	SY	WWL	ZWS
MZT	—	0.120	0.049	0.201	0.265
PFA	0.120	—	0.116	0.192	0.265
SY	0.049	0.116	—	0.202	0.268
WWL	0.201	0.192	0.202	—	0.092
ZWS	0.265	0.265	0.268	0.092	—

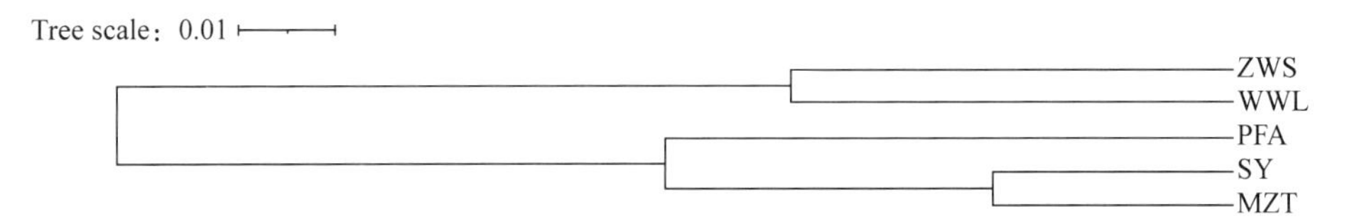

图 2-15 种群的 UPGMA 聚类结果

2.1.2.8.3 讨论与结论

本研究所选用的 6 对引物的 PIC 均值为 0.426，其中有 3 对高多态性引物、2 对中多态性引物和 1 对低多态性引物(肖志娟等，2014)，由此可知筛选出的 6 对可较好评估宽叶苏铁遗传多样性。在物种种群水平上，宽叶苏铁各个种群的 Neis 值多样性指数预期杂合度 *He* 在 0.348~0.406，平均值为 0.384；大小顺序是 MZT>WWL>ZWS>SY>PFA，各个种群之间差异显著，其中 MZT 和 WWL 种群具有较高遗传多样性，建议将其作为优先保护和利用的种群。各种群多态性位点的 Wright 固定指数 *F* 在-0.0234~-0.3932，总平均值为-0.147，表明宽叶苏铁各个种群有杂合子过剩的现象。Nybom(2004)对 307 个物种的遗传多样性研究结果表明，所调查的多年生植物、广布种、异交种种群水平的 *I* 的平均值分别为 0.25、0.22 和 0.27。根据统计，双子叶植物、多年生短寿植物、狭域分布种、异交植物和重力散播种子的物种种群水平的平均 *He* 为 0.191、0.20、0.28、0.27、0.19。宽叶苏铁 *I*、*Ho*、*He* 分别为 0.709、0.453、0.384，高于以上植物遗传多样性的平均值。另外，与苏铁属其他物种相比，该物种的遗传多样性低于叉叶苏铁、德保苏铁、长叶苏铁等，同时又高于攀枝花苏铁、四川苏铁(席辉辉等，2022)，由此可知，宽叶苏铁的遗传多样性在苏铁属植物处于中等水平。

本研究发现，5 个宽叶苏铁种群的遗传分化系数在 0.021~0.273，各种群之间的分化程度存在明显差异，均值为 0.140，说明在物种水平上宽叶苏铁属于中等分化(Curnow et al.，1979)。4 个种群的基因流在 0.666~11.620，均值为 2.944，为高水平的基因交流。虽然迁地保护种群与 4 个野生种群存在地理隔离，但之间仍然保持着中高水平的基因流，由此可知，该迁地保护种群的个体来源于这些野生种群，其中可能大部分个体来源于 WWL 种群，5 个种群的聚类结果也证明了这一点。4 个野生种群之间比对发现，地理位置相隔较远的种群之间基因流较小，而遗传分化程度较大。反之，地理距离小的种群，基因交流频繁，遗传分化程度小。由此可知，有效的基因交流可降低宽叶苏铁种群之间的遗传分化程度和遗传漂变。AMOVA 分析结果表明，个体内部的变异是该物种变异的主要来源。本文所研究的 5 个宽叶苏群种群中，包含一个迁地保护种群 ZWS 种群，与野生种群相比，该迁地保护种群的遗传多样性处于中等水平。

2. 1. 3　遗传多样性的对比分析研究

2. 1. 3. 1　基于 SSR 分子标记技术的引物多态性分析

多态信息含量 *PIC* 常用于衡量位点的多态性程度(吕宝忠，1994)。一般地，*PIC* 越高说明引物的稳定性越高、多态性越好。当选用的引物 *PIC*>0. 5 时，则认为具有高度多态性，0. 25~0. 5 时，为中度多态性，而<0. 25 时，则为低度多态性(肖志娟等，2014)。以 *PIC* 值的高低为选择依据，本研究于 96 对引物中，选取出 6 对多态性较好的引物对 8 种苏铁属植物进行遗传多样性分析。研究结果表明，除贵州苏铁(*PIC*=0. 245)外，所选取的 6 对引物的 *PIC* 均值均为中高度的多态性，其中六籽苏铁(*PIC*=0. 547)的多态性最高，说明这 6 对引物最适宜于六籽苏铁的遗传多样性分析(表 2-49)。另外，观测等位基因数(*Na*)也常用于衡量 SSR 位点的多态性和种群的变异程度。6 对 SSR 引物在 8 个苏铁属植物的种群中共检测出 31、37、24、17、24、23、27、26 个 *Na*，其中 *Na* 数目最多的为六籽苏铁，最低的为贵州苏铁。以上结果均表明，所选取的 6 对 SSR 引物可较好地评价这 8 个苏铁属植物种群的遗传多样性。

表 2-49　8 个苏铁属植物的引物多样性参数

物种	多态性指数(*PIC*)	观测等位基因数(*Na*)
德保苏铁	31	0. 454
六籽苏铁	37	0. 547
锈毛苏铁	24	0. 379
贵州苏铁	17	0. 245
叉叶苏铁	24	0. 418
长叶苏铁	23	0. 364
叉孢苏铁	27	0. 438
宽叶苏铁	26	0. 427

2. 1. 3. 2　8 种苏铁属植物的遗传多样性比较分析

遗传多样性的高低常用于评价一个物种对环境的适应能力和进化潜力(Yang et al. , 2023)。一般来说，分布越广泛的物种遗传多样性越高，分布狭窄的物种或濒危物种的遗传多样性较低(Delbert et al. , 1999；杨磊等，2023；Kaljund et al. , 2010)。本文所研究的 8 种苏铁属植物均濒临灭绝，其中宽叶苏铁、叉叶苏铁、德保苏铁、长叶苏铁均属极小种群，其遗传多样性水平在 8 个物种中应处于较低水平，而对遗传多样性分析结果表明，在以期望杂合度(*He*)为参考依据下，物种水平上的 *He* 的高低具体表现为：六籽苏铁(*He*=0. 444)>宽叶苏铁(*He*=0. 384)>叉叶苏铁(*He*=0. 376)>德保苏铁(*He*=0. 374)>叉孢苏铁(*He*=0. 361)>长叶苏铁(*He*=0. 359)>锈毛苏铁(*He*=0. 301)>贵州苏铁(*He*=0. 293)，其中遗传多样性最高的为六籽苏铁，最低的为贵州苏铁，四个极小种群的遗传多样性水平处于中等偏上水平(表 2-50)。六籽苏铁所采集的种群数目为 6 个，而贵州苏铁仅为 4 个。不同苏铁属植物所采集的种群数目的差异，可能是导致其物种水平上遗传多样性的原因之一。

值得注意的是，叉孢苏铁的种群数目虽为6个，但其遗传多样性水平在8个物种中却处于中等水平。在物种水平上，叉孢苏铁 $He<Ho$，表明该物种存在纯合子较多的现象(罗群凤等，2022)，这可能是该物种遗传多样性较低的原因之一。另外，建群的少数个体或群体中包含的遗传多样性信息较少所导致的瓶颈效应也可能是该物种遗传多样性较低的原因。贵州苏铁的遗传多样性水平在本研究的8个物种中是最低的，除种群数目较少外，所选用的6对引物的多样性指标在贵州苏铁中表现最差，也可能是造成该现象的原因之一。因此，还需要通过进一步筛选适合贵州苏铁遗传多样性分析的引物，以得到最接近实际的研究结果。本文所研究的8种苏铁属植物的 *He* 均值为0.362，低于12种中国苏铁属植物的遗传多样性($He=0.4416$)(席辉辉等，2022)。同时，还低于银杏(祁铭等，2019)、水杉(岳雪华，2019)等孑遗植物的遗传多样性。由此可知，分布于广西地区的苏铁属植物的遗传多样性受到了严重的破坏，急需加强该物种多样性的保护。

在物种的原生栖息地受到破坏时，人们对物种实施的异地迁移和保护的措施，称即迁地保护(Jaramillo et al.，2013)。但由于迁地保护计划在实施过程中，存在取样不全、资源不清、取样重复等问题，迁地保护所建立的孤立种群往往存在遗传多样性丧失或降低的风险(Wei et al.，2021)。迁地种群的遗传多样性和种群结构信息是评估迁地保护的成功与否最为重要参考指标之一。如果迁地种群的遗传多样性高于或与野生种群的遗传多样性基本一致，则认为该保护措施是成功的(Zhu et al.，2023)。在本研究中，在8个物种所研究的种群中有5个物种含有迁地保护种群，且该迁地保护种群所表现出来的遗传多样性水平，均高于种群平均值。由此可知，迁地保护对维持和提高苏铁种群的遗传多样性水平具有重要的意义。

表2-50　8个苏铁属植物的遗传多样性参数

物种	总体期望杂合度(*He*)	总体观测杂合度(*Ho*)	迁地保护种群的期望杂合度(*He*)	迁地保护种群的观测杂合度(*Ho*)
德保苏铁	0.374	0.387	0.386	0.378
六籽苏铁	0.444	0.417	0.533	0.390
锈毛苏铁	0.301	0.222	0.328	0.228
贵州苏铁	0.293	0.441	—	—
叉叶苏铁	0.376	0.355	0.391	0.323
长叶苏铁	0.359	0.259	—	—
叉孢苏铁	0.361	0.416	—	—
宽叶苏铁	0.384	0.453	0.390	0.533

2.1.3.3　8种苏铁属植物的遗传分化和遗传结构比较分析

遗传分化系数(*Fst*)常用于衡量群体间的遗传分化程度。研究认为，若 *Fst* 值处于0~0.05，各亚群间不存在分化；若为0.05~0.15，则为中度分化；若为0.15~0.25，则为高度分化(Wright，1972)。以此为依据，本文所研究的8个物种中，德保苏铁、六籽苏铁、叉孢苏铁、锈毛苏铁的野生种群之间的 $Fst>0.15$，属高度分化(表2-51)。高度的遗传分化，表明这些物种的不同种群对不同的环境存在不同的适应性，存在一定的进化潜力。但高度的遗传分化，其中一部分原因是种群之间缺乏有效的基因交流，因种群之间的基因流减少，可能会导致种群之间的基因库匮乏，增加濒危的风险。基因流大小可分为高($Nm \geq 1$)、中($0.250 < Nm < 1$)、低($Nm < 0.249$)三个水平(Yang et al., 2008)。但值得注意的是，本研究结果表明德保苏铁、六籽苏铁、叉孢苏铁、锈毛苏铁这 4 个苏铁属植物野生种群之间的基因流均大于 1，属高度的基因交流，但种群之间仍然保持着高水平的遗传分化。本文认为，造成该现象的原因可能有以下几个方面：一是瓶颈效应。在某个历史时期，分布于广西地区的苏铁属植物种群数量急剧减少，导致遗传分化增加。同时，由于"创始者效应"，建群种所携带的基因库的差异，也会增加遗传分化程度。二是物种在不同的生存环境下所面临的生存压力不同，最终经自然选择所保留下来的个体或基因库会有所差异，加深种群间的遗传分化程度。三是随机的遗传变异(突变)也是种群之间遗传分化程度增加的原因之一，同时，本研究的分子方差分析结果也证明了这 4 种苏铁属植物的遗传变异主要来源于个体之间。

表 2-51　8 种苏铁属植物野生种群物种水平上的分化系数与基因流

物种	分化系数(*Fst*)	基因流(*Nm*)
德保苏铁	0.170	1.821
六籽苏铁	0.177	1.729
锈毛苏铁	0.193	1.364
贵州苏铁	0.0175	20.395
叉叶苏铁	0.114	7.198
长叶苏铁	0.049	6.337
叉孢苏铁	0.171	3.33
宽叶苏铁	0.115	3.481

有研究发现，野生种群之间与迁地保护种群之间的分化程度将会随着时间的推移而增加(Wei et al., 2021)。与此同时，迁地保护的物种对原生环境的适应性也会逐渐丧失，最终会阻碍后续的物种野生回归实验的开展(Enßlin et al., 2011)。在本文所研究的 5 个拥有迁地保护种群的苏铁属植物中，其迁地保护种群与野生种群整体上呈现出高度的遗传分化，因此，为避免这种潜在风险的出现，有必要通过人工授粉等手段，增加迁地保护种群与野生种群之间的基因交流，系统地更新迁地保护种群基因的多样性，以保证迁地种群保持对原生环境的适应性。

物种遗传结构的探究对物种的保护和策略的制定也至关重要。本文研究结果表明，8 种苏铁属植物的 Structure 分析结果、主成分分析结果与基于遗传距离的聚类分析结果基本一致，除贵州苏铁外，其他 7 种苏铁属植物个体之间均具有较为明显的分离。本文认为，贵州苏铁种群之间较近的地理位置，极频繁的基因交流导致所研究的种群之间遗传距离较近可能是其原因之一。另外，所研究的贵州苏铁种群个体可能起源于同一种群，但可能 21 世纪因受人为干扰等因素，现种群呈多种群的碎片化分布。因此，还需进一步扩大取样面积，深入了解贵州苏铁的遗传多样性信息。遗传结构分析结果还表明，8 个苏铁属植物的野生种群地理距离与遗传距离存在一定的相关性，大部分数据结果表明地理距离越远的种群，遗传距离越远；地理位置越近的种群，在聚类分析中越容易聚为一类。杨泉光等(2009)研究表明，苏铁属植物的传粉方式除常见的风媒外，虫媒也是其传粉的方式之一。但这两种传粉方式均具有一定的地理限制，限制了种群之间的基因交流。加之苏铁属植物的始花期较长且结实率较低，种子较大，难以实现远距离传播。以上原因，可能是苏铁属植物遗传距离与地理距离存在一定相关性的原因。

2.2 基于ISSR分子标记的叉叶苏铁复合体种群遗传学研究

2.2.1 材料与方法

2.2.1.1 实验材料

用于实验的材料采自云南、广西，采取新鲜幼嫩的羽片材料迅速放于硅胶中干燥。干燥后存放在-4℃的冰箱中，备用。样品具体情况，见表2-52。引种到华南植物园原产海南岛西部的葫芦苏铁(*Cycas changjiangensis*)作为外类群。材料的分类学处理依照前人的研究，未有资料的材料根据标本进行鉴定。

表2-52 实验材料来源详细情况

种群	样本大小	种名	地点	经度	纬度	附注
洋水 BS	17	德保苏铁 *Cycas debaoensis*	广西百色洋水	106°10′E	23°40′N	
洋乡 BX	7	德保苏铁 *Cycas debaoensis*	广西百色洋水	106°12′E	23°37′N	
定业 DY	28	德保苏铁 *Cycas debaoensis*	广西那坡定业	106°01′E	23°24′N	
扶平 FP	27	德保苏铁 *Cycas debaoensis*	广西德保扶平	106°14′E	23°30′N	
谷拉 GL	14	德保苏铁 *Cycas debaoensis*	云南富宁谷拉	106°06′E	23°42′N	
福州 FZ	8	多羽叉叶苏铁 *Cycas multifrondis*	福建福州	119°18′E	26°05′N	引自云南
厦门 XM	7	多羽叉叶苏铁 *Cycas multifrondis*	福建厦门	118°06′E	24°29′N	引自云南
广西所 GB	13	叉叶苏铁 *Cycas bifida*	广西桂林	110°15′E	25°18′N	引自广西
响水 NG	20	叉叶苏铁 *Cycas bifida*	广西龙州响水	107°06′E	22°25′N	
上金 SJ	11	叉叶苏铁 *Cycas bifida*	广西龙州上金	107°01′E	22°18′N	
河口 HK	9	多歧苏铁 *Cycas multipinnata*	云南河口莲花滩	103°26′E	22°58′N	
石洞 SD	18	多歧苏铁 *Cycas multipinnata*	云南金平石洞	103°11′E	22°47′N	
仙湖 FL	2	长柄叉叶苏铁 *Cycas longipetiolula*	广东深圳	114°06′E	22°33′N	引自云南
华南园 CJ	20	葫芦苏铁 *Cycas changjiangensis*	广东广州	113°21′E	23°11′N	引自海南

2.2.1.2 方法

(1)总DNA提取

总DNA提取方法根据Doyle(1991)改良的CTAB法进行。

(2)总DNA的质量检测

通过电泳—EB染色荧光强度测定。将总DNA与不同浓度梯度的DNA点于同一琼脂糖凝胶上电泳检查，根据总DNA与标准浓度梯度的λDNA的EB染色荧光强度，来估测总

DNA 的浓度。

(3)ISSR 引物筛选

本实验选用加拿大不列颠哥伦比亚大学提供的一套(共 100 个)ISSR 引物试剂。通过挑选来自 13 个种群和外类群种群共 14 个苏铁植物样品，分别用其 100 个引物进行扩增。最后筛选出 9 个引物具有较高的多态性和较好的实验重复性，这 9 个 ISSR 引物分别是：807、810、811、815、835、836、840、841 和 857。本实验就选用上述引物进行所有种群的 ISSR-PCR 扩增。

(4)实验条件的优化

由于 DNA 模板量、Mg^{2+} 和 dNTP 浓度及退火温度等均会影响 ISSR 扩增结果。为了得到清晰客观准确的实验结果，需要优化实验条件，进行预备实验。

Mg^{2+} 和 dNTP 浓度：在 20μL 反应体系下，Mg^{2+} 终浓度梯度分别为 1.0mM、1.25mM、1.5mM、1.75mM、2.0mM、2.25mM、2.5mM、2.75mM 和 2.0mM，其他实验条件不变情况下，比较实验结果，确定 Mg^{2+} 终浓度为 2.0mM 较优；dNTP 的终浓度梯度分别为 0.5mM、0.75mM、1.0mM、1.25mM、1.5mM，其他实验条件不变情况下，比较实验结果，确定 dNTP 的终浓度 1.0mM 时实验结果较优。

甲酰胺(formamide)：采用相似的方法，确定实验效果较优的体积百分比浓度为 2%。

模板 DNA 量：按照经验值约为 20ng。根据各样品的浓度，将各样品 DNA 浓度调整为约 20ng/μL。在实验中各样品均加入 1μL 模板 DNA。

退火温度：不同引物的最佳退火温度不一样。经过多次温度梯度实验，确定用于实验的引物退火温度如下，引物 807：50℃、引物 810：49℃、引物 811：49℃、引物 815：49℃、引物 835：48℃、引物 836：48℃、引物 840：47℃、引物 841：51℃、引物 857：46℃。

(5)实验步骤

①将各实验样品 DNA 调整到约 20ng/μL，按以下的 PCR 反应体系(表 2-53，总体积为 20μL)在 PTC-100 TM 型 PCR 仪上进行 PCR 扩增。

表 2-53　PCR 反应体系组成成分

组分	体积(μL)	终浓度
Formamide	0.4	2%
10mM4×dNTP	0.2	0.1mM
5U/μL Taq Polymerase	0.2	0.05 U/μL
Primer(15μM)	0.3	225nM
Template DNA	1	1ng/μL
$MgCl_2$(25mM)	0.4	2.0 mM
10PCR buffer(含 15mM Mg^{2+})	2.0	
H_2O(sterile ddd)	15.5	

②将 PCR 反应产物进行 1.5%的琼脂糖凝胶电泳，制胶过程如上所述。电泳条件为：5V/cm；时间约 2 小时。

③电泳后凝胶经紫外成像系统观察，并拍照储存(LabWorks software，Version 3.0；UVP，Upland，CA 91786，USA)。

(6)实验数据记录与分析

ISSR 是显性分子标记，同一引物扩增产物的电泳迁移率相同的条带被认为是具有同源性，属于同一位点的产物(钱韦等，2000)。在解读凝胶电泳图谱时，将扩增阳性(标记为 1)和扩增阴性(标记为 0)记录电泳带谱(排除弱带)，形成 ISSR 表型数据矩阵。此矩阵用 POPGENE 1.31(Yeh et al.，1999)进行分析。用下列指数来指示种群特征：位点多态百分率(P)、平均期望杂合度(H)(Nei，1973)、香农多样性信息指数(I)、种群间遗传分化系数(Gst)、基因流(Nm)由公式 $Nm=(1-Gst)/4\ Gst$ 计算(Slatkin et al.，1989)。采用 UPGMA 聚类方法对各种群进行分析，建立系统树。

2.2.2 结果与分析

9 个 ISSR 引物共扩增出 76 条带，平均每个引物扩增出 8.4 条带。扩增片段在 270～1200 bp。在这 76 条带中，多态带有 55 条，而其他 12 条带为所有种群的共有带，多态带的比例为 72.37%(表 2-54)。

表 2-54 ISSR 引物扩增的条带数

引物	总条带数	多态带数	多态带百分率(%)
807	7	5	71.43
810	7	4	57.14
811	9	7	77.78
815	10	7	70.00
835	10	9	90.00
836	8	5	62.50
840	8	5	62.50
841	8	7	87.50
857	9	6	66.67
平均值±标准误差	8.44 ± 1.13	6.69 ± 1.54	71.72 ± 11.35
位点总数	76	55	72.37

2.2.2.1 种群内的变异

单个种群的多态带为 4～27 条(CJ 种群 30 条)，平均 20.8 条。多态比例在 5.26%～35.53%，平均为 27.33%。其中，种群 FP、GL、GB、NG、HK、SD 以及外类群葫芦苏铁种群 CJ 具有较高的多态位点百分率；而种群 XM 和 FL 具有较低的多态位点百分率。根据哈迪-温伯格平衡(Hardy-Weinberg equilibrium)，种群内的平均内氏遗传多样性(He)为 0.218～0.1466，平均为 0.1106，总的遗传多样性(Ht)0.2358。香农信息指数(I)各种群为 0.0318～0.2124，平均为 0.1609，总体为 0.3510(表 2-55)。叉叶苏铁复合体与台湾苏铁复合体比较，种群内平均内氏遗传多样性(0.0827)要高；总的遗传多样性(0.2755)要低；香农信息指数在种群水平上平均值(0.1298)要高；在复合体水平(0.4161)较低(马晓燕，

2002）。这反映出叉叶苏铁复合体种群内变异平均要稍高于台湾苏铁复合体的种群；但是在整个复合体水平上，台湾苏铁复合体的遗传变异反而高于叉叶苏铁复合体。这可能由于叉叶苏铁复合体种群之间在地理上较连续，因而可能在物种形成过程中种群之间的基因流较大，使得各种群内的遗传变异要比台湾苏铁体稍高；而台湾苏铁复合体由于琼州海峡的隔离作用，使得广东的苏铁种群与海南岛的苏铁种群之间的基因交流自从海峡形成时起就完全隔断开来，因而种群内的遗传变异较低。

表 2-55　各种群的遗传多样性统计

种群	等位基因数 *Na*	有效等位基因数 *Ne*	基因多样性指数 *H*	香农指数 *I*	多态位点率 *P*(%)
泮水 BS	1.2763 ± 0.4501	1.1736 ± 0.3133	0.1016 ± 0.1768	0.1507± 0.2572	27.63
泮乡 BX	1.2500 ± 0.4359	1.1790 ± 0.3354	0.1009 ± 0.1826	0.1472 ± 0.2626	25.00
定业 DY	1.3289 ± 0.4730	1.2414 ± 0.3773	0.1342 ± 0.2023	0.1947 ± 0.2890	32.89
扶平 FP	1.3421 ± 0.4776	1.2647 ± 0.3913	0.1453 ± 0.214	0.2090 ± 0.2993	34.21
谷拉 GL	1.3553 ± 0.4818	1.2647 ± 0.3898	0.1466 ± 0.2077	0.2124 ± 0.2962	35.53
福州 FZ	1.2237 ± 0.4195	1.1506 ± 0.3162	0.0851 ± 0.1703	0.1252 ± 0.2449	22.37
厦门 XM	1.1579 ± 0.3671	1.1057 ± 0.2672	0.0606 ± 0.1475	0.0893 ± 0.2137	15.79
广西所 GB	1.3289 ± 0.4730	1.2598 ± 0.3881	0.1430 ± 0.2090	0.2054 ± 0.2982	32.89
响水 NG	1.3289 ± 0.4730	1.2503 ± 0.3908	0.1371 ± 0.2059	0.1982 ± 0.2927	32.89
上金 SJ	1.2368 ± 0.4280	1.1842 ± 0.3544	0.1002 ± 0.1882	0.1440 ± 0.2673	23.68
河口 HK	1.3421 ± 0.4776	1.2365 ± 0.3595	0.1351 ± 0.1972	0.1981 ± 0.2845	34.21
石洞 SD	1.3289 ± 0.4730	1.2192 ± 0.3495	0.1258 ± 0.1923	0.1852 ± 0.2775	32.89
仙湖 FL	1.0526 ± 0.2248	1.0372 ± 0.1589	0.0218 ± 0.0931	0.0318 ± 0.1359	5.26
华南园 CJ	1.3947 ± 0.4920	1.2991 ± 0.4107	0.1634 ± 0.2157	0.2359 ± 0.3056	39.47
平均值±标准误差*	1.2733±0.0889	1.1975 ± 0.0689	0.1106 ± 0.0376	0.1609 ± 0.0541	27.33 ± 8.8941

注　平均值未将外类群种群 CJ 计算在内。

2.2.2.2　分子系统树的建立

用 Popgene 1.31 分析所有 14 个种群，生成如下分支系统树（图 2-16）。共分成 4 个类群（group）。其中，种群 BS、BX、DY、DY 和 GL 聚成一支，对应为德保苏铁；种群 HK、SD 聚成一支，对应为多歧苏铁；多羽叉叶苏铁种群 FZ、XM 聚合在一起，NG、SJ、GB 聚成叉叶苏铁一支；多羽叉叶苏铁与叉叶苏铁再联系在一起，表明这两个分类群关系较近；种群 FL 对应为长柄叉叶苏铁；外类群葫芦苏铁种群 CJ 单独成为一支。德保苏铁和多歧苏铁这两组先联系在一起，多羽叉叶苏铁和叉叶苏铁这一支与长柄叉叶苏铁关系较近，联系在一起。这 4 组与外类群葫芦苏铁明显分开。ISSR 分子标记致聚类分析的结果与形态学研究结果基本一致。

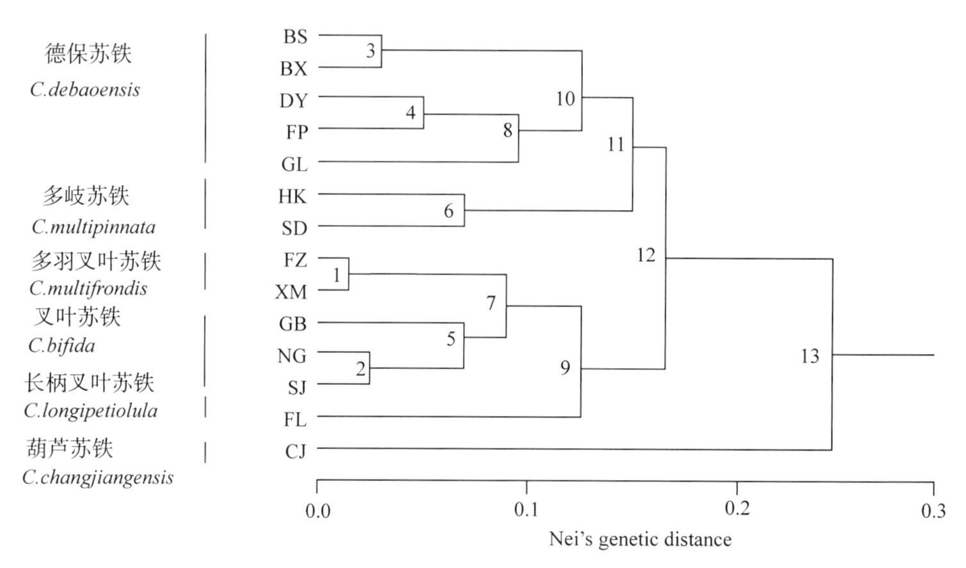

图 2-16　叉叶苏铁复合体种群群传距离树系图

2.2.2.3　复合体各苏铁种间的遗传结构分析

将复合体内13个种群按照聚类分析的结果分为4组，即德保苏铁的5个种群为一组、多歧苏铁的2个种群为一组、多羽叉叶苏铁两个群和叉叶苏铁3个种群为一组、长柄叉叶苏铁种群为一组，运用AMOVA进行遗传变异巢式方差分析，得到遗传变异情况(表2-56)。复合体内各物种之间以及各种群之间产生了极其显著的($P<0.001$)遗传分化。其中，组间遗传变异、组内遗传变异、种群内遗传变异分别为1.437、1.663和4.480；分别占18.09%、20.95%和60.96%；叉叶苏铁复合体内遗传变异较大比例的存在于种群内，种群间和组间的遗传变异几乎相当。这一结果与台湾苏铁复合体明显不同，台湾苏铁复合体内地区间的变异和种群间的变异为主要成分，种群内的变异相对较小，为次要成分(马晓燕，2002)。根据物种的形成是伴随着类群间的遗传趋异逐渐增大这一普遍规律(Ayala et al.，1979；Merrell，1981)，叉叶苏铁复合体各物种间遗传分化的程度比台湾苏铁复合体各物种间遗传分化的程度要小得多，可能表明叉叶苏铁复合体内各物种分化成种的时间较台湾苏铁复合体晚或是速率较慢，可能琼州海峡的形成在台湾苏铁复合体内物种分化的进程中起到加速的作用。

表 2-56　运用AMOVA分组分析叉叶苏铁复合体的遗传变异情况

变异来源	方差总和	标准差	变异组分	百分率(%)	重要值 P
组间	230.0	76.7	1.437	18.09	<0.001
种群间	257.1	28.6	1.663	20.95	<0.001
种群内	813.1	4.8	4.840	60.96	<0.001

2.2.2.4　复合体各苏铁的遗传结构特征

(1)德保苏铁遗传结构特征

将德保苏铁5个种群单独出来，同样采用Popgene1.31软件进行分析。共有68条扩增条带，其中 39 条是多态带，多态百分率为 57.4%。在所有的条带中，52.9%(36 条)的条带出现在 90%以上的个体中；36.8%(25 条)的条带出现在 50%~89%的个体中；10.3%(7 条)的条带出现在不到 50%的个体中。在种群 GL 的 2 个个体中出现 1 个特征带(750bp，引物 857)。各个引物产生清晰可读的条带数为 5~9 条，平均 7.6 条。在物种水平上，内氏基因多样性指数和香农信息指数分别为 0.215 和 0.315。在种群水平上，各种群位点多态百分率为 27.9%(BX)和 39.7%(GL)，平均为 34.7%；内氏基因多样性指数为 0.113(BX)到 0.164(GL)，平均为 0.141；香农指数为 0.164(BX)到 0.237(GL)，平均为 0.204(表 2-57)。从上面的数据可以看出，内氏基因多样性指数和香农信息指数位点多态百分率有共同的变化趋势。

德保苏铁总的内氏遗传多样性指数为 0.215，其中种群内的分化(*Hs*)为 0.141，基因分化系数(*Gst*)是 0.342，与其他苏铁植物和濒危植物相比较，基因分化系数较高。基于基因分化系数计算出的种群间基因流(*Nm*)为 0.481，表明种群间的基因流较低。

表 2-57　德保苏铁种群遗传结构

种群	*H*	*I*	*P*
BS	0.114±0.183	0.168±0.266	30.88
BX	0.113±0.189	0.164±0.273	27.94
DY	0.150±0.208	0.218±0.298	36.76
FP	0.162±0.216	0.234±0.307	38.24
GL	0.164±0.213	0.237±0.304	39.71
平均	0.141±0.025	0.204±0.035	34.71
在个体水平	0.215±0.214	0.315±0.302	57.4

注　*H*：Neis 基因多样性；*I*：香农信息指数；*P*：多态性条带的百分比。

UPGMA 系统树表明种群 BS 和 BX 有较高的一致性，形成一组；种群 DY 和 FP 也一致性比较高，这两个种群再和种群 GL 关联形成另一组。所有种群的一致度较高，均大于 0.861(表 2-58)。

表 2-58　德保苏铁种群遗传一致度(斜线上方)和距离(斜线下方)

种群	BS	BX	DY	FP	GL
BS	—	0.9673	0.8605	0.8818	0.8715
BX	0.0332	—	0.8830	0.8876	0.8977
DY	0.1502	0.1245	—	0.9428	0.8970
FP	0.1258	0.1193	0.0589	—	0.8993
GL	0.1376	0.1079	0.1087	0.1061	—

(2)叉叶苏铁遗传结构特征

将多羽叉叶苏铁和叉叶苏铁 5 个种群单独出来，同样采用 Popgene1.31 软件进行分析。共有 68 条扩增条带，其中 32 条是多态带，多态百分率为 47.1%。在所有的条带中，51.5%(35 条)的条带出现在 90%以上的个体中；49.2%(30 条)的条带出现在 50%~89%的个体中；4.9%(3 条)的条带出现在不到 50%的个体中。在种群 FZ 的 1 个体中出现 2 个特征带(480bp，800bp，引物 857)。各个引物产生清晰可读的条带数为 5~9 条，平均 7.6 条。在物种水平上，内氏基因多样性指数和香农信息指数分别为 0.181 和 0.262。在种群水平上，种群位点多态百分率在 17.65%(XM)和 36.8%(NG、GB)，平均为 28.5%；内氏基因多样性指数为 0.068(XM)到 0.160(GB)，平均为 0.118；香农信息指数为 0.100(XM)到 0.230(GB)，平均为 0.171(表 2-59)。从上面的数据可以看出，叉叶苏铁各种群的内氏基因多样性指数和香农信息指数位点多态百分率有共同的变化趋势。

表 2-59　叉叶苏铁(包括多羽叉叶苏铁)种群遗传结构

种群	*H*	*I*	*P*
FZ	0.095±0.176	0.140±0.255	25.00
XM	0.068±0.155	0.100±0.224	17.65
GB	0.160±0.215	0.230±0.307	36.76
NG	0.153±0.212	0.222±0.301	36.76
SJ	0.112±0.196	0.161±0.278	26.47
平均	0.118±0.039	0.171±0.055	28.53
在个体水平	0.181±0.225	0.262±0.312	45.6

注　*H*：Neis 基因多样性；*I*：香农信息指数；*P*：多态性条带的百分比。

叉叶苏铁(包括多羽叉叶苏铁)总的内氏遗传多样性指数为 0.181，其中种群内的分化(Hs)为 0.118，基因分化系数(Gst)是 0.332，与德保苏铁比较稍低，与已知的苏铁植物和其他濒危植物相比较处于中等水平。基于基因分化系数计算出的种群间基因流(Nm)为 0.503，表明种群间的基因流较德保苏铁稍高。

UPGMA 系统树表明种群 FZ 和 XM 有较高的一致性，形成一组；种群 NG 和 SJ 也一致性比较高，这两个种群再和种群 GB 关联形成另一组。5 个种群的遗传一致度较高，均大于 0.885(表 2-60)。

表 2-60　叉叶苏铁种群(包括多羽叉叶苏铁)遗传一致度(斜线上方)和遗传距离(斜线下方)

种群	FZ	XM	GB	NG	SJ
FZ	—	0.9877	0.9140	0.9183	0.9007
XM	0.0123	—	0.8942	0.9018	0.8847
GB	0.0900	0.1118	—	0.9422	0.9145
NG	0.0852	0.1033	0.0595	—	0.9769
SJ	0.1045	0.1225	0.0894	0.0234	—

(3)多歧苏铁遗传结构分析

将多歧苏铁 2 个种群单独出来，同样采用 Popgene1.31 软件进行分析。共有 64 条扩增条带，其中 32 条是多态带，多态百分率为 50.0%。在所有的条带中，56.3%(36 条)的条带出现在 90%以上的个体中；26.6%(17 条)的条带出现在 50%~89%的个体中；17.2%(11 条)的条带出现在不到 50%的个体中。在种群 SD 的一些个体中出现 2 个特征带(360bp，引物 810；790bp，引物 811)。各个引物产生清晰可读的条带数为 5~9 条，平均 7.1 条。在物种水平上，内氏基因多样性指数和香农信息指数分别为 0.187 和 0.279。在种群水平上，2 个种群位点多态百分率分别为 40.6%（HK）和 42.2%（SD），平均为 40.4%；内氏基因多样性指数分别为 0.161（HK）到 0.157（SD），平均为 0.159；香农信息指数为 0.235（HK）到 0.233（SD），平均为 0.234（表 2-61）。

表 2-61　多歧苏铁种群遗传结构

种群	*H*	*I*	*P*
HK	0.161±0.205	0.235±0.296	40.62
SD	0.157±0.202	0.233±0.271	42.19
平均	0.159±0.003	0.234±0.001	40.41
在个体水平	0.187±0.206	0.279±0.295	50.00

注　*H*：Neis 基因多样性；*I*：香农信息指数；*P*：多态性条带的百分比。

多歧苏铁总的内氏遗传多样性指数为 0.187，其中种群内的分化（*Hs*）为 0.159，基因分化系数（*Gst*）是 0.176，与其他苏铁植物和濒危植物相比较，基因分化系数中等水平。基于基因分化系数计算出的种群间基因流（*Nm*）为 1.170，表明种群间的基因流高于德保苏铁和叉叶苏铁。这或许与这两个种群的地理距离相近有关，两个种群的直线距离仅为 5.4km。一般说来，地理距离靠近的种群之间相似度大于地理距离较远的种群（Ayres et al.，1997；Xiao et al.，2004）。种群 HK 和 SD 有较高的一致度（0.927），遗传距离为 0.076。

（4）长柄叉叶苏铁遗传多样性分析

长柄叉叶苏铁因为材料有限，仅采集到 2 个个体。这 2 个个体共检测到 60 条带，其中 4 条为多态，比率为 6.67%。内氏遗传多样性指数为 0.028，香农信息指数为 0.040。由于样本种群内个体数量过少，可能造成多态比率、遗传多样性、香农信息指数数值有较大的偏差（金燕等，2003；闫路娜等，2004；Hillis et al.，1996）。因此，长柄叉叶苏铁的遗传结构还需要更进一步的研究。

2.2.3　讨论与结论

2.2.3.1　讨论

ISSR 分子系统的研究结果，较好地符合了形态学的研究结果。从外部形态来看，德保苏铁和多歧苏铁在复合体内较其他分类群更相似；叉叶苏铁和长柄叉叶苏铁也较相似；这一形态学上的相关关系反映到分子系统学上就表现为这些分类群之间遗传距离较小，在系统树上靠得最近，并最先形成分支系。

复合体内的 4 个种，德保苏铁有较高的多态位点百分率（*P*）、较高的遗传多样性（*H*）和较高的遗传分化系数（*Gst*）。多歧苏铁和叉叶苏铁 2 个种的位点多态率、遗传多样性比较接近；但遗传分化系数有较大的不同，前一种的仅是后一种的一半左右，类似的结果也出现在前人的研究中（Yang et al.，1999）。推测产生这种结果的原因可能是种群间地理距离的关系（Xiao et al.，2005），2 个多歧苏铁种群虽然位于不同的县，但是两者之间仅相隔一条红河，两个种群间也许能通过传粉昆虫进行较好的基因交流。长柄叉叶苏铁的多态率、遗传多样性、香农指数和其他 3 种苏铁比较起来，明显偏低，可能是因为取样个体数量过少有关。

除长柄叉叶苏铁以外其余的3个种苏铁植物均表现为中等或稍偏高的遗传多样性水平和中等偏高的基因分化系数；和其他苏铁植物其他类群以及其他濒危植物(Kwon et al., 2002; Ge et al., 2003)相比，遗传多样性处于中等或稍偏高的水平，基因分化系数中等或偏高。

虽然许多研究工作(Fowler et al., 1997; Hamrick et al., 1990; Crawford et al., 1991; Brauner et al., 1992; Mosseler et al., 1992; Devermo et al., 1997; Ge et al., 1998)表明稀有濒危物种的遗传结构经常表现出低的遗传多样性和较高的种群间遗传分化这一特征，并指出形成这种遗传结构的原因是这些物种在其进化历史上发生了严重的瓶颈效应，加上随后小种群相互隔离和随之而来的遗传漂变，导致其遗传变异大幅下降，种群间遗传分化加大，而现存种群间缺乏有效的基因流和可能存在的自交衰退也是形成特殊的遗传结构的重要原因。但是也有一些研究(Ayres et al., 1997; White et al., 1997; 葛颂等，1999)表明濒危种、残存种、稀有种和特有种不一致表现出低水平的遗传多样性这一特点，这些类型物种有的具有较高的遗传多样性。综合苏铁植物种群遗传结构的资料，发现有的苏铁植物的遗传多样性极低，如台东苏铁、攀枝花苏铁、篦齿苏铁、*Zamia pumila*、*Macrozamia heteromaera*、*Macrozamia communis* 等种类；而暹罗苏铁、仙湖苏铁、四川苏铁、台湾苏铁、*Dioon edule*、*Macrozamia riedlei*、*Macrozamia parcifolia* 等种类则有较高的遗传多样性。种群间的遗传分化水平也有较大的变化，如台东苏铁、*Dioon edule*、*Macrozamia parcifolia* 等种群间的遗传分化非常低；而攀枝花苏铁、宽叶苏铁、篦齿苏铁、仙湖苏铁、四川苏铁、*Cycas seemannii*、台湾苏铁、贵州苏铁等种群间分化水平较高。因此苏铁植物的遗传结构还是相当复杂和多样的，并不是如同先前研究所描述的那样：具低水平的种群内遗传变异和相对较高的空间分化是苏铁植物的典型生物学和进化特征(Yang et al., 1996)。

影响物种遗传多样性水平的因素很多，物种的遗传结构是在其漫长的进化历史中形成的，受到许许多多的因素共同影响。王洪新等(1996)、胡志昂等(1998)、张大勇(2001)认为主要是由繁育系统决定的，繁育系统不仅影响遗传结构，而且影响总的遗传多样性。繁育系统为异交类型的植物往往形成较高水平的遗传多样性，植物体的寿命也是一个重要因素。Bauert 等(1998)认为遗传多样性不仅取决于繁育系统，而且种群大小、波动形式、生物地理历史都影响种群的遗传结构形式，甚至遗传多样性的高低与生境复杂程度(汪小全等，1996)、降雨、温度、人类干扰、坡向等(李进等，1998)有关。

2.2.3.2 结论

本实验运用ISSR分子标记方法研究了叉叶苏铁复合体的国产5个分类群，旨在为系统处理提供分子系统学方面的证据，同时探讨德保苏铁等几个分类群的遗传多样性和遗传结构，为有效保护这些苏铁资源提供参考依据。

复合体内各类群除长柄叉叶苏铁外均表现中等的遗传变异水平及较高或中等的基因分化。德保苏铁在物种水平上多态带为57.4%；内氏基因多样性指数为0.215，香农信息指数为0.315，基因分化系数为0.342。种群间的基因流较低，为0.481。叉叶苏铁(包括其变种多羽叉叶苏铁)在物种水平上多态带为45.6%；内氏基因多样性指数为0.181，香农信息指数为0.262，基因分化系数为0.332，基因流为0.503。多歧苏铁在物种水平上多态带为50.0%；内氏基因多样性指数为0.187，香农信息指数为0.279，基因分化系数为0.176，基因流中等，为1.170。

第 3 章 华南苏铁科植物生理生态学研究

3.1 苏铁光合生理生态特性研究

3.1.1 德保苏铁

3.1.1.1 材料与方法

(1)实验地概况

实验地位于广西植物研究所桂林植物园，地处桂北地区，年均气温 19.2℃，属于中亚热带季风气候，冬冷夏热。1 月和 7 月分别为最冷月和最热月，平均气温为 8.2℃ 和 28.4℃。最高气温为 40℃，最低气温为-5.5℃。

(2)方法

①光响应曲线的测定。选取长势最佳的德保苏铁幼苗和成年植株，每种测量 3 株重复，以成熟叶片为实验材料，在晴朗天气的 9:00~15:00，携带 Li-6400 便携式光合仪(Li-Cor，Lincoln，Nebraska，USA)测定德保苏铁的光响应曲线参数。光响应曲线的参数测定采用内置红蓝光源，光合有效辐射(*PAR*)依次设置为 1500μmol/(m^2·秒)、1200μmol/(m^2·秒)、1000μmol/(m^2·秒)、800μmol/(m^2·秒)、600μmol/(m^2·秒)、400μmol/(m^2·秒)、300μmol/(m^2·秒)、200μmol/(m^2·秒)、150μmol/(m^2·秒)、100μmol/(m^2·秒)、50μmol/(m^2·秒)、25μmol/(m^2·秒)、0μmol/(m^2·秒)，设置最大和最小等待时间分别为 120 秒和 200 秒，然后开始测定，由仪器自动记录数据。

②光合日变化的测定。选择晴朗天气，于 8:00~17:00，利用 Li-6400 便携式光合仪的自然光叶室，测定不同时刻德保苏铁的各项光合指标，测定参数包括净光合速率(P_n)、气孔导度(G_s)、蒸腾速率(T_r)和胞间 CO_2 浓度(C_i)等。每株选取同一叶位健康无病虫害的成熟叶，幼苗和成年植株各重复测 3 次，记录每次测定数据。

③数据处理。用 Excel 软件对光合曲线和日变化参数进行初步分析和整理，采用 SPSS 软件进行相关性分析。使用叶子飘的光合计算软件 4.1.1 双曲线修正模型对光响应曲线进行拟合(叶子飘，2010)，并计算出表观量子效率(*AQY*)、最大净光合速率(P_{max})、光饱和点(*LSP*)、光补偿点(*LCP*)和暗呼吸速率(R_d)等参数。使用 Origin 软件制作相关图表。

3.1.1.2 结果与分析

(1)幼苗与成年植株的光响应曲线比较

通过对植物光响应曲线的测定，可以客观呈现其光合速率与光照强度之间的关系规律(杜久军等，2018)。拟合后的德保苏铁幼苗和成年植株叶片光响应曲线，如图 3-1 所示。当光合辐射处于 0~200μmol/(m^2·秒)时，净光合速率(P_n)随着光合辐射的增强而呈现线性增长；当光合辐射处于 200~600μmol/(m^2·秒)时，净光合速率增长逐渐减缓；当光合速率大于 600μmol/(m^2·秒)后，净光合速率逐渐趋于达到光饱和点。根据光合计算软件计算得出德保苏铁幼苗和成年植株的表观量子效率(*AQY*)、最大净光合速率(P_{max})、光饱和点(*LSP*)、光补偿点(*LCP*)和暗呼吸速率(R_d)，其幼苗和成年植株的最大净光合速率分别为 4.2059μmol/(m^2·秒)和 3.7625μmol/(m^2·秒)，幼苗的最大净光合速率高于成年植株，说明德保苏铁幼苗利用光能制造有机物质的能力强于成年植株。

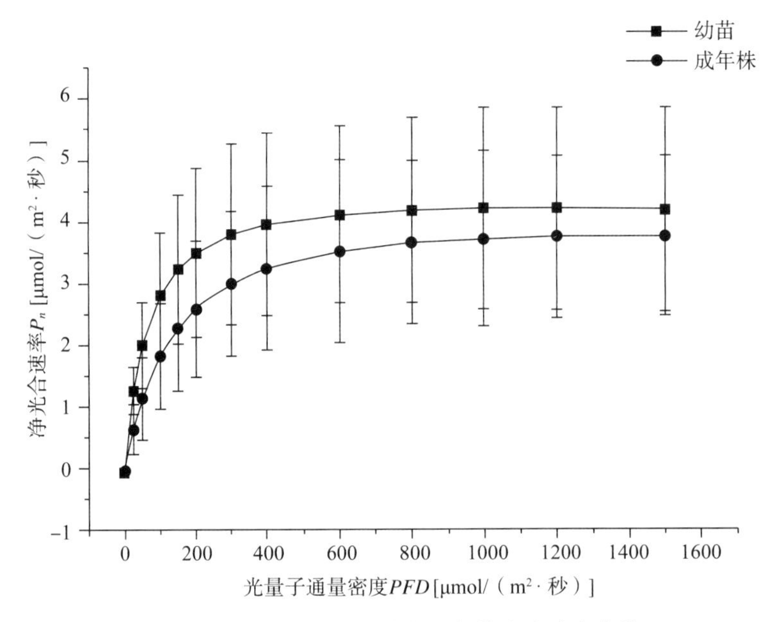

图 3-1 德保苏铁幼苗和成年植株的光合响应曲线

光饱和点和光补偿点分别代表植物对强光和弱光的利用能力，德保苏铁幼苗和成年植株的光饱和点分别为 1155.872μmol/(m^2·秒)和 1410.39μmol/(m^2·秒)，光补偿点分别为 1.0495μmol/(m^2·秒)和 1.5274μmol/(m^2·秒)，幼苗和成年植株都有着较高的光饱和点和较低的光补偿点，说明德保苏铁在不同时期对强光和弱光都有较高的利用能力。*AQY* 的高低能反映植物在弱光阶段对光能的转化利用能力，德保苏铁幼苗和成年植株的表观量子效率分别为 0.0738mol/mol 和 0.0316mol/mol，高于大部分植物，说明德保苏铁在弱光阶段有着较好的光能转化利用能力，且幼苗在弱光阶段的光能的转化利用能力要高于成年植株。德保苏铁幼苗和成年植株的暗呼吸速率（R_d）分别为 0.0762μmol/（m^2 · 秒）和 0.0478μmol/（m^2 · 秒），R_d 较低，说明德保苏铁的暗呼吸速率较小，有机物代谢效率高。

（2）幼苗与成年植株的光合生理日变化特征分析

通过研究发现，德保苏铁幼苗净光合速率（P_n）日变化呈双峰曲线（图 3-2），峰值出现在 11:30，P_n 值为 0.5739μmol/（m^2 · 秒），结合气孔导度和蒸腾速率这两个生理指标的日变化趋势进行分析，其并没有光合午休现象。幼苗 P_n 值在 8:30～11:30 呈线性增长，11:30～13:00 开始降低，13:00～14:30 再次升高，14:30～16:00 趋于平缓。成年植株在 8:30～14:30 净光合速率（P_n）日变化呈缓慢递增的趋势，在 14:30～16:00 开始出现下降的趋势。

德保苏铁幼苗胞间 CO_2 浓度（C_i）日变化峰值出现在 13:00，C_i 为 333.2276μmol/mol，谷值出现在 10:00 和 14:30，C_i 值分别为 143.2925μmol/mol 和 54.5552μmol/mol。成年植株的 C_i 值在 8:30～13:00 呈现缓慢递减的趋势，13:00～16:00 开始骤然升高。德保苏铁幼苗和成年植株的气孔导度（G_s）与蒸腾速率（T_r）日变化趋势基本一致，幼苗的变化趋势不大，几乎呈一条水平直线。成年植株的 G_s 值和 T_r 值在 8:30～10:00 缓慢升高，10:00～14:30 逐渐降低，14:30～16:00 再次开始升高。

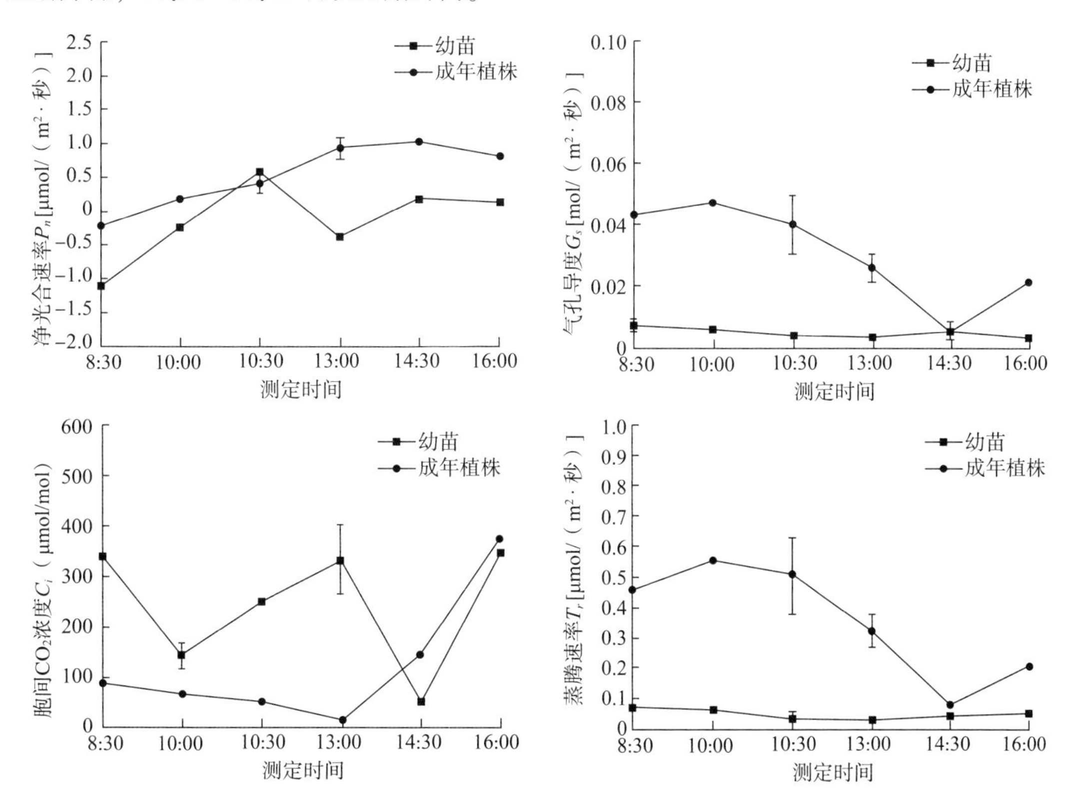

图 3-2　德保苏铁幼苗和成年植株的光合指标日变化

（3）幼苗与成年植株光合参数相关性分析

德保苏铁幼苗和成年植株净光合速率（P_n）、气孔导度（G_s）、胞间 CO_2 浓度（C_i）、蒸腾速率（T_r）、光强（PAR）的皮尔逊相关性分析结果，见表 3-1。其中幼苗的分析结果表明：P_n 与光合指标 G_s、C_i、T_r、PAR 均存在极显著性相关；G_s 与 C_i、T_r 存在极显著性相关；

C_i 与 T_r 存在显著性相关。成年植株的分析结果表明：P_n 与 G_s、T_r、PAR 存在极显著性相关，与 C_i 存在显著性相关；G_s 与 C_i、T_r、PAR 存在极显著性相关；C_i 与 T_r 存在极显著性相关，与 PAR 存在显著性相关；T_r 与 PAR 存在极显著性相关。综上所述，德保苏铁幼苗时期气孔导度(G_s)、胞间 CO_2 浓度(C_i)、蒸腾速率(T_r)和光强(PAR)对叶片的净光合速率(P_n)都存在很大的影响。而成年植株的净光合速率(P_n)主要受气孔导度(G_s)、蒸腾速率(T_r)和光强(PAR)的影响，其次是胞间 CO_2 浓度(C_i)。

表 3-1 德保苏铁幼苗与成年株光响应特征参数相关性分析

种类		净光合速率 P_n	气孔导度 G_s	胞间 CO_2 浓度 C_i	蒸腾速率 T_r	光强 PAR
幼苗	P_n	1.00				
	G_s	-0.418**	1.00			
	C_i	-0.345**	-0.347**	1.00		
	T_r	-0.412**	0.962**	-0.303*	1.00	
	PAR	0.620**	-0.022	-0.246	-0.134	1.00
成年植株	P_n	1.00				
	G_s	-0.663**	1.00			
	C_i	0.284*	-0.452**	1.00		
	T_r	-0.597**	0.982**	-0.540**	1.00	
	PAR	-0.375**	0.687**	-0.351*	0.740**	1.00

注 * 表示 0.05 水平相关性显著；** 表示 0.01 水平相关性显著。

3.1.1.3 讨论与结论

(1)讨论

光合作用是高等植物赖以生存及生长发育的基础，是进行物质积累等最重要的生理活动之一。光合速率可以直接反映植物光合作用的强弱，并可以决定植物光合能力的强弱(罗达等，2021)。本研究中，通过德保苏铁的光响应曲线可知幼苗在不同光强下的净光合速率(P_n)高于成年植株，幼苗相较于成年植株有着更高的净光合速率(P_n)和暗呼吸速率(R_d)，这与其在幼苗阶段需要不断积累有机物质促进生长的特性相对应。成年植株的净光合速率(P_n)日变化总体呈现上升的趋势，在 14:30 后开始出现缓慢下降的趋势。幼苗的净光合速率(P_n)日变化呈单峰曲线，蒸腾速率(T_r)和气孔导度(G_s)的日变化的变化幅度不大，可见 P_n 值在达到峰值后的下降是非气孔限制。

光响应特征参数相关性分析表明，德保苏铁幼苗的日变化过程中，直接影响净光合速率的是气孔导度(G_s)、胞间 CO_2 浓度(C_i)、蒸腾速率(T_r)和光强(PAR)，其中气孔导度、胞间 CO_2 浓度和蒸腾速率与净光合速率呈负相关，光强与净光合速率呈正相关。成年植株的日变化过程中，直接影响净光合速率的也是气孔导度(G_s)、胞间 CO_2 浓度(C_i)、蒸腾速率(T_r)和光强(PAR)，其中气孔导度、蒸腾速率和光强与净光合速率呈负相关，而胞间 CO_2 浓度与净光合速率成正相关。

(2)结论

本研究以德保苏铁的幼苗和成年植株为实验材料，使用 Li-6400 便携式光合仪对其光响应曲线和日变化参数进行了测定。结果表明，德保苏铁幼苗在不同光强下的净光合速率(P_n)都高于成年植株。幼苗和成年植株都有着较高的光饱和点和较低的光补偿点，可见德保苏铁在不同时期对强光和弱光都有较高的利用能力。结合光补偿点(*LCP*)和暗呼吸速率(R_d)，德保苏铁幼苗相较于成年植株在弱光阶段有着更好的光能利用转化能力。德保苏铁幼苗的日变化过程中，净光合速率与气孔导度、胞间 CO_2 浓度、蒸腾速率成负相关，与光强成正相关。成年植株的日变化过程中，净光合速率与气孔导度、蒸腾速率、光强成负相关，与胞间 CO_2 浓度成正相关。

3.1.2 六籽苏铁

3.1.2.1 材料与方法

(1)实验地概况

实验地位于广西植物研究所桂林植物园，地处桂北地区，年均气温 19.2℃，属于中亚热带季风气候，冬冷夏热。1 月和 7 月分别为最冷月和最热月，平均气温为 8.2℃ 和 28.4℃。最高气温为 40℃，最低气温为-5.5℃。

(2)方法

①光响应曲线的测定。选取长势好的六籽苏铁幼苗和成年植株，每种测量 3 株重复，以成熟叶片为实验材料，在晴朗天气的 9:00~15:00，携带 Li-6400 便携式光合仪(Li-Cor，Lincoln，Nebraska，USA)测定六籽苏铁的光响应曲线参数。光响应曲线的参数测定采用内置红蓝光源，光合有效辐射(*PAR*)依次设置为 1500μmol/(m^2·秒)、1200μmol/(m^2·秒)、1000μmol/(m^2·秒)、800μmol/(m^2·秒)、600μmol/(m^2·秒)、400μmol/(m^2·秒)、300μmol/(m^2·秒)、200μmol/(m^2·秒)、150μmol/(m^2·秒)、100μmol/(m^2·秒)、50μmol/(m^2·秒)、25μmol/(m^2·秒)、0μmol/(m^2·秒)，设置最大和最小等待时间分别为 120 秒和 200 秒，然后开始测定，由仪器自动记录数据。

②光合日变化的测定。选择晴朗天气，于 8:00~17:00，利用 Li-6400 便携式光合仪的自然光叶室，测定不同时刻下六籽苏铁的各项光合指标，测定参数包括净光合速率(P_n)、气孔导度(G_s)、蒸腾速率(T_r)和胞间 CO_2 浓度(C_i)等。每株选取同一叶位健康无病虫害的成熟叶，幼苗和成年植株各重复测 3 次，记录每次测定数据。

③数据处理。用 Excel 软件对光合曲线和日变化参数进行初步分析和整理，采用 SPSS 软件进行相关性分析。使用叶子飘的光合计算软件 4.1.1 双曲线修正模型对光响应曲线进行拟合(叶子飘，2010)，并计算出表观量子效率(*AQY*)、最大净光合速率(P_{max})、光饱和点(*LSP*)、光补偿点(*LCP*)和暗呼吸速率(R_d)等参数。使用 Origin 软件制作相关图表。

3.1.2.2 结果与分析

(1)幼苗与成年植株的光响应曲线比较

拟合后的六籽苏铁幼苗和成年植株叶片光响应曲线，如图 3-3 所示，拟合程度较好(幼苗 R^2=0.9925，成年植株 R^2=0.9948)。六籽苏铁幼苗和成年植株的变化趋势大致相似，当光强为 0μmol/(m^2·秒)时，幼苗和成年植株的 P_n 值均小于 0，反映出其在无光强时的呼吸作用。当 *PAR* 处于 0~200μmol/(m^2·秒)时，P_n 值陡然上升，几乎呈线性增加变化趋势；当 *PAR* 处于 200～600μmol/(m^2·秒)时，随着 *PAR* 的增加，P_n 值的增长速率逐渐减慢；当 *PAR* 处于 600～1500μmol/(m^2·秒)时，幼苗和成年植株的 P_n 值基本稳定不变或少许下降。由图 3-3 可以看出，六籽苏铁成年植株的净光合速率高于幼苗，当 *PAR* 小于 50μmol/(m^2·秒)时，净光合速率较为接近。当两类苏铁达到光饱和点后，净光合速率又出现下降的趋势，说明强光下，六籽苏铁幼苗和成年植株都存在光抑制现象。

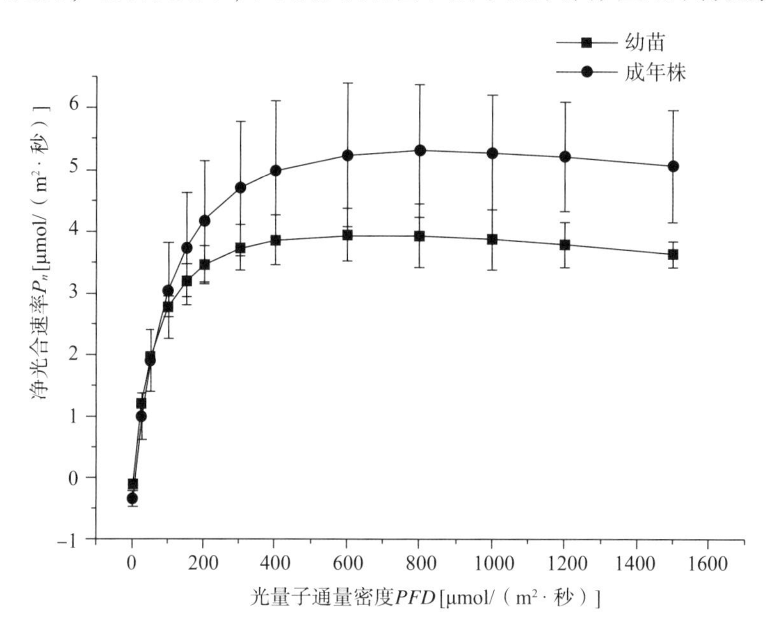

图 3-3 六籽苏铁幼苗和成年植株的光合响应曲线

(2)光响应特征参数的比较

利用拟合方程计算出六籽苏铁幼苗和成年植株的表观量子效率(*AQY*)、最大净光合速率(P_{max})、光饱和点(*LSP*)、光补偿点(*LCP*)和暗呼吸速率(R_d)。由表 3-2 可知，仅暗呼吸速率(R_d)存在显著性差异。成年植株有着更高的最大净光合速率，说明其利用光能转化为有机物质的能力上限更高。幼苗和成年植株都有着较低的表观量子效率，且比较接近，分别为 0.0726mol/mol 和 0.0658mol/mol，光补偿点分别为 1.6179μmol/(m^2·秒)和 5.4127μmol/(m^2·秒)，结合光补偿点和表观量子效率可以看出六籽苏铁在幼苗时期有着更好的弱光利用能力。六籽苏铁幼苗和成年植株的暗呼吸速率分别为 0.1147μmol/(m^2·秒)和 0.3388μmol/(m^2·秒)，成年植株显著高于幼苗，说明成年植株在光强较弱或无光强的条件下较幼苗消耗的有机物更多。

表 3-2 六籽苏铁幼苗与成年株光响应参数比较

种类	表观量子效率 *AQY* (mol/mol)	最大净光合速率 P_{max} [μmol/(m^2·秒)]	光饱和点 *LSP* [μmol/(m^2·秒)]	光补偿点 *LCP* [μmol/(m^2·秒)]	暗呼吸速率 R_d [μmol/(m^2·秒)]
幼苗	0.0726±0.0125a	3.9416±0.4667a	644.6176±93.6442a	1.6179±0.8313a	0.1147±0.0688a
成年株	0.0658±0.0169a	5.2971±1.0961a	829.8265±410.2339a	5.4127±3.3413a	0.3388±0.0965b

注 同行不同字母表示差异显著($P<0.05$)。

(3)幼苗与成年植株日变化参数比较

光合作用是植物生产能量与物质吸收利用的复杂过程，其日动态变化反映了植物自身遗传特征与对生境的适应能力(王力刚等，2021)。由图 3-4 可知，六籽苏铁成年植株净光合速率日变化曲线呈单峰型，峰值出现在 13:00，而幼苗呈双峰型，峰值分别出现在 11:30 和 14:30，且幼苗存在一定的光合午休现象。幼苗的净光合速率日变化在 8:30~11:30 不断上升，11:30~13:00 急剧下降，13:00~14:30 净光合速率开始回升，14:30~16:00 有少许下降。成年植株的净光合速率日变化在 8:30~13:00 不断上升，13:00~14:30 急剧下降，14:30~16:00 几乎稳定不变。

六籽苏铁幼苗胞间 CO_2 浓度日变化在 8:30~11:30 有少许下降，在 11:30~14:30 开始回升，14:30~16:00 上升速度加快。成年植株胞间 CO_2 浓度日变化中，C_i 值的峰值出现在 13:00，与净光合速率的峰值出现在同一时间。六籽苏铁幼苗和成年植株的气孔导度(G_s)与蒸腾速率(T_r)日变化趋势大致相似，幼苗的气孔导度和蒸腾速率日变化的波动幅度较平稳，而成年植株的波动幅度较大，气孔导度和蒸腾速率均有峰值的出现。

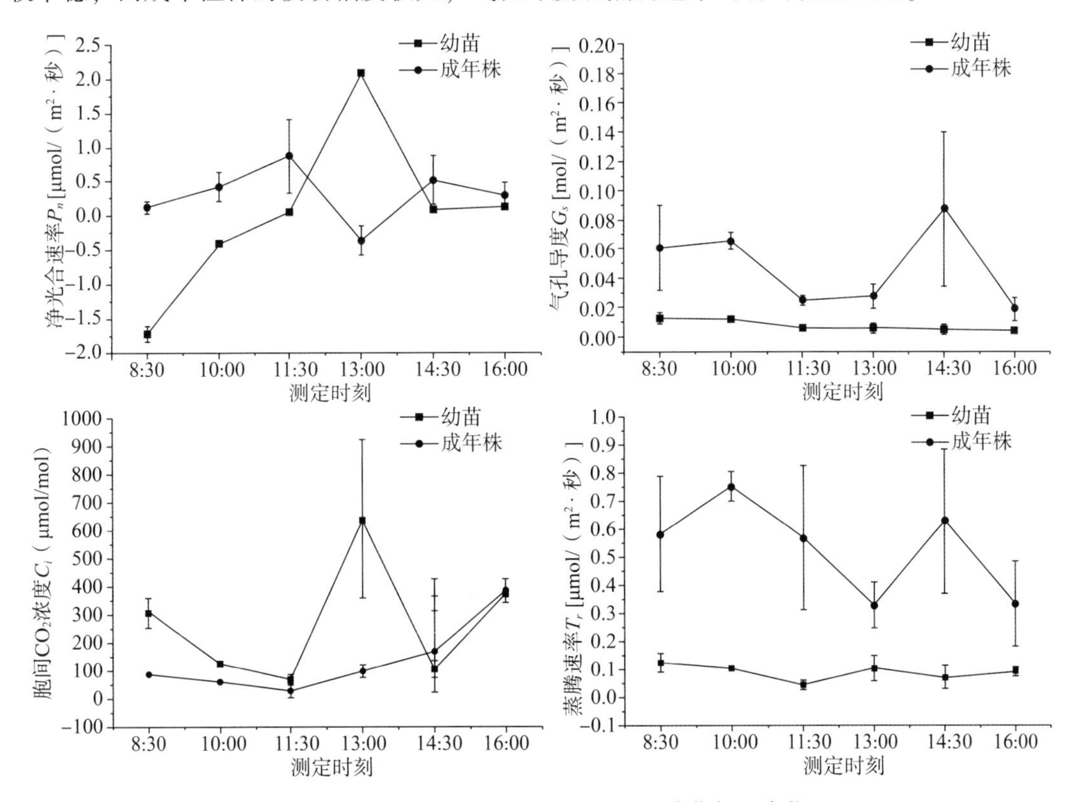

图 3-4 六籽苏铁幼苗和成年植株的光合指标日变化

(4)幼苗与成年植株光合参数相关性分析

六籽苏铁幼苗和成年植株净光合速率(P_n)、气孔导度(G_s)、胞间 CO_2 浓度(C_i)、蒸腾速率(T_r)、光强(PAR)的皮尔逊相关性分析结果，见表 3-3。其中幼苗的分析结果表明：P_n 与 G_s、C_i 存在极显著性相关；G_s 与 C_i、T_r 存在极显著性相关；C_i 与 PAR 存在极显著性相关；T_r 与 PAR 存在极显著性相关。成年植株的分析结果表明：P_n 与 PAR 存在极显著性相关；G_s 与 C_i、T_r、PAR 存在极显著性相关；C_i 与 T_r、PAR 存在极显著性相关；T_r 与 PAR 存在极显著性相关。

表 3-3　六籽苏铁幼苗与成年株光响应特征参数相关性分析

种类		净光合速率 P_n	气孔导度 G_s	胞间 CO_2 浓度 C_i	蒸腾速率 T_r	光强 PAR
幼苗	P_n	1.00				
	G_s	−0.532**	1.00			
	C_i	0.485**	−0.304**	1.00		
	T_r	−0.142	0.738**	0.011	1.00	
	PAR	0.158	0.004	−0.329**	−0.379**	1.00
成年植株	P_n	1.00				
	G_s	0.034	1.00			
	C_i	−0.165	−0.414**	1.00		
	T_r	−0.02	0.659**	−0.371**	1.00	
	PAR	0.448**	0.601**	−0.422**	0.466**	1.00

注　*表示 0.05 水平相关性显著；**表示 0.01 水平相关性显著。

3.1.2.3　讨论与结论

(1)讨论

光合作用是植物最重要的生理代谢活动，是植物生产力形成机制的关键环节，对植物的栽培、生产及应用起着至关重要的作用(李丽等，2022)。本研究中，通过六籽苏铁的光响应曲线可知成年植株在不同光强下的净光合速率(P_n)高于幼苗，幼苗和成年植株的光合响应曲线的变化趋势基本一致。六籽苏铁幼苗和成年植株都有着较高的表观量子效率，高于大部分植物(滕文军等，2019)，幼苗较成年植株有着更低的光补偿点，表明六籽苏铁在弱光阶段有着较强的光能转化利用能力，且幼苗对弱光的利用能力要强于成年植株。六籽苏铁幼苗和成年植株的最大净光合速率分别为 3.9416μmol/(m^2·秒)和 5.2971μmol/(m^2·秒)，幼苗的最大净光合速率处于较低值，表明六籽苏铁在幼苗时期利用光能制造有机物的能力较弱。成年植株相较于幼苗有着更高的光补偿点，表明其对强光的利用能力更高。幼苗和成年植株的暗呼吸速率分别为 0.1147μmol/(m^2·秒)和 0.3388μmol/(m^2·秒)，表明成年植株在无光或弱光条件下消耗的有机物质更多，幼苗消耗的有机物更少，这与其在幼苗阶段需要不断积累有机物质促进生长的特性相对应。

光响应特征参数相关性分析表明，六籽苏铁幼苗的日变化过程中，直接影响光合速率的是气孔导度(G_s)和胞间 CO_2 浓度(C_i)，其中与 G_s 呈极显著正相关，与 C_i 呈负相关；而成年植株的光合速率与光强(PAR)呈显著正相关。六籽苏铁幼苗和成年植株的光响应特征参数相关性比较存在差异，表明同种植物在不同生长时期，影响净光合速率的光响应特征参数会发生改变。

(2)结论

本研究以六籽苏铁的幼苗和成年植株为实验材料，使用 Li-6400 便携式光合仪对其光响应曲线和日变化参数进行了测定。结果表明，六籽苏铁幼苗和成年植株的光响应曲线变化趋势基本一致，成年植株有着更高的净光合速率。幼苗和成年植株的暗呼吸速率(R_d)存在显著性差异，幼苗在无光或弱光条件下消耗的有机物显著小于成年植株。六籽苏铁幼苗的净光合速率日变化呈单峰曲线型，成年植株呈双峰型。相关性分析中，六籽苏铁幼苗的净光合速率(P_n)与气孔导度(G_s)呈显著负相关，与胞间 CO_2 浓度(C_i)呈显著正相关，成年植株的净光合速率(P_n)与光强(PAR)呈显著正相关。

3.1.3 锈毛苏铁

3.1.3.1 材料与方法

(1)实验地概况

实验地位于广西植物研究所桂林植物园，地处桂北地区，年均气温 19.2℃，属于中亚热带季风气候，冬冷夏热。1 月和 7 月分别为最冷月和最热月，平均气温为 8.2℃ 和 28.4℃。最高气温为 40℃，最低气温为-5.5℃。

(2)方法

①光响应曲线的测定。选取长势最佳的锈毛苏铁幼苗和成年植株，每种测量 3 株重复，以成熟叶片为实验材料，在晴朗天气的 9:00～15:00，携带 Li-6400 便携式光合仪(Li-Cor，Lincoln，Nebraska，USA)测定锈毛苏铁的光响应曲线参数。光响应曲线的参数测定采用内置红蓝光源，光合有效辐射(PAR)依次设置为 1500μmol/(m^2·秒)、1200μmol/(m^2·秒)、1000μmol/(m^2·秒)、800μmol/(m^2·秒)、600μmol/(m^2·秒)、400μmol/(m^2·秒)、300μmol/(m^2·秒)、200μmol/(m^2·秒)、150μmol/(m^2·秒)、100μmol/(m^2·秒)、50μmol/(m^2·秒)、25μmol/(m^2·秒)、0μmol/(m^2·秒)，设置最大和最小等待时间分别为 120 秒和 200 秒，然后开始测定，由仪器自动记录数据。

②光合日变化的测定。选择晴朗天气，于 8:00～17:00，利用 Li-6400 便携式光合仪的自然光叶室，测定不同时刻锈毛苏铁的各项光合指标，测定参数包括净光合速率(P_n)、气孔导度(G_s)、蒸腾速率(T_r)和胞间 CO_2 浓度(C_i)等。每株选取同一叶位健康无病虫害的成熟叶，幼苗和成年植株各重复测 3 次，记录每次测定数据。

③数据处理。用 Excel 软件对光合曲线和日变化参数进行初步分析和整理，采用 SPSS 软件进行相关性分析。使用叶子飘的光合计算软件 4.1.1 双曲线修正模型对光响应曲线进行拟合(叶子飘，2010)，并计算出表观量子效率(AQY)、最大净光合速率(P_{max})、光饱和点(LSP)、光补偿点(LCP)和暗呼吸速率(R_d)等参数。使用 Origin 软件制作相关图表。

3.1.3.2 结果与分析

(1)幼苗与成年植株的光响应曲线比较

拟合后的锈毛苏铁幼苗和成年植株叶片光响应曲线，如图 3-5 所示，幼苗在不同光强下的净光合速率显著高于成年植株。当光强为 0μmol/(m^2·秒)时，幼苗和成年植株的 P_n 值均小于 0，反映出其在无光强时的呼吸作用。当 PAR 在 0～100μmol/(m^2·秒)时，净光合速率陡然上升，几乎呈线性增加；幼苗在 PAR 为 100～600μmol/(m^2·秒)时，净光合速率增长速度减慢，超过 600μmol/(m^2·秒)后，净光合速率基本稳定不变；成年植株在

PAR 为 100~400μmol/(m² · 秒)时，净光合速率增长速度减慢，超过 400μmol/(m² · 秒)后，净光合速率基本稳定不变。

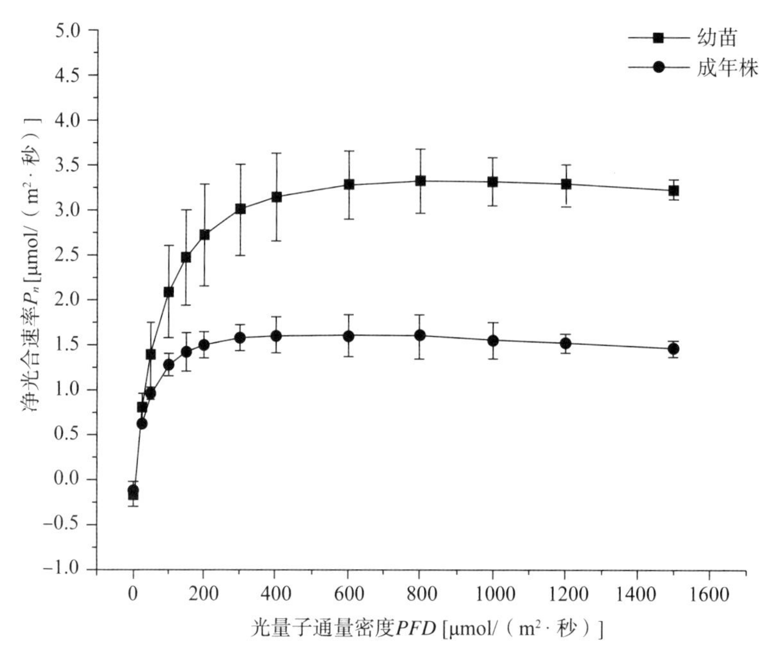

图 3-5　锈毛苏铁幼苗和成年植株的光合响应曲线

(2)光响应特征参数的比较

利用拟合方程计算出锈毛苏铁幼苗和成年植株的表观量子效率(*AQY*)、最大净光合速率(P_{max})、光饱和点(*LSP*)、光补偿点(*LCP*)和暗呼吸速率(R_d)。由表 3-4 可知，锈毛苏铁幼苗的 *AQY*、P_{max}、*LSP*、*LCP*、R_d 均要高于成年植株，表明锈毛苏铁在幼苗时期各项光响应参数都要优于成年时期。在幼苗阶段，锈毛苏铁利用光能制造有机物的上限更高，对弱光的利用能力也更高，同时，在无光照条件下，相较于成年株，对有机物质的消耗也更大，这也符合其在幼苗阶段需要不断积累有机物质促进生长的特性。

表 3-4　锈毛苏铁幼苗与成年株光响应参数比较

种类	表观量子效率 *AQY* (mol/mol)	最大净光合速率 P_{max} [μmol/(m² · 秒)]	光饱和点 *LSP* [μmol/(m² · 秒)]	光补偿点 *LCP* [μmol/(m² · 秒)]	暗呼吸速率 R_d [μmol/(m² · 秒)]
幼苗	0. 0575±0. 0015	3. 0992±0. 6445	662. 7690±129. 9709	3. 8657±3. 1030	0. 2106±0. 1629
成年株	0. 0481±0. 0066	1. 6152±0. 2095	528. 8411±82. 3447	2. 8087±0. 9044	0. 1267±0. 0251

(3)幼苗与成年植株日变化参数比较

光合作用是植物重要的生理生化过程，通过对植物净光合速率、胞间 CO_2 浓度、气孔导度及蒸腾速率等光合参数的研究，可以了解在光合作用中植物利用光能的能力及对环境的适应性。由图 3-6 可知，锈毛苏铁幼苗和成年植株的净光合速率(P_n)日变化均呈单峰型，且成年植株存在一定的光合午休现象。幼苗和成年植株的峰值分别出现在 13:00 和 11:30，P_n 值分别为 2. 3060μmol/(m² · 秒)和 1. 2397μmol/(m² · 秒)，幼苗的峰值更高。

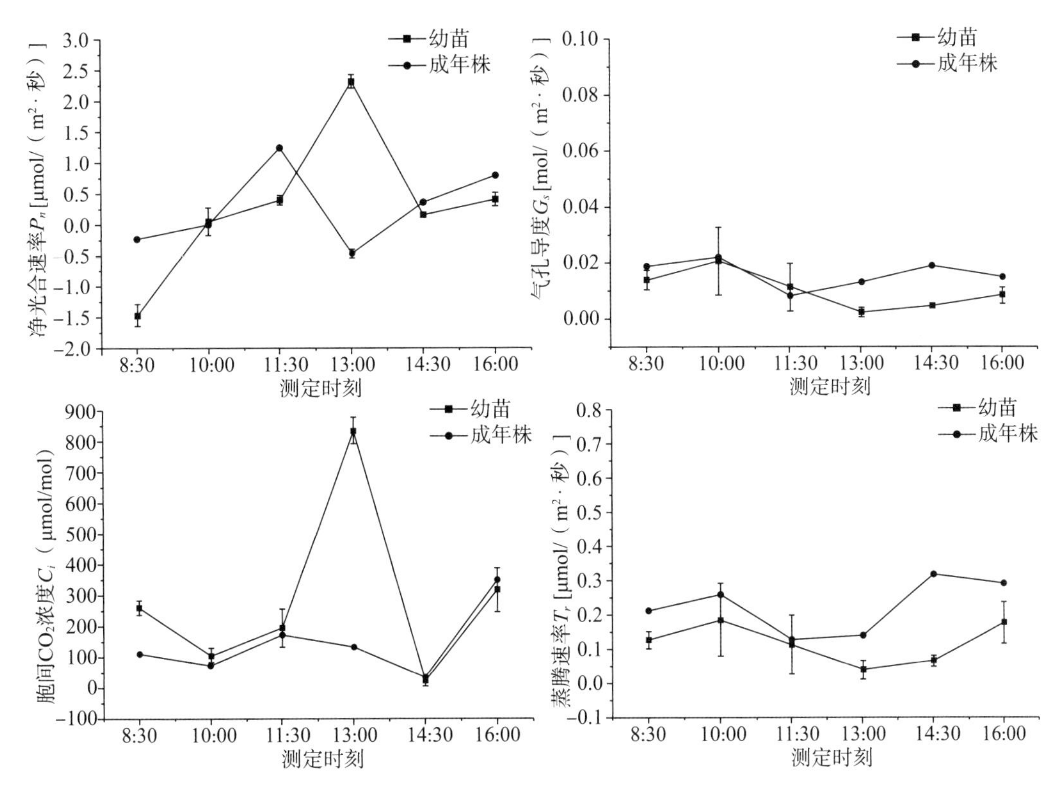

图 3-6　锈毛苏铁幼苗和成年植株的光合指标日变化

(4)幼苗与成年植株光合参数相关性分析

锈毛苏铁幼苗和成年植株净光合速率(P_n)、气孔导度(G_s)、胞间 CO_2 浓度(C_i)、蒸腾速率(T_r)、光强(*PAR*)的皮尔逊相关性分析结果，见表 3-5。其中幼苗的分析结果表明：P_n 与 G_s、C_i、T_r 存在极显著性相关；G_s 与 C_i、T_r、*PAR* 存在极显著性相关；C_i 与 T_r 存在极显著性相关。成年植株的分析结果表明：P_n 与 G_s、C_i 存在极显著性相关；G_s 与 C_i 存在显著性相关，与 T_r 存在极显著性相关；C_i 与 *PAR* 存在极显著性相关；T_r 与 *PAR* 存在极显著性相关。

表 3-5　锈毛苏铁幼苗与成年株光响应特征参数相关性分析

种类		净光合速率 P_n	气孔导度 G_s	胞间 CO_2 浓度 C_i	蒸腾速率 T_r	光强 *PAR*
幼苗	P_n	1.00				
	G_s	-0.463**	1.00			
	C_i	0.710**	-0.395**	1.00		
	T_r	-0.365**	0.889**	-0.317**	1.00	
	PAR	0.088	0.283**	-0.180	0.141	1.00

（续）

种类		净光合速率 P_n	气孔导度 G_s	胞间 CO_2 浓度 C_i	蒸腾速率 T_r	光强 PAR
成年植株	P_n	1.00				
	G_s	-0.536**	1.00			
	C_i	0.468**	-0.460*	1.00		
	T_r	0.032	0.709**	-0.011	1.00	
	PAR	0.106	0.272	-0.474**	0.576**	1.00

注 * 表示 0.05 水平相关性显著；** 表示 0.01 水平相关性显著。

3.1.3.3 讨论与结论

（1）讨论

本研究中，通过光响应曲线可知在不同光强下幼苗的净光合速率显著高于成年植株，这可能与其在幼苗阶段需要不断积累有机物质的特性有关。其 P_n 值低于常见的 C_3 植物（冯巧等，2014），说明锈毛苏铁适合培育在荫蔽的环境下。

锈毛苏铁幼苗和成年植株的表观量子效率（AQY）、最大净光合速率（P_{max}）、光饱和点（LSP）、光补偿点（LCP）以及暗呼吸速率（R_d）都不具有显著性差异。光饱和点的 P_n 即为 P_{max}，这是由于植物的净光合速率达到饱和值后出现的光抑制现象，可以看出随光强增大植物对光强的敏感程度，本研究中发现锈毛苏铁幼苗对光的适应能力较强，P_{max} 更高。暗呼吸速率可以看出植物在无光强或弱光条件下消耗有机物质的能力，幼苗有更高的净光合速率，同时对有机物质的消耗能力也更强，这可能会导致其生长速度较缓慢。

通过光响应特征参数相关性分析可以看出，锈毛苏铁幼苗日变化过程中，直接影响光合速率的是气孔导度（G_s）、胞间 CO_2 浓度（C_i）和蒸腾速率（T_r）。成年植株的日变化过程中，直接影响光合速率的是气孔导度（G_s）和胞间 CO_2 浓度（C_i）。锈毛苏铁幼苗和成年植株的光响应特征参数相关性比较存在差异，表明同种植物在不同生长时期，影响净光合速率的光响应特征参数会发生改变。

（2）结论

本研究以锈毛苏铁的幼苗和成年植株为实验材料，使用 Li-6400 便携式光合仪对其光响应曲线和日变化参数进行了测定。结果表明，在不同光强下，锈毛苏铁幼苗的净光合速率显著高于成年植株，幼苗有更高的光饱和点，利用光能制造有机物质的上限更高，且对弱光的利用能力也优于成年植株。锈毛苏铁幼苗和成年植株的净光合速率（P_n）日变化均呈单峰型，且成年植株存在一定的光合午休现象。相关性分析中，锈毛苏铁幼苗的净光合速率（P_n）与气孔导度（G_s）、蒸腾速率（T_r）呈极显著负相关，与胞间 CO_2 浓度（C_i）呈极显著正相关。成年植株的净光合速率（P_n）与气孔导度（G_s）呈极显著负相关，与胞间 CO_2 浓度（C_i）呈极显著正相关。在当下，生态环境破坏严重，适宜苏铁类植物的生境越来越少的背景下，苏铁培育是保护苏铁类植物的重要途径，本研究可为锈毛苏铁引种栽培及保护提供参考。

3.1.4 叉叶苏铁

3.1.4.1 材料与方法

(1)实验地概况

实验地位于广西植物研究所桂林植物园，地处桂北地区，年均气温 19.2℃，属于中亚热带季风气候，冬冷夏热。1 月和 7 月分别为最冷月和最热月，平均气温为 8.2℃ 和 28.4℃。最高气温为 40℃，最低气温为-5.5℃。

(2)方法

①光响应曲线的测定。选取长势最佳的叉叶苏铁幼苗和成年植株，每种测量 3 株重复，以成熟叶片为实验材料，在晴朗天气的 9:00~15:00，携带 Li-6400 便携式光合仪(Li-Cor, Lincoln, Nebraska, USA)测定叉叶苏铁的光响应曲线参数。光响应曲线的参数测定采用内置红蓝光源，光合有效辐射(PAR)依次设置为 1500μmol/(m^2·秒)、1200μmol/(m^2·秒)、1000μmol/(m^2·秒)、800μmol/(m^2·秒)、600μmol/(m^2·秒)、400μmol/(m^2·秒)、300μmol/(m^2·秒)、200μmol/(m^2·秒)、150μmol/(m^2·秒)、100μmol/(m^2·秒)、50μmol/(m^2·秒)、25μmol/(m^2·秒)、0μmol/(m^2·秒)，设置最大和最小等待时间分别为 120 秒和 200 秒，然后开始测定，由仪器自动记录数据。

②光合日变化的测定。选择晴朗天气，于 8:00~17:00，利用 Li-6400 便携式光合仪的自然光叶室，测定不同时刻叉叶苏铁的各项光合指标，测定参数包括净光合速率(P_n)、气孔导度(G_s)、蒸腾速率(T_r)和胞间 CO_2 浓度(C_i)等。每株选取同一叶位健康无病虫害的成熟叶，幼苗和成年植株各重复测 3 次，记录每次测定数据。

③数据处理。用 Excel 软件对光合曲线和日变化参数进行初步分析和整理，采用 SPSS 软件进行相关性分析。使用叶子飘的光合计算软件 4.1.1 双曲线修正模型对光响应曲线进行拟合，并计算出表观量子效率(AQY)、最大净光合速率(P_{max})、光饱和点(LSP)、光补偿点(LCP)和暗呼吸速率(R_d)等参数。使用 Origin 软件制作相关图表。

3.1.4.2 结果与分析

(1)幼苗与成年植株的光响应曲线比较

拟合后的叉叶苏铁幼苗和成年植株叶片光响应曲线，如图 3-7 所示。当光合辐射处于 0~200μmol/(m^2·秒)时，净光合速率(P_n)随着光合辐射的增强而呈现线性增长；当光合辐射处于 200~1000μmol/(m^2·秒)时，净光合速率增长逐渐减缓；当光合速率大于 1000μmol/(m^2·秒)后，净光合速率逐渐趋于达到光饱和点。根据光合计算软件计算得出叉叶苏铁幼苗和成年植株的表观量子效率(AQY)、最大净光合速率(P_{max})、光饱和点(LSP)、光补偿点(LCP)和暗呼吸速率(R_d)，其幼苗和成年植株的最大净光合速率分别为 2.9731μmol/(m^2·秒)和 5.0563μmol/(m^2·秒)，幼苗的最大净光合速率处于较低值，说明叉叶苏铁幼苗利用光能制造有机物质的能力较弱，而成年植株有着较强的利用光能制造有机物质的能力。

光饱和点和光补偿点分别代表植物对强光和弱光的利用能力，叉叶苏铁幼苗和成年植株的光饱和点分别为 1026.9421μmol/(m^2·秒)和 1284.003μmol/(m^2·秒)，光补偿点分别为 1.4153μmol/(m^2·秒)和 3.0265μmol/(m^2·秒)，幼苗和成年植株都有着较高的光饱和点和较低的光补偿点，说明叉叶苏铁在不同时期对强光和弱光都有较高的利用能力。*AQY* 的高低能反映植物在弱光阶段对光能的转化利用能力，叉叶苏铁幼苗和成年植株的表观量子效率分别为 0.0741mol/mol 和 0.0388mol/mol，高于大部分植物，说明叉叶苏铁在弱光阶段有着较好的光能的转化利用能力，且幼苗在弱光阶段的光能的转化利用能力要高于成年植株。叉叶苏铁幼苗和成年植株的暗呼吸速率(R_d)分别为 0.1017μmol/(m^2·秒)和 0.1152μmol/(m^2·秒)，暗呼吸速率较低，说明叉叶苏铁的有机物质代谢效率高。

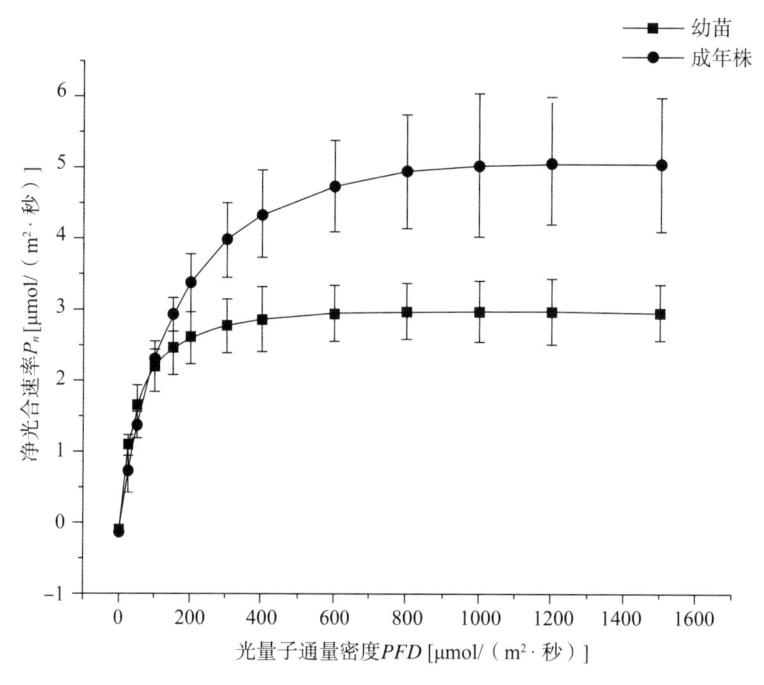

图 3-7　叉叶苏铁幼苗和成年植株的光合响应曲线

(2)幼苗与成年植株的光合生理日变化特征分析

通过研究发现，叉叶苏铁幼苗净光合速率(P_n)日变化呈单峰曲线，结合气孔导度和蒸腾速率这两个生理指标的日变化趋势进行分析，其并没有光合午休现象(图 3-8)。成年植株净光合速率的日变化相对较平缓，一直处于-0.5~0.5μmol/(m^2·秒)。幼苗净光合速率日变化的峰值出现在 13:00，P_n 值为 2.2499μmol/(m^2·秒)，在 8:30~13:00，净光合速率不断增加，13:00~14:30 净光合速率开始下降，14:30~16:00 净光合速率缓慢回升。成年植株净光合速率日变化在 8:30~10:00 缓慢增加，10:00~13:00 开始缓慢下降，13:00~16:00 缓慢回升。

叉叶苏铁幼苗气孔导度日变化趋势相对较平缓，而成年植株的气孔导度日变化呈单峰曲线，峰值出现在 11:30，G_s 值为 0.3724mol/(m^2·秒)，在出现峰值时没有明显规律。幼苗胞间 CO_2 浓度日变化呈单峰曲线，峰值出现在 13:00，C_i 为 900.0174μmol/mol。成年株胞间 CO_2 浓度日变化在 8:30~14:30 变化趋势不大，在 14:30~16:00 开始急剧升高。成年株蒸腾速率日变化呈双峰曲线，第 1 次峰值出现在 10:00，T_r 为 0.5911μmol/(m^2·秒)，第 2 次峰值出现在 14:30，T_r 为 0.6644μmol/(m^2·秒)，而幼苗的蒸腾速率日变化曲线变化趋势不大。

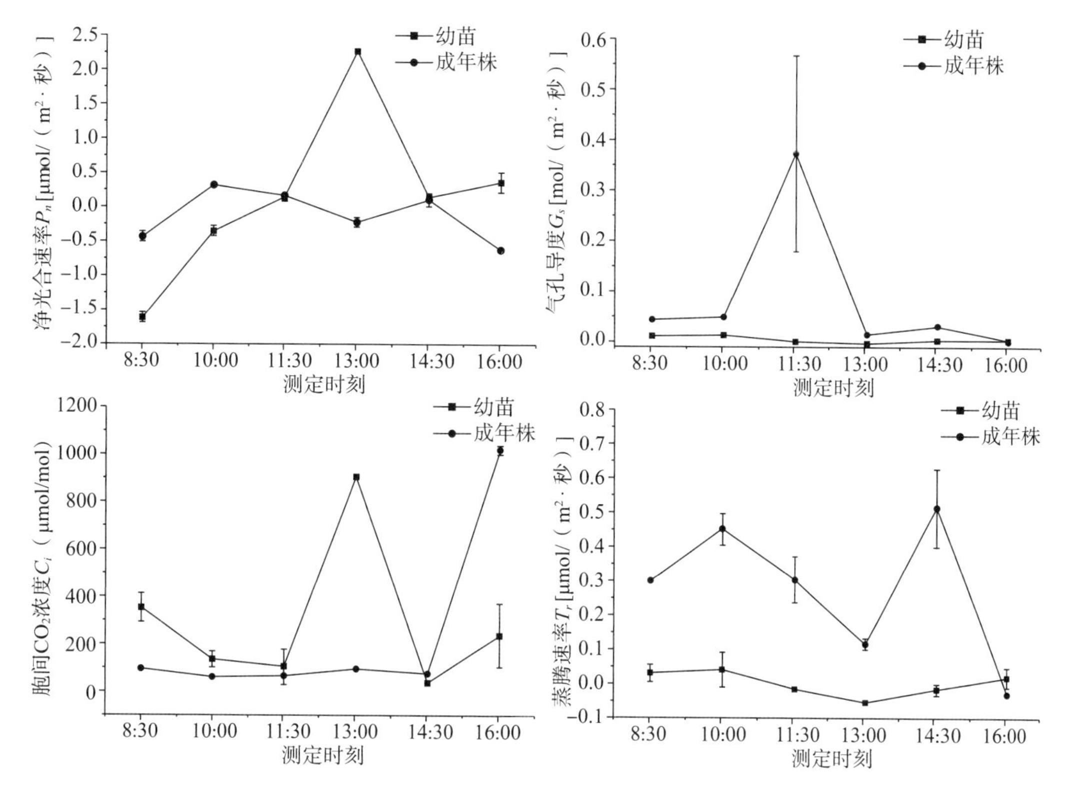

图 3-8　叉叶苏铁幼苗和成年植株的光合指标日变化

(3)幼苗与成年植株光合参数相关性分析

叉叶苏铁幼苗和成年植株净光合速率(P_n)、气孔导度(G_s)、胞间 CO_2 浓度(C_i)、蒸腾速率(T_r)、光强(PAR)的皮尔逊相关性分析结果，见表 3-6。其中幼苗的分析结果表明：P_n 与光合指标 G_s、T_r 极显著性相关，与 C_i 显著性相关；G_s 与 T_r、PAR 极显著性相关，与 C_i 显著性相关；C_i 与 PAR 极显著性相关，与 T_r 显著性相关。成年植株的分析结果表明：P_n 与 C_i、T_r、PAR 极显著性相关，与 G_s 无显著性相关；G_s 与 C_i、T_r、PAR 均无显著性相关；C_i 与 T_r 极显著性相关，与 PAR 显著性相关；T_r 与 PAR 极显著性相关。综上所述，叉叶苏铁在不同的生长时期，P_n 受到自身多个光合指标的影响，在幼苗时期 P_n 受 G_s、T_r、G_s 的影响，成年时期受 C_i、T_r、PAR 的影响。可见，幼苗时期气孔导度(G_s)和蒸腾速率(T_r)是影响净光合速率(P_n)最大的光合指标，其次是胞间 CO_2 浓度(C_i)。成年植株的净光合速率(P_n)主要受胞间 CO_2 浓度(C_i)、蒸腾速率(T_r)和光照强度(PAR)的影响。

表 3-6 叉叶苏铁幼苗与成年株光响应特征参数相关性分析

种类		净光合速率 P_n	气孔导度 G_s	胞间 CO_2 浓度 C_i	蒸腾速率 T_r	光强 PAR
幼苗	P_n	1.00				
	G_s	-0.559**	1.00			
	C_i	0.301*	-0.268*	1.00		
	T_r	-0.509**	0.889**	-0.258*	1.00	
	PAR	0.118	0.320**	-0.362**	0.083	1.00
成年植株	P_n	1.00				
	G_s	0.312	1.00			
	C_i	-0.783**	-0.220	1.00		
	T_r	0.827**	0.209	-0.635**	1.00	
	PAR	0.575**	-0.193	-0.366*	-0.809**	1.00

注 * 表示 0.05 水平相关性显著；** 表示 0.01 水平相关性显著。

3.1.4.3 讨论与结论

(1)讨论

光在植物的生长发育过程中占据着十分重要的地位，植物光合作用是将太阳能转化为化学能并积累有机物质的一个过程，是植物进行物质和能量转换的重要途径(Hetherington et al.，2003)。光合速率可以直接反映植物光合作用的强弱，并可以决定植物光合能力的强弱(Ilnitsky，et al.，2018)。本研究中，通过叉叶苏铁的光响应曲线可知成年植株在不同光强下的净光合速率(P_n)显著高于幼苗，表明成年植株在光化学进程中的光化学效率显著高于幼苗。幼苗的净光合速率日变化呈单峰曲线，而成年植株净光合速率日变化无峰值出现，幼苗日变化 P_n 峰值与 C_i 峰值出现在同一时间，变化趋势也较为一致，且幼苗蒸腾速率变化幅度不大，可见导致光合速率降低的是非气孔限制。

光响应特征参数相关性分析表明，叉叶苏铁幼苗的日变化过程中，直接影响净光合速率的是气孔导度、胞间二氧化碳浓度和蒸腾速率，其中气孔导度和蒸腾速率与净光合速率呈负相关。成年植株的日变化过程中，直接影响净光合速率的是胞间二氧化碳浓度、蒸腾速率和光照强度，其中胞间二氧化碳浓度与净光合速率呈负相关。

(2)结论

本研究以叉叶苏铁的幼苗和成年植株为实验材料，使用 Li-6400 便携式光合仪对其光响应曲线和日变化参数进行了测定。结果表明，叉叶苏铁成年植株在不同光强下的净光合速率(P_n)显著高于幼苗。幼苗和成年植株都有着较高的光饱和点和较低的光补偿点，可见叉叶苏铁在不同时期对强光和弱光都有较高的利用能力。叉叶苏铁在弱光阶段有着较好的光能转化利用能力，且幼苗在弱光阶段的光能转化利用能力要高于成年植株。叉叶苏铁幼苗的日变化过程中，净光合速率与胞间二氧化碳浓度呈正相关，有促进作用，与气孔导度、蒸腾速率呈负相关。成年植株的日变化过程中，净光合速率与蒸腾速率和光照强度呈正相关，与胞间二氧化碳浓度呈负相关。

3.1.5 叉孢苏铁

3.1.5.1 材料与方法

(1)实验地概况

实验地位于广西植物研究所桂林植物园，地处桂北地区，年均气温 19.2℃，属于中亚热带季风气候，冬冷夏热。1 月和 7 月分别为最冷月和最热月，平均气温为 8.2℃ 和 28.4℃。最高气温为 40℃，最低气温为-5.5℃。

(2)方法

①光响应曲线的测定。选取长势最佳的叉孢苏铁幼苗和成年植株，每种测量 3 株重复，以成熟叶片为实验材料，在晴朗天气的 9:00~15:00，携带 Li-6400 便携式光合仪(Li-Cor，Lincoln，Nebraska，USA)测定叉孢苏铁的光响应曲线参数。光响应曲线的参数测定采用内置红蓝光源，光合有效辐射(*PAR*)依次设置为 1500μmol/(m^2·秒)、1200μmol/(m^2·秒)、1000μmol/(m^2·秒)、800μmol/(m^2·秒)、600μmol/(m^2·秒)、400μmol/(m^2·秒)、300μmol/(m^2·秒)、200μmol/(m^2·秒)、150μmol/(m^2·秒)、100μmol/(m^2·秒)、50μmol/(m^2·秒)、25μmol/(m^2·秒)、0μmol/(m^2·秒)，设置最大和最小等待时间分别为 120 秒和 200 秒，然后开始测定，由仪器自动记录数据。

②光合日变化的测定。选择晴朗天气，于 8:00~17:00，利用 Li-6400 便携式光合仪的自然光叶室，测定不同时刻叉孢苏铁的各项光合指标，测定参数包括净光合速率(P_n)、气孔导度(G_s)、蒸腾速率(T_r)和胞间 CO_2 浓度(C_i)等。每株选取同一叶位健康无病虫害的成熟叶，幼苗和成年植株各重复测 3 次，记录每次测定数据。

③数据处理。用 Excel 软件对光合曲线和日变化参数进行初步分析和整理，采用 SPSS 软件进行相关性分析。使用叶子飘的光合计算软件 4.1.1 双曲线修正模型对光响应曲线进行拟合，并计算出表观量子效率(*AQY*)、最大净光合速率(P_{max})、光饱和点(*LSP*)、光补偿点(*LCP*)和暗呼吸速率(R_d)等参数。使用 Origin 软件制作相关图表。

3.1.5.2 结果与分析

(1)幼苗与成年植株的光响应曲线比较

叉孢苏铁幼苗和成年植株叶片光响应曲线，如图 3-9 所示。随着光合辐射的增加，幼苗达到光饱和点后，净光合速率开始趋于平缓；成年植株达到光饱和点后，净光合速率开始缓慢下降，存在光抑制现象。当光合辐射处于 0μmol/(m^2·秒)时，叉孢苏铁幼苗和成年植株的净光合速率(P_n)均小于 0。当光合辐射处于 0~200μmol/(m^2·秒)时，净光合速率上升速度最快。在 0~1300μmol/(m^2·秒)光合辐射区间里，成年植株的净光合速率都要大于幼苗，当光合辐射超过 1300μmol/(m^2·秒)后，幼苗的净光合速率要高于成年植株。

(2)光响应特征参数的比较

利用拟合方程计算出叉孢苏铁幼苗和成年植株的表观量子效率(*AQY*)、最大净光合速率(P_{max})、光饱和点(*LSP*)、光补偿点(*LCP*)和暗呼吸速率(R_d)。

由表 3-7 可知，叉孢苏铁幼苗的表观量子效率(*AQY*)和光饱和点(*LSP*)均高于成年植株，而最大净光合速率(P_{max})、光补偿点(*LCP*)和暗呼吸速率(R_d)则低于成年植株。其

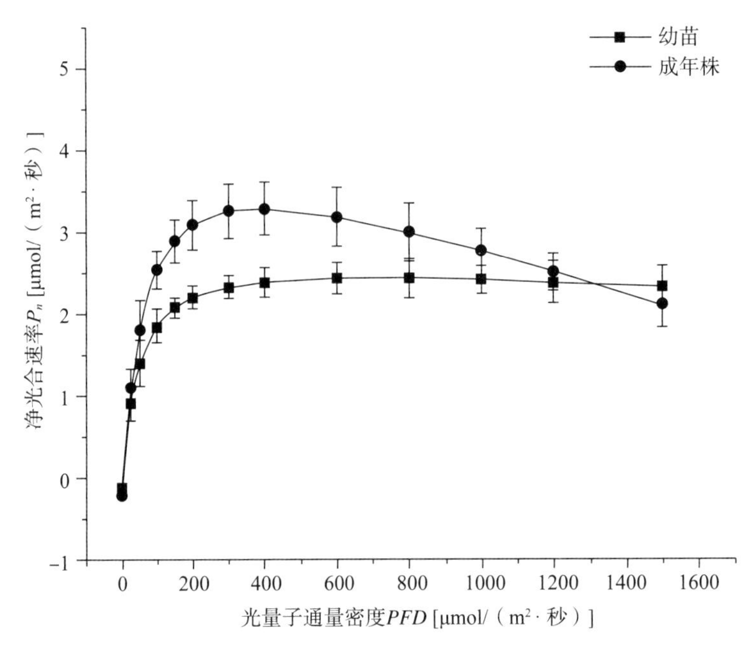

图 3-9　叉孢苏铁幼苗和成年植株的光合响应曲线

中，最大净光合速率(P_{max})和光饱和点(LSP)存在显著性差异($P<0.05$)，而表观量子效率(AQY)、光补偿点(LCP)和暗呼吸速率(R_d)无显著性差异($P>0.05$)。

表 3-7　叉孢苏铁幼苗与成年株光响应参数比较

种类	表观量子效率 AQY (mol/mol)	最大净光合速率 P_{max} [μmol/(m²·秒)]	光饱和点 LSP [μmol/(m²·秒)]	光补偿点 LCP [μmol/(m²·秒)]	暗呼吸速率 R_d [μmol/(m²·秒)]
幼苗	0.0753±0.0374a	2.4560±0.2104a	704.1723±162.5734a	1.8045±0.8337a	0.1195±0.0729a
成年株	0.0725±0.0075a	3.3002±0.4315b	162.57342±81.5868b	2.7954±1.4151a	0.1875±0.0796a

注　同行不同字母表示差异显著($P<0.05$)。

(3)幼苗与成年植株日变化参数比较

①净光合速率日变化。叉孢苏铁幼苗和成年植株净光合速率(P_n)日变化比较，如图3-10所示。幼苗在11:30达到最高峰值，成年植株在13:00达到最高峰值，峰值变化差异明显，存在光合午休现象，在出现峰值时没有明显规律。

②蒸腾速率日变化。叉孢苏铁幼苗和成年植株蒸腾速率(T_r)日变化比较，如图3-11所示。幼苗和成年植株的蒸腾速率日变化存在明显差异。成年植株的蒸腾速率日变化呈单峰型，在10:00达到峰值，13:00达到谷值。幼苗的变化趋势相对较稳定，总体而言，上午的蒸腾速率要高于下午。

③胞间CO_2浓度日变化。叉孢苏铁幼苗和成年植株胞间CO_2浓度(C_i)日变化比较，如图3-12所示。幼苗和成年植株的胞间CO_2浓度日变化存在明显差异。幼苗胞间CO_2浓度日变化呈单峰型，在13:00出现峰值，11:30出现谷值。成年植株的胞间CO_2浓度随着时间的推移，呈现缓慢升高的趋势。

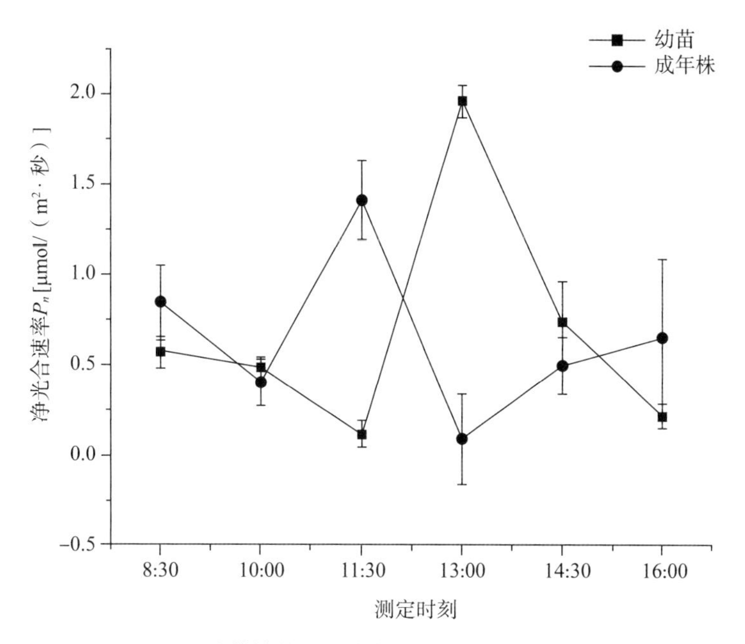

图 3-10　叉孢苏铁幼苗和成年植株的净光合速率日变化

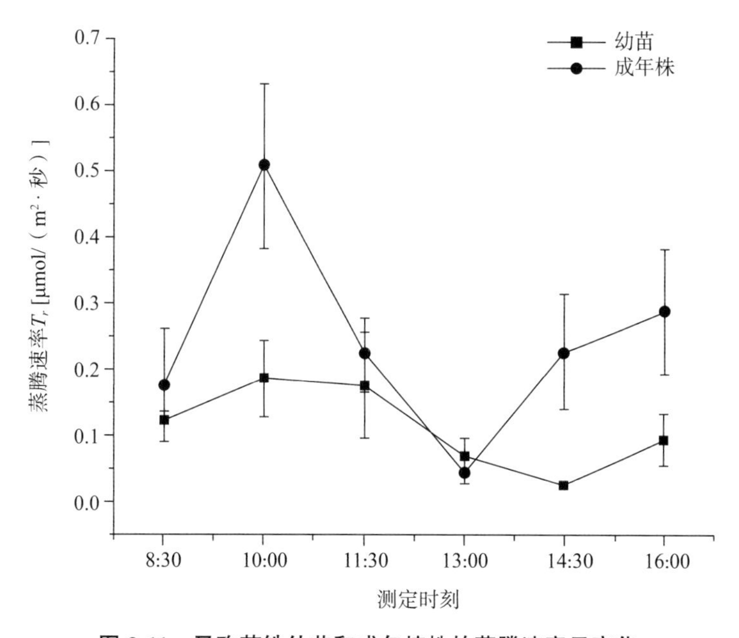

图 3-11　叉孢苏铁幼苗和成年植株的蒸腾速率日变化

④气孔导度日变化。叉孢苏铁幼苗和成年植株气孔导度（G_s）日变化比较，如图 3-13 所示。幼苗和成年植株的气孔导度日变化存在明显差异。幼苗呈现先升高后降低的变化趋势，而成年植株则是呈升高后降低再升高的变化趋势。幼苗和成年植株的 G_s 值分别在 11:30 和 10:00 达到最高值。

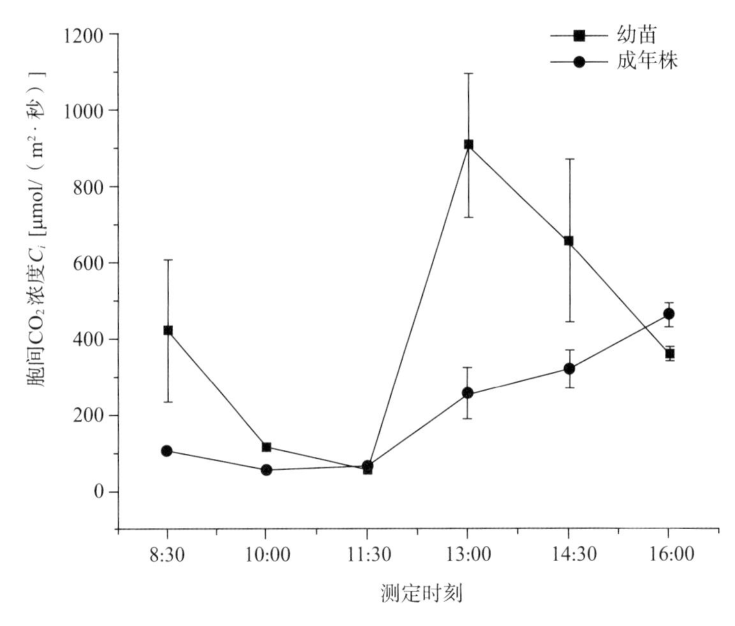

图 3-12　叉孢苏铁幼苗和成年植株的胞间 CO_2 浓度日变化

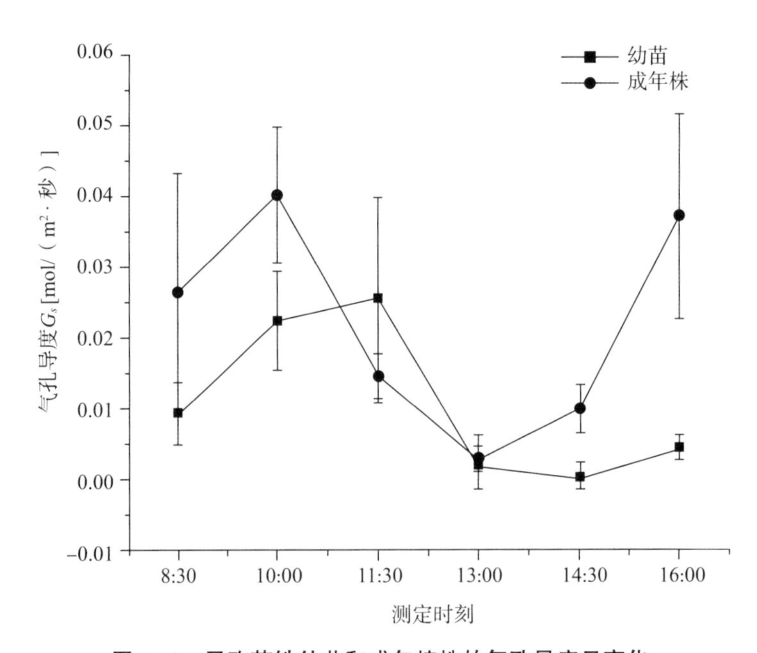

图 3-13　叉孢苏铁幼苗和成年植株的气孔导度日变化

(4)幼苗与成年植株光合参数相关性分析

由表 3-8 可知，叉孢苏铁幼苗中 P_n 与 C_i 呈显著正相关，与 G_s、T_r 呈显著负相关；G_s 与 T_r、PAR 呈显著正相关，与 C_i 呈显著负相关；C_i 与 T_r、PAR 呈显著负相关；T_r 与 PAR 呈显著正相关。成年植株中 P_n 与 C_i 呈显著负相关；G_s 与 T_r、PAR 呈显著正相关；C_i 与 PAR 呈显著负相关；T_r 与 PAR 呈显著正相关。叉孢苏铁幼苗与成年植株的光响应特征参数存在差异，只有 G_s 与 T_r、PAR 和 T_r 与 PAR 的相关性是一致的。

表 3-8 叉孢苏铁幼苗与成年株光响应特征参数相关性分析

种类		净光合速率 P_n	气孔导度 G_s	胞间 CO_2 浓度 C_i	蒸腾速率 T_r	光强 PAR
幼苗	P_n	1.00				
	G_s	-0.433**	1.00			
	C_i	0.792**	-0.701**	1.00		
	T_r	-0.387**	0.925**	-0.644**	1.00	
	PAR	0.085	0.452**	-0.246*	0.384**	1.00
成年植株	P_n	1.00				
	G_s	-0.052	1.00			
	C_i	-0.314**	-0.066	1.00		
	T_r	-0.041	0.812**	-0.204	1.00	
	PAR	-0.107	0.466**	-0.315**	0.686**	1.00

注 * 表示 0.05 水平相关性显著；** 表示 0.01 水平相关性显著。

3.1.5.3 讨论

(1)讨论

光合作用是植物生长发育中积累有机物质的基础，对植物的形态建成和生长有着重要的影响。同种植物在不同的生长时期，光合作用的能力有所不同。本研究中，通过光响应曲线可知叉孢苏铁成年植株的净光合速率(P_n)显著高于幼苗，表明成年植株在光化学进程中的光化学效率显著高于幼苗。幼苗和成年植株的净光合速率日变化均为单峰曲线，在净光合速率降低时胞间 CO_2 浓度和气孔导度也随之下降，表明其具有一定的光合午休现象。

本实验利用叶子飘的光合计算软件双曲线修正模型得到叉孢苏铁幼苗和成年株的表观量子效率(AQY)、最大净光合速率(P_{max})、光饱和点(LSP)、光补偿点(LCP)和暗呼吸速率(R_d)，其中 P_{max} 和 LSP 存在显著性差异，AQY、LCP 和 R_d 无显著性差异。P_{max} 和 LSP 能反映植物对 CO_2 和强光的利用能力，研究结果表明，叉孢苏铁幼苗和成年植株对 CO_2 和强光的利用能力存在显著性差异。

(2)结论

本研究以叉孢苏铁的幼苗和成年植株为实验材料，使用 Li-6400 便携式光合仪对其光响应曲线和日变化参数进行了测定。结果表明，叉孢苏铁成年植株的净光合速率显著大于幼苗，且成年植株存在光抑制现象；幼苗和成年株的最大净光合速率(P_{max})和光饱和点(LSP)存在显著性差异，而表观量子效率(AQY)、光补偿点(LCP)和暗呼吸速率(R_d)无显著性差异；叉孢苏铁幼苗的净光合速率(P_n)与胞间 CO_2 浓度(C_i)呈显著正相关，成年植株的气孔导度(G_s)与蒸腾速率(T_r)、光强(PAR)呈显著正相关。

3.1.6 贵州苏铁

3.1.6.1 材料与方法

(1)实验地概况

实验地位于广西植物研究所桂林植物园，地处桂北地区，年均气温 19.2℃，属于中亚热带季风气候，冬冷夏热。1月和7月分别为最冷月和最热月，平均气温为8.2℃和28.4℃。最高气温为40℃，最低气温为-5.5℃。

(2)方法

①光响应曲线的测定。选取长势最佳的贵州苏铁幼苗和成年植株，每种测量3株重复，以成熟叶片为实验材料，在晴朗天气的9:00~15:00，携带Li-6400便携式光合仪(Li-Cor，Lincoln，Nebraska，USA)测定贵州苏铁的光响应曲线参数。光响应曲线的参数测定采用内置红蓝光源，光合有效辐射(*PAR*)依次设置为1500μmol/(m^2·秒)、1200μmol/(m^2·秒)、1000μmol/(m^2·秒)、800μmol/(m^2·秒)、600μmol/(m^2·秒)、400μmol/(m^2·秒)、300μmol/(m^2·秒)、200μmol/(m^2·秒)、150μmol/(m^2·秒)、100μmol/(m^2·秒)、50μmol/(m^2·秒)、25μmol/(m^2·秒)、0μmol/(m^2·秒)，设置最大和最小等待时间分别为120秒和200秒，然后开始测定，由仪器自动记录数据。

②光合日变化的测定。选择晴朗天气，于8:00~17:00，利用Li-6400便携式光合仪的自然光叶室，测定不同时刻贵州苏铁的各项光合指标，测定参数包括净光合速率(P_n)、气孔导度(G_s)、蒸腾速率(T_r)和胞间CO_2浓度(C_i)等。每株选取同一叶位健康无病虫害的成熟叶，幼苗和成年植株各重复测3次，记录每次测定数据。

③数据处理。用Excel软件对光合曲线和日变化参数进行初步分析和整理，采用SPSS软件进行相关性分析。使用叶子飘的光合计算软件4.1.1非直角双曲线模型对光响应曲线进行拟合，并计算出表观量子效率(*AQY*)、最大净光合速率(P_{max})、光补偿点(*LCP*)和暗呼吸速率(R_d)等参数。使用Origin软件制作相关图表。

3.1.6.2 结果与分析

(1)幼苗与成年植株的光响应曲线比较

拟合后的贵州苏铁幼苗和成年植株叶片光响应曲线，如图3-14所示，拟合程度较好(幼苗R^2=0.9749，成年植株R^2=0.9662)。贵州苏铁幼苗和成年植株的变化趋势大致相似，当光合辐射处于0μmol/(m^2·秒)时，P_n值均小于0，反映出其在无光强时的呼吸作用。当*PAR*在0~200μmol/(m^2·秒)时，净光合速率陡然上升，几乎呈线性增加变化趋势；当*PAR*处于200~400μmol/(m^2·秒)时，随着*PAR*的增加，净光合速率的增长速度开始逐渐减慢；当*PAR*大于400μmol/(m^2·秒)时，随着*PAR*的增加，净光合速率基本稳定不变或少许升高。由图3-14可以看出，当*PAR*小于300μmol/(m^2·秒)时，幼苗的P_n值大于成年植株，当*PAR*大于300μmol/(m^2·秒)时，成年植株的P_n值大于幼苗，由此可以说明贵州苏铁幼苗在弱光条件下相较于成年植株有着更高的净光合速率。

根据光合计算软件计算得出贵州苏铁幼苗和成年植株的表观量子效率(*AQY*)、最大净光合速率(P_{max})、光补偿点(*LCP*)和暗呼吸速率(R_d)，其幼苗和成年植株的最大净光合速率分别为3.3699μmol/(m^2·秒)和3.8711μmol/(m^2·秒)，成年植株利用光能转化为有机物质的能力上限更高。贵州苏铁幼苗和成年植株的光补偿点分别为3.0663μmol/(m^2·秒)和4.6661μmol/(m^2·秒)，表观量子效率分别为0.0563mol/mol和0.0304mol/mol，结合光补偿点和表观量子效率可以看出贵州苏铁在幼苗时期有着更好的弱光利用能力。贵州苏铁幼苗和成年植株的暗呼吸速率分别为0.1643μmol/(m^2·秒)和0.1369μmol/(m^2·秒)，说明幼苗在光强较弱或无光强的条件下较成年植株消耗的有机物更多。

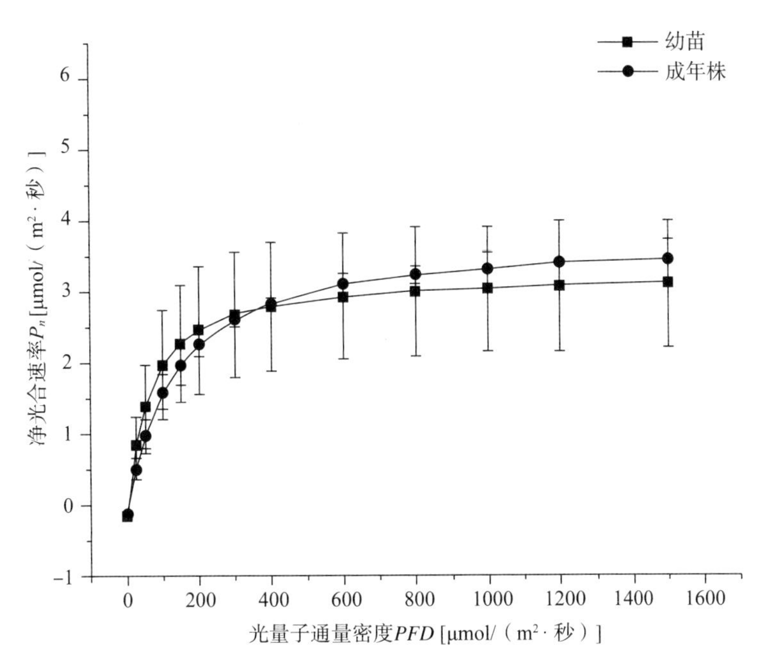

图 3-14　贵州苏铁幼苗和成年植株的光合响应曲线

(2)幼苗与成年植株的光合生理日变化特征分析

光合作用是植物生产能量与物质吸收利用的复杂过程，其日动态变化反映了植物自身遗传特征与对生境的适应能力(王力刚等，2021)。由图 3-15 可知，贵州苏铁幼苗净光合速率(P_n)日变化为单峰型，峰值出现在 13:00，P_n 值为 1.5602μmol/(m^2·秒)，而成年植株为双峰型，峰值出现在 11:30 和 14:30，P_n 值分别为 1.3359μmol/(m^2·秒)和 0.6214μmol/(m^2·秒)，结合气孔导度和蒸腾速率这两个生理指标的日变化趋势进行分析，其并没有光合午休现象。幼苗 P_n 值在 8:30~13:00 持续升高，13:00 达到峰值，13:00~16:00 开始持续降低，光合速率峰值和胞间 CO_2 浓度峰值都出现在 13:00，可见胞间 CO_2 浓度是影响光合速率的一个重要因素。成年植株 P_n 值在 8:30~11:30 呈上升趋势，11:30~13:00 急剧下降，13:00~14:30 回升，14:30~16:00 再次下降，在 13:00 出现谷值，表现出光合午休现象。

贵州苏铁幼苗胞间 CO_2 浓度(C_i)日变化峰值出现在 13:00，C_i 为 1135.2747μmol/mol，谷值出现在 14:30，C_i 为 51.5986μmol/mol，而成年植株 C_i 值在 8:30~13:00 变化幅度不大，13:00~16:00 呈显著上升趋势。贵州苏铁幼苗和成年植株的气孔导度(G_s)与蒸腾速率(T_r)日变化趋势基本一致，成年植株的 G_s 和 T_r 日变化呈双峰型，峰值分别出现在 10:00 和 14:30，而幼苗 G_s 和 T_r 日变化在 8:30~13:00 缓慢下降，13:00~16:00 再缓慢回升的趋势。

(3)幼苗与成年植株光合参数相关性分析

贵州苏铁幼苗和成年植株净光合速率(P_n)、气孔导度(G_s)、胞间 CO_2 浓度(C_i)、蒸腾速率(T_r)、光强(*PAR*)的皮尔逊相关性分析结果，见表 3-9。幼苗的分析结果表明：P_n 与 G_s、T_r 呈极显著负相关；与 C_i、*PAR* 呈极显著正相关；G_s 与 C_i 呈极显著负相关；与 T_r 呈极显著正相关；C_i 与 T_r 呈极显著负相关。成年植株的分析结果表明：P_n 与 C_i 呈显著正

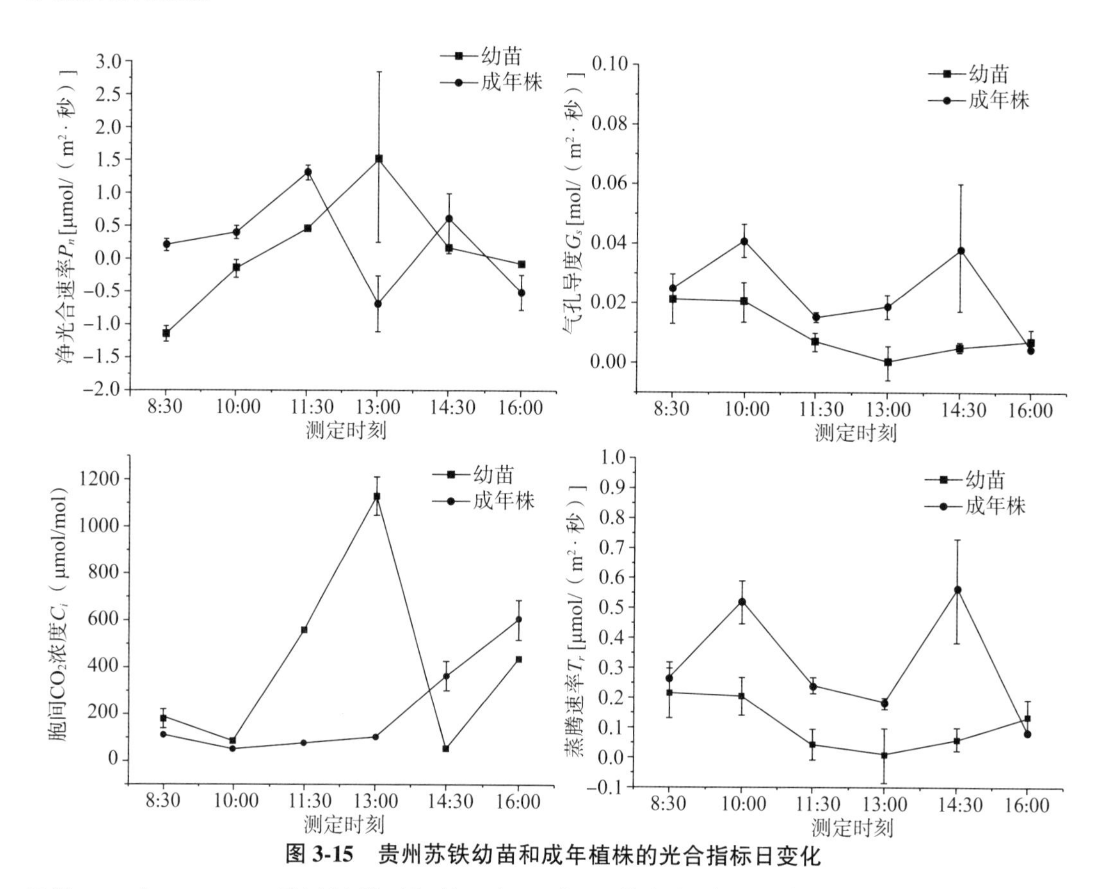

图 3-15　贵州苏铁幼苗和成年植株的光合指标日变化

相关；G_s 与 T_r、PAR 呈极显著正相关，与 C_i 极显著负相关；C_i 与 PAR 呈极显著负相关；T_r 与 PAR 呈极显著正相关。

综上所述，贵州苏铁幼苗净光合速率主要受气孔导度、胞间 CO_2 浓度、蒸腾速率和光强的影响，而成年植株的净光合速率主要受胞间 CO_2 浓度的影响。

表 3-9　贵州苏铁幼苗与成年株光响应特征参数相关性分析

种类		净光合速率 P_n	气孔导度 G_s	胞间 CO_2 浓度 C_i	蒸腾速率 T_r	光强 PAR
幼苗	P_n	1.00				
	G_s	−0.720**	1.00			
	C_i	0.868**	−0.764**	1.00		
	T_r	−0.786**	0.958**	−0.806**	1.00	
	PAR	0.457**	−0.007	0.133	−0.177	1.00
成年植株	P_n	1.00				
	G_s	0.164	1.00			
	C_i	−0.587*	−0.279**	1.00		
	T_r	0.174	0.927**	−0.211	1.00	
	PAR	0.05	0.403**	−0.423**	0.443**	1.00

注　* 表示 0.05 水平相关性显著；** 表示 0.01 水平相关性显著。

3.1.6.3 讨论与结论

(1)讨论

光合作用是指植物将光能转化为用于细胞生物合成的化学能的一系列过程(Gest, 1993)。光合速率可以直接反映植物光合作用的强弱，并可以决定植物光合能力的强弱。本研究中，通过贵州苏铁的光响应曲线可知幼苗和成年植株的净光合速率(P_n)日变化趋势大致相似，在弱光条件下幼苗的 P_n 值大于成年植株，结合表观量子效率可以看出幼苗的弱光利用能力更好。贵州苏铁幼苗相较于成年植株还有着更高的暗呼吸速率，说明在较弱或无光强的条件下幼苗消耗的有机物质更多，并且幼苗在弱光条件下有着更好的光合速率，这与其在幼苗阶段需要不断积累有机物质促进生长的特性相对应。贵州苏铁幼苗的净光合速率(P_n)日变化呈单峰型，而成年植株呈双峰型，成年植株存在一定的光合午休现象。

光响应特征参数相关性分析表明，贵州苏铁幼苗的日变化过程中，直接影响净光合速率的是气孔导度(G_s)、胞间 CO_2 浓度(C_i)、蒸腾速率(T_r)和光强(PAR)。成年植株的日变化过程中，直接影响净光合速率的是胞间 CO_2 浓度(C_i)。可见贵州苏铁在不同的生长时期，其他光响应特征参数对净光合速率的影响会发生改变。

(2)结论

本研究以贵州苏铁的幼苗和成年植株为实验材料，使用 Li-6400 便携式光合仪对其光响应曲线和日变化参数进行了测定。结果表明，贵州苏铁幼苗在弱光条件下净光合速率高于成年植株，而在强光下成年植株有着更高的光合速率。结合光补偿点(LCP)和暗呼吸速率(R_d)，贵州苏铁幼苗相较于成年植株在弱光阶段有着更好的光能利用转化能力。贵州苏铁幼苗的净光合速率日变化过程中，净光合速率(P_n)与胞间 CO_2 浓度(C_i)和光强(PAR)呈正极显著正相关，与气孔导度(G_s)和蒸腾速率(T_r)呈极显著负相关。成年植株的净光合速率日变化过程中，净光合速率仅与胞间 CO_2 浓度(C_i)存在显著负相关。

3.1.7 宽叶苏铁

3.1.7.1 材料与方法

(1)材料

供试材料种子于 2017 年 10 月采自广西防城港防城区那梭镇金花茶自然保护区(108°12′33″E, 21°46′16″N)，将采集后的宽叶苏铁种子除去外皮洗净晾干后置于遮光度为 75%的银杏林下进行沙藏备用，光合测定材料为 1 年生的宽叶苏铁种子苗叶片。

(2)实验地概况

实验在桂林市雁山区广西植物研究所濒危植物保护园内(110°18′01″E, 25°05′23″N)进行。桂林属中亚热带季风性气候区，年均气温 19.2℃，月平均气温高于 20℃的有 6~7 个月，年相对湿度为 78.0%，具有明显的干湿季。

(3)方法

①光合日变化测定。选择 9 月晴朗天气，8:30~18:30 期间，对宽叶苏铁 1 年生幼苗每 2 小时测量 1 次净光合速率(P_n)，日变化测量使用透明叶室，在完全自然光下测定，由于宽叶苏铁叶片较小，使用 2 片叶片叠加进行测定，当日环境中最大光照强度可达

2000μmol/(m^2·秒)，空气中 CO_2 浓度约 400 μmol/mol，最高温度约 34℃，最大湿度为 40%。

②光响应曲线测定。宽叶苏铁 1 年生种子幼苗光响应曲线采用 Li-6400 便携式光合仪 LED 红蓝光源叶室测定，测定时间为 09:00~12:00，选择每株叶片中段成熟、无病虫害的叶片。光强依次设置为 0μmol/(m^2·秒)、20μmol/(m^2·秒)、50μmol/(m^2·秒)、100μmol/(m^2·秒)、200μmol/(m^2·秒)、400μmol/(m^2·秒)、800μmol/(m^2·秒)、1000μmol/(m^2·秒)、1200μmol/(m^2·秒)、1400μmol/(m^2·秒)、1500μmol/(m^2·秒)，3 个重复结果取平均值。使用 CO_2 钢瓶控制 CO_2 浓度为 400μmol/(m^2·秒)，测量前将叶片置 1500μmol/(m^2·秒) 光强下进行诱导。

③数据处理。采用 Excel 软件对光合速率日变化和光响应曲线进行初步分析，采用 SPSS 软件进行显著性分析，采用光合计算软件中的直角双曲线修正模型对光响应曲线进行拟合(叶子飘，2010)。使用 Origin 软件进行相关图表制作。

3.1.7.2 结果分析

(1)幼苗光合生理日变化特征分析

在自然条件下，宽叶苏铁生长在低海拔山谷阔叶林下，主要受到散射光照的影响，光照强度往往达不到光饱和点水平。经研究发现，宽叶苏铁净光合速率 P_n 日变化呈现双峰曲线(图 3-16A)，结合蒸腾速率和气孔导度两个生理指标的日变化趋势进行分析，宽叶苏铁并没有光合“午休”现象。P_n 两个峰值出现在 10:30 和 14:30，分别为 1.73μmol/(m^2·秒)和 1.76μmol/(m^2·秒)；在 8:30~10:30，净光合速率随光照强度的增大而不断增加，在 10:30~12:30 由于受到强光抑制，净光合速率降低，12:30 后由于强光抑制解除，P_n 开始回升，14:30 时 P_n 再次达到峰值，此时 P_n 与 10:30 点出现的峰值有小幅度提升，14:30 后随着环境中的光合有效辐射开始降低，P_n 开始降低。

宽叶苏铁的气孔导度 G_s 日变化呈现单峰变化趋势(图 3-16B)，在 P_n 出现最小值 0.47μmol/(m^2·秒)时，G_s 并没有降低，此时 G_s 仍处于开放状态，说明发生光合抑制作用是由于非气孔因素引起的，主要是由于强光制导致叶片光合结构吸收光能过剩，引起光合功能的降低，造成 P_n 下降。在 14:30 时随着宽叶苏铁净光合速率再次出现峰值，此时气孔导度也到达最大值，随后气孔张开的程度逐渐减小，其 P_n 也逐渐降低，在 18:30 时为最低值，为-0.62μmol/(m^2·秒)，表明宽叶苏铁的 P_n 受叶片结构和气孔导度制约。

宽叶苏铁蒸腾速率 T_r 变化趋势与气孔导度日变化基本一致(图 3-16C)，呈现单峰变化趋势。早晨随时间的推进，大气温度的不断升高，宽叶苏铁叶片和大气水蒸气的气压亏缺不断地增大；叶片水分蒸腾的速率持续上升，造成叶片水势和叶片的水分利用率不断下降，最后导致叶片的光合作用能力降低。在 12:30 时叶片的蒸腾速率为 1.05mmol/(m^2·s)，基本达到峰值。T_r 升高，水分消耗加快，叶片对水分的利用效率降低导致叶片光合作用能力减弱；在 14:30 左右 T_r 达到峰值，其后开始降低。18:30 的 G_s 值和 T_r 值低于 8:30 的 G_s 值和 T_r 值，主要是因为 18:30 时的光照强度弱于早上 8:30 的光照强度，叶片的光合作用能力减弱，使其 G_s 和 T_r 降低。

宽叶苏铁的胞间 CO_2 碳浓度 C_i 变化趋势与净光合速率相反。在日变化过程中 C_i 呈现

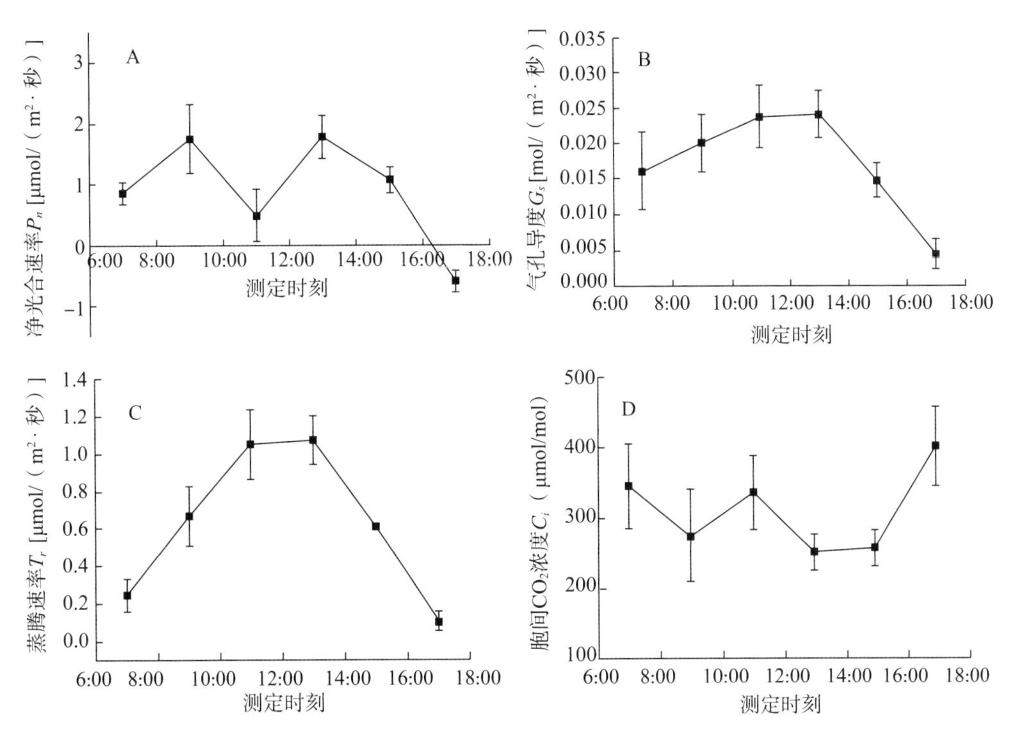

A：净光合速率日变化；B：气孔导度日变化；C：蒸腾速率日变化；D：胞间二氧化碳浓度日变化

图 3-16　光合指标的日变化

上升先上升后下降趋势（图 3-16D），10:30 进入细胞中的 CO_2 浓度升高，而其净光合速率并没有升高，再次说明上午净光合速率的降低的主要因素是非气孔限制因素造成。午后强光、高温及空气的相对湿度下降，为了避免水分的过度蒸发，气孔随之收缩，蒸腾速率的下降造成叶片内部结构温度上升，致使光合作用的暗反应中核酮糖二磷酸化羧酶活性下降，对 CO_2 的亲和力下降，净光合效率下降。

（2）环境因子与光合日变化指标的相关性分析

净光合速率 P_n、气孔导度 G_s、胞间二氧化碳浓度 C_i、蒸腾速率（T_r）与环境因子（大气中温度 T_a、空气中相对湿度 RH、光合有效辐射 PAR、大气中二氧化碳浓度（Ca）的相关性分析结果表明（表 3-10）：宽叶苏铁的P_n与光合指标 G_s、C_i、T_r 极显著性相关，与环境因子均无显著性相关；G_s 与光合指标 P_n、C_i、T_r 极显著性相关，与环境因子 PAR 显著性相关；C_i与光合指标 P_n、T_r 极显著性相关，与环境因子 PAR、Ca 显著性相关；T_r 与其他光合指标和环境因子均具有极显著性相关。由此可知，P_n 与 T_a、RH、PAR 及 Ca 等环境因子没有显著性相关，但与光合指标 G_s、C_i、T_r 具有极显著性相关，而光合指标 G_s、C_i、T_r 与不同环境因子具有显著性或极显著性相关，可见环境因子对宽叶苏铁光合作用的影响主要是通过影响其光合作用过程中的气孔导度、胞间二氧化碳浓度及蒸腾速率等从而影响其光合速率。

表 3-10　环境因子与光合日变化指标的相关性

指标	P_n	G_s	C_i	T_r	T_a	RH	PAR	Ca
P_n	1.00							

（续）

指标	P_n	G_s	C_i	T_r	T_a	RH	PAR	Ca
G_s	0.82**	1.00						
C_i	−0.76**	−0.73**	1.00					
T_r	0.66**	0.89**	−0.65**	1.00				
T_a	0.29	0.42	−0.45	0.76**	1.00			
RH	−0.14	−0.23	0.27	−0.62**	−0.96**	1.00		
PAR	0.34	0.53*	−0.55*	0.77**	0.87**	−0.69**	1.00	
Ca	−0.34	−0.45	−0.53*	−0.75**	−0.98**	0.92**	−0.85**	1.00

注　P_n：净光合速率；G_s：气孔导度；C_i：胞间二氧化碳浓度；T_r：蒸腾速率；T_a：叶片温度；RH：空气中相对湿度；PAR：光合有效辐射；Ca：大气中二氧化碳浓度；*：$P<0.05$；**：$P<0.01$

（3）光响应曲线

植物光合速率与光照强度之间的关系规律，可以通过测定其光响应曲线进行客观呈现（杜久军等，2018）。在温度和CO_2浓度稳定下测定宽叶苏铁叶片的光响应曲线，通过直角双曲线修正模型对宽叶苏铁光响应曲线进行拟合，拟合程度较好（$R^2=0.99$，图3-17）。当光合有效辐射在0~200μmol/（m^2·秒）范围内时，净光合速率（P_n）随着光合有效辐射（PAR）的增强而呈现线性增长；当光合有效辐射为200~600μmol/（m^2·秒）时，净光合速率增长速度减慢；当光合有效辐射大于600μmol/（m^2·秒）时，净光合速率缓慢增长最后趋于光饱和点。根据双曲线拟合模型得到宽叶苏铁的P_{max}、LSP、LCP、R_d及表观量子效率（apparent quantum yield，AQY）等相关生理参数，宽叶的最大光合速率（P_{max}）仅为3.56μmol/（m^2·秒），其最大净光合速率处于较低值，说明宽叶苏铁整体上利用光能制造有机物的能力较弱。光饱和点和光补偿点分别代表了植物对强光和弱光的利用能力，宽叶

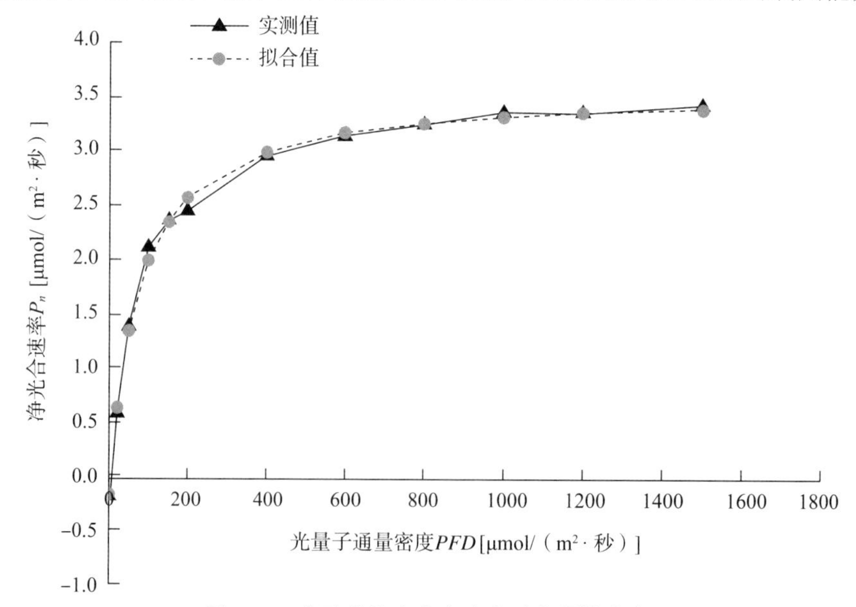

图3-17　宽叶苏铁净光合速率对光强的响应

苏铁的光饱和点为 1023.67μmol/(m² · 秒)、光补偿点(LCP)为 3.68μmol/(m² · 秒),具有较低的光补偿点和较高的光饱和点,属于中生植物。

AQY 为表观量子效率,反映植物在弱光阶段对光能的转化利用能力,宽叶苏铁的 AQY 仅为 0.02,低于大部分植物的表观量子效率(滕文军等,2019;王冉等,2010),其利用弱光能力较差。R_d 为暗呼吸速率,宽叶苏铁的 R_d 为 0.18μmol/(m² · 秒),R_d 较低,说明宽叶苏铁幼苗暗呼吸速率较小,有机物代谢效率高,这与其在幼苗阶段需要不断积累有机物促进生长的特性相对应。综上可知,宽叶苏铁最大净光合速率和光补偿点较低、但光饱和点高,可见其利用弱光的能力较差,能利用部分强光。因此在进行引种栽培时需要选择具有一定光照强度的生境以利于其生长。

3.1.7.3 讨论与结论

本研究中将宽叶苏铁进行引种栽培后发现,宽叶苏铁 2 年生幼苗的株高、球茎及冠幅显著高于 1 年生幼苗,说明宽叶苏铁幼苗的生长环境适宜、生长情况良好,引种栽培地水热环境等能满足宽叶苏铁的生长需求。

自然条件下,光合日变化曲线反映了各参数的生理生态节律以及植物对环境变化的不同适应特性。宽叶苏铁的净光合速率(P_n)日变化为双峰曲线,但在净光合速率降低时气孔导度和胞间 CO_2 浓度并没有随之下降,表明其不具明显的光合"午休现象",净光合速率第一个峰值出现的原因是午后太阳辐射强度大,宽叶苏铁幼苗出现光抑制现象导致的净光合速率降低,第二个峰值出现的原因是 14:30 后气孔关闭,气孔导度减小,使其净光合速率降低。

净光合速率等生理指标和环境温度等环境因子的简单相关性表明,在宽叶苏铁的日变化过程中,直接影响其净光合速率的是气孔导度、胞间 CO_2 浓度和蒸腾速率,其中胞间 CO_2 浓度对净光合速率有抑制作用。日变化过程中的环境因子虽然不直接影响植物的净光合速率,但通过影响胞间 CO_2 浓度、气孔导度和蒸腾速率等影响植物的光合作用能力,从而使宽叶苏铁的净光合速率升高或降低,研究结果与加拿大糖槭等相似(李静等,2013)。

光照强度是影响植物生长和存活的主要环境因素,不同的光照强度中叶片中光合作用的能力与 CO_2 强度和植物本身的生物化学特性有关,同时光照强度的改变对植物的开花形态建成具有重要意义(柴胜丰等,2012;Bos et al.,2000)。植物叶片的光饱和点与光补偿点反映了植物对光照强度的要求(罗鸣等,2019)。宽叶苏铁的光饱和点和光补偿点表明其最适光照强度范围为 3.68~1023.67μmol/(m² · 秒),具有明显的中生植物特征。光响应曲线结果中宽叶苏铁的最大净光合速率为 3.56μmol/(m² · 秒),光合作用能力较弱,主要是其所处的环境中光照为散射光,长期达不到其对光照强度的需求导致的,这与宽叶苏铁的原生境条件相吻合。宽叶苏铁仅分布于宽叶南坡及沟谷两旁斜坡的乔木林下,上层林冠郁闭度很高,全天光照强度很低。因此,选择具有一定植被覆盖的路边或在具有一定阳光直射的林中栽培,是宽叶苏铁进行引种栽培和迁地保护过程中必须重视的环节。

3.1.8 长叶苏铁

3.1.8.1 材料与方法

(1)实验地概况

实验地位于广西植物研究所桂林植物园,地处桂北地区,年均气温 19.2℃,属于中亚热带季风气候，冬冷夏热。1 月和 7 月分别为最冷月和最热月，平均气温为 8.2℃ 和 28.4℃。最高气温为 40℃，最低气温为-5.5℃。

(2)方法

①光响应曲线的测定。选取长势最佳的长叶苏铁植株，每种测量 3 株重复，以成熟叶片为实验材料，在晴朗天气的 9:00~15:00，携带 Li-6400 便携式光合仪(Li-Cor, Lincoln, Nebraska, USA)测定长叶苏铁的光响应曲线参数。光响应曲线的参数测定采用内置红蓝光源，光合有效辐射(*PAR*)依次设置为 1500μmol/(m^2 · 秒)、1200μmol/(m^2 · 秒)、1000μmol/(m^2 · 秒)、800μmol/(m^2 · 秒)、600μmol/(m^2 · 秒)、400μmol/(m^2 · 秒)、300μmol/(m^2 · 秒)、200μmol/(m^2 · 秒)、150μmol/(m^2 · 秒)、100μmol/(m^2 · 秒)、50μmol/(m^2 · 秒)、25μmol/(m^2 · 秒)、0μmol/(m^2 · 秒)，设置最大和最小等待时间分别为 120 秒和 200 秒，然后开始测定，由仪器自动记录数据。

②光合日变化的测定。选择晴朗天气，于 8:00~17:00，利用 Li-6400 便携式光合仪的自然光叶室，测定不同时刻长叶苏铁的各项光合指标，测定参数包括净光合速率(P_n)、气孔导度(G_s)、蒸腾速率(T_r)和胞间 CO_2 浓度(C_i)等。每株选取同一叶位健康无病虫害的成熟叶，每一植株各重复测 3 次，记录每次测定数据。

③数据处理。用 Excel 软件对光合曲线和日变化参数进行初步分析和整理，采用 SPSS 软件进行相关性分析。使用叶子飘的光合计算软件 4.1.1 双曲线修正模型对光响应曲线进行拟合，并计算出表观量子效率(*AQY*)、最大净光合速率(P_{max})、光饱和点(*LSP*)、光补偿点(*LCP*)和暗呼吸速率(R_d)等参数。使用 Origin 软件制作相关图表。

3.1.8.2 结果与分析

(1)光响应曲线

拟合后的长叶苏铁叶片光响应曲线，如图 3-18 所示。当光强为 0μmol/(m^2 · 秒)时，

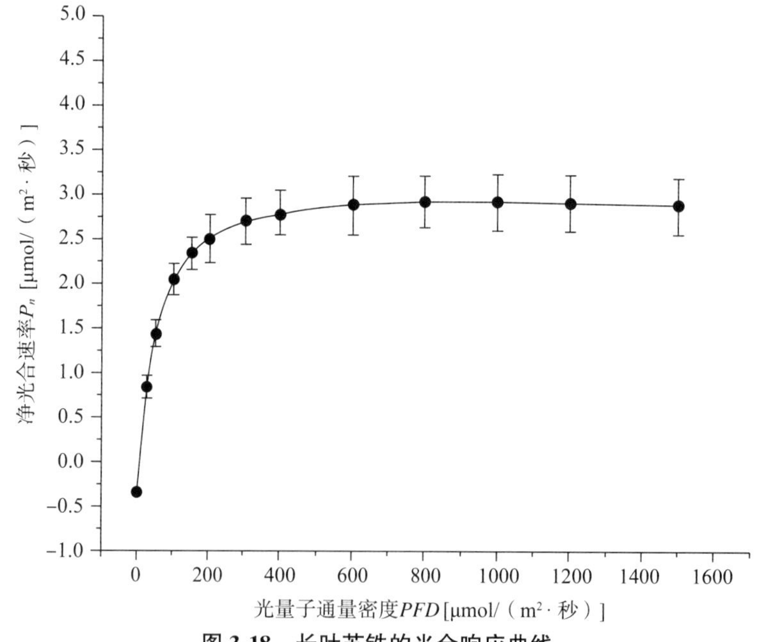

图 3-18　长叶苏铁的光合响应曲线

长叶苏铁的 P_n 值小于 0，反映出其在无光强时的呼吸作用。当 PAR 在 0～200μmol/(m² · 秒)时，净光合速率陡然上升，几乎呈线性增加；在 PAR 为 200～600μmol/(m² · 秒)时，净光合速率增长速度减慢，超过 600μmol/(m² · 秒)后，净光合速率基本稳定不变。

(2)光响应特征参数

利用拟合方程计算出长叶苏铁的表观量子效率(AQY)、最大净光合速率(P_{max})、光饱和点(LSP)、光补偿点(LCP)和暗呼吸速率(R_d)(表 3-11)。

表 3-11　长叶苏铁光响应参数

种类	表观量子效率 AQY (mol/mol)	最大净光合速率 P_{max} [μmol/(m² · 秒)]	光饱和点 LSP [μmol/(m² · 秒)]	光补偿点 LCP [μmol/(m² · 秒)]	暗呼吸速率 R_d [μmol/(m² · 秒)]
长叶苏铁	0. 0736±0. 0045	2. 9243±0. 3060	1100. 7287±283. 8898	5. 7364±0. 9359	0. 3743±0. 0361

(3)日变化参数

光合作用是植物重要的生理生化过程，通过对植物净光合速率、胞间 CO_2 浓度、气孔导度及蒸腾速率等光合参数的研究，可以了解在光合作用中植物利用光能的能力及对环境的适应性(许红娟等，2018)。由图 3-19 可知，长叶苏铁的净光合速率(P_n)日变化呈单峰型，峰值出现在 11:30，不存在光合午休现象。气孔导度(G_s)和蒸腾速率(T_r)的日变化趋势呈上午高下午低的趋势。胞间 CO_2 浓度呈先降低后升高的趋势，谷值出现在 11:30。

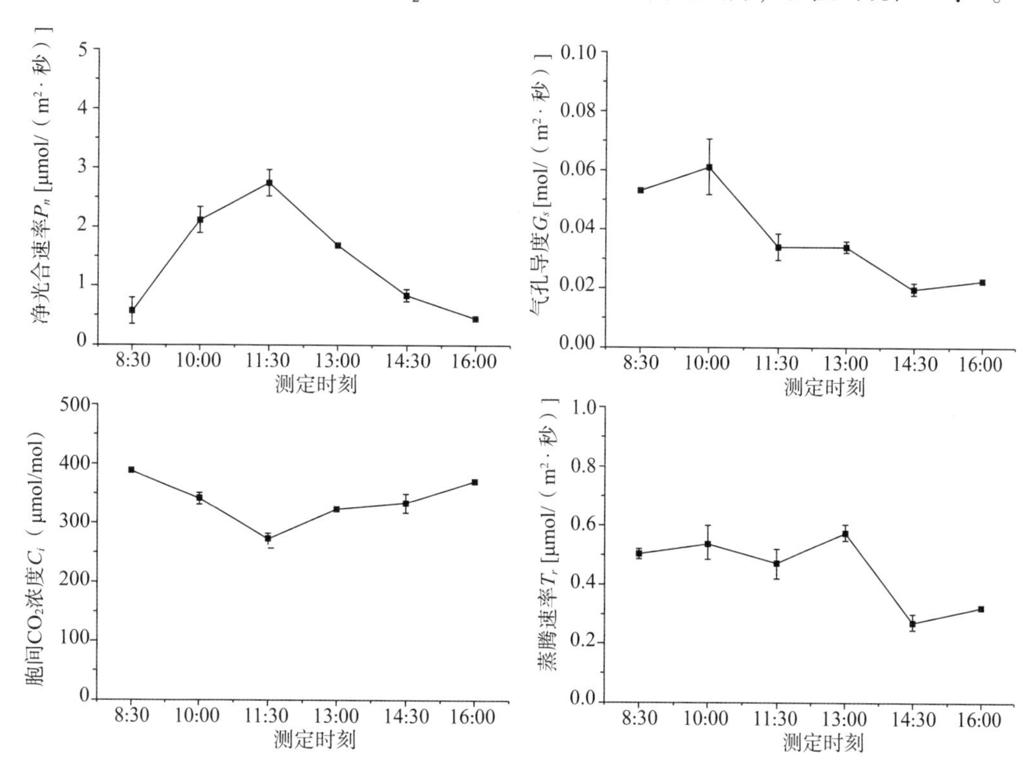

图 3-19　长叶苏铁的光合指标日变化

(4)光合参数相关性分析

长叶苏铁净光合速率(P_n)、气孔导度(G_s)、胞间 CO_2 浓度(C_i)、蒸腾速率(T_r)、光强(PAR)的皮尔逊相关性分析结果，见表 3-12。分析结果表明：P_n 与 G_s、C_i、T_r 和 PAR 存在极显著性相关；G_s 与 T_r、PAR 存在极显著性相关，与 C_i 存在显著性相关；C_i 与 PAR 存在极显著性相关；T_r 与 PAR 存在极显著性相关。

表 3-12　长叶苏铁光响应特征参数相关性分析

种类		净光合速率 P_n	气孔导度 G_s	胞间 CO_2 浓度 C_i	蒸腾速率 T_r	光强 PAR
幼苗	P_n	1.00				
	G_s	0.302**	1.00			
	C_i	-0.831**	0.237*	1.00		
	T_r	0.523**	0.802**	-0.070	1.00	
	PAR	0.866**	0.601**	-0.519**	0.610**	1.00

注　* 表示 0.05 水平相关性显著；** 表示 0.01 水平相关性显著。

3.1.8.3　讨论与结论

光合作用是植物将太阳能转化为化学能的过程，是植物体内唯一的碳素来源，也是植物生长发育的基础(安文明等，2012)。研究者可以依据植物的光合特性快速了解植物的生长和生理特性，且可以通过光合参数的变化明确植物对生态环境的适应性(纵丹等，2022)。本研究对长叶苏铁的光响应曲线和光合日变化进行测定，以了解长叶苏铁的光合生理特性。

对长叶苏铁光响应曲线的拟合，得出表观量子效率(AQY)、最大净光合速率(P_{max})、光饱和点(LSP)、光补偿点(LCP)和暗呼吸速率(R_d)。长叶苏铁的表观量子效率高于大部分植物，表明其在弱光条件下对光能的利用能力较强，而最大净光合速率、光补偿点、光饱和点和暗呼吸速率低于绝大部分植物，表明其的光合潜力较差，在无光强的条件下消耗的有机物质较少。通过光响应特征参数相关性分析可以看出，长叶苏铁日变化过程中，直接影响光合速率的是气孔导度(G_s)、胞间 CO_2 浓度(C_i)、蒸腾速率(T_r)和光强(PAR)，均存在极显著相关。

3.1.9　台湾苏铁

3.1.9.1　材料与方法

(1)实验地概况

实验地位于广西植物研究所桂林植物园，地处桂北地区，年均气温 19.2℃，属于中亚热带季风气候，冬冷夏热。1 月和 7 月分别为最冷月和最热月，平均气温为 8.2℃和 28.4℃。最高气温为 40℃，最低气温为-5.5℃。

(2)方法

①光响应曲线的测定。选取长势最佳的台湾苏铁幼苗和成年植株，每种测量 3 株重复，以成熟叶片为实验材料，在晴朗天气的 9:00~15:00，携带 Li-6400 便携式光合仪(Li-Cor，Lincoln，Nebraska，USA)测定台湾苏铁的光响应曲线参数。光响应曲线的参数测定采用内置红蓝光源，光合有效辐射(PAR)依次设置为 1500μmol/(m^2·秒)、

1200μmol/(m^2·秒)、1000μmol/(m^2·秒)、800μmol/(m^2·秒)、600μmol/(m^2·秒)、400μmol/(m^2·秒)、300μmol/(m^2·秒)、200μmol/(m^2·秒)、150μmol/(m^2·秒)、100μmol/(m^2·秒)、50μmol/(m^2·秒)、25μmol/(m^2·秒)、0μmol/(m^2·秒)，设置最大和最小等待时间分别为 120 秒和 200 秒，然后开始测定，由仪器自动记录数据。

②光合日变化的测定。选择晴朗天气，于 8:00~17:00，利用 Li-6400 便携式光合仪的自然光叶室，测定不同时刻下台湾苏铁的各项光合指标，测定参数包括净光合速率(P_n)、气孔导度(G_s)、蒸腾速率(T_r)和胞间 CO_2 浓度(C_i)等。每株选取同一叶位健康无病虫害的成熟叶，幼苗和成年植株各重复测 3 次，记录每次测定数据。

③数据处理。用 Excel 软件对光合曲线和日变化参数进行初步分析和整理，采用 SPSS 软件进行相关性分析。使用叶子飘的光合计算软件 4.1.1 双曲线修正模型对光响应曲线进行拟合，并计算出表观量子效率(*AQY*)、最大净光合速率(P_{max})、光饱和点(*LSP*)、光补偿点(*LCP*)和暗呼吸速率(R_d)等参数。使用 Origin 软件制作相关图表。

3.1.9.2 结果与分析

(1)幼苗与成年植株的光响应曲线比较

拟合后的台湾苏铁幼苗和成年植株叶片光响应曲线，如图 3-20 所示，台湾苏铁幼苗和成年植株的光响应曲线变化趋势有较大的差异。当光强为 0μmol/(m^2·秒)时，幼苗和成年植株的 P_n 值均小于 0，反映出其在无光强时的呼吸作用。当 *PAR* 在 0~200μmol/(m^2·秒)时，净光合速率几乎呈线性变化趋势上升；幼苗在 *PAR* 为 200~400μmol/(m^2·秒)时，净光合速率增长速度逐渐减慢；成年植株在 *PAR* 为 200~600μmol/(m^2·秒)时，净光合速率增长速度逐渐减慢；幼苗 *PAR* 在 400~1500μmol/(m^2·秒)时，净光合速率出现较大的下降趋势；成年植株在 *PAR* 为 600~1500μmol/(m^2·秒)时，净光合速率有少许下降趋势。综上所述，成年植株有着更高的净光合速率，幼苗和成年植株在强光下都存在不同程度的光抑制现象，幼苗对强光的反应更为敏感。

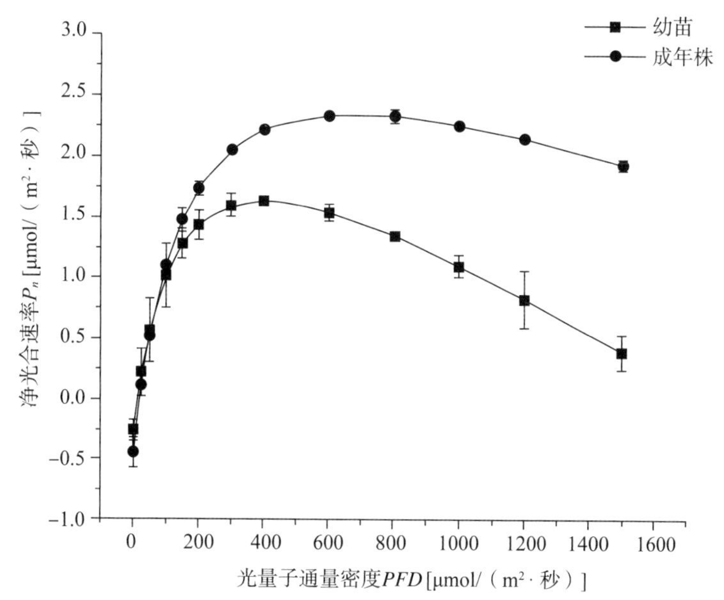

图 3-20 台湾苏铁幼苗和成年植株的光合响应曲线

(2)光响应特征参数的比较

利用拟合方程计算出台湾苏铁幼苗和成年植株的表观量子效率(*AQY*)、最大净光合速率(P_{max})、光饱和点(*LSP*)、光补偿点(*LCP*)和暗呼吸速率(R_d)。由表3-13可知，仅最大净光合速率(P_{max})存在显著性差异($P<0.05$)。成年植株有着更高的最大净光合速率，说明其利用光能转化为有机物质的能力上限更高。幼苗和成年植株都有着较低的表观量子效率，且比较接近，分别为0.0231mol/mol和0.0256mol/mol，光补偿点分别为12.7588μmol/(m^2·秒)和19.6346μmol/(m^2·秒)，结合光补偿点和表观量子效率可以看出台湾苏铁在幼苗时期有着更好的弱光利用能力。台湾苏铁幼苗和成年植株的暗呼吸速率分别为0.2678μmol/(m^2·秒)和0.4459μmol/(m^2·秒)，成年植株的暗呼吸速率高于幼苗，说明成年植株在光强较弱或无光强的条件下较幼苗消耗的有机物更多。

表3-13　台湾苏铁幼苗与成年株光响应参数比较

种类	表观量子效率 *AQY* (mol/mol)	最大净光合速率 P_{max} [μmol/(m^2·秒)]	光饱和点 *LSP* [μmol/(m^2·秒)]	光补偿点 *LCP* [μmol/(m^2·秒)]	暗呼吸速率 R_d [μmol/(m^2·秒)]
幼苗	0.0231±0.0072a	1.6249±0.0369a	397.1406±79.0826a	12.7588±8.0935a	0.2678±0.0811a
成年株	0.0256±0.0033a	2.3447±0.0121b	671.301±28.7216a	19.6346±2.0556a	0.4459±0.0917a

注　同行不同字母表示差异显著($P<0.05$)。

(3)幼苗与成年植株日变化参数比较

光合作用是植物生产能量与物质吸收利用的复杂过程，其日动态变化反映了植物自身遗传特征与对生境的适应能力。由图3-21可知，台湾苏铁幼苗和成年植株的净光合速率

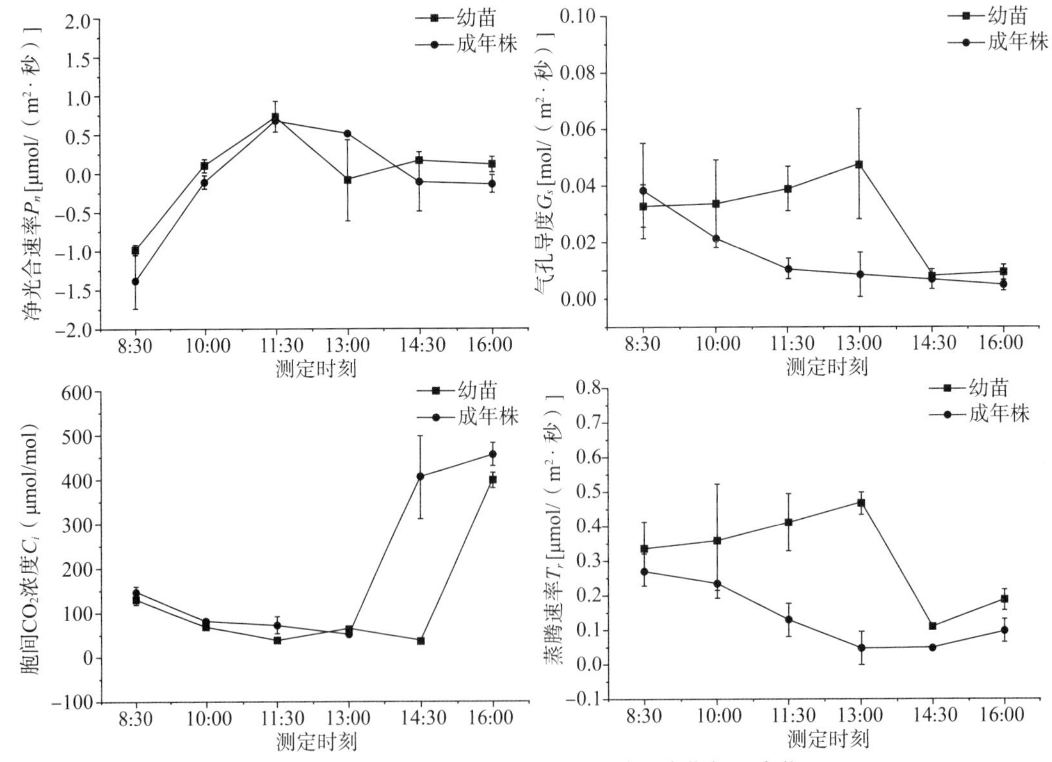

图3-21　台湾苏铁幼苗和成年植株的光合指标日变化

(P_n)日变化趋势较为相似，在 8:30~10:00 净光合速率都小于 0，反映出其在这个时间段的呼吸作用。幼苗和成年植株的 P_n 日变化呈急剧上升的趋势，11:30 达到一天中的最大值；成年植株在 11:30~14:30，P_n 值呈下降趋势，14:30~16:00 趋于平稳；幼苗在 11:30~13:00 呈下降趋势，13:00~16:00 少许回升后趋于平稳。

台湾苏铁成年植株胞间 CO_2 浓度日变化在 8:30~13:00 呈缓慢下降趋势，13:00~14:30 急剧升高，14:30~16:00 上升速度减缓；幼苗的胞间 CO_2 浓度日变化在 8:30~14:30 一直处于 50~150μmol/mol，14:30~16:00 开始急剧上升。台湾苏铁幼苗和成年植株的气孔导度(G_s)和蒸腾速率(T_r)日变化趋势基本一致，幼苗在 8:30~13:30 呈缓慢上升的趋势，13:00~14:30 开始急剧下降，14:30~16:00 少许回升。成年植株的 G_s 和 T_r 日变化在 8:30~13:00 下降较快，13:00~16:00 下降速度开始减缓，蒸腾速率有少许回升。

(4)幼苗与成年植株光合参数相关性分析

台湾苏铁幼苗和成年植株净光合速率(P_n)、气孔导度(G_s)、胞间 CO_2 浓度(C_i)、蒸腾速率(T_r)、光强(PAR)的皮尔逊相关性分析结果，见表 3-14。其中幼苗的分析结果表明：P_n 与 PAR 存在极显著性相关：G_s 与 C_i、T_r、PAR 存在极显著性相关；C_i 与 PAR 存在极显著性相关；T_r 与 PAR 存在极显著性相关。成年植株的分析结果表明：P_n 与 G_s、T_r 存在极显著性相关，与 PAR 存在显著性相关；G_s 与 T_r 存在极显著性相关，与 C_i 存在显著性相关；C_i 与 T_r、PAR 存在极显著性相关；T_r 与 PAR 存在极显著性相关。

表 3-14　台湾苏铁幼苗与成年株光响应特征参数相关性分析

种类		净光合速率 P_n	气孔导度 G_s	胞间 CO_2 浓度 C_i	蒸腾速率 T_r	光强 PAR
幼苗	P_n	1.00				
	G_s	0.042	1.00			
	C_i	−0.149	−0.425**	1.00		
	T_r	0.152	0.598**	−0.194	1.00	
	PAR	0.347**	0.619**	−0.484**	0.730**	1.00
成年植株	P_n	1.00				
	G_s	−0.752**	1.00			
	C_i	−0.237	−0.324*	1.00		
	T_r	−0.653**	0.869**	−0.341**	1.00	
	PAR	0.311*	0.193	−0.676**	0.399**	1.00

注　*表示 0.05 水平相关性显著；**表示 0.01 水平相关性显著。

3.1.9.3　讨论与结论

(1)讨论

光合作用是植物最重要的生理代谢活动，是植物生产力形成机制的关键环节，对植物的栽培、生产及应用起着至关重要的作用。本研究中，通过光响应曲线可知不同光强下台湾苏铁成年植株的净光合速率显著高于幼苗，低于常见的 C_3 植物(冯巧等，2014)，表明台湾苏铁适合培育在荫蔽的环境下。幼苗和成年植株的表观量子效率(AQY)、最大净光合速率(P_{max})、光饱和点(LSP)、光补偿点(LCP)和暗呼吸速率(R_d)，仅最大净光合速率(P_{max})存在显著性差异。当植物达到光饱和点后，P_n 值会出现下降，这是由于植物随光强的增大出现光抑制现象。本研究中发现台湾苏铁成年植株相较于幼苗有着更高的光饱和点和最大净光合速率，而幼苗对强光更为敏感。因此，在选择栽培环境的时候，幼苗应栽培在荫蔽的林阴下，长成大苗后可以将其移植到光照较好的环境中。

通过光响应特征参数相关性分析可以看出，台湾苏铁幼苗日变化过程中，直接影响光合速率的是光强(PAR)，与 P_n 呈极显著正相关；成年植株的日变化过程中，直接影响光合速率的是气孔导度(G_s)、蒸腾速率(T_r)和光强(PAR)，其中 G_s、T_r 与 P_n 呈极显著负相关，PAR 与 P_n 呈显著正相关。台湾苏铁幼苗和成年植株的光响应特征参数相关性比较存在差异，表明同种植物在不同生长时期，影响净光合速率的光响应特征参数会发生改变。

(2)结论

本研究以台湾苏铁的幼苗和成年植株为实验材料，使用 Li-6400 便携式光合仪对其光响应曲线和日变化参数进行了测定。结果表明，台湾苏铁幼苗和成年植株的光响应曲线存在差异，都存在光抑制现象，幼苗的光抑制现象更为严重，成年植株的光饱和点和最大净光合速率更高，成年植株利用光能制造有机物的上限更高。相关性分析中，台湾苏铁幼苗的净光合速率(P_n)与光强(PAR)呈极显著正相关。成年植株的净光合速率(P_n)与气孔导度(G_s)、蒸腾速率(T_r)呈极显著负相关，与光强(PAR)呈显著正相关。在当下，生态环境破坏严重，适宜苏铁类植物的生境越来越少的背景下，苏铁培育是保护苏铁类植物的重要途径。本研究可为台湾苏铁引种栽培及保护提供参考。

3.1.10 四川苏铁

3.1.10.1 材料与方法

(1)实验地概况

实验地位于广西植物研究所桂林植物园，地处桂北地区，年均气温 19.2℃，属于中亚热带季风气候，冬冷夏热。1 月和 7 月分别为最冷月和最热月，平均气温为 8.2℃ 和 28.4℃。最高气温为 40℃，最低气温为-5.5℃。

(2)方法

①光响应曲线的测定。选取长势最佳的四川苏铁植株，每种测量 3 株重复，以成熟叶片为实验材料，在晴朗天气的 9:00~15:00，携带 Li-6400 便携式光合仪(Li-Cor, Lincoln, Nebraska, USA)测定四川苏铁的光响应曲线参数。光响应曲线的参数测定采用内置红蓝光源，光合有效辐射(PAR)依次设置为 1500μmol/(m^2·秒)、1200μmol/(m^2·秒)、1000μmol/(m^2·秒)、800μmol/(m^2·秒)、600μmol/(m^2·秒)、400μmol/(m^2·秒)、300μmol/(m^2·秒)、200μmol/(m^2·秒)、150μmol/(m^2·秒)、100μmol/(m^2·秒)、50μmol/(m^2·秒)、25μmol/(m^2·秒)、0μmol/(m^2·秒)，设置最大和最小等待时间分别为 120 秒和 200 秒，然后开始测定，由仪器自动记录数据。

②光合日变化的测定。选择晴朗天气，于 8:00~17:00，利用 Li-6400 便携式光合仪的自然光叶室，测定不同时刻下四川苏铁的各项光合指标，测定参数包括净光合速率(P_n)、气孔导度(G_s)、蒸腾速率(T_r)和胞间 CO_2 浓度(C_i)等。每株选取同一叶位健康无

病虫害的成熟叶，每一植株各重复测 3 次，记录每次测定数据。

③数据处理。用 Excel 软件对光合曲线和日变化参数进行初步分析和整理，采用 SPSS 软件进行相关性分析。使用叶子飘的光合计算软件 4. 1. 1 双曲线修正模型对光响应曲线进行拟合，并计算出表观量子效率(*AQY*)、最大净光合速率(P_{max})、光饱和点(*LSP*)、光补偿点(*LCP*)和暗呼吸速率(R_d)等参数。使用 Origin 软件制作相关图表。

3. 1. 10. 2　结果与分析

(1)光响应曲线

拟合后的四川苏铁叶片光响应曲线，如图 3-22 所示。当光强为 0μmol/(m^2·秒)时，四川苏铁的 P_n 值小于 0，反映出其在无光强时的呼吸作用。当 *PAR* 在 0~200μmol/(m^2·秒)时，净光合速率陡然上升，几乎呈线性增加；在 *PAR* 为 200~800μmol/(m^2·秒)时，净光合速率增长速度减慢；超过 800μmol/(m^2·秒)后，净光合速率基本稳定不变。

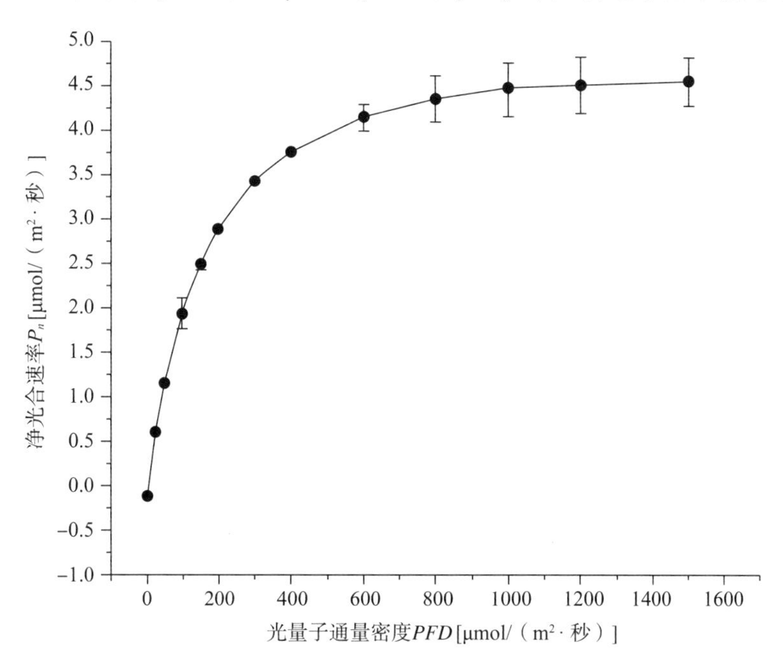

图 3-22　四川苏铁的光合响应曲线

(2)光响应特征参数

利用拟合方程计算出四川苏铁的表观量子效率(*AQY*)、最大净光合速率(P_{max})、光饱和点(*LSP*)、光补偿点(*LCP*)和暗呼吸速率(R_d)(表 3-15)。

表 3-15　四川苏铁光响应参数

种类	表观量子效率 *AQY* (mol/mol)	最大净光合速率 P_{max} [μmol/(m^2·秒)]	光饱和点 *LSP* [μmol/(m^2·秒)]	光补偿点 *LCP* [μmol/(m^2·秒)]	暗呼吸速率 R_d [μmol/(m^2·秒)]
四川苏铁	0. 0329±0. 0068	4. 4939±0. 3011	1459. 2858±25. 2995	3. 4691±2. 0713	0. 1236±0. 0872

(3)日变化参数

光合作用是植物重要的生理生化过程，通过对植物净光合速率、胞间 CO_2 浓度、气孔导度及蒸腾速率等光合参数的研究，可以了解在光合作用中植物利用光能的能力及对环境的适应性。由图 3-23 可知，四川苏铁的净光合速率(P_n)日变化呈单峰型，峰值出现在 11:30，不存在光合午休现象。气孔导度(G_s)和蒸腾速率(T_r)的日变化趋势一致，呈双峰型，峰值出现在 10:00 和 14:30。胞间 CO_2 浓度呈先降低后升高的趋势，谷值出现在 13:00。

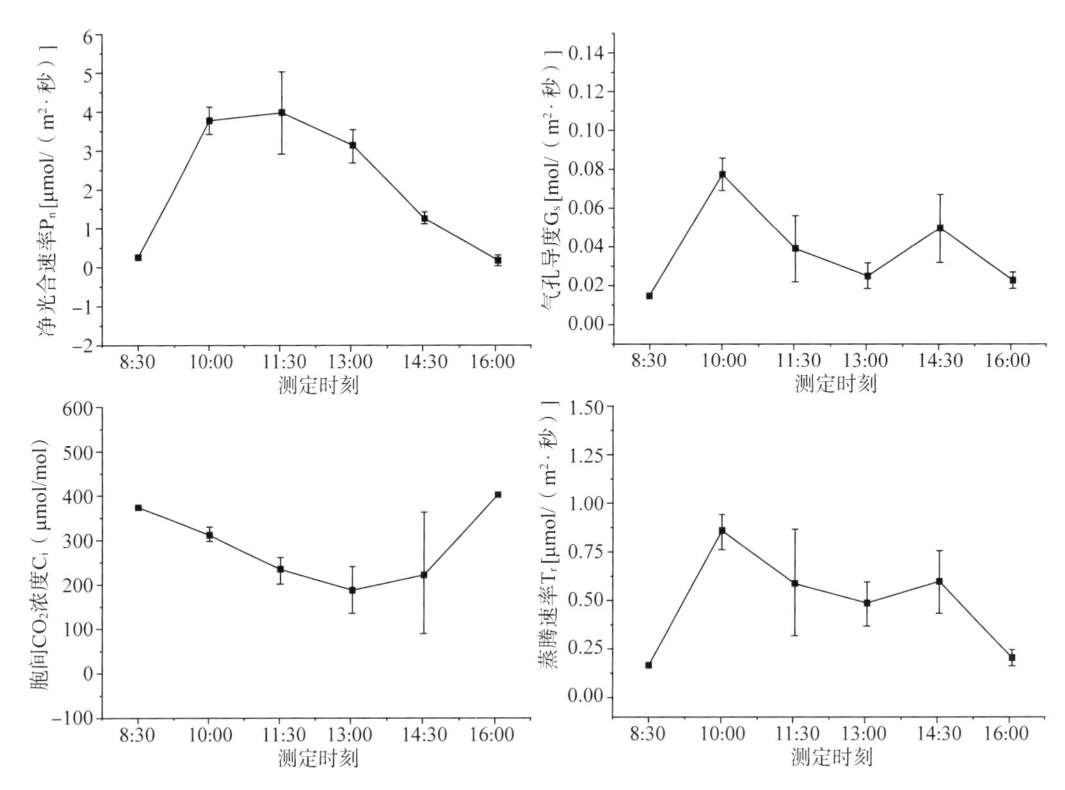

图 3-23　四川苏铁的光合指标日变化

(4)光合参数相关性分析

四川苏铁净光合速率(P_n)、气孔导度(G_s)、胞间 CO_2 浓度(C_i)、蒸腾速率(T_r)、光强(*PAR*)的皮尔逊相关性分析结果，见表 3-16。分析结果表明：P_n 与 G_s、C_i、T_r 和 *PAR* 存在极显著性相关；G_s 与 C_i、T_r 存在极显著性相关；C_i 与 *PAR* 存在极显著性相关；T_r 与 *PAR* 存在显著性相关。

表 3-16　四川苏铁光响应特征参数相关性分析

种类		净光合速率 P_n	气孔导度 G_s	胞间 CO_2 浓度 C_i	蒸腾速率 T_r	光强 *PAR*
幼苗	P_n	1.00				
	G_s	0.378**	1.00			
	C_i	-0.473**	0.305**	1.00		
	T_r	0.524**	0.966**	0.159	1.00	
	PAR	0.701**	0.009	-0.470**	0.232*	1.00

注　*表示 0.05 水平相关性显著；**表示 0.01 水平相关性显著。

3.1.10.3 讨论与结论

光合作用是植物最重要的生理代谢活动，是植物生产力形成机制的关键环节，对植物的栽培、生产及应用起着至关重要的作用。本研究对四川苏铁的光响应曲线和光合日变化进行测定，以了解四川苏铁的光合生理特性。对四川苏铁光响应曲线的拟合，得出表观量子效率(*AQY*)、最大净光合速率(P_{max})、光饱和点(*LSP*)、光补偿点(*LCP*)和暗呼吸速率(R_d)。暗呼吸速率、光补偿点和最大净光合速率低于绝大部分植物，表明四川苏铁在无光条件下消耗的有机物质较少，对弱光的利用能力较强，光合产物的合成能力较弱。通过光响应特征参数相关性分析可以看出，四川苏铁日变化过程中，直接影响光合速率的是气孔导度(G_s)、胞间 CO_2 浓度(C_i)、蒸腾速率(T_r)和光强(*PAR*)，均存在极显著相关。

3.2 苏铁属花粉萌发及保存条件研究

3.2.1 材料与方法

3.2.1.1 材料来源

实验材料为德保苏铁、叉叶苏铁、元江苏铁和越南篦齿苏铁的花粉，于在深圳市仙湖植物园国家苏铁种质资源保护中心收集。

3.2.1.2 花粉生活力检测

本实验采用悬浮培养方法来摸索苏铁花粉的最适萌发条件，培养液成分为蔗糖和硼酸，配制的蔗糖浓度分别为 0%、1%、2.5%、5%、10%、15%、20%，硼酸浓度分别为 0mg/L、50mg/L、100mg/L、500mg/L、1000mg/L，pH 值分别为：5.5、6.0、6.5、7.0、7.5。将配好的培养液用玻棒蘸取滴到有凹槽的载玻片上，用牙签取花粉均匀撒在液滴上，把载玻片放进垫有湿滤纸的培养皿里，再放进 30℃的恒温箱中避光培养，24 小时后在 20 倍显微镜(德国 Carl Zeiss 公司生产)下观察，随机取 6 个视野统计其萌发率(花粉管长度为花粉直径 2 倍以上视为花粉萌发)，最后求平均值。计算公式：

$$花粉萌发率=萌发花粉数/花粉总数\times100\% \tag{3-1}$$

3.2.1.3 花粉保存实验设计

(1)室温保存

将新鲜花粉分别装进两个叠好的纸袋内，然后将其中的一袋放进无硅胶的容器中，另一袋放进装有硅胶的容器中，放在室温条件下保存，每隔 5 或 7 天测一次萌发率。

(2)冰箱保存

取两份新鲜花粉分别装进两个纸袋内，其中一份装进无硅胶的容器后放进 0℃冰箱中保存，另一份装进有硅胶的容器后放进同一个冰箱中保存，每隔 5 或 7 天测一次萌发率。

(3)液氮保存

①花粉干燥预处理。室温下，将花粉分成若干份称鲜重(Wf)，分装在叠好的锡纸盒中(7cm×5cm×0.8cm)，然后放进有硅胶的干燥器(其中硅胶 1.03kg，干燥器容积 10L)里脱水，脱水期间用玻棒搅动花粉几次，以后每隔 6 小时，称取脱水后重量，另取一份(鲜

质量 Wf)置于烘箱内，在105℃温度下干燥48小时至恒质量(Wd)，以此数据换算各组干燥脱水后的花粉含水量。

②保存实验处理。将不同含水量的花粉盛入指形管(指形管盖打小孔以免从液氮取出时发生爆炸)，然后用锡纸包住，拴上细绳(以便从液氮罐中取出)，最后投入液氮中，保存1周后测定花粉萌发率。

以上用于保存花粉的器具均经过高压蒸汽灭菌，计算花粉萌发率的方法均与培养花粉时的计算方法相同，文中所提到的室温为25~30℃。

(4)人工授粉实验

2007年7月22日至8月1日分别用液氮保存了24小时的越南篦齿苏铁花粉和新鲜越南篦齿苏铁花粉进行人工授粉，每处理3株，每株授粉两次。大孢子叶张开之前的1周左右，用无纺布将雌球花与外界隔离，每次人工授粉之后立即将球花包好，另外，选取3株雌株，在大孢子叶张开之前用无纺布将整个球花包住，直至授粉期过后再揭开无纺布，以做对照。约2个月后观察结实情况并照相，种子成熟后采收种子，统计结实率，计算公式：

$$结实率=种子数/胚珠数\times 100\% \tag{3-2}$$

3.2.2 结果与分析

3.2.2.1 不同培养条件对花粉萌发的影响

(1)不同蔗糖浓度对花粉萌发的影响

在硼酸浓度为100mg/L，蔗糖浓度分别0%、1%、2.5%、5%、10%、15%、20%，pH值6.8的培养液中，培养24小时后，显微镜观察，统计萌发率(图3-24)。由图可知，元江苏铁、越南篦齿苏铁和叉叶苏铁的花粉萌发率达到最大值时的蔗糖浓度为2.5%，而德保苏铁的花粉萌发率在蔗糖浓度为1%时达到最大值。

(2)不同硼酸浓度对花粉萌发的影响

在蔗糖浓度为2.5%，硼酸浓度分别为：0mg/L、50mg/L、100mg/L、500mg/L、1000mg/L，pH值6.8的培养液中，培养24小时后，显微镜观察，统计萌发率(图3-25)。由图可知，除了元江苏铁花粉萌发在硼酸浓度为500mg/L达到峰值外，其余3种苏铁花粉均在硼酸浓度为100mg/L达到萌发峰值。

(3)不同pH值对花粉萌发的影响

在蔗糖和硼酸浓度分别为2.5%和100mg/L，pH值分别为5.5、6.0、6.5、7.0、7.5的培养液中，培养24小时后，显微镜观察，统计萌发率(图3-26)。由图可知，pH值为6.5时最适合越南篦齿苏铁和叉叶苏铁的花粉萌发，pH值为7.0时最适合元江苏铁和德保苏铁花粉萌发。

3.2.2.2 花粉保存

(1)干燥剂对花粉寿命的影响

①室温保存。每隔5或7天，将分别保存在有干燥剂和无干燥剂容器中的花粉取出测萌发率(图3-27、图3-28)。由图可知，在室温条件下将花粉保存在有硅胶的容器中能延长花粉的寿命，在无硅胶情况下，花粉保存21天即无花粉萌发，而在有硅胶情况下保存花

粉，42 天后仍有 14.43%萌发。

②低温保存。每隔 5 或 7 天，将分别保存在有干燥剂和无干燥剂容器中的花粉从 0℃冰箱中取出测萌发率(图 3-29、图 3-30)。由图可知，花粉在 0℃冰箱中，对于是否密封于有硅胶的容器其花粉萌发变化相差不大，萌发率都较高，其中元江苏铁花粉保存了 42 天后，萌发率仍高达 65%以上。

(2)保存温度对花粉寿命的影响

将图 3-27、图 3-28 与图 3-29、图 3-30 比较可以看出，花粉在 0℃冰箱中保存的存活时间比在室温条件下的存活时间长。花粉在 0℃冰箱中保存 42 天后，萌发率下降不多。

(3)不同花粉含水率对液氮保存花粉的影响

将经过不同干燥时间处理的花粉放进液氮中保存 1 周，然后取出测花粉萌发率(图 3-31)。由图可知，经过干燥预处理的花粉放进液氮中保存，其萌发率明显比不经过干燥而直接投入液氮的高。将越南篦齿苏铁花粉含水率减少至 15%以下后，放进液氮中保存后，其萌发率几乎与初始萌发率一样。

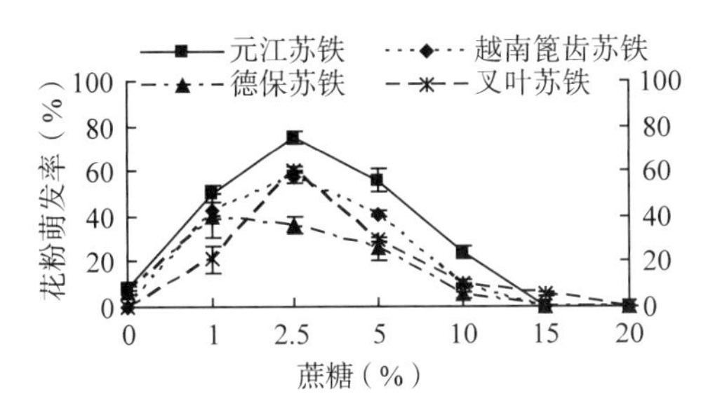

图 3-24　蔗糖浓度对花粉萌发率的影响

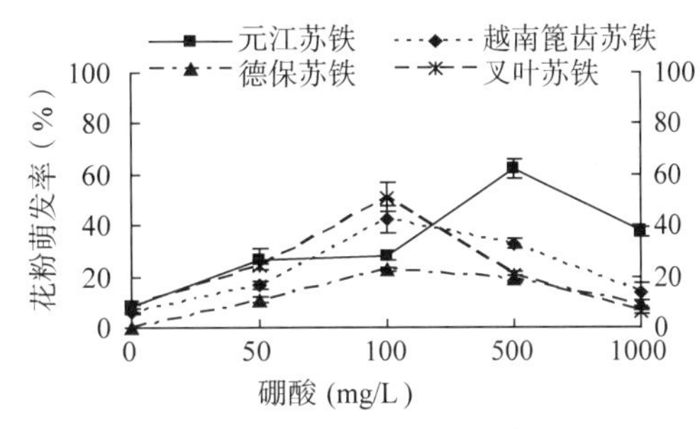

图 3-25　硼酸浓度对花粉萌发率的影响

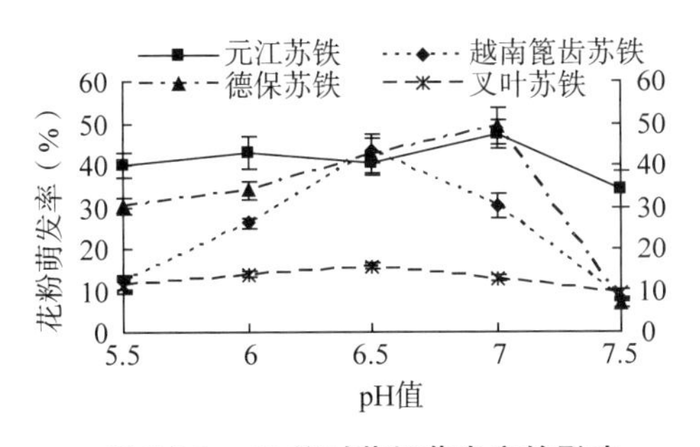

图 3-26　pH 值对花粉萌发率的影响

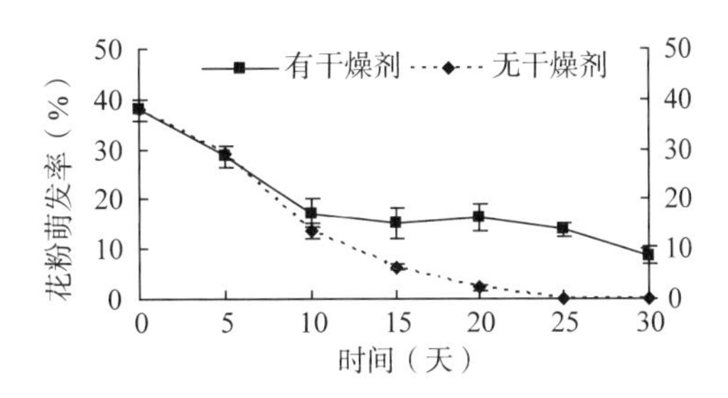

图 3-27　室温下水分对保存元江苏铁花粉萌发率的影响

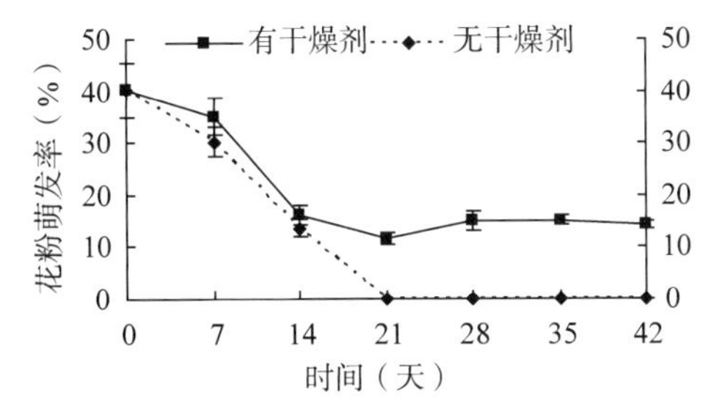

图 3-28　室温下水分对保存越南篦齿苏铁花粉萌发率的影响

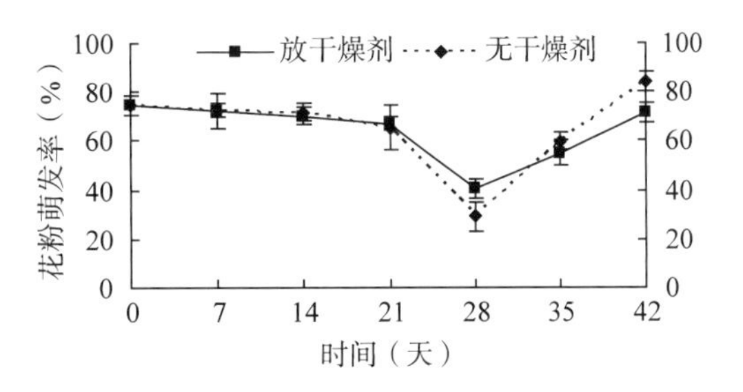

图 3-29　0℃条件下水分对保存元江苏铁花粉萌发率的影响

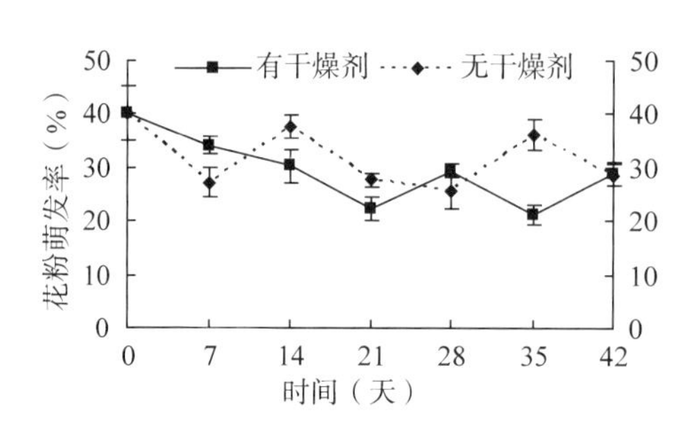

图 3-30　0℃条件下水分对保存越南篦齿苏铁花粉萌发率的影响

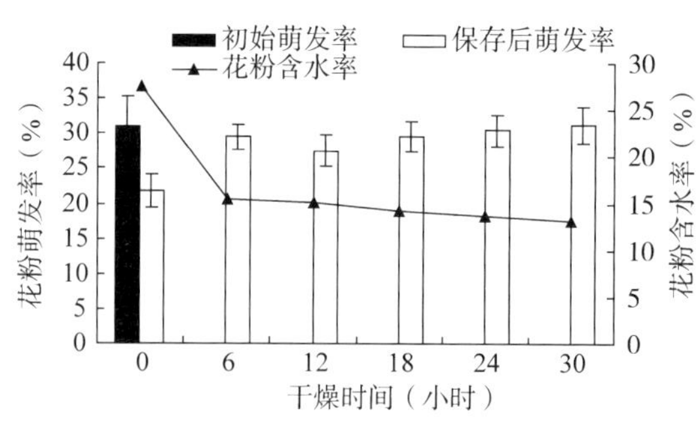

图 3-31　水分对液氮保存越南篦齿苏铁花粉萌发率的影响

（4）人工授粉

2007 年 9 月 28 日初步观察结实情况，如彩图 43 所示，用液氮保存后的花粉进行人工授粉结实情况与新鲜花粉授粉的结实无明显差别。2007 年 12 月 15 日采收种子，统计结实率（表 3-17），从表可以看出分别用液氮保存的花粉和新鲜花粉人工授粉的平均结实率都在 90%以上，远比对照株结实率高，经过方差分析，两者的结实率差异不显著。

表 3-17　人工授粉结实情况

胚珠数（个）			种子数（个）			结实率（%）			平均结实率（%）		
处理 1	处理 2	处理 3	处理 1	处理 2	处理 3	处理 1	处理 2	处理 3	处理 1	处理 2	处理 3
972	402	756	879	362	0	90.4	90.0	0	90.3aA	90.0aA	
270	863	583	243	753	10	90.0	87.3	1.72	1.24bB		
527	379	298	477	350	6	90.5	92.3	2.01			

注　处理 1 为液氮保存后的花粉人工授粉；处理 2 为新鲜花粉人工授粉；处理 3 为隔离对照。不同字母表示差异显著，显著水平为 $P<0.05$，$P<0.01$.

在进行花粉培养和保存实验时，出现同一种苏铁花粉的初始萌发率有差异（图 3-27 与图 3-29）。同是元江苏铁，但花粉初始萌发率相差较大，主要是因为实验时分不同批次收集花粉，所以初始萌发率有差异，但这并不影响实验结果。

3.2.3　讨论与结论

3.2.3.1　讨论

4 种苏铁花粉培养液中，适合的蔗糖浓度比较低，为 1%～5%。据 Osborn 等（1992）报道，*Encerphalartos woodii* 花粉培养的最适蔗糖浓度为 10%，John（2004）等培养棉花花粉所需的蔗糖浓度为 25%。本研究 4 种苏铁属植物花粉在蔗糖浓度为 10%以上的培养液中萌发率极低，甚至无萌发。另外，据 James 等（1963）对 39 科的 86 种植物花粉的研究表明，钙离子在花粉萌发和花粉管伸长过程中是必要的，夏快飞等（2005）认为钙是高等植物中普遍存在的一种信号转导分子，至于钙离子在苏铁花粉萌发中的作用如何有待研究。

在室温条件下将花粉保存于有干燥剂的密封容器中比暴露在空气中的花粉存活时间长，在 0℃条件下两者的存活时间相差不明显，这与 Osborne（1992）报道的结果类似。而

Tang(1986)认为，将花粉放进硅胶后，再放进冰箱中的保存效果好。将花粉保存在干燥剂中，由于部分失水而降低代谢活动，使得花粉能够存活较长时间。保存植物种子前进行晒种，最主要的目的也是降低种子水分从而降低代谢活动，将花粉放进干燥剂中保存以及保存前进行干燥与晒种的目的是一样的。前述诸学者的不同结果可能源于失水程度的差异。

将花粉放进 0℃冰箱中保存 1~2 个月能达到较好的保存效果，Osborne(1992)等报道非洲铁属(*Encephalartos*)花粉在 0℃条件下保存两年后仍有 50%萌发，本实验在 2009 年 4 月 20 日从苏铁中心收集元江苏铁花粉直接保存在 0℃冰箱中，到 2009 年 9 月 18 日仍有 85%萌发，几乎与初始萌发率相等。

用液氮保存花粉时，不经过干燥处理的花粉萌发率最低，将越南篦齿苏铁花粉干燥 6 小时以上之后，其含水率由 27.4%降至 15%以下，液氮保存能达到较好的保存效果。如果将含水量较高的花粉直接投入液氮中，由于温度急剧降低使得花粉胞间结冰受伤害而丧失活力。刚从室外收集的苏铁花粉含水量一般为 20%~30%，这样含水量的花粉直接保存在普通低温条件其萌发率下降不多，但直接保存在液氮中就会使大量花粉丧失活力。所以液氮保存前，花粉干燥预处理是必要的。本实验表明，苏铁花粉经干燥预处理，花粉含水率降至 15%以下，投入液氮保存，萌发率基本不变，表明利用超低温保存技术可以长期和超长期保存苏铁花粉。

另外，在 0℃冰箱中保存元江苏铁花粉时发现经过保存后萌发率比新鲜花粉高，一种较合理的解释是花粉在散粉过程中有段生理后熟过程或者是冷冻过程中引起某些基本必需养分元素释放(Poltito et al.，1988)。有些花粉在保存过程中，萌发率出现时高时低波动现象，Osborne(1992)等对此的猜想是生物钟机理控制休眠与活动交替变化的信号所致。

苏铁花粉短期保存之后进行人工授粉可获得大量种子，从而弥补因花期不育造成自然授粉率和结实率低，最终导致自然繁殖能力下降的缺点。本文推荐的 0℃冰箱在研究和生产单位都容易找到，适合推广应用。

液氮保存花粉后，仍保持较高的萌发率。利用液氮保存后的花粉进行了人工授粉实验，结实率高达 90%以上，与新鲜花粉授粉的结果差别不大，而未经过人工授粉的隔离植株结实率不到 2%。唐安军等(2007)认为超低温保存顽拗性种子种质是最理想的方法，本实验也证明了液氮(超低温)也能长期保存苏铁花粉，对保存苏铁种质资源有重要意义。

3.2.3.2 结论

以不同浓度梯度的蔗糖与硼酸组合在不同 pH 值条件下用悬浮培养法测定德保苏铁、叉叶苏铁、元江苏铁和越南篦齿苏铁花粉的活力；将元江苏铁和越南篦齿苏铁花粉分别保存在不同低温、不同湿度的环境中，研究温度和湿度对保持花粉的影响。结果表明：最适合苏铁类植物花粉萌发的培养液配方为蔗糖(2.5%)+硼酸(100~500mg/L)，pH 为 6.0~7.0；在室温下，将苏铁花粉密封保存在有干燥剂的容器中，可存活 30 天以上；在 0℃条件下，不加干燥剂，花粉可保存 4 个月以上；用液氮保存后的越南篦齿苏铁花粉进行人工授粉，结实高达 90.3%，与用新鲜花粉人工授粉的结实率无明显差异；将花粉含水率降低到 15.5%~13.2%后，能在液氮中进行长期保存，表明花粉液氮保存可以作为苏铁花粉长期和超长期保存的方法。通过人工授粉能够大大提高结实率及种子的可育率。但是由于雄花早于雌花，所以测定花粉活力，并通过花粉保存，进行人工授粉，对苏铁繁殖和保护有重要意义。

3.3 德保苏铁传粉生物学特性和传粉机制探索研究

一个多世纪以来，苏铁类植物的传粉方式存在着较多争议。尽管很早以前有人提出苏铁类植物虫媒传粉论(Pearson，1906；Rattray，1913)，但自从Chamberlain(1935)提出所有裸子植物都靠风媒传粉，其认为苏铁类植物传粉方式如同松柏类植物一样依靠风媒进行传粉。然而，苏铁类植物是风媒植物的观点很难解释存在于苏铁类植物繁殖期间的一些现象。例如，一些苏铁类植物在散粉期间会释放出强烈的气味；很多苏铁类植物，如 *Encephalartos villosus* 生长在通风条件很差的密林中，尽管在雌株周边并未发现有当年开花的雄株，但却发现雌株的结实率很高，且在其球花上发现有甲虫活动(Pearson，1906)。Norstog(1986)等报道了许多种植在花园里的苏铁类植物难以结籽的现象，指出有时即使相邻即有雄球花开放，雌株也很难结籽的例子。Norstog 等(1986)发现负载着花粉的甲虫 *Rbopalotria mollis* 从鳞秕泽米 *Zamia furfuracea* 的小孢子叶球移动到大孢子叶球，且当把大孢子叶球与这些甲虫隔离后，大孢子叶球结种率显著下降。Donaldson(1997)关于柔毛非洲铁 *Encephalartos villosus* 的研究开创性地证明了这种苏铁类植物的花粉是由特定甲虫进行传递的。他通过分析甲虫身上负载的花粉，以及给甲虫涂上荧光染料，然后对胚珠进行荧光分析，提出 *Porthetes* 属甲虫是目前为止较多种属苏铁类植物的有效传粉甲虫。至今已有许多学者报道在其他苏铁类植物存在传粉甲虫，包括 *Zamia pumila*(Tang，1987)、*Macrozamia* sp.(Connell et al.，1993；Mound et al.，2001；Terry et al.，2004a，2005)、*Bowenia* sp.(Wilson，2002)，*Lepidozamia peroffskyana*(Hall et al.，2004)、*Cycas revoluta*(Kono，2007)。近年来，苏铁类植物主要是靠某特定昆虫进行传粉的观点已被广为接受，这些昆虫包括甲虫(鞘翅目)和蓟马(缨翅目)，甲虫大部分是象鼻虫(象甲总科)，也有少量拟叩甲(拟叩甲科)、露尾甲(露尾甲科)、大蕈甲(大蕈甲科)(Nortog，1987；Donaldson，1997；Terry et al.，2005；Kono，2007)，另外还发现 *Cycas micronesica* 是由蛾类(鳞翅目)和甲虫共同传粉(Terry et al.，2009)。最近几十年，大部分研究认为苏铁类植物依靠虫媒传粉，靠风媒传粉的报道极少。因而，对风媒传粉机制的报道更是寥寥无几。虽然 Terry 报道了 *C. microenesica* 由风媒与虫媒共同传粉，但未述及其传粉机制。针对德保苏铁的研究主要集中在形态学、解剖学、生理学、遗传学、居群调查与保护生物学等方面，只有 Terry 报道了德保苏铁雌雄球花生长情况，但她只测了球花一天的温度变化，并未测量雌雄球花整个散粉期或授粉期的温度变化，也没有研究德保苏铁的传粉媒介。本研究目的主要有两点：一是确定原生境中德保苏铁传粉者，探查其传粉机制，为苏铁属的传粉生物学研究提供帮助；二是确定回归项目中的德保苏铁传粉者，为回归项目中的德保苏铁传粉以及居群自我更新提供帮助。

国外已有较多学者研究了苏铁类植物的传粉生物学，主要集中在泽米铁属、大泽米属、非洲铁属，而对苏铁属这一苏铁目的主要世系的传粉生物学研究较少，尤其是大型苏铁属植物。我国境内大约分布有 23 种苏铁属植物，其中 13 种为中国特有，大部分的中国苏铁类植物都存在着濒于灭绝的危险，特别是德保苏铁、石山苏铁、叉叶苏铁等。只有王乾等(1997)对攀枝花苏铁传粉学进行了较为浅显的研究，且其认为的攀枝花苏铁传粉媒介为风媒一直存在争议(陈家瑞，1997)。研究德保苏铁传粉生物学，能为探索德保苏铁濒危原因、保护德保苏铁及其生态系统提供有力指导。也为我国境内苏铁属植物甚至亚洲区域内苏铁属植物的传粉媒介、传粉机制的研究提供帮助，为"苏铁-传粉昆虫"共生关系的系统发生学以及协同进化论、谱系地理学和遗传多样性研究提供帮助。

3.3.1 材料与方法

3.3.1.1 研究地点

本研究地点有两个，其一在德保苏铁模式产地——广西德保县敬德镇扶平村上平屯(23°29′26″N、106°12′50″E，海拔 790~990m)，距离德保县城 56km，扶平种群是发现最早，也是目前最大的德保苏铁种群，面积约 15.54hm²。属于南亚热带季风气候，年均温为 19.5℃，年降水量为 1461mm。土壤类型为以石灰岩为母质的钙质土壤。植物群落类型为石灰岩山地灌丛。受人为干扰较严重。除个别乔木树种高超过 5m 外，其余高度多在 3m 以下，可划分为灌木层、草本层以及附生植物。灌木层高度 1~3m，生长光线好，德保苏铁为灌木层优势种之一，灌木层主要包括大戟科、紫金牛科、瑞香科、唇形科、豆科、蔷薇科等植物；草本层主要为蕨类、禾本科芒草类植物，同时还包括一些乔木、灌木及藤本植物的幼苗；附生植物有苔藓、蔷薇科的栒子 *Cotoneaster hissaricus* 等，个别生境有铁芒萁、桃金娘等酸性指示植物出现。经 2012 年调查，扶平种群的德保苏铁成年植株与青少年植株数量为 311 株，幼苗 116 株，估计漏记录植株不超过 50 株。2012 年共有 47 株雄株开花，12 株雌株开花。

其二为德保苏铁回归自然项目实施地——广西德深县黄连山自然保护区老站(以下简称黄连山，23°33′47″N、106°14′09″E，海拔 860~880m)。实施地面积约 1hm²。距离德保苏铁模式标本发现地——敬德镇扶平村上平屯仅仅 6km，与模式标本产地同属黄连山山脉，土壤、气候条件也与模式产地相近。研究的德保苏铁回归的 505 株德保苏铁。2000 年，深圳市仙湖植物园国家苏铁种质资源保存中心(以下简称苏铁中心)从德保苏铁原生境收集的德保苏铁种子，2001 年在深圳市仙湖植物园苏铁中心苗圃培育成苗，2007 年从此苗圃挑选了 507 株德保苏铁苗木，并经专家鉴定确为德保苏铁后，将这 507 株德保苏铁苗木栽培于上述地点，株距为 4m×4m。

3.3.1.2 研究材料

研究材料为广西德保县扶平村和广西德保县黄连山自然保护区两个地点的德保苏铁植株。

3.3.1.3 研究方法

3.3.1.3.1 种群开花物候记录

记录扶平种群及黄连山种群德保苏铁雌雄球花的发育状况，如球花萌发日期，雄花开始散粉日期、散粉结束日期、散粉期雄花高度，雌球花开始松动和裂开(即开始授粉)日期、雌球花授粉结束(胚珠增大、变绿)日期、雌花中大孢子叶数目。

3.3.1.3.2 传粉媒介的确定

(1)排除法

为了确定原生境中德保苏铁的传粉媒介，在扶平种群进行了排除虫媒传粉(允许风媒传粉)、排除风媒传粉(允许昆虫传粉)、自然传粉和完全排除传粉媒介处理(风媒和虫媒传粉都被排除)的实验，共12株雌株，4个处理，每个处理3次重复。12株授粉期的雌株球花离最近的正在散粉的雄株球花的距离均大于5m。12株雌株的处理的选择为随机安排。方法如下(彩图44)。

处理A，排除虫媒传粉，允许风媒传粉处理。在雌球花松动、裂开前1周左右(雌球花松动、裂开时即为可授粉时期)，用纱网(网孔为0.25mm×0.25mm，花粉可以穿透而昆虫不能穿过)包裹雌球花，然后用绳子将基部系牢，用凡士林封住球花基部系绳子处纱网与雌花间的缝隙，使昆虫无法从基部钻进雌球花中，直到授粉期结束后2周，再除去防虫网。

处理B，排除风媒传粉，允许传粉昆虫进入雌球花传粉处理。在雌球花裂开前1周左右，用无纺布(花粉无法穿透)包裹雌球花，然后用绳子将球花基部系着，稍稍留少许缝隙(缝隙狭小曲折，向下)，风媒传递的花粉无法穿过无纺布进行对雌球花传粉，而昆虫可从缝隙进入雌球花进行传粉。直到授粉期结束后2周再除去无纺布。

处理C，自然传粉处理。选择3株雌球花作为对照组，不做任何处理，观察其在自然条件下的结实情况。

处理D，排除风媒传粉和虫媒传粉处理。为了确定胚珠在不授粉情况下是否会发育膨大，即发生无融合结籽，在雌球花松动、裂开前1周用无纺布将其包裹，并用绳子系紧基部，用凡士林封住球花基部无纺布与球花间的缝隙，直到授粉期结束后2周再除去无纺布，2012年秋季，观察胚珠的大小并与授粉的胚珠进行对比，就可以判断未授粉的胚珠是否能发育膨大，产生可育种子。

2012年秋冬季节，德保苏铁种子成熟，统计以上处理的结实率，计算公式：

$$\text{结实率} = (\text{可育种子数}/\text{胚珠数}) \times 100\% \tag{3-3}$$

(2)风媒传粉距离的测定

方法一，测量散粉期雄球花周围花粉密度。2012年5月中旬，在扶平种群选取1个处于散粉盛期的雄球花作为传粉源，实验地点大致为东坡向，缓坡，实验期间天气晴朗，无风或微风。实验时将实验球花(传粉源)周围80m内其他的雄球花用塑料袋包住并扎紧基部，防止干扰。然后将涂有凡士林的载玻片平放于传粉源的4个方向，传粉源的距离设置为0.3m、0.6m、1.2m、2.5m、5m、10m、20m、30m。高度约为20cm，与散粉源植株茎高接近。当花粉接触到载玻片时就会被粘上。设计了3个收集花粉的时间段：7:00~13:00、13:00~19:00、19:00g至翌日7:00。回收这3个时间段的载玻片，在光学显微镜下观察，统计载玻片上2cm×5cm范围内的花粉粒数。进行3次重复。算出每平方厘米含有的花粉数量(即花粉密度)。在正置透射光显微镜(Leica DM4000B，徕卡公司，德国)下拍照。

方法二，测量授粉期雌球花周围花粉密度。在扶平种群选取一个处于授粉期的雌球花，在其周围4个方向，距离雌球花0.3m、0.6m、1.2m处安置涂抹了凡士林的载玻片，载玻片水平放置，与雌球花高度相同。设置3个重复，重复一的雌球花与最近的散粉雄球花距离为 78m，重复二的雌球花与最近的散粉雄球花的距离为 67m，重复三与最近的散粉雄球花的距离为 93m。花粉密度计算方法同方法一。

(3)雌雄球花上甲虫及其携带的花粉的对比

从德保苏铁扶平种群的雌雄球花上分别收集昆虫，用蜡纸包裹，干燥。在光学显微镜(Leica DM4000B，徕卡公司，德国)下观察，发现雌雄球花上捉到的甲虫都携带花粉，接着将这些甲虫喷涂金粉，在扫描电子显微镜(Hitachi S-3400N，日立公司，日本)下观察，拍照，对比这些雌雄球花上的甲虫与花粉是否一致。

3.3.1.3.3　传粉机制的探索

(1)传粉甲虫的活动

为确定德保苏铁球传粉者，了解其活动规律，做以下调查。

第一，在德保苏铁球花散粉或授粉前期(前 7 天)、散粉或授粉期和散粉或授粉结束后 5 天(此时雄球花变褐色，倒伏；雌球花的胚珠变绿色，增大)。在 9:00、14:00 和 20:00，观察 10 分钟，然后捕捉雌雄球花上的昆虫。使用网眼为 0.25mm×0.25mm 的纱网袋子迅速套住球花，系紧基部，轻轻拍打球花，翻动大、小孢子叶。经过约 10 分钟的拍打翻动，能将绝大部分昆虫驱逐出球花，落入纱网袋中。记录昆虫种类和数目，从收集到的每一种昆虫取一两头，放入酒精中保存和鉴定。

第二，在德保苏铁雄球花散粉前、中、后时期，观察德保苏铁访花昆虫的行为。由先前观察得知，雄球花上甲虫数目非常多，故用纱网做成一个圆筒，套住雄球花，圆筒两头开口直径约 10cm，允许昆虫进出。每隔 1 小时记录一次 10 分钟内爬或飞出圆筒的甲虫数目。用防虫纱网包裹授粉期的雌球花，每隔半小时，观察出现在雌球花上纱网的昆虫，并记录数目及拍照(彩图 45)。

第三，采用荧光染料示踪法确定传粉甲虫在雌球花中活动范围。在基本确定德保苏铁传粉甲虫后，从雄球花收集 50 头传粉甲虫，将其放入盛着荧光染料颗粒的小瓶中，这些甲虫身上很快沾上了荧光染料颗粒，19:00，将盛着荧光染料颗粒的小瓶瓶口紧挨授粉期雌球花，传粉甲虫爬出小瓶后，有的爬上雌球花，进入雌球花中活动。翌日凌晨，割除部分雌球花外部大孢子叶，利用紫外光(波长 365nm)手电筒照射雌球花中部大孢子叶，观察荧光染料颗粒分布范围并拍照。另外，结合夜晚肉眼观察传粉甲虫在授粉期雌球花中的活动情况，可以推断出其活动范围。

第四，观察德保苏铁传粉甲虫的生活史。在扶平种群，持续观察德保苏铁传粉甲虫的生长发育各个阶段的虫态、活动情况。观察雄球花散粉结束后 2~3 周时间内，倒伏的雄球花下方土层中甲虫幼虫及蛹的活动情况。从散粉雄球花取少量传粉甲虫幼虫(取最小的)，放置到没有传粉甲虫幼虫的离体雄球花中饲养，并用网袋套住，观察、记录其生活史。

(2)雌雄球花挥发物的测定

在德保苏铁原生地扶平种群，于德保苏铁球花授粉期(小孢子叶球散粉期，大孢子叶球裂开时期)，利用顶空吸附技术(Schiestl，Marion-Poll，2002)收集雌雄球花的挥发物。用聚酯纤维袋子(Reynolds 火鸡袋，美国。Terry 报道，此袋子杂质气体极少，可用于收集挥发物)套住球花，并用胶带系紧球花基部，使用便携性大气采样仪(QC-1S 型单气路大气采样仪，北京劳动保护科学研究所)抽取袋子里的气体，使用含有 200mg Tenax TA 吸附剂(Restek 公司，美国)的吸附管吸附球花挥发物。控制大气采样仪抽气流速为 200mL/分钟，吸附时间为 1.5 小时。同时，在附近 10m 处，吸附空袋子的气体做对照。采样时间为雄球花散粉期、雌球花授粉期的 8:30~10:00、14:30~16:00、19:00~20:30、22:30~24:00，共进行 3 次重复。

吸附了挥发物的吸附管用 2mL HPLC 级的正己烷洗脱(少量多次洗脱，每次用 200mL 正己烷洗脱，分 10 次完成)，将洗脱液浓缩至 0.5mL，然后加入 10μL 的标准溶液(2mg/mL 的壬烷)以便定量分析挥发物成分的含量。接着用 GC-MS(气相色谱-质谱联用仪)分析。气相色谱仪为安捷伦 7890A(安捷伦，美国)，使用一根 HP-5 毛细管柱(0.25μm×0.250μm×30m，安捷伦公司，美国)。自动进样，进样量 1μL，不分流。程序升温：起始温度 40℃，保持 3 分钟，以 10℃/分钟倾斜升温到 260℃，保持 2 分钟。载气为高纯氦气。质谱仪为安捷伦 5975C(安捷伦，美国)，EI 离子源，电离能 70eV。使用 HP-5 色谱柱。使用 Varian Workstation 软件采集数据并进行峰面积归一化计算。挥发物的成分通过质谱库(NIIST 08 版)检索，并通过比较其保留时间与标准单体样品的保留时间确定是否是检索到的物质。在进一步分析中，在同一丰度条件下，若化合物出现在空白对照实验结果中，则此化合物为污染物，排除在球花挥发物范围内。

(3)雌雄球花温度的测定

在扶平种群和黄连山回归地，分别选取 3 个雄球花和 3 个雌球花，其所处位置稍平坦，不靠近大石头。用木棍、遮阴网给球花搭棚遮阴，避免太阳光直射球花，遮阴网距离球花约 40cm，保持遮阴棚通风。使用 HOBO 防水温度记录仪(Onset 公司，美国)监测球花温度与周围环境气温，此温度记录仪探头一端可测球花温度，记录器一端可测量记录器周围气温，存储温度数据。在雄球花散粉期前 2 周，温度记录仪的探头置入雄球花中轴，记录器一端悬挂于遮阴处。在大孢子叶球(雌花)松动、裂开前(授粉期之前大孢子叶球很紧)将温度记录仪探头置于大孢子叶球中间，紧贴大孢子叶。温度记录仪每隔 2 分钟记录一次温度(球花温度和周围空气温度)，从雄花散粉期前 2 周到散粉结束 1 周，以及雌花接受花粉前 2 周到授粉结束 2 周。

(4)黄连山德保苏铁回归种群传粉探索

①黄连山德保苏铁回归种群传粉者的调查。由于黄连山德保苏铁回归种群是 2007 年建立的，2011 年第一次开花，共 9 株雄株开花，据管理人员介绍，当时并未出现如同扶平种群中出现的传粉甲虫。2012 年 3 月，有较多雄球花和雌球花萌发，有必要对黄连山种群的访花动物进行调查，以确定该种群是否存在传粉者，传粉者是否与原生境德保苏铁传粉者一致。从 2012 年 4 月 26 日黄连山种群德保苏铁球花开始萌发，直到 2012 年 6 月 14 日黄连山种群最后一个球花凋谢，持续观察、记录各个球花(除了几个因做实验而包裹了的雌球花)的访花动物。

②回归种群德保苏铁不同传粉方式的探索。2012 年，在黄连山自然保护区里的德保苏铁回归自然项目的德保苏铁中，有 70 株雄株开花，19 株雌株开花。在黄连山自然保护区德保苏铁回归自然项目实施地进行以下实验。

第一，选择 3 株雌球花最先松动、裂开(雌球花松动裂开表明其即将进入授粉期)的雌株做自然授粉处理 1(对此雌株除了挂标签，不做任何处理)。此 3 株雌花授粉时期大概在

5 月 8~20 日，记录此时期黄连山种群的散粉期雄球花及球花上的传粉甲虫数目，得知此段时间内，每天有 5~23 个雄球花散粉，且每株雄球花上的甲虫大约是 25 头(由 2.4.1 实验观察得知)。另选 3 株雌球花最迟松动、裂开的雌株为自然授粉处理2，此 3 株雌株的雌球花开始松动(即进入授粉期)时期在 5 月 23~25 日，其授粉期大概在 5 月 23 日至 6 月 5 日，经过物候记录得知此期间黄连山种群每天散粉的雄花有 5~21 株。此阶段散粉的雄球花上的甲虫数量已经增多。

第二，排除风媒传粉并人工引入昆虫处理。选择 6 株雌株，在大孢子叶球张开前 1 周左右，用无纺布罩住雌球花，然后用绳子将基部系紧，使花粉无法穿过无纺布而进行授粉受精。等到大孢子叶张开时，从扶平种群捕捉德保苏铁传粉甲虫，给本处理每个雌球花放入 60 头传粉甲虫，然后用无纺布包裹雌球花，用绳子在雌球花基部系住，但不系紧，留有较小的缝隙允许甲虫出入，此包裹球花法可排除风媒传粉，又准许传粉昆虫进出球花。

第三，人工授粉处理。选择 7 株雌株，在雌球花松动、裂开前 1 周左右，用无纺布罩雌球花，用绳子将基部系紧，使花粉无法穿过无纺布而进行授粉。在雌球花松动、裂开的时候，即授粉期，用报纸从雄花上收集花粉，揭开雌花上的无纺布，将花粉均匀撒在大孢子叶上，然后用无纺布重新包裹雌花，将基部系紧。其中 3 株进行 1 次人工授粉处理，另 4 株进行 2 次人工授粉处理(间隔 5 天)。

2012 年 12 月，统计以上各个处理的德保苏铁的结实率。计算公式为：

$$结实率=(可育种子数/胚珠数)\times100\% \tag{3-4}$$

3.3.1.4 数据处理

实验得到的数据用 Excel 软件计算处理，用 SPSS 软件进行分析。

3.3.2 结果与分析

3.3.2.1 种群开花物候记录

2012 年，扶平种群有 49 株雄性植株开花，其中 38 株植株雄球花的开花物候现象被记录，有 13 株雌性植株开花，其中 12 株的开花物候现象被记录。结果显示，雄花从萌发出肉眼可见的球花(直径约 2cm)到散粉结束(雄球花干枯倒伏)，历经 42.3±3.8 天；雌花从萌发出肉眼可见的球花(直径约 2cm)到种子发育成熟(全部种子外种皮颜色呈现黄橙色)，历经 191.2±15.3 天。

2012 年，黄连山种群有 70 株雄性植株开花，其中 66 株植株雄球花的开花物候现象被记录，有 19 株雌性植株开花，这 19 株的开花物候现象都被记录。结果显示，雄花从萌发出肉眼可见的球花(直径约 2cm)到散粉结束(雄球花干枯倒伏)，历经 45.1±4.4 天；雌花从萌发出肉眼可见的球花(直径约 2cm)到种子发育成熟(全部种子外种皮颜色呈现黄橙色)，历经 195.6±17.5 天。

扶平种群与黄连山种群球花个体发育时间并无差异。

如彩图 46 所示，雄花发育和散粉过程如下。

①球花萌发阶段(3 月下旬至 4 月中旬)：球花呈浅黄色，肉质，突破鳞叶包围而萌出。

②球花伸长增大阶段(4 月中旬至 5 月上旬)：球花伸长增大，呈浅绿色，被少量浅褐

色茸毛，小孢子叶形成雏形，此阶段后期，少量传粉甲虫(鞘翅目大蕈甲科甲虫，见下文)在其上攀爬，或钻入球花中。

③球花散粉阶段(5月上旬至6月上旬)：球花呈黄色，小孢子叶呈螺旋状排列，由下到上逐渐裂开，小孢子叶下侧的孢子囊释放大量浅黄色的花粉。傍晚或者晚上时，用手触摸球花中轴，能明显感觉其温度比周围环境气温高，用温度记录仪测量发现球花温度比周围环境气温高出较多。与此同时，球花产生较为浓烈的气味，尤以晚上最为浓烈。大量传粉甲虫在球花上攀爬、啃食小孢子叶叶肉组织，并在小孢子叶球上交配。从小孢子叶球裂开、散粉开始，到其散粉结束、倒伏，持续6~8天。

④散粉结束阶段(5月中旬至6月中旬)：散粉结束后，球花倒伏腐烂，此时球花中轴内有大量传粉甲虫的幼虫在活动，啃食球花中轴组织。

如彩图47所示，雌球花发育、授粉以及种子形成过程如下。

①雌球花萌发阶段(3月下旬至4月中旬)：雌球花逐渐形成，推开周围包裹的鳞叶，逐渐可见，呈浅绿色。

②雌球花增大阶段(4月中旬至5月上旬)：雌球花逐渐增大，突破鳞叶包裹，呈绿色，大孢子叶逐渐形成，此时大孢子叶仍相互叠加，紧紧包裹。

③授粉阶段(5月上旬至6月上旬)：大孢子叶球松动，胚珠呈浅黄色，此时有传粉昆虫在其上活动，或钻入其中，在胚珠周围爬动，此阶段约12天(根据扶平种群单个雌花上出现昆虫活动天数估算)。

④授粉结束，受精胚珠发育阶段(5月中旬至10月)：不再出现传粉甲虫，受精的胚珠由浅黄色变为绿色，逐渐增大，最终直径约2.5cm。而未受精的胚珠不发育，逐渐干枯。

⑤种子成熟阶段(11~12月)。大孢子叶逐渐干枯，变为黄褐色。种子转为黄橙色，饱满浑圆。有些种子会散落在雌株不远处的洞穴中，疑为啮齿动物搬运。

如图3-32所示，扶平种群第一个雄球花萌发时间约在3月28日，第一个雄球花在4月24日散粉，最后一个雄花在6月12日倒伏衰败。第一个雌球花在5月8日出现传粉昆虫，最后一个结束授粉的雌花在6月8日不再出现传粉甲虫，授粉结束。

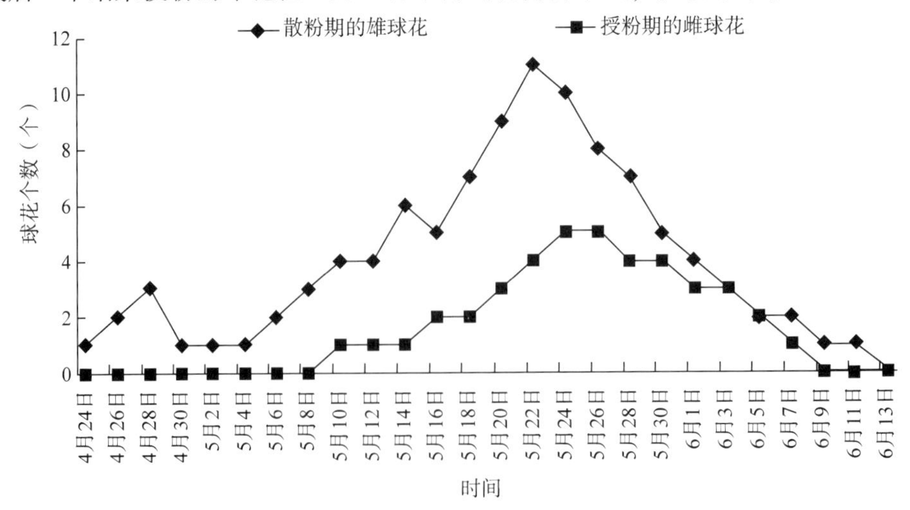

图3-32　扶平种群散粉期雄球花与授粉期雌球花个数变化图

如图 3-33 所示，黄连山种群第一个雄球花萌发约在 4 月 3 日，第一个雄球花散粉在 5 月 6 日，最后一个结束散粉的雄球花于 6 月 13 日结束散粉。第一个雌球花在 5 月 6 日开始松动，可以授粉，最后一个雌球花在大约在 6 月 11 日结束授粉(胚珠变绿色，增大)。需要指出的是，黄连山种群的雌球花开始、结束授粉的日期是粗略的推测，因为黄连山雌球花上并没有出现传粉甲虫，无法进行较为精确记录。

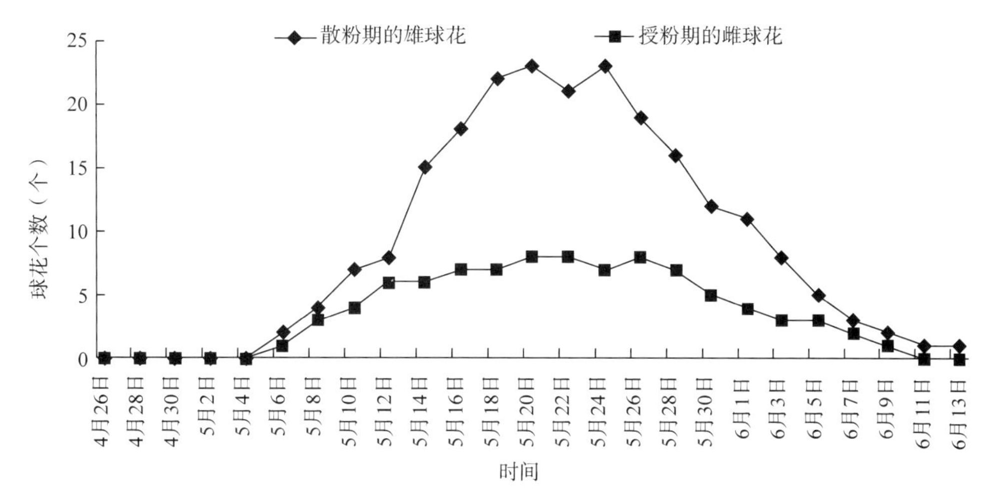

图 3-33　黄连山种群散粉期雄球花与授粉期雌球花个数变化图

由表 3-18 可知，2012 年，扶平种群共有 62 株植株开花，开花植株占所统计植株的 20.06%。其中 49 株雄株开花，共 50 个雄球花(其中一株开 2 个雄球花)；13 株雌株开花，开花植株性别比为 3.77∶1。雄花平均高 28.94cm；平均每个大孢子叶球含有约 51 片大孢子叶。

表 3-18　2012 年扶平种群与黄连山种群德保苏铁开花情况统计表

种群	开花植株数(株)	开花比例(%)	开雄花植株数(株)	开雌花植株数(株)	性别比	雄花散粉期(天)	雌花授粉期(天)	雄花高度(cm)	雌花所含大孢子叶数(片/个)
扶平	62	20.06	49	13	3.77∶1	7.0±0.2	11.0±0.4	28.94±1.7	50.92±4.8
黄连山	89	17.69	70	19	3.68∶1	7.1±0.2	11.3±0.3	38.10±0.9	74.81±8.3
差异显著性						ns	ns	*	* *

注　* 表示存在显著性差异；* * 表示存在极显著性差异；ns 表示不存在显著性差异。

黄连山种群共有 89 株植株开花，开花植株占所统计植株的 17.69%。其中 70 株雄株开花，共 71 个雄球花(其中一株雄株开了 2 个雄球花)。19 株雌株开花，开花植株性别比为 3.68∶1。雄花平均高度为 38.10cm；平均每个大孢子叶球含有约 75 片大孢子叶。

扶平种群与黄连山种群的开花比例、开花植株性别比并无显著性差异。而扶平种群的小孢子叶球高度低于黄连山种群，存在极显著差异；扶平种群的每个大孢子叶球所含的大孢子叶数量也低于黄连山种群，存在极显著差异。

3.3.2.2　传粉媒介的确定

(1)排除花粉实验的结果

由表 3-19 可知，3 株雌株进行自然授粉实验(即不做任何处理)，其平均结实率为

82.47%，最低的结实率为60.3%，最高结实率达92%，平均每株雌株结213粒种子。

排除风媒传粉并允许传粉昆虫进入雌球花传粉处理，平均每株雌株结158粒种子，其平均结实率为81.8%，与自然传粉处理雌株的结实率并无显著性差异。在授粉期间，观察到有甲虫通过预留的缝隙钻入用无纺布包裹的雌花中。

表3-19　扶平种群排除法实验4处理的植株结实率

处理	重复1			重复2			重复3			结实率平均值(标准误)	结实率的显著性差异	
	种子数(粒)	胚珠数(枚)	结实率(%)	种子数(粒)	胚珠数(枚)	结实率(%)	种子数(粒)	胚珠数(枚)	结实率(%)		0.05	0.01
自然传粉	291	316	92.09	123	204	60.29	180	201	89.55	82.47(7.2)	a	A
排除风媒准许虫媒传粉	118	142	83.1	137	164	83.54	221	281	78.65	81.81(1.1)	a	A
排除虫媒准许风媒传粉	3	199	1.51	2	233	0.86	4	243	1.65	1.32(0.6)	b	B
排除风媒与虫媒传粉	2	306	0.65	0	211	0	0	150	0	0.07(1.5)	b	B

注 对结实率进行反正弦平方根转换后，用新复极差法SSR进行多重比较。$F_{3,8}=89.0$，$P=0.0001$。

排除虫媒准许风媒传粉处理，平均每株雌株结种子数3粒。其平均结实率为1.3%，与自然传粉及排除风媒准许虫媒传粉处理的结实率都存在极显著性差异。在授粉期间并没有观察到有传粉甲虫进入雌花中。

排除风媒与虫媒传粉处理的3株雌株，仅有一株雌株结了2个种子，其他2株均未结实。此处理的平均结实率为0.1%，与自然传粉及排除风媒准许虫媒传粉处理的结实率存在极显著性差异，但与排除虫媒准许风媒处理的结实率并无显著性差异。

3.3.2.3　风媒传粉距离的测定

(1)散粉期雄球花周围花粉密度

由表3-20可知，距离散粉雄球花越近，花粉密度越大。绝大部分的花粉落在距离花粉源2.5m范围之内，尤以距花粉源0.3m的范围之内最多，其花粉密度高达1158.76粒/(cm^2·天)，而距离花粉源2.5m之处的花粉密度仅仅是12.84粒/(cm^2·天)。在10m之外安置的载玻片很难收集到花粉。从表中还可以看出，雄花在下午散粉最盛，其次为早上，晚上散粉最弱。

表3-20　花粉密度与散粉雄球花距离的关系

方向	时间	花粉密度(粒/cm^2·天)							
		0.3m	0.6m	1.2m	2.5m	5m	10m	20m	30m
东 East	07:00~13:00	206.25	63.50	15.85	6.25	1.95	0.35	0.12	0.03
	13:00~19:00	497.16	132.65	19.58	3.35	0.82	0.25	0.04	0.04
	19:00~07:00	395.55	114.78	12.79	3.25	1	0.2	0	0
	合计	1098.96	310.93	48.22	12.85	3.77	0.8	0.16	0.07

（续）

方向	时间	花粉密度(粒/cm^2·天)							
		0.3m	0.6m	1.2m	2.5m	5m	10m	20m	30m
南 South	07:00~13:00	335.76	87.12	14.52	5.5	1.52	0.33	0.05	0.02
	13:00~19:00	518.83	141.60	24.99	4.02	0.55	0.5	0.1	0
	19:00~07:00	367.22	64.87	10.74	3.23	0.41	1.05	0.16	0.03
	合计	1221.81	293.59	50.25	12.75	2.48	1.88	0.31	0.02
西 West	07:00~13:00	266.64	71.34	12.87	5.33	1.62	0.66	0.18	0
	13:00~19:00	457.13	102.33	20.50	4.05	0.65	0.5	0.12	0.1
	19:00~07:00	296.28	92.33	14.32	2.75	0.5	1	0.15	0
	Σ	1020.05	266.00	47.69	12.13	2.77	2.16	0.45	0.1
北 North	07:00~13:00	342.44	138.55	14.76	5.66	1.56	0.75	0.15	0.03
	13:00~19:00	465.12	148.34	16.43	4.15	1.35	0.25	0.13	0
	19:00~07:00	486.65	164.36	18.98	3.8	1.11	0.65	0.13	0
	合计	1294.21	451.25	50.17	13.61	4.02	1.65	0.41	0.03
日平均值		1158.76	330.44	49.08	12.84	3.26	1.62	0.33	0.06

图 3-34 直观显示花粉密度与散粉源距离的关系，由此看出，风媒传播德保苏铁花粉的距离极短。

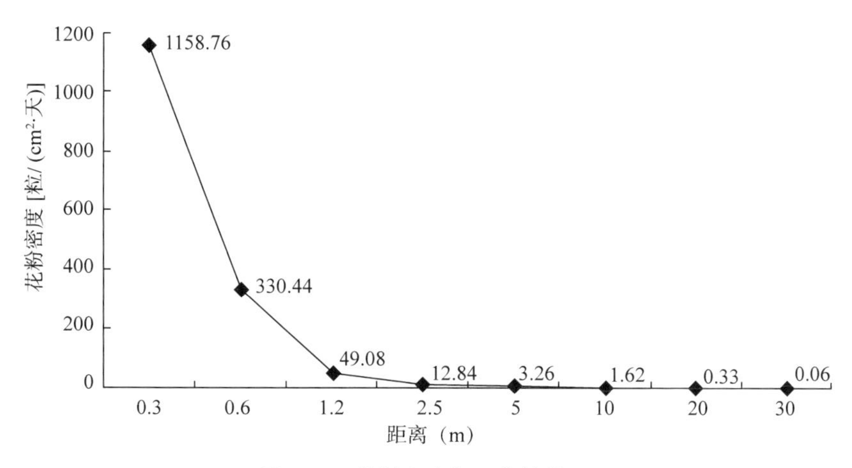

图 3-34 花粉密度与距离的关系

如彩图 48 所示，观察、统计载玻片上的花粉，结果表明，距离散粉雄球花 0.3m 处载玻片收集到的花粉粒有 99.92%黏结成团(两粒及两粒花粉黏结在一起视为成团)，有的花粉团含有的花粉数量超过 1000 粒；距离散粉雄球花 0.6m 处载玻片收集到的花粉有 94.66%黏结成团，最大的花粉团含有的花粉数目约为 180 粒；距离散粉雄球花 1.2m 处载玻片收集到的花粉有 53.52%黏结成团，最大的花粉团里含有花粉数目为 21 粒；距离散粉雄球花 2.5m 处的载玻片收集到的花粉，只有 7.89%的花粉粒黏结成团，最大的花粉团里含有的花粉数目为 2 粒；而距离散粉雄球花 2.5m 以及 2.5m 以外的载玻片，没有能收集到成团的花粉粒。统计所有收集到的花粉粒，结果表明，99.87%的花粉粒黏结成团；95.68%的花粉散落在距离散粉雄球花0.6m的范围内，99.66%的花粉散落在距离散粉雄球花2.5m的范围内。

(2)授粉期雌球花周围花粉密度

设置在授粉期雌球花周围的所有涂抹凡士林的载玻片都未收集到德保苏铁的花粉。由此可见，在自然状态下，风媒难以把德保苏铁雄球花散发的花粉传递到雌球花上。

3.3.2.4 访花动物的调查及其携带的花粉对比

(1)德保苏铁访花动物调查

在扶平种群德保苏铁10个雄株、4个雌株上，共观察到昆虫纲5个目的昆虫和蛛形纲蛛形目的蜘蛛。包括蜚蠊(蜚蠊目)、蚂蚁(膜翅目蚁科)、蜜蜂(膜翅目蜜蜂科)、蛾类(鳞翅目螟蛾科)、粉蝶(鳞翅目粉蝶科)、果蝇(双翅目果蝇科)、粪蝇(双翅目粪蝇科)以及甲虫(鞘翅目)。除了一种数量极多的甲虫，其他访花动物都是偶尔出现在球花上，数量极少(<3)，且逗留在球花上的时间较短(一般不超过30分钟)。只有一种甲虫是在所调查的10株雄球花和4株雌球花上都出现，此甲虫在雄球花上的数量超过1000头(平均1285头)，在授粉期的雌球花上平均有32头(20:00)。对此甲虫进行拍照，保存，并请美国农业部的苏铁昆虫专家William Tang鉴定，确定为鞘翅目(Coleoptera)扁甲总科(Cucujoidea)大蕈甲科(Erotylidae)的甲虫，种名未定，属于一个即将发表的新属(美国农业部的William Tang和美国麻省大学许光博士共同研究此甲虫以及其他中国苏铁传粉甲虫数年，此属甲虫于2013年发表，学名为*Ceratophila*)。

在雄球花散粉期前1周，不管是白天还是晚上，总有十几头大蕈甲科的这种甲虫在雄球花上爬行，且有少量钻入未裂开的雄球花中。在散粉期，不管是早上、下午还是晚上，有超过1000头此类甲虫在啃食大孢子叶叶肉组织，但不啃食花粉囊及花粉。如彩图49所示，在散粉期结束时，绝大部分大孢子叶叶肉组织已被甲虫吃尽，仅剩大孢子叶表皮组织，此时雄球花上的甲虫逐渐减少，而雄球花中轴中仍有少量甲虫成虫和大量幼虫。

授粉期之前的雌球花上并没有发现上述的大蕈甲科甲虫。在授粉期，所调查的4株雌球花上都发现上述的甲虫，早上和下午雌球花表面并没有甲虫，仅有少量(约16头)在雌球花内部活动(在胚珠附近活动)，而到了傍晚，有较多的传粉甲虫出现在雌球花表面以及周边的叶柄上，翻开大孢子叶，亦发现较多甲虫在大孢子叶上活动，用捕虫网捕捉，得到约32头甲虫。在授粉期结束后(此时胚珠增大、变绿)，雌球花上不再出现这些甲虫。

(2)雌雄球花上甲虫及其携带的花粉的对比

如彩图50所示，从扶平种群德保苏铁3个授粉期的雌球花中捕捉到大蕈甲科甲虫，也在扶平种群雄球花上捕捉到了这种甲虫，从形态判断它们为同种昆虫。雌球花上的甲虫身上携带有较多的花粉，此花粉与雄球花上的花粉在形态、大小上都基本相同，确定是德保苏铁的花粉。其他偶尔出现在德保苏铁雌球花上的昆虫(蛾、蜚蠊、蚂蚁等)身上并没有携带德保苏铁的花粉。

(3)德保苏铁传粉媒介实验分析

由排除法实验得知，排除风媒而准许昆虫传粉处理的结实率(81.7%)较高，与自然传粉处理的结实率(83.3%)无显著差异，而排除昆虫传粉允许风媒传粉处理的结实率极低

(1.34%)，由此初步确定德保苏铁依靠虫媒传粉。测试散粉期雄球花周围花粉密度得知距雄球花越近，空气中的花粉密度越大，距离散粉期雄球花越远，空气中花粉密度越小，距离雄球花2.5m处的花粉密度已经非常低，风媒难以为德保苏铁传粉服务；绝大部分的花粉粒黏结成团，散落在距离散粉雄球花周围2.5m的范围内；在授粉期雌球花(距离最近的散粉期雄球花的距离大于50m)周围设置的载玻片未能收集到德保苏铁花粉，更进一步说明自然种群中的德保苏铁不依靠风媒进行传粉。

持续观察德保苏铁访花动物，发现只有一种昆虫(鞘翅目大蕈甲科)持续出现在每个授粉期的雌球花和散粉期的雄球花上，并且数量较多，此甲虫身上均黏附着德保苏铁的花粉，可确定此甲虫是德保苏铁传粉媒介。

3.3.2.5 传粉机理的探索

(1)德保苏铁传粉甲虫的活动

经过连续观察记录德保苏铁散粉期雄球花、授粉期雌球花的甲虫活动情况，得出图3-35。结果显示，离开雄球花上的甲虫在18:00开始增加，20:00~21:00达到了巅峰，每10分钟有约19头甲虫离开雄球花，而后这个数量逐渐下降，到23:00后，10分钟内离开雄球花的甲虫数量基本保持在4头以下。由于套在雄球花的纱网筒阻隔，甲虫不会从纱网筒两端进入球花，暂时无法统计单位时间内回到雄球花的甲虫数量。

观察套在散粉期雌球花的纱网上的甲虫数量，发现只有17:00~23:00时间段内纱网上有甲虫，其他时间段，纱网上均无甲虫。在20:00纱网上的甲虫数量达到了极值，平均有约12头甲虫。捕捉了一些甲虫带回实验室用显微镜观察，发现其身上均携带了德保苏铁花粉。

荧光示踪法实验结果显示，荧光染料颗粒在授粉期雌球花大孢子叶顶端、中部基部以及胚珠都出现，分布较为均匀，未发现有集中分布区。由此可推测德保苏铁传粉甲虫较为均匀地访问了大孢子叶每一处。与直接观察结果相同，在傍晚时分，传粉甲虫在授粉期雌球花表面徘徊，而后陆续进入雌球花内部，但其活动似乎没有规律可言，不断徘徊、探索，未见其有聚集、啃食或者其他活动。观察整个大孢子叶，未发现任何被啃食的痕迹。

由于德保苏铁传粉甲虫形态较小，且大部分传粉甲虫都在雄球花小孢子叶中活动，故无法观察到其产卵现象，但发现其幼虫都在雄球花小孢子叶及其小孢子叶球中轴中活动，故推测德保苏铁传粉甲虫在雄球花小孢子叶中及小孢子叶球中轴产卵。德保苏铁传粉幼虫为寡足型，胸足发达，无腹足。取食散粉期和散粉期结束后的小孢子叶肉组织和中轴组织。雄球花散粉结束后1~2周，腐烂的雄球花中仍有大量的传粉甲虫幼虫活动，但没有了成虫。散粉结束后大约第3周，雄球花基本干枯，其小孢子叶和中轴已无传粉甲虫的幼虫，在雄球花下方的1~10cm的土层中，发现较多幼虫和蛹，取部分幼虫和蛹在人工条件下培育，发现它们最后都发育为大蕈甲科传粉甲虫的成虫。蛹的类型为离蛹，长约6cm，白色，半透明。传粉甲虫的蛹在土层中羽化后成为成虫，离开土层后进入雄球花中取食。在人工培养状态下，幼虫在生长3周后，开始化蛹，蛹期为6.5±1.8天，而后羽化，成虫在雄球花中生活5~7天，开始交配，成虫13.6±3.5天。故初步推断在人工培养下，德保苏铁传粉甲虫的世代生活史约为6周。传粉甲虫的交配活动一般发生在傍晚，有时候也在早晨发现其交配现象，交配地点在雄球花外部，如雄球花基部、雄株的叶柄上。传粉甲虫成虫取食小孢子叶叶肉组织。德保苏铁植株周围伴生植物基本上未发现传粉甲虫的活动情

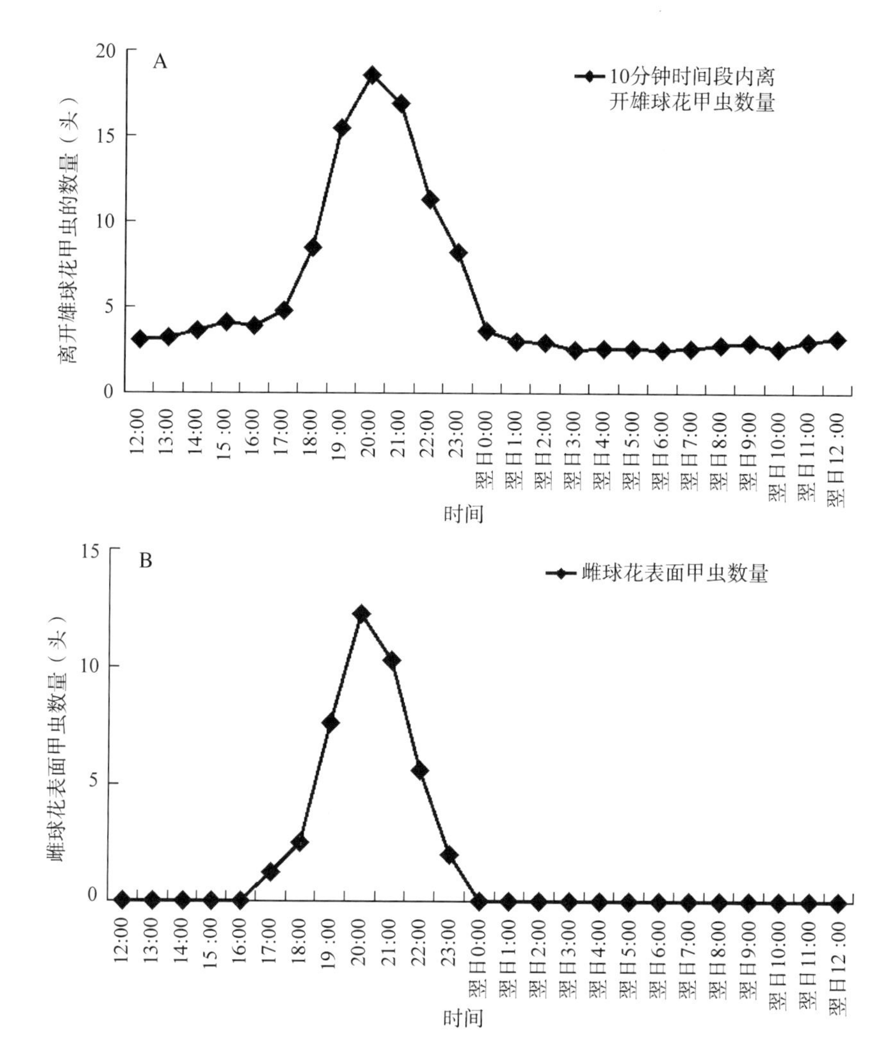

A：雄球花上甲虫活动情况；B：雌球花表面甲虫活动情况

图 3-35　一昼夜德保苏铁传粉甲虫活动

况（只有极少的甲虫会在雄株周围伴生的草本植物上做短暂的休憩）。

（2）德保苏铁雌雄球花授粉期挥发物

经收集、检测，发现德保苏铁雄球花散粉期前及散粉期结束后几天，没有挥发物或者挥发物很低，机器未能检测出来。雌球花亦然。只有雄球花散粉期、雌球花授粉期有挥发物。

一天当中，4 个时段 1.5 小时内德保苏铁雄球花的总挥发物释放量，见表 3-21，雌雄球花都是在 19:00~20:30 时间段总挥发物含量最高。

表 3-21　四个时间段内德保苏铁球花总挥发物释放量

性别	4 个时间段内球花总挥发物释放量±SE（mg/1.5 小时）				总和±SE（mg/6 小时）
	8:30~10:00	14:30~16:00	19:00~20:30	22:30~24:00	
雄球花	1.02±0.08	3.38±0.26	9.87±1.12	2.79±0.28	17.06±1.75
雌球花	0.09±0.01	0.96±0.03	3.59±0.22	1.03±0.06	5.67±0.32

德保苏铁雄球花散粉期的挥发物和雌球花授粉期的挥发物，见表 3-22，扣除杂质气体后，雄球花共有 20 种挥发物，雌球花有 19 种挥发物。德保苏铁雄球花和雌球花的挥发物的主要成分基本一致，主要是左旋 α 蒎烯(占雄球花挥发物的 21.93%、雌球花挥发物的 19.77%)、长叶烯(占雄球花挥发物的 19.39%、雌球花挥发物的 20.86%)、罗汉柏烯(占雄球花挥发物的 18.06%、雌球花挥发物的 17.41%)、柏木脑(占雄球花挥发物的 9.61%、雌球花挥发物的 12.52%)、α 柏木烯(占雄球花挥发物的 8.78%、雌球花挥发物的 9.39%)，这些挥发物主要成分都属于萜类化合物，其他含量较少成分是烷烃和烯萜类化合物。

表 3-22　德保苏铁球花挥发物成分

保留时间	成分		平均挥发量(mg/6 小时)		平均百分含量(%)	
	中文名	英文名	雄花	雌花	雄花	雌花
4.63	未知物 1	Unknown 1	0.16	0	0.94	0
8.69	未知物 2	Unknown 2	0.21	0.07	1.23	1.26
9.5	左旋 α 蒎烯	1S-alpha-Pinene	3.79	1.09	21.93	19.77
9.54	未知物 3	Unknown 3	0.22	0.02	1.25	0.28
11.51	莰烯	Camphene	0.19	0.07	1.10	1.23
11.97	4-乙基葵烷	Decane，4-ethyl	0	0.01	0	0.22
12.23	未知物 4	Unknown 4	0.1	0.06	0.59	1.06
12.53	左旋 β 蒎烯	1S-beta-Pinene	0.13	0.13	0.73	2.28
13.92	未知物 5	Unknown 5	0.12	0.03	0.70	0.55
14.21	4-甲基葵烷	Decane，4-methyl-	0.25	0.09	1.43	0.85
14.4	柠檬烯	Limonene	0.39	0.11	2.27	2.02
15.19	反式十氢化萘	trans-Decalin	0.17	0.07	0.97	1.23
18.19	樟脑	Camphor	0.2	0.1	1.16	1.83
19.95	柏木脑	Cedrol	1.66	0.69	9.61	12.52
24.7	未知物 6	Unknown 6	0.5	0	2.87	0
25.61	长叶烯	Longifolene	3.35	1.15	19.39	20.86
25.79	α-柏木烯	alpha-Cedrene	1.52	0.52	8.78	9.39
27.02	罗汉柏烯	Thujppsene	3.12	0.96	18.06	17.41
29.25	二十一烷	Heneicosane	0.25	0.25	1.45	4.54
30.12	未知物 7	Unknown 7	0.27	0.09	1.85	1.59
32.33	未知物 8	Unknown 8	0.46	0.16	2.70	2.82
总计			17.06	5.67	100	100

(3)德保苏铁雌雄球花温度变化

对扶平种群德保苏铁 4 个雄球花、3 个雌球花和黄连山种群 5 个雄球花、4 个雌球花进行了温度检测，对于雄球花，从散粉前 1 周到散粉结束后 5 天；对于雌球花从授粉前 1 周到授粉结束后 1 周的时间。每个球花检测时间均超过 22 天。参考前人经验，定义生热作用的开始：球花温度持续(>1 小时)升高且温差(球花温度-周围环境气温)>2℃，而生热作用结束的定义为：球花温度持续降低。此人为的定义是模糊的估计生热作用的开始与结束，还没更好的方法准确测量其生热作用的开始与结束，这是参考了 Terry(2004)对生热开始和结束的定义。

如图 3-36A 所示，在散粉前，雄球花温度变化与周围环境气温变化基本同步。温差(球花温度-环境气温，下同)在-1~5℃，变化幅度均不大，不存在生热现象。散粉期(约 7 天)，在 02:00~15:00，雄球花温度与周围环境气温的变化基本同步，温差变化幅度在-1~3℃；在 14:30~15:40，当周围环境气温从最高值开始下降时，雄球花温度不降反增，开始出现明显的生热现象，到 20:22~22:02(平均在 21:18)，雄球花温度达到最高值(球花温度最高值均超过白天时候周围环境气温最高值)，而温差也大概在这时候达到最大值(最大温差平均为 9.8℃，最大温差的范围是 4.9~15.4℃)。雄球花散粉期每天的生热现象平均持续 5.2 小时(范围在 3.8~6.6 小时)。散粉期结束后 5 天时间里，雄球花温度变化与周围环境气温的变化趋于一致，温差范围在-1~-3℃，不存在生热现象。

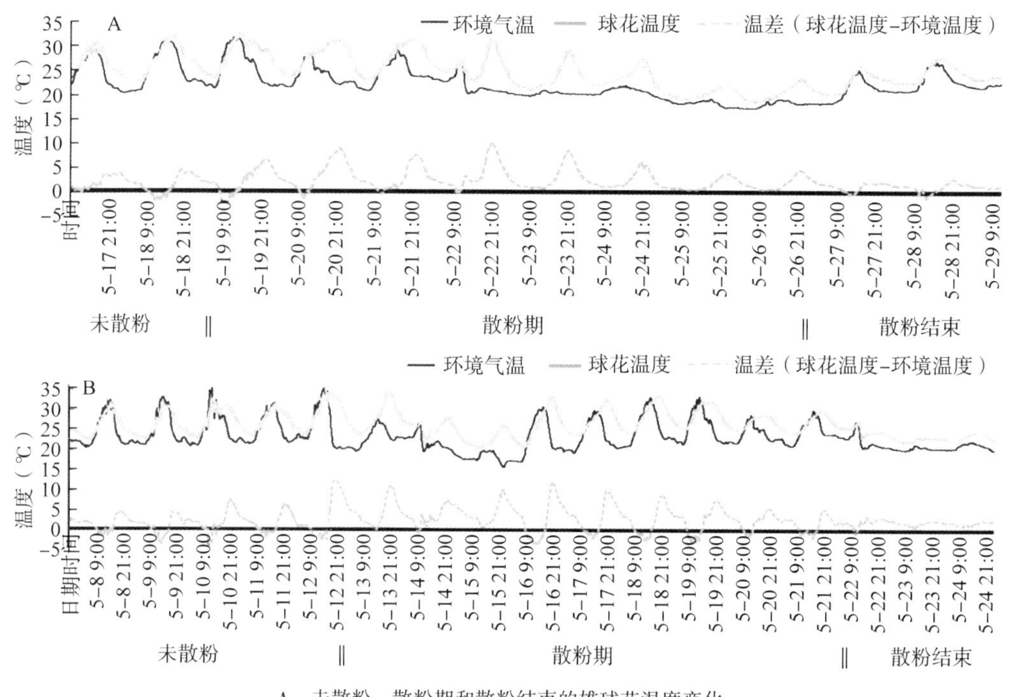

A：未散粉、散粉期和散粉结束的雄球花温度变化；
B：未授粉、授粉期和授粉结束的雌球花温度变化

图 3-36　德保苏铁球花温度变化

如图 3-36B 所示，在雌球花未授粉时，雌球花温度变化与周围环境气温变化基本一致，温差曲线无明显的“峰”，球花无明显生热现象。授粉期(持续约 12 天)，在 2:30~14:30，雌球花温度变化与周围环境气温变化大致相同，温差值在-3~3℃，无明显的“峰”，即无明显生热现象。在 14:30~15:56，雌球花温度变化与周围环境气温变化开始不同，此时环境气温开始下降，雌球花温度持续升高，出现明显的生热作用，在 20:30~22:40(平均在 22:10)达到最高值，平均高出周围环境气温 9.3℃(最大温差在 5.2℃~

12.5℃)。生热作用持续约6.5小时。雌球花授粉结束后的1周时间内，雌球花温度变化与周围环境气温变化基本同步，虽然一天内大部分时间球花温度比环境气温高约2.5℃，但温差曲线已无明显的“峰”，不再存在明显生热作用。

黄连山种群德保苏铁雌雄球花的温度变化模式与扶平种群德保苏铁雌雄球花的温度变化模式基本相同。

(4)德保苏铁传粉机制的初步分析

研究发现德保苏铁授粉期、散粉期的雌、雄球花的温度变化，访花甲虫活动和挥发物释放量存在着以24小时为周期的节律变化，将24小时内球花温度、球花总挥发物含量和甲虫活动变化曲线放在同一个图中，得出图3-37。如图所示，雄球花的生热峰值、离开雄球花甲虫数量峰值和雄球花总挥发物释放量峰值都出现在19:00~21:30，甲虫离开雄球花可能与雄球花的生热和挥发物释放加剧相关。

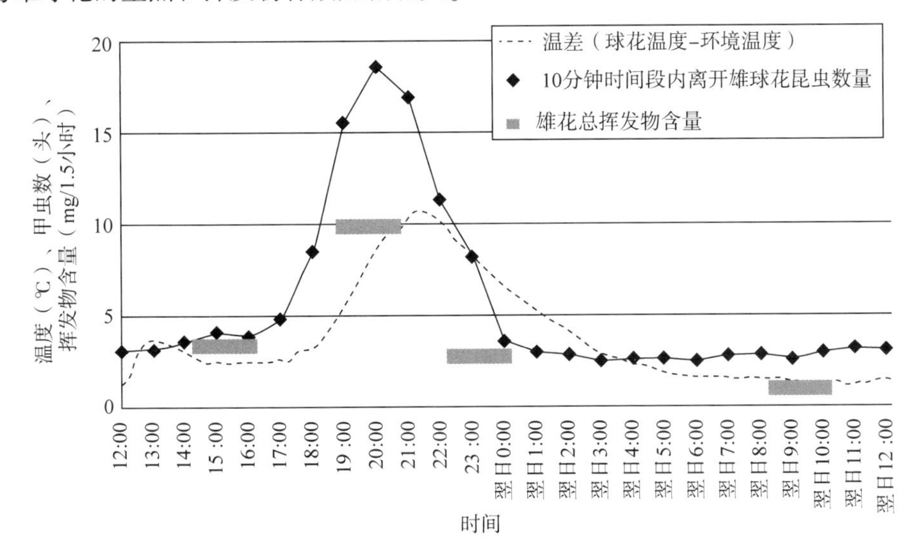

图3-37 德保苏铁雄球花生热、挥发物释放与甲虫活动的关系

如图3-38所示，雌球花总挥发物释放量和雌球花表面甲虫数量都在19:00~21:00达到峰值，而雌球花温度却在20:30~22:40达到峰值，此时雌球花挥发物已降低。

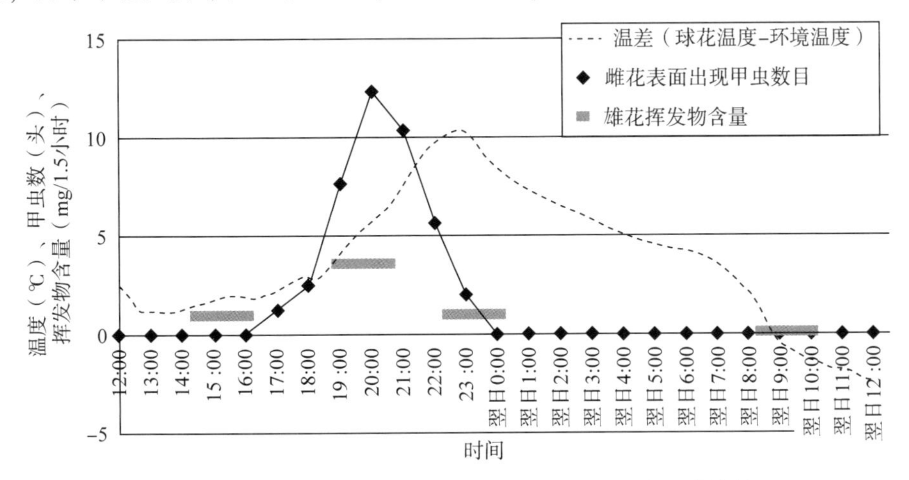

图3-38 德保苏铁雌球花生热、挥发物释放与甲虫活动的关系

由此推测，在19:00~21:00，雄球花的生热作用和高浓度挥发物将甲虫驱赶出雄球花，而此时雌球花挥发物升高到一定浓度(低于此时雄球花挥发物浓度)，吸引甲虫前来传粉。在21:00~24:00，雌球花挥发物降低(低于19:00~21:00时的浓度)，这时的浓度对甲虫的吸引力降低了，而球花在这个阶段生热，将甲虫驱赶出雌球花，这些甲虫飞离雌球花一段距离后受到雄球花挥发物的影响，被吸引至雄球花上。

观察发现德保苏铁传粉甲虫的生活史都在德保苏铁雌雄球花及附近土层中度过，德保苏铁雄球花为传粉甲虫提供食物来源、栖息地、交配产卵场所、幼虫成长场所，而传粉甲虫为德保苏铁提供传粉服务，这两者之间存在互利共生的关系。但未发现德保苏铁雌球花为传粉甲虫提供任何回报。

3.3.2.6 黄连山德保苏铁回归种群传粉探索

(1)黄连山回归种群传粉者的调查

据了解，2011年黄连山种群8株雄株开花时，雄球花上并无传粉甲虫活动。2012年5月6~8日，黄连山种群最先散粉的4个雄球花无持续访问并长时间逗留的动物。5月12日开始，发现雄球花上有少量甲虫活动，这些甲虫在啃食小孢子叶叶肉组织，每个雄球花约有15头甲虫。捕捉一些甲虫带回实验室，经广西大学农学院甲虫专家陆温鉴定，确定黄连山德保苏铁雄球花上的甲虫与扶平种群德保苏铁传粉甲虫(大蕈甲科)为同一种甲虫。

到5月20日，发现平均每个雄球花上有23头大蕈甲科甲虫。但在所调查的4个雌球花上，并未发现大蕈甲科传粉甲虫。而其他访花动物如蜘蛛、粉蝶、飞蛾、瓢虫、蜜蜂等也有出现，但其出现在雌雄球花上的数量极少且访花时间很短，且不持续出现，故判断这些动物并非黄连山种群德保苏铁的传粉者。

在确定大蕈甲科的甲虫(与原生境的德保苏铁传粉甲虫相同)为黄连山种群的传粉者后，2012年5月21日从德保苏铁原生境(扶平种群)引入360头传粉甲虫做人工引入昆虫传粉实验。5月29日，对黄连山种群12个雄球花和2个雌球花进行访花昆虫调查，发现散粉期雄球花上的大蕈甲科甲虫达到132头/株，而所调查的2个自然授粉的雌球花上都出现此传粉甲虫，平均每个雌球花上有9头传粉甲虫。黄连山种群散粉期结束后的雄球花中轴中发现了少量的传粉甲虫幼虫，说明这些传粉甲虫已经可以在黄连山种群雄球花上交配、产卵、孵化及抚育后代。

(2)回归种群不同传粉方式的探索

结果显示(表3-23)，5月8~20日进行自然授粉的雌株(自然授粉处理1)的结实率为1.95%，远低于授粉期为5月23日至6月5日的雌株的结实率(17.15%)，两者存在极显著性差异。

2012年5月21日进行人工引入昆虫实验，引入昆虫处理的6雌株结实率为32.88%。在这6株雌株授粉期结束后5天(通过观察胚珠发育情况判断)，揭开包裹这6株雌球花的无纺布，发现雌球花上已无活的传粉甲虫，有的雌球花上有1~3头传粉甲虫尸体，有的没有，说明大部分传粉甲虫已离开此6个雌球花。此次引入传粉甲虫总共360头。

在雌球花授粉期进行2次人工授粉处理(相隔5天)的雌株结实率达到了73.92%，而在授粉期只进行一次人工授粉处理的雌株结实率仅为17.15%，二者存在极显著差异。

表 3-23　黄连山种群 5 种不同授粉方式雌株结实率

处理	n	每个雌球花结种数(最小值与最大值)	平均结实率(%)	标准误 SE	差异显著性	
					0.05	0.01
人工授粉处理 2	4	187(135~223)	73.92	1.6	a	A
引入昆虫处理	6	88(15~137)	32.88	5.3	b	B
自然授粉处理 2	2	100(78~122)	17.15	0.9	b	B
人工授粉处理 1	3	61(6~127)	16.30	3.9	b	B
自然授粉处理 1	4	8(2~11)	1.95	1.0	c	C

注 对结实率进行反正弦平方根转换后，用新复极差法 SSR 进行多重比较。$F_{4,14}=89.0$，$P=0.0001$。

3.3.3　讨论与结论

3.3.3.1　讨论

3.3.3.1.1　德保苏铁两地种群的保护

(1)扶平种群德保苏铁的保护

由于盗挖盗采，在短短 4 年时间内，扶平种群德保苏铁植株数量从最初发现时的 2000 多株(1998 年百色林业局调查数据)下降到 2001 年的 785 株，其中成年植株 485 株，年龄结构已经呈倒金字塔形(马晓燕等，2001 年)，而 2012 年调查结果显示，扶平种群植株数量仅为 425 株，成年植株为 249 株，呈严重的倒金字塔形。虽然在 2012 年的调查中没有发现新的盗挖后留下来的土坑和残枝，但是此前 10 年的时间内还是存在盗挖现象(根据走访调查得出)。虽然上平屯后山山脚下的德保苏铁苗圃(村民收集山上德保苏铁种子繁育而成)已有十几株雌株能结种子，有村民将这些种子拿去贩卖，但是仍有村民上山采集野生德保苏铁种子，这可能是导致幼苗及青少年植株极少的原因。

物种短期(100 年)存活的有效种群不得低于 50 个个体，确保长期存活的有效种群大小为不少于 500 个个体(Franklin，1980)，但不同物种因种群特征、遗传特性及所处生境和所受威胁不同，其有效种群大小，不存在所有物种都适应的均值(李义明，1996)。扶平种群德保苏铁植株数量现在为 425 株，且存在逐年减少的趋势，成年植株在不断减少，而幼苗和青少年植株的数量也不增反减，扶平种群已濒于灭绝。

根据实际情况，可让保护区专业育苗人员对原生境的德保苏铁进行人工授粉以产生更多的可育种子，并将种子散播到种群内适宜生长的地方，或将种子在山脚下培育成苗后再引苗归山，以恢复种群植株数量和改善种群年龄结构。

目前，尚未发现德保苏铁传粉甲虫的天敌，扶平种群德保苏铁传粉甲虫的数量较多，足以为该种群提供传粉服务。仍需关注德保苏铁传粉甲虫，因为它是目前发现的德保苏铁唯一传粉者。

(2)黄连山种群德保苏铁的保护

德保苏铁回归自然项目的约 500 株德保苏铁由于得到黄连山自然保护区有效的管理，其患病率及死亡率都低于扶平种群。黄连山种群的德保苏铁整体长势良好、整齐，平均每株植株羽叶数为 5.39，高于扶平种群的 3.48 片/株。在茎高、茎宽、叶长、叶宽及一级小羽片数等数据比较上，扶平种群均高于黄连山种群，这是由于扶平种群是一个自然形成的种群，又由于受人为破坏严重，青少年植株过少，而黄连山种群为人工建设的种群，约500株德保苏铁的年龄基本一致，约为11年植株，大部分属于青少年植株，成年植株仅为98株(2011年开花8株，2012年开花的89株)。

由于黄连山种群离扶平种群仅6km，海拔高度、气候条件基本相同，种群雄花散粉时间、雌花授粉时间与扶平种群的基本一致，开花植株性别比为3.68∶1，与扶平种群的3.77∶1基本一致。黄连山种群的雄花高度显著高于扶平种群的雄花高度，而一个雌花所含大孢子叶片数极显著大于扶平种群。这可能是由于扶平种群原来长在较好的土层的德保苏铁已被盗挖殆尽，剩下的植株大多数长在大石头周边或石缝中，生长环境恶劣，土层薄且养分少，故长势不算好；而黄连山种群植株处于缓土坡，有较厚的土层，营养供应充足。

黄连山种群所做排除法实验，自然授粉处理1(此时未进行引入昆虫处理实验)的结实率仅为1.95%。而进行引入甲虫处理实验后(5月21日进行)，这些甲虫在处理中6个雌花上授粉后逃逸(见前文所述)，而5月24日至6月5日调查发现雄球花上甲虫数量增至132头/株。自然授粉处理2的雌球花上甲虫数量达到9头/株，这可能是导致自然授粉处理2的结实率(17.2%)高于自然授粉处理1的原因。说明从扶平带来的传粉甲虫已能在黄连山种群德保苏铁上进行存活、繁殖，并对德保苏铁进行授粉。

为了让回归自然的德保苏铁种群能像自然种群那样存活，必须要让种群里的植株能顺利进行繁殖后代，本研究表明德保苏铁为虫媒传粉，而黄连山种群已经有少量传粉甲虫，但不足以满足种群授粉所需的甲虫数量，从原生境引入甲虫确实能提高黄连山种群的授粉率，但是也存在一个危险：可能会将原生境的德保苏铁病虫害也一同引入。所以，是否要引入传粉甲虫应该慎重考虑。若要引入甲虫，应要确定此甲虫不是德保苏铁的病虫害携带者，且应从病虫害较少的地方收集传粉甲虫。

对黄连山种群进行人工授粉，只是在该种群缺乏传粉甲虫时采取的一个暂行措施。当种群中的传粉甲虫数量足够多时，就应当对其传粉行为减少人为干扰。由实验得知，在授粉期对雌球花进行2次人工授粉比进行1次人工授粉结实率高。在翌年开花季节，可以多进行几次人工授粉。为了完善黄连山种群的年龄结构，应该在该种群所结的种子留在植株周围，让其自然繁殖。

3.3.3.1.2 传粉媒介的确定

(1)排除法

扶平种群的排除法实验显示，排除风媒而准许昆虫传粉处理的结实率(81.7%)与自然传粉结实率(83.3%)相差无几，无显著差异，而在实验过程中确实发现有身上携带花粉的甲虫钻入雌球花中。而排除昆虫传粉允许风媒传粉处理的结实率仅仅为1.34%，与排除虫媒、风媒传粉处理的结实率(0.2%)相近。这说明风媒在德保苏铁传粉中扮演的角色微乎其微，而虫媒则扮演着极其重要的角色。

排除法是确定苏铁类植物传粉媒介的好方法。Norstog等(1986)用排除法证明鳞秕泽米为虫媒传粉。Tang(1987)用排除法确定苏铁类植物 *Z. pumila* 为虫媒传粉。此后，几乎每个研究苏铁类植物传粉生物学的学者，都用此方法来确定苏铁类植物的传粉媒介

(Donaldson, 1997; Terry, 2001; Wilson, 2002; Hall et al., 2004; Terry et al., 2005; Kono et al., 2007; Proches et al., 2009; 杨泉光等, 2010; 孙键, 2013)。本研究的排除法的“排除风媒传粉并允许传粉昆虫进入雌球花传粉处理”为根据前人经验及自己观察实验而创立，经检验此法能有效排除风媒传粉又能让传粉甲虫进入雌球花并对其进行授粉。

(2)风媒传粉距离的测定

通过检测德保苏铁雄球花周围的花粉密度后发现，离散粉源(雄球花)越近，花粉密度越大，而与雄球花越远，花粉密度越小。距离散粉雄球花0.3m之处的花粉密度高达1158.76粒/(cm^2·天)，距离散粉雄球花1.2m之处的花粉密度约为49.08粒/(cm^2·天)，而距离散粉雄球花2.5m之处的花粉密度约为13粒/(cm^2·天)，距离散粉雄球花5m处的花粉密度仅仅为3.26粒/(cm^2·天)。澳大利亚的苏铁类植物 *L. peroffskyana* 为虫媒传粉，在距离雄球花50cm的范围内有大量的花粉，当与雄球花距离超出2m后，花粉数量极少，呈零星分布(Hall et al., 2004)。而分布在琉球群岛上的苏铁 *Cycas revoluta* 以虫媒传粉为主，虫媒与风媒共同传粉，距苏铁雄球花0.5m处花粉密度超过1000粒/(cm^2·天)，当离雄球花2m时，花粉密度降至12粒/(cm^2·天)，Kono等(2007)认为当雌株距离雄株2m之内时，才能进行风媒传粉。本研究的结果与上述结果类似。Proctor等(1996)提出植株(风媒传粉的植物)所处的生境需有100万粒花粉/m^2才能使授粉顺利进行。由此看来，德保苏铁雌株必需距散粉的雄株足够近(小于1m)才有可能进行风媒传粉。根据野外调查，自然生境中的德保苏铁雌雄株距离都比较远(50~100m)，故推断风媒很难为德保苏铁传粉服务，本研究欲测量授粉期雌株周围的花粉密度，结果3个重复均未能收集到德保苏铁的花粉，此结果更进一步证实风媒传播德保苏铁花粉的能力十分有限。Hall等(2011)利用空气动力学原理，研究了几种大陆型苏铁类植物和几种海岛型苏铁类植物如 *Cycas revoluta*、*Cycas mironesica* 等以及风媒传粉植物如玉米、松、杉等植物的花粉沉降速率、花粉形态特征，发现玉米、松、杉等风媒传粉植物的花粉干燥且轻，在空气中分散成单粒，而大陆型和海岛型的苏铁类植物花粉都易黏结成团，快速沉降。本研究也得到类似结果，德保苏铁的花粉都易黏结成团，在散粉源(雄球花)周围快速沉降，难以通过风媒进行长距离传播。因其具有黏性，故很容易粘在传粉者身上，这说明德保苏铁的花粉适合虫媒传粉而不适合风媒传粉。

测试授粉期雌球花周围的德保苏铁花粉密度实验表明，德保苏铁授粉期的雌球花周围0.3m、0.6m以及1.2m范围内的风媒传粉密度都为0，2012年开花的德保苏铁雌雄球花的距离都超过50m，风媒无法把雄球花散布的花粉运动到授粉期雌球花上。此实验有力证明了自然种群中德保苏铁不依靠风媒传粉。此方法是证明苏铁类植物是否依靠风媒传粉的好方法之一。

(3)访花昆虫的调查

通过连续观察德保苏铁访花昆虫发现，只有大蕈甲科的一种甲虫出现在所有监测的散粉期雄球花和授粉期雌球花中，没有其他动物持续出现在所监测的球花中。从雌球花上捕捉到的甲虫与德保苏铁雄球花上的甲虫一致，且其身上携带的花粉与德保苏铁花粉一致，可推断此大蕈甲科甲虫是德保苏铁的专一性传粉甲虫。大蕈甲科甲虫是一种全球分布的甲虫，目前全球已知有3亚科125属约2500种，其中我国有26属133种，华南和西南地区的物种丰富度最高(李静，2006)。

扫描电子显微镜照片显示，本研究发现的德保苏铁大蕈甲科传粉甲虫背部、腹部、足、触角等许多部位都有刚毛，适合携带花粉。传粉甲虫的背部看似光滑，但在高倍显微镜下显示，其背部除了有较多刚毛，还有许多沟槽。这与杨泉光等(2010)所说的“传粉甲虫背部光滑，花粉不易黏结其上”相违。在德保苏铁雌花上捕捉到的传粉甲虫身上黏结着较多的德保苏铁花粉(初步估计每头甲虫身上携带的花粉多达500粒)，而在雌球花授粉期，每晚访问雌球花的传粉甲虫约35头。为数不多的(相比雄球花上的上千头传粉甲虫)传粉甲虫足以为德保苏铁提供有效的传粉。

孙键(2013)研究了仙湖苏铁的传粉者，发现一种传粉甲虫很可能是仙湖苏铁的最主要传粉者，他推测此甲虫属于拟叩甲科 Languriidae 的旋拟叩甲属 *Pharaxonotha*。李静(2006)对此传粉甲虫的分类深表怀疑，通过查看此甲虫的形态特征，发现其完全符合大蕈甲科 Erotylidae 的识别特征：“体形为卵圆形，触角11节，端部3节膨大为棒状；鞘翅和前胸背板多有鲜艳的斑块”，与拟叩甲科的重要识别特征：“虫体狭长”不一致，故推测此传粉甲虫为大蕈甲科甲虫。而其形态特征与德保苏铁的传粉甲虫也极为相似，它们是否属于同一属甚至同种？这需要将来的研究者利用形态学和分子生物学方法研究其亲缘性。Leschen(2003)提出一个关于拟蕈甲科和大蕈甲科新的分类系统，他将 *Pharaxonotha* 属置于大蕈甲科之内的 Pharaxonothinae 亚科。

在第九届国际苏铁生物学大会上，William Tang(Tang et al., 2011a；Tang et al., 2011b)报告了他研究亚洲(文中标明了包括广西的苏铁属植物，作者注释)苏铁属植物球花中的甲虫，推断这些甲虫可能是传粉者，利用形态特征和线粒体16S rRNA基因序列研究表明，这些亚洲苏铁属植物球花上出现的甲虫与美洲(新大陆)的苏铁类植物球花上发现的甲虫(*Pharaxonotha* 属)近似，都为大蕈甲科的甲虫，但属于另一个谱系，即另一个新属。

笔者在深圳市仙湖植物园国家苏铁种质资源保存中心所收集的石山苏铁、锈毛苏铁、叉孢苏铁等中国苏铁属植物雌雄球花上均发现疑似传粉甲虫，且与德保苏铁的传粉甲虫极为相似。由此引发一个猜想：中国的苏铁属植物是否都由大蕈甲科某种甲虫传粉？这需要进一步的研究。

Tang等(2011a，2011b)已报道大蕈甲科甲虫为美洲的苏铁类植物传粉，而非洲也有部分苏铁类植物如 *E. friderici-guilielmi* 由大蕈甲科甲虫传粉(Suinyuy et al., 2009)。这引起许多问题：大蕈甲科甲虫某些甲虫是什么时候开始为某些苏铁类植物进行传粉？为苏铁类植物传粉的大蕈甲科甲虫亲缘关系如何？是否有一个共同的起源？这需要进一步研究。

3.3.3.1.3　传粉机制的探索

(1)德保苏铁与传粉甲虫的共生关系

已观察到德保苏铁传粉甲虫在德保苏铁雄球花上觅食、交配及幼虫发育等现象，雄球花散粉结束后，幼虫在雄球花下方1~10cm的土层中化蛹、羽化，传粉甲虫的生活史基本上都是在雄株球花中及其下方的土层中度过。在周围伴生植物上并未发现此传粉甲虫的觅食和生殖活动。本研究表明德保苏铁依靠此传粉甲虫进行传粉，暂未发现其他媒介能为德保苏铁传粉。在德保苏铁原生境(扶平种群)进行多次调查，除了花期的德保苏铁，其他时期德保苏铁及其周围伴生植物上均未出现这个大蕈甲科的传粉甲虫。而在花期结束后，德保苏铁雄球花倒伏、腐烂之处下方的 1~10cm 的土层中，我们发现疑似大蕈甲科传粉甲虫的末龄幼虫，推测此传粉甲虫以末龄幼虫在土层中度过休眠期，待到翌年春季即德保苏铁花期到来之际，这些末龄幼虫将化蛹、羽化并在德保苏铁球花中进行繁殖后代，并为德保苏铁进行传粉，而德保苏铁为传粉甲虫提供食物来源、栖息地、幼虫发育地。由此推测德保苏铁和它的传粉甲虫存在着互利共生的关系。

本研究对传粉甲虫的世代生活史有初步探索，由于未能观察到产卵、孵化现象，故尚不能准确计算其世代生活史。具初步观察，自然状态下的德保苏铁传粉甲虫很可能在德保苏铁花期存在一年多化、世代交替现象，德保苏铁花期结束后，可能以末龄幼虫的状态度过休眠期。由此初步判断德保苏铁传粉甲虫以德保苏铁为专一寄主，与其建立互利共生的关系。

2012 年 5 月 6~21 日，所调查的黄连山种群散粉的雄球花上已有大蕈甲科的甲虫，但数量极少，而此时授粉期的雌花上并未有甲虫被观测到。这引起疑问，这些甲虫从何来，是从扶平种群(扶平种群与黄连山种群相距 8km)飞来或他们生活在周围的其他植物上？若他们能生活在周围的植物上，说明这些传粉甲虫不具寄主专一性。这需要进一步研究。

现在研究尚未能明确最早出现的苏铁类植物是否为虫媒传粉，但是一些推测的比苏铁属植物更原始的苏铁类植物可能由虫媒传粉(Norstog，1997)；而最近发现的二叠纪苏铁类植物球花的化石表明，某些二叠纪苏铁类植物存在着虫媒传粉现象(Klavins et al.，2003，2005)。可见，苏铁类植物与传粉昆虫的互利共生关系源远流长。

(2)传粉昆虫引诱剂

苏铁类植物雌雄球花在散粉期、授粉期普遍释放挥发物，主要是烯烃类、单萜类、酯类、醇类及醛类等。不同种的苏铁类植物其球花挥发物种类可能不同，也可能相同，而含量也千差万别。同种苏铁类植物的雄球花与雌球花的挥发物种类基本相同，但是挥发物比例可能相同，也可能不同。Suinyuy 等(2012)研究了南非苏铁类植物 *E. villosus* 不同种群(各种群相距较远)植株的球花挥发物发现 *E. villosus* 的球花挥发物存在地域差异，各种群植株球花挥发物种类和比例都不尽相同，甚至相差极大。这表明苏铁类植物球花挥发物既与苏铁种类相关，也可能因地域不同而球花挥发物成分、组成比例有所不同。本研究发现德保苏铁雌雄球花的主要挥发物 α-蒎烯也出现在 *E. villosus* 的球花挥发物中。但是长叶烯、罗汉柏烯、柏木脑及 α-柏木烯为首次发现。苏铁类植物雌雄球花在散粉期、授粉期普遍存在球花生热作用(Tang，1987b；Terry et al.，2001，2004b；Suinyuy，2010)，球花生热峰值的时间各不相同，有的出现在早上，有的出现在中午，更多的是出现在下午和晚上。这可能是物种专一的信号表现。但是也有散粉期、授粉期球花不生热的苏铁类植物如 *S. eriopus*(Tang，1987b；Hall，2009)。

苏铁类植物球花散粉期、授粉期有节律的每天生热现象和产生挥发物是一个并发现象，两者息息相关，可能共同调节传粉甲虫的活动(Tang，1987b；Seymour，2004；Terry，2004)。在被子植物系统中，如番荔枝科(Gottsberger，1999；Jürgens et al.，2000；Tukada et al.，2005)、棕榈科(Scariot et al.，1991；Henderson et al.，2000；Consiglio et al.，2001；Voeks，2002)、天南星科(García-Robledo et al.，2004)及山龙眼科(Hemborg，

2005)的花会散发出水果香味、辛辣味或者臭味以吸引甲虫对其进行授粉。Terry 等(2004, 2007)通过检测昆虫活动规律、挥发物含量变化、昆虫的"Y"管嗅觉测试和触角电位实验，证明了苏铁蓟马 *Cycad othrips* 的活动受苏铁类植物 *M. lucida* 雌雄球花挥发物的调控，即低浓度挥发物吸引昆虫，高浓度挥发物排斥昆虫，当然这个调控也和温度息息相关。Terry 等(2004, 2007)把这个传粉方式叫作"推-拉传粉策略"。这是到目前为止，关于球花生热、挥发物释放和昆虫活动唯一的详细研究。

研究发现德保苏铁授粉期、散粉期的雌、雄球花的温度变化、访花甲虫活动和挥发物释放量存在着一定的节律，雄球花的生热峰值、离开雄球花甲虫数量峰值和雄球花总挥发物含量峰值都出现在 19:00~21:30，由此推测甲虫离开雄球花可能与雄球花的生热和挥发物释放加剧相关。

雌球花总挥发物含量和雌球花表面甲虫数量都在 19:00~21:00 达到峰值，而球花温度却在 20:30~22:40 达到峰值，此时雌球花挥发物已降低。本研究的结果似乎合乎"推-拉传粉策略"，在 19:00~21:00，雄球花的生热作用和高浓度挥发物将甲虫驱赶出雄球花，而此时雌球花挥发物升高到一定浓度(低于此时雄球花挥发物浓度)，吸引甲虫前来传粉。在 21:00~24:00，雌球花挥发物降低(低于 19:00~21:00 时的浓度)，这时的浓度对甲虫的吸引力降低了，而球花在这个阶段生热，将甲虫驱赶出雌球花，这些甲虫飞离雌球花一段距离后受到雄球花挥发物的影响，被吸引至雄球花上。

以上假设尚需用进一步的实验证明。即需要用"Y"形管嗅觉仪或者四臂嗅觉仪测试甲虫对挥发物组分及浓度的反应，以及研究甲虫对不同挥发物组分产生怎样的触角电位图，野外测试甲虫对挥发物、温度的行为反应也是必需的。

(3)苏铁类植物给予传粉者的回报

苏铁类植物对昆虫传粉给予的回报尚存在较多疑问。德保苏铁雄球花为大蕈甲科传粉甲虫提供了食物(主要是大孢子叶叶肉组织，有时也食用叶柄伤口处的分泌液及组织)、栖息地、交配场所和哺育后代的场所(雄球花中轴)。而雌球花好像并没有给传粉甲虫提供回报，调查发现经过甲虫传粉的大孢子叶并没有任何损伤，在雌球花上也没发现甲虫交配、抚育后代的行为。相同的场景也发生在其他苏铁类植物如大泽米属(Terry, 2001, 2004, 2005)、泽米属(Hall et al., 2004)。只有苏铁的雌株可能为传粉甲虫提供食物、交配地、抚育后代场所，因为甲虫消耗了10%的大孢子叶，以及在授粉后的雌球花上发现了甲虫成虫和幼虫(Kono, 2007)。也有学者报道雌球花大孢子叶上产生液滴，吸引传粉昆虫前来食用并授粉(Tang, 1987b, 1993; Donaldson, 1997)。持续观察授粉期德保苏铁的大孢子叶，发现并没有产生液滴，只有在清晨空气湿度大的时候有些无色液体(个别现象)，并没有甲虫食用这液体，推测那仅仅是露水。为什么少数甲虫会访问"无报酬"的雌球花? Terry et al(2011)提出"临时地欺骗"假说：雌球花散发与雄球花相似的挥发物(但是浓度较低)，模仿雄球花吸引甲虫前来传粉。

本研究利用荧光示踪法探索德保苏铁传粉甲虫的活动踪迹，发现荧光染料颗粒较为均匀地分布于大孢子叶上，甚至大孢子叶的基部也沾上荧光染料颗粒，没有发现荧光染料颗粒有集中分布区域。而通过直接观察发现德保苏铁传粉甲虫在授粉期雌球花中的移动并无规律可言，它们的活动似乎无目的性，似乎一直在徘徊与探索。故此猜测德保苏铁与其传粉甲虫之间也存在“临时地欺骗”的现象。

本研究发现访问授粉期雌球花的甲虫数量(约 30 头)远远少于散粉期雄球花的甲虫数量(超过 1000 头),不管雌球花距离雄球花上百米还是数米。且散粉期雌球花内部总有 5~10 头甲虫在活动,不管是在早上、下午还是晚上,为什么有部分甲虫离去,而部分逗留?

3.3.3.2 结论与展望

3.3.3.2.1 结论

本研究对德保苏铁的传粉学进行探索,确定德保苏铁依靠鞘翅目大蕈甲科的一种甲虫传粉,德保苏铁雌雄球花在授粉期、散粉期都有生热现象,且有挥发物散发,德保苏铁传粉甲虫的活动可能受球花生热作用和挥发物共同调控。扶平种群德保苏铁已处于极度濒危状态,必须采取有效措施予以保护。人工建立的黄连山德保苏铁种群营养生长、生殖生长状况良好,此种群已有少量传粉甲虫,可通过人工引入传粉甲虫提升黄连山种群雌株的结实率,但前提必须保证不能将病虫害一同引入。

3.3.3.2.2 展望

近年来的研究表明各大洲的苏铁类植物主要以虫媒传粉为主。但 Kono 等(2007)研究海岛型苏铁类植物苏铁,确定露尾甲是苏铁的主要传媒媒介,而风媒传粉只有在雌株距离雄株 2m 之内才能有效。另一种海岛型苏铁类植物 *Cycas micronesica* 被认为是风媒和虫媒共同传粉(Terry et al.,2009)。王乾等(1997)测试了攀枝花苏铁(在大陆的苏铁类植物)的传粉距离,调查攀枝花苏铁雌雄球花发现仅有少量蚂蚁和蜚蠊在其上活动,就认为攀枝花苏铁以风媒为主,蚂蚁和蜚蠊可能是次要的传粉媒介。笔者对此深表怀疑,因为其未做排除风媒和虫媒的对比实验。而陈家瑞(2007)在攀枝花苏铁球花上收集到了丰富的甲虫,这加深了对攀枝花苏铁主要依靠风媒传粉的怀疑。目前我国约有 24 种苏铁类植物,而对其传粉媒介的研究极少。陈家瑞(2007)观察到云南的单羽苏铁雌雄球花大量存在同种甲虫活动,且雌雄球花都具有生热现象,并有浓烈气味散发,在滇南苏铁球花上也发现此类现象。而孙键(2013)发现仙湖苏铁球花上也存在此类现象。笔者在深圳市中国科学院仙湖植物园国家苏铁种质保存中心观察了石山苏铁、锈毛苏铁、叉叶苏铁等苏铁类植物,均发现上述现象。由此猜测大陆型的苏铁类植物都依靠虫媒传粉,这需要用实验证明。

苏铁类植物的传粉昆虫主要以甲虫(鞘翅目的象甲科、露尾甲科、拟叩头甲科、澳洲蕈甲科和大蕈甲科)为主,其次是蓟马(缨翅目),而 Terry(2009)发现蛾类(鳞翅目)是 *Cycas micronesica* 传粉媒介之一,这也是到目前为止发现的唯一一种依靠蛾类传粉的苏铁类植物。这些昆虫的分布有地域性,它们可能与苏铁类植物进行协同进化,对苏铁传粉昆虫的研究有利于理解苏铁类植物的系统发育(Tang et al.,1999)。有些苏铁类植物是靠几种昆虫共同传粉,而有些苏铁类植物的只靠一种甲虫传粉,如本研究的德保苏铁,发现传粉媒介仅仅是大蕈甲科的一种甲虫。所以在保护德保苏铁种群的时候,也需要关注并保护这种甲虫。古巴的苏铁类植物 *Microcycas calocoma* 已经数十年未能进行自然更新,原因很可能是其传粉甲虫的灭绝(Vovides et al.,1997)。在进行苏铁类植物回归自然(重引入,重建种群)项目选址时,必须先确定该苏铁类植物的传粉媒介,若是虫媒传粉,需考虑回归地点是否有该苏铁类植物的传粉昆虫,若没有传粉昆虫,则需要从原生境引入传粉甲虫(需研究传粉甲虫是否能在回归种群存活和授粉,同时不能将苏铁病虫害引入回归地)。从保

护生物学来看，在原生环境中保护濒危植物，也即就地保护，是最好的保护方案。迁地保护不利于珍稀濒危植物的保护，不利因素之一是迁地可能没有此濒危植物的传粉媒介（若是动物传粉）。

第 4 章

华南苏铁科植物迁地保护技术研究

4.1 苏铁种子萌发特性研究

4.1.1 六籽苏铁

4.1.1.1 种子萌发特性

(1)材料与方法

①实验材料。将六籽苏铁种子浸泡在50℃的温水中放置一天。然后用稀硫酸等溶液浸泡10~15分钟，再用清水冲洗干净，浸种时每隔一天换一次清水，直至外种皮完全吸水膨胀变软，将外种皮剥去，用清水冲洗，淘净果皮和发育不饱满的种子备用。

②方法。

种子形态特性观测及千粒重测定 将自然干燥的种子混合随机取样，用游标卡尺准确测量种子的大小，取平均值；千粒重测定用百粒法，重复3次，取平均值，计算百粒重。

种子萌发特性测定 选取无病虫害的种子于11月末播种，实验在LRH-250-G光照培养箱中进行，播种前种子经0.1%的K_2MnO_4溶液消毒30分钟，清水洗净。播种容器为17.2cm×11.7cm×7cm，容量1000mL的塑料盒，铺以4cm厚经消毒的基质，播种深度为2~3cm，每盒播10粒，每个处理3个重复。选用萌发时滞(Germinationtime Lag，GTL)、发芽势(Germination Energy，GE)、发芽率(Germination Percentage，GP)评价种子活力。以芽顶出为种子萌发标准，观察到第1粒种子萌发后，每7天统计1次萌发数，高峰日以连续7天所萌发的种子来计算，至发芽后90天结束实验。计算公式：

$$发芽率(\%)=发芽种子数/供试种子数\times100\% \quad (4\text{-}1)$$

$$发芽势(\%)=发芽高峰日发芽种子数/供试种子数\times100\% \quad (4\text{-}2)$$

内果皮或种皮对种子萌发的影响 以去除外种皮、去中种皮种子(用刀片划开剥除种

皮)为实验材料。

温度对种子萌发的影响　分别设置培养箱温度为25℃、30℃、35℃以及放置在室温环境(RT，夏季26~32℃，冬季8~15℃)4个温度处理做萌发实验。

基质对种子萌发的影响　分别以沙土、黄土、腐殖土、珍珠岩和混合土5种材料作为基质进行萌发实验。

光照对种子萌发的影响　设置持续光照(3000lx，24小时/天)、持续黑暗(24小时/天)和周期性光照(3000lx，12小时/天)3种光照模式进行萌发实验。

不同播种深度种子萌发实验　分别以石山土和河沙为基质，设置播种深度分别为1cm、3cm和5cm(铺以6cm厚的基质)进行实验。

除另有补充说明，以上处理均设定在去除外种皮处理、30℃温度、周期性光照(3000lx，12小时/天)、以混合土为萌发基质、3cm埋深的条件下进行，保持基质湿润。

数据分析　根据水分变化给种子补充蒸馏水，以防干燥。每天定时观察发芽情况并计数，视胚根突破种皮为发芽。采用Excel软件进行数据统计，采用SPSS统计软件进行不同处理间的多重比较分析。统计值以平均值±标准错误(Mean±SE)表示。

(2)结果与分析

①种子形态特征及测定结果。六籽苏铁种子卵圆形，平滑，有光泽，成熟时外种皮为黄色肉质，易与中种皮分离，内种皮棕色膜质，与中种皮结合在一起不易分离。不剥除外种皮时种球茎均值为18.61mm，百粒重408.9g；剥除外种皮后种球茎均值13.52mm，百粒重321.3g。

②内果皮和种皮对种子萌发的影响。从表4-1可以看出，去除外种皮处理的种子在50天左右萌发，去除中种皮处理在33天左右萌发，去除外种皮与较去除中种皮处理萌发时滞长，推迟17天，GP和GE显著低于去种皮处理。因此，去除中种皮的处理方式较适合六籽苏铁种子萌发与生长。

表4-1　带种皮与去种皮实验种子萌发情况

研究对象	处理方式	萌发时滞GTL(天)	萌芽率GP(%)	发芽势GE(%)
带皮情况	去除外种皮	50.67±2.33	43.33±3.33	16.67±6.67
	去除中种皮	33.67±3.67	63.33±6.67	20.00±3.33

③温度对种子萌发和幼苗生长的影响。由表4-2可知，25℃条件下，六籽苏铁种子无萌发迹象，冬季室温(8~15℃)下也无种子萌发。随着温度的升高，种子的发芽率呈上升的趋势，35℃条件下萌发率达到46%。30℃时种子的GTL比35℃下滞后了2天，无显著性差异。35℃条件下，种子的GE达23.33%比30℃高3.33%，无显著差异，GP在30℃、35℃间无显著性差异。如图4-1所示，第90天所测六籽苏铁种子萌发在35℃下的芽长显著大于30℃条件处理，主根也略长。因此，在35℃下能加快六籽苏铁种子萌发进程和生长速度。

表4-2　不同温度种子萌发情况

研究对象	处理方式	萌发时滞GTL(天)	萌芽率GP(%)	发芽势GE(%)
温度	25℃	0±0a	0±0a	0±0a
	30℃	50.67±1.20b	46.67±8.82b	20.00±5.77b
	35℃	47.00±3.21b	53.33±12.02b	23.33±3.33b
	室温	0±0a	0±0a	0±0a

注　同列不同字母表示差异显著($P<0.05$)。下同。

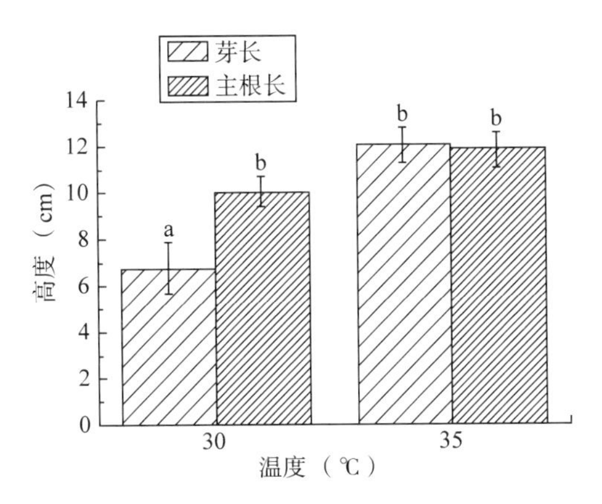

图 4-1　温度对六籽苏铁幼苗生长的影响

④基质对种子萌发和幼苗早期生长的影响。由表 4-3 可知，5 种不同基质下 GTL 顺序为：腐殖土>珍珠岩>混合土>黄土>沙土，沙土的 GTL 显著长于除了黏质壤土之外的其他 3 种基质。以腐殖土为基质种子的 GE 与沙土、珍珠岩、混合土为基质相比差异显著。萌发率在不同的基质条件下为：腐殖土>黄土=珍珠岩=混合土>沙土。因此，腐殖土为最适合六籽苏铁种子萌发的基质。

表 4-3　不同基质种子萌发情况

研究对象	处理方式	萌发时滞 GTL(天)	发芽率 GP(%)	发芽势 GE(%)
基质	沙土	62. 33±4. 67b	30. 00±5. 77a	16. 67±3. 33a
	黄土	48. 33±10. 17ab	53. 33±5. 77ab	26. 67±3. 33ab
	腐殖土	33. 67±2. 73a	66. 67±8. 82b	36. 67±3. 33b
	珍珠岩	40. 67±2. 73a	50. 00±10. 00ab	23. 33±3. 33a
	混合土	44. 67±1. 33a	46. 67±16. 67ab	23. 33±3. 33a

⑤光照对种子萌发的影响。由表 4-4 可知，周期性光照处理种子的萌发率与持续光照和持续黑暗处理三者差异不显著。周期性光照的 GTL 相比持续光照和持续黑暗处理显著提早了 16 和 18 天，具有显著差异，其 GP、GE 相比持续光照和持续黑暗处理提升，但无显著差异。如图 4-2 所示，六籽苏铁种子萌发在三个光照处理下的芽长无显著差异，持续黑暗的主根长显著低于周期性光照和持续光照条件处理。幼苗在周期性光照条件下长势良好，成熟叶片深绿有光泽，持续光照条件下叶片发黄。因此，六籽苏铁种子最适宜在周期性光照条件下萌发与生长。

表 4-4　不同光照种子萌发情况

研究对象	处理方式	萌发时滞 GTL(天)	发芽率 GP(%)	发芽势 GE(%)
光照	持续光照(3000l，24 小时/天)	64. 67±0. 67b	40. 00±5. 77a	16. 67±3. 33a
	持续黑暗(24 小时/天)	66. 67±1. 45b	40. 00±8. 82a	16. 67±6. 67a
	周期性光照(3000l，12 小时/天)	48. 33±3. 28a	53. 33±8. 82a	30. 00±5. 77a

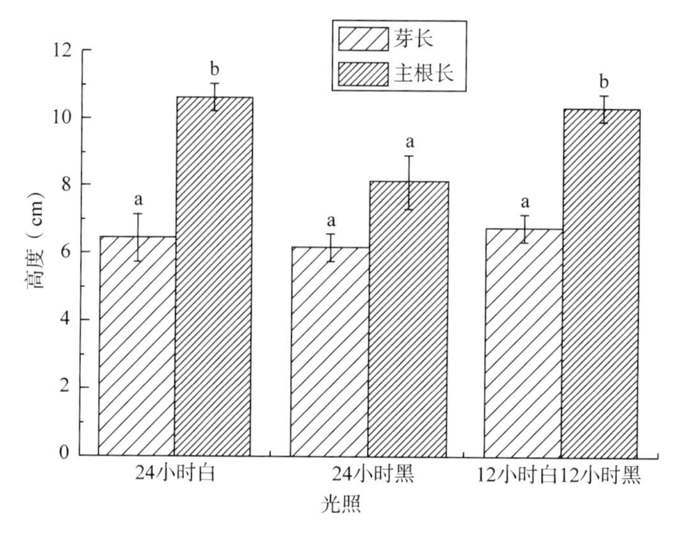

图 4-2　光照对六籽苏铁幼苗生长的影响

⑥播种深度对种子萌发的影响。在混合土基质中，随着埋深的增加 GTL 呈现增加的趋势，埋深 5cm 与埋深 1cm、3cm 存在显著差异，且埋深 5cm 的发芽周期较长，萌发不整齐（表 4-5）。埋深 1cm 与埋深 3cm 的 GTL、GP、GE 都没有显著差异，但埋深 3cm 的 GP、GE 高于埋深 1cm 处理。由图 4-3 可知，第 90 天时，不同埋深处理六籽苏铁幼苗芽长存在显著差异：1cm>3cm>5cm，5cm 条件处理下主根长相比 1cm、3cm 处理短，且存在显著差异。因此，1cm、3cm 的埋深处理都较为适合六籽苏铁种子萌发。

表 4-5　不同播种深度种子萌发情况

研究对象	处理方式	萌发时滞 GTL(天)	发芽率 GP(%)	发芽势 GE(%)
播种深度	1cm	48. 33±2. 33a	33. 33±11. 55a	13. 33±3. 33a
	3cm	50. 00±3. 05a	43. 33±5. 77a	23. 33±3. 33a
	5cm	66. 00±1. 15b	36. 67±23. 09a	16. 67±5. 77a

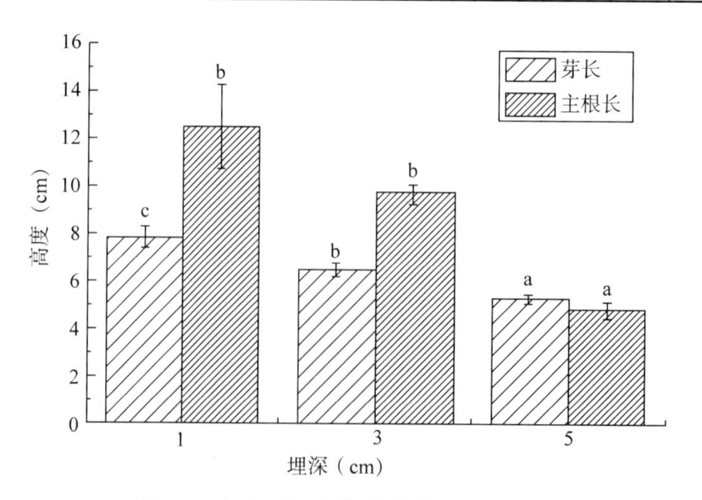

图 4-3　埋深对六籽苏铁幼苗生长的影响

⑦土壤含水量对种子萌发的影响。六籽苏铁种子在土壤含水量为 80%时，无萌发迹象，且种子腐坏明显。在土壤含水量 40%与 20%的处理中 GTL 存在显著差异，40%土壤含水量处理 GTL 更短，而 GP 与 GE 在这两个处理间均无显著差异(表 4-6)。如图 4-4 所示，土壤含水量 40%和 20%的处理中，芽长和主根长存在明显差异，40%含水量处理优于 20%含水量处理。可见在混合土中，40%的含水量较适宜六籽苏铁种子萌发。

表 4-6　不同土壤含水量种子萌发情况

研究对象	处理方式	萌发时滞 GTL(天)	发芽率 GP(%)	发芽势 GE(%)
土壤含水量	80%	0±0a	0±0a	0±0a
	40%	43. 33±1. 33b	36. 67±13. 33b	23. 33±3. 33b
	20%	50. 67±2. 33c	43. 33±3. 33b	16. 67±3. 33b

(3)讨论与结论

①种子的重量、形态特征与种子萌发。种子在自然条件下萌发率低是许多濒危植物种群自然更新困难的常见因素，某些珍稀濒危植物的种子萌发需要相对严苛的条件。植物种子萌发同时也受种子大小、形状和表面附属物的影响。本实验六籽苏铁种子近球形，利于种子从母株脱落时弹跳、滚动，对六籽苏铁的扩散有一定帮助；种子中种皮厚且硬，使得种胚和子叶不易损伤，利于形成种子库，种子百粒重为 321. 3g，可推测知六籽苏铁种子储藏有大量的营养物质，为种子萌发准备充足的先决条件。在进行带皮情况、温度、基质、光照、埋深、土壤含水量这 6 种不同方式对六籽苏铁种子萌发影响的实验中，相同萌发条件下，去种皮与不去种皮、温度、基质、土壤含水量对种子萌发有显著差别；光照、埋深对种子萌发并无显著差别。

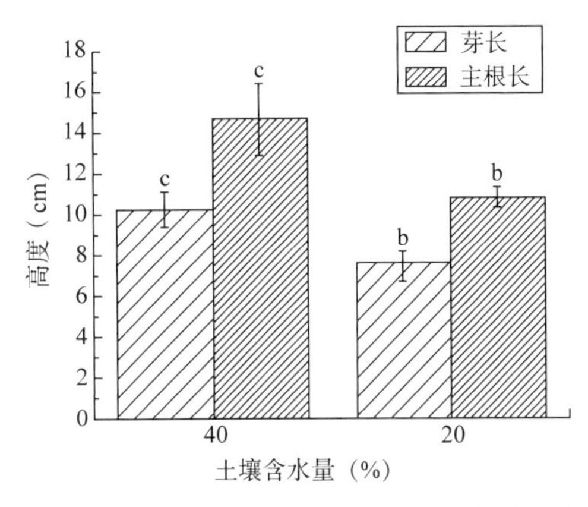

图 4-4　土壤含水量对六籽苏铁幼苗生长的影响

②六籽苏铁种子萌发的适宜条件。焦玉珍认为，种皮是影响苏铁种子休眠的一个因素。去除外种皮和去除中种皮的种子相比萌发缓慢，且萌发率差异也较大。六籽苏铁种子中种皮厚且硬，结构致密，可能是其在不良环境下防止水分快速丢失和病原菌入侵的保护机制，去除中种皮后萌发速度较快，发芽率也较好，说明中种皮对种子萌发造成机械阻碍或限制水分、氧气的供应，延缓种子的萌发。

适宜的温度促进种子的吸水速度，加强酶促过程和呼吸作用、加速转化储藏物、加速种皮机械变化而促进萌发。本次实验六籽苏铁种子萌发对温度的适应范围较窄，25℃和冬季室温(8~15℃)下不能萌发，30℃、35℃温度下种子能萌发，发芽时滞、发芽率、萌发势并无明显差异，但在 35℃下六籽苏铁幼苗的生长更好，可能与六籽苏铁所处的亚热带地区石灰岩山地或石灰岩缝隙的生境相吻合。种子适宜萌发的温度范围窄是一些濒危植物的共同特点，如海南龙血树对温度极为敏感，25℃是种子萌发适宜的温度，低于 15℃或高于 30℃均不能萌发；合柱金莲木萌发的适宜温度为 25℃，萌发率为 56. 67%，在 30℃条件下，幼苗不能正常生长，萌发在 15℃受到抑制。根据种子萌发对光照的需求，将种子分为需光种子、忌光种子和光中性种子。六籽苏铁种子在有无光照条件下均能萌发，虽萌发速度不同，但最终萌发率无显著差异，说明光照不是其萌发的必要条件，这与较多濒危植物崖柏 *Thuja sutchuenensis*、多毛坡垒 *Hopea chinensis*、云南蓝果树 *Nyssa yunnanensis* 种子萌发所需的光照条件相同。六籽苏铁的生境为低海拔的石灰岩山地中，光强随环境而多变且较长时间处于温度较高环境中，其具有较好的耐光氧化的特性，对胁迫环境因子的适应性强，所以六籽苏铁种子萌发对光照要求不严，适应高温环境也是其适应环境的生态对策。

5 种基质中，六籽苏铁种子在腐殖土中的萌发率最高，在珍珠岩、黄土、混合土中萌发率差异不显著，沙土不利于种子萌发，且萌发时滞较长。腐殖土、珍珠岩、黄土和混合土营养成分、保湿保肥较沙土好。可知六籽苏铁种子对于透气性要求并不高，在营养成分更好的土壤中萌发更好，所以即使在黄土、混合土等透气性不强的基质中，幼苗长势均较好。不同埋深下以混合土为基质的发芽势和萌发率差异性并不显著，与不同基质萌发实验结论一致。六籽苏铁种子在混合土中 80%含水量的土壤使种子不能萌发，萌发以 40%的含水量为宜，20%的含水量较 40%处理的萌发率虽无显著差异，但幼苗的生长情况为 40%含水量处理更佳。综合六籽苏铁种子在不同水分、基质、埋深下的萌发情况，说明其萌发对基质通气透水性反应并不敏感，保持一定的通气透水和肥力条件下，种子萌发情况较好。

③六籽苏铁种子的萌发与苏铁属其他植物的比较。六籽苏铁先使用稀硫酸浸泡 10~15 分钟，再用清水浸泡直至外种皮完全吸水膨胀变软厚。去种皮处理 33 天后萌发，发芽率为 63. 33%，不去皮处理 50 天后萌发，发芽率为 43. 33%。在最有效萌发温度 35℃下，萌发率达到 53. 33%。仙湖苏铁经浓流酸处理打破种子休眠，种子的萌发率可达 60%左右。德保苏铁在最有效的萌发温度 30℃下，发芽时间显著提前于 20℃、25℃、20~35℃，发芽率达 93. 33%，去皮后 25 天开始萌发，不去皮则 45 天后开始萌发且去皮处理萌发率、萌发势都较不去皮处理高。葫芦苏铁去皮后 8 天开始萌发，萌发率为 80%，萌发势为 80%，不去皮则 55 天后开始萌发，萌发率为 73. 3%，萌发势为 50%，萌发率差异不大，但萌发势差异较大。苏铁种子经浓硫酸浸种 6 小时，苏铁种子的发芽率最高，达到 88. 3%；完全去除苏铁种子的种皮，发芽率最高，达到 89. 3%。说明苏铁属植物种子都需要一定时间进行种子浸种处理，且萌发时间都不长，而去掉种皮能显著提高六籽苏铁的吸水性，缩短萌发时间，提高发芽率。

六籽苏铁种子在自然状态下萌发，会受到种子周边土壤 pH 值、土壤含水量、空气湿度等综合因素及种子交互影响。该实验主要考虑了种子带皮情况、温度、基质、埋深、土壤含水量对六籽苏铁萌芽效果的影响，而贮藏方式、浸种方法与时间、种子大小等因素间的相关作用对葫芦苏铁萌芽的影响等内容均有待进一步研究。六籽苏铁种子萌发对温度的适应范围较窄，对基质的通气透水性反应不敏感，对土壤营养有要求，种子的萌发过程较短，利于种群空间资源的迅速占据，种子萌发对基质、温度、含水量要求较高是导致其种群衰落、沦为濒危的重要原因。人工培育六籽苏铁应于成熟期适时采收果实，去掉种皮，采用腐殖土、混合土等透气性中等、营养成分较好的基质，播于 35℃的培养箱或于春季后播于苗床，防止过干或过湿。

4.1.1.2 不同水分条件对种子萌发特性的影响

(1)材料与方法

①供试材料为六籽苏铁种子，5 个处理，每个处理 2 个重复，来自广西崇左，种子采集回来沙藏保存。实验地点在广西植物研究所(110°17′E、25°01′N)，海拔 180~300m。

②实验仪器为 5cm×15cm 塑料花盘、5%次氯酸钠溶液、蒸馏水、电子秤、游标卡尺。

(2)研究方法

①种子处理。精选大小一致，种子饱满，无破损的六籽苏铁种子，采用 2%、5%、10%、15%、20%不同的水分梯度模拟不同含水量的环境，每个不同的含水量重复 2 次。将处理组中的种子用 5%次氯酸钠溶液消毒 10~15 分钟，用蒸馏水对种子表面残留的化学物质冲洗 2~3 次，用滤纸吸干种子表面水分。将种子放入塑料花盘(高 5cm，直径 15cm)中，花盘中装有等量并经过高温灭菌的沙土，种子深埋 0.5~1.0cm，并称重。

②记录数据。置于室温下，每两天对花盘进行称重，并加入蒸馏水用来补充因蒸发而损失的水分。以胚芽为种子长度的 1/2 为发芽标准，每隔一定时间记载发芽种子数，直至种子萌发数量无变化。一段时间后，从每个处理中分别随机抽取幼苗 5 株，测定其根长、株高等幼苗的生理特征。

③发芽测定指标与方法。

A. 发芽率

发芽率是指测试种子发芽数与测试种子总数的百分比，计算公式：

$$GP = n/N \times 100\% \tag{4-3}$$

式中，GP 为种子发芽率，n 为累计发芽种子数，N 为供验种子总数。

B. 发芽势

$$发芽势=发芽达到高峰期的种子发芽数/供测种子总数\times 100\% \tag{4-4}$$

C. 发芽指数

$$GI = \sum (Gt/Dt) \tag{4-5}$$

式中，Gt 为在时间 t 日的发芽数，Dt 为相应的发芽天数。

D. 活力指数

$$VI=S\times GI \tag{4-6}$$

式中，GI 为发芽指数，S 为胚根长。

④数据统计分析。实验数据使用 Excel 软件作图并进行数据分析。

(2)结果与分析

①不同含水量对六籽苏铁种子发芽率的影响。从图 4-5 可以看出含水量的不断增加，六籽苏铁种子发芽率先增大后减少，其中含水量为 10%时种子发芽率最高，达到 60%，但随着含水量的继续增加种子的发芽率反而下降，降为含水量为 15%时发芽率仅为 35%以及含水量为 20%时发芽率变为 0%。由此可见，六籽苏铁种子发芽率并不是含水量越高的环境发芽率越好，其中含水量为 10%的发芽率最高。从整体上看，六籽苏铁种子在 5%~10%的范围内发芽率较高。

②不同含水量对六籽苏铁种子发芽势的影响。含水量不同的处理对六籽苏铁种子的发

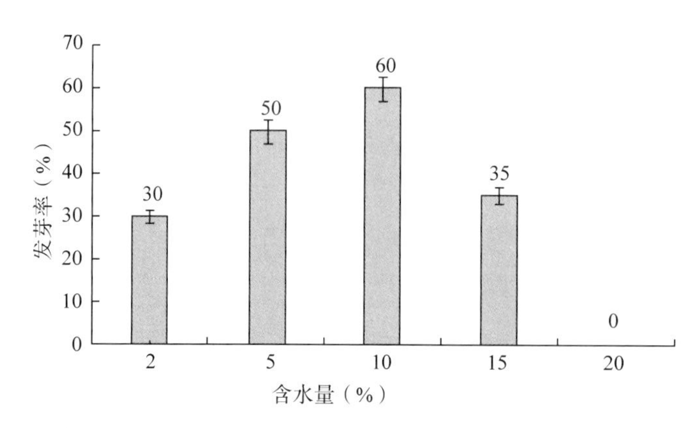

图 4-5　含水量不同的处理对六籽苏铁种子发芽率的影响

芽势存在影响(图 4-6)。由图 4-6 可知，在含水量为 5%和 10%时，六籽苏铁种子的发芽势最大，为 15%。当含水量为 2%时，六籽苏铁种子发芽势为 5%；含水量为 5%时，发芽势降低为 10%；含水量为 20%时，种子发芽势为 0%，表明种子没有萌发，水分过高，影响种子萌发。由此可知，在含水量为 5%和 10%时，六籽苏铁种子发芽势最大，种子生命力旺盛。随着水分的增加，种子生命力逐渐变弱，直至含水量为 20%时，生命力消失。从整体上看，六籽苏铁种子在含水量为 5%和 10%时，生长最好。

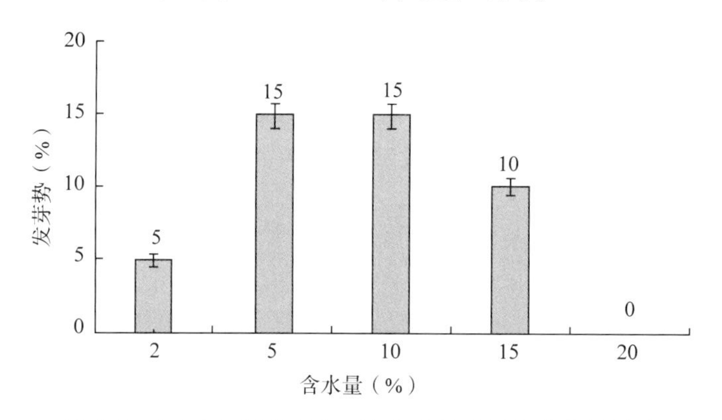

图 4-6　含水量不同的处理对六籽苏铁种子发芽势的影响

③不同含水量对六籽苏铁种子发芽指数的影响。种子的发芽指数在一定程度上反映了该植物种子的发芽能力和活力大小。不同含水量的处理对六籽苏铁种子的发芽指数存在影响(图 4-7)。从图 4-7 可得出，由于含水量的不断增加，六籽苏铁种子的发芽指数先逐渐增大而后降低，在含水量为 10%时，达到最大发芽指数，为 1. 66。这与发芽率、发芽势的变化趋势基本相符。随着含水量的继续增大，六籽苏铁种子在含水量为 15%时，发芽指数降低为 0. 89；当含水量为 20%时，发芽指数为 0，对种子的发芽发生抑制作用。从整体上看，六籽苏铁种子在 5%~10%含水量时，种子发芽能力较好。

④不同含水量对六籽苏铁种子活力指数的影响。从图 4-8 可以看出，六籽苏铁种子在含水量为 10%时活力指数为 39. 84，为最大值。在含水量为 2%和 5%时，种子的活力指数分别为 12. 6、23. 92，呈现逐渐增大趋势；当含水量为 10%时，得到六籽苏铁种子最大活力指数；随后含水量增加到 15%时，种子活力指数下降，减少为 22. 25；当含水量继续增加

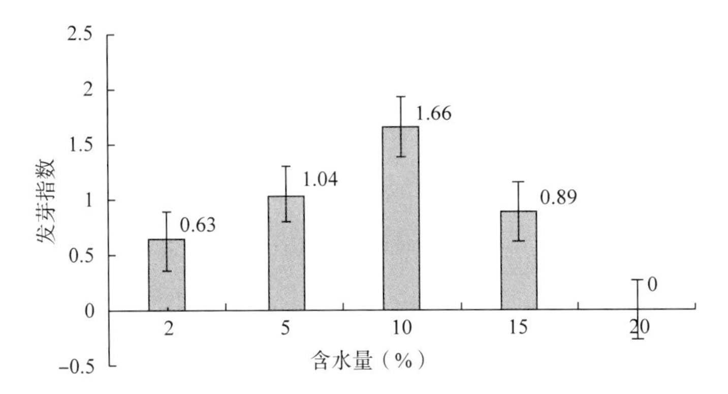

图 4-7　含水量不同的处理对六籽苏铁种子发芽指数的影响

到 20%时，种子活力指数为 0。从整体上看，在含水量为 10%时，六籽苏铁种子的活力指数远远高于其他水分条件。含水量超过 10%后，种子的活力指数反而下降，甚至无活力。

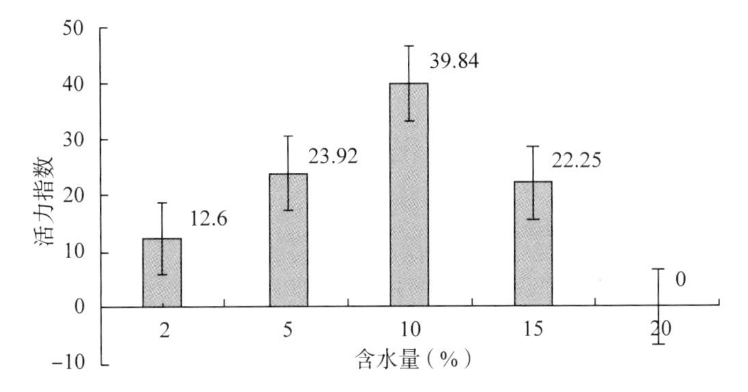

图 4-8　含水量不同的处理对六籽苏铁种子活力指数的影响

⑤不同含水量对六籽苏铁幼苗根长的影响。由图 4-9 可知，随着含水量的不断增加，六籽苏铁的种子根长逐渐增加，直到含水量为 20%时，种子不萌发，根长为 0mm。在含水量为 15%时，六籽苏铁种子根长为最大值 137. 1mm；在含水量为 2%和 5%时，种子根长分别为 35. 5mm 和 81. 4mm；从整体上看，六籽苏铁种子在含水量为 10%～15%时，幼苗根长较长。

⑥不同含水量对六籽苏铁幼苗株高的影响。由图 4-10 可知，六籽苏铁幼苗株高在含

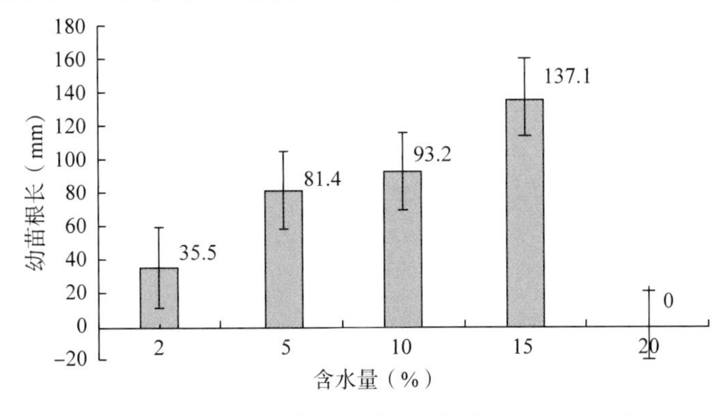

图 4-9　含水量不同的处理对六籽苏铁幼苗根长的影响

水量为15%时达到最大值147.1mm；在含水量为2%时，幼苗株高仅为131mm；在含水量为5%时，幼苗株高上升至140.7mm；含水量为10%时，相比于5%升高了0.3mm，但仍低于含水量为15%的幼苗株高。从整体上看，含水量为15%的六籽苏铁幼苗株高较高，高于其他处理组。

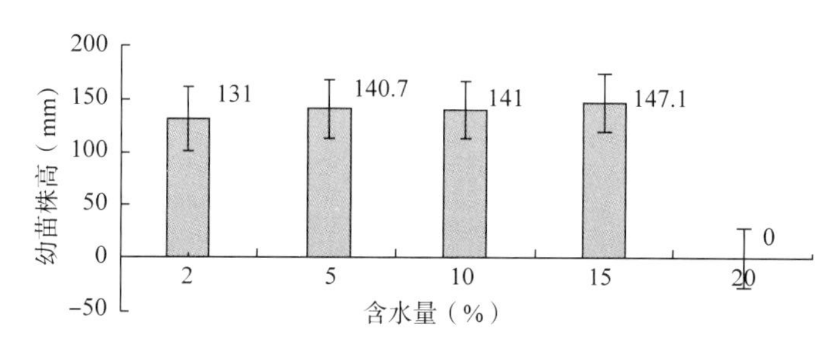

图4-10　含水量不同的处理对六籽苏铁幼苗株高的影响

(3)讨论与结论

植物在生长过程中第一个阶段是种子萌发，种子萌发对水分的需求体现了种子对环境的适应，其生长状况反映了植物本身抗逆性的强弱，含水量是限制种子萌发以及幼苗生长的重要因素之一，也是决定植物种群稳定和发展的重要条件。就植物而言，水是种子发芽需要的首要条件，水不仅使干燥的种皮变得更加有利于胚芽胚根的伸长，呼吸作用变强；而且水是种子内部原生质的重要组成成分。适宜的水分条件能够使种子细胞内的物质恢复活性进而促进种子发芽。水分对植物种子的萌发和幼苗的生长具有最高、最适、最低的3个衡量位点。低于最低点，植物种子萌发达不到水分要求，种子的生长环境受到抑制，种子甚至失去活性无法萌发；高于最高点时，种子无法吸收过多的水分、减少空气和种子的接触，导致种子缺失氧气，无法萌发；只有处于最适的水分条件内，才能维持种子的水分平衡，使种子在最优的水分条件下生长。

含水量同样对六籽苏铁种子萌发和幼苗生长存在着一定的影响，六籽苏铁种子发芽率、发芽势、发芽指数、活力指数在含水量为10%时达到最大值；六籽苏铁幼苗根长、幼苗株高在含水量为15%时达到最大值。说明含水量为10%左右更有利于六籽苏铁种子萌发，在含水量为15%时更有利于六籽苏铁幼苗的生长。导致种子萌发和幼苗生长所需最适含水量不同的原因在于六籽苏铁种子长出叶子进行蒸腾作用和光合作用，消耗更多水分。研究结果为六籽苏铁的繁育以及种群数量的扩大提供了参考数据，为六籽苏铁的开发利用提供坚实基础。

4.1.2　叉孢苏铁

4.1.2.1　材料与方法

(1)供试材料

①供试材料为叉孢苏铁种子，5个处理，每个处理2个重复，来自广西崇左，种子采集回来沙藏保存。实验地点在广西植物研究所(110°17′E、25°01′N)，海拔180~300m。

②实验仪器为5cm×15cm塑料花盘、5%次氯酸钠溶液、蒸馏水、电子秤、游标卡尺。

(2)研究方法

①种子处理。精选大小一致，种子饱满，无破损的六籽苏铁种子，采用 2%、5%、10%、15%、20%不同的水分梯度模拟不同含水量的环境，每个不同的含水量重复 2 次。将处理组中的种子用 5%次氯酸钠溶液消毒 10~15 分钟，用蒸馏水对种子表面残留的化学物质冲洗 2~3 次，用滤纸吸干种子表面水分。将种子放入塑料花盘(高 5cm，直径 15cm)中，花盘中装有等量并经过高温灭菌的沙土，种子深埋 0.5~1.0cm，并称重。

②记录数据。置于室温下，每两天对花盘进行称重，并加入蒸馏水用来补充因蒸发而损失的水分。以胚芽为种子长度的 1/2 为发芽标准，每隔一定时间记载发芽种子数，直至种子萌发数量无变化。一段时间后，从每个处理中分别随机抽取幼苗 5 株，测定其根长、株高等幼苗的生理特征。

③发芽测定指标与方法。

A. 发芽率

发芽率是指测试种子发芽数与测试种子总数的百分比，计算公式：

$$GP = n/N \times 100\% \tag{4-7}$$

式中，GP 为种子发芽率，n 为累计发芽种子数，N 为供验种子总数。

B. 发芽势

$$发芽势 = 发芽达到高峰期的种子发芽数/供测种子总数 \times 100\% \tag{4-8}$$

C. 发芽指数

$$GI = \sum (Gt/Dt) \tag{4-9}$$

式中，Gt 为在时间 t 日的发芽数，Dt 为相应的发芽天数。

D. 活力指数

$$VI = S \times GI \tag{4-10}$$

式中，GI 为发芽指数，S 为胚根长。

④数据统计分析。实验数据使用 Excel 软件作图并进行数据分析。

4.1.2.2 结果与分析

(1)不同含水量对叉孢苏铁种子发芽率的影响

含水量不同的种子在萌发阶段时的适应能力是鉴定种子抗旱能力的重要指标。含水量不同的处理对叉孢苏铁种子的发芽率存在影响。从图 4-11 可以看出，在一定范围内叉孢苏铁种子发芽率随着含水量的增加而增大，含水量为 15%时种子发芽率最高，可达到 95%。但随着含水量的继续增加种子发芽率反而下降，仅为 55%。由此可以发现叉孢苏铁种子并不是含水量越高的环境发芽率越好，其中含水量为 15%时发芽率最高。从整体来看，含水量在 10%~15%的范围内发芽率较高。

(2)不同含水量对叉孢苏铁种子发芽势的影响

含水量不同的处理对叉孢苏铁种子的发芽势存在影响。由图 4-12 可知，随着含水量的不断增加发芽势出现先增大后下降的趋势。在含水量为 10%时叉孢苏铁种子的发芽势最大达到 30%，含水量为 2%时发芽势最小仅为 10%；含水量超过 10%时，种子发芽势呈下降趋势，在含水量为 15%时，发芽势降低为 25%。从整体来看，叉孢苏铁种子含水量在

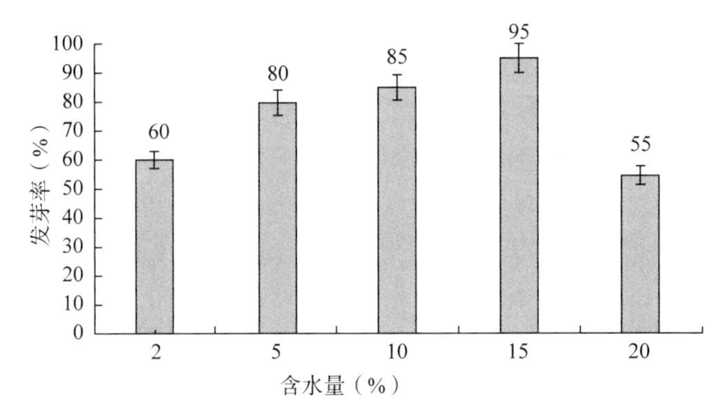

图 4-11　含水量不同的处理对叉孢苏铁种子发芽率的影响

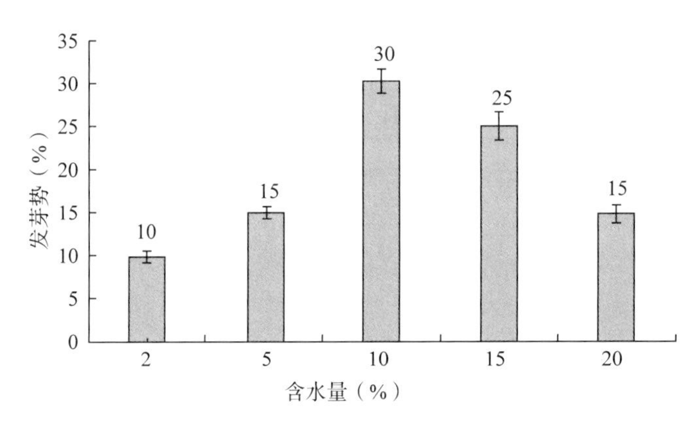

图 4-12　含水量不同的处理对叉孢苏铁种子发芽势的影响

10%~15%的范围内发芽势较高。

(3)不同含水量对叉孢苏铁种子发芽指数的影响

种子的发芽指数在一定程度上反映了该植物种子的发芽能力和活力大小。不同含水量的处理对叉孢苏铁种子的发芽指数存在影响。从图 4-13 可得出，随着含水量的增加叉孢苏铁种子的发芽指数先上升后趋于平缓最后下降，含水量为 10%时发芽指数最高为 2.93，含水量为 15%时发芽指数降低为 2.89，但在含水量为 20%时，发现发芽指数下降，仅为 1.38。从整体来看，发芽指数在 10%~15%的范围内较高。

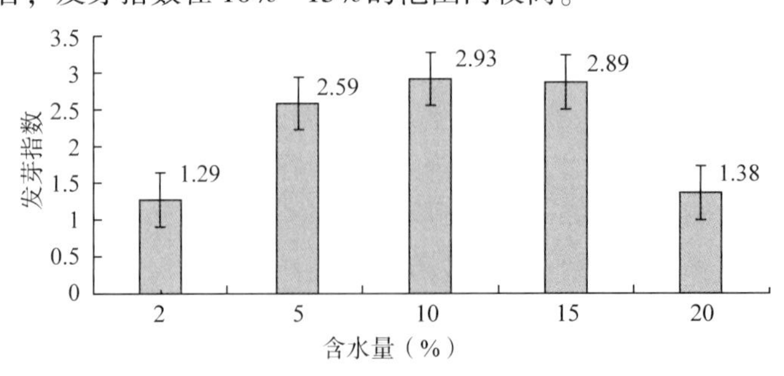

图 4-13　含水量不同的处理对叉孢苏铁种子的发芽指数的影响

(4) 不同含水量对叉孢苏铁种子活力指数的影响

含水量不同的处理对叉孢苏铁种子的活力指数具有一定的差异。由图 4-14 可知，活力指数出现最高值是在含水量为 15%时，达到 86. 7。活力指数出现最低是在含水量为 2%时，达到 23. 22。且随着含水量的不断增加活力指数经历了先上升后下降的一个过程。从整体来看，含水量为 15%时活力指数远远高于其他组分。

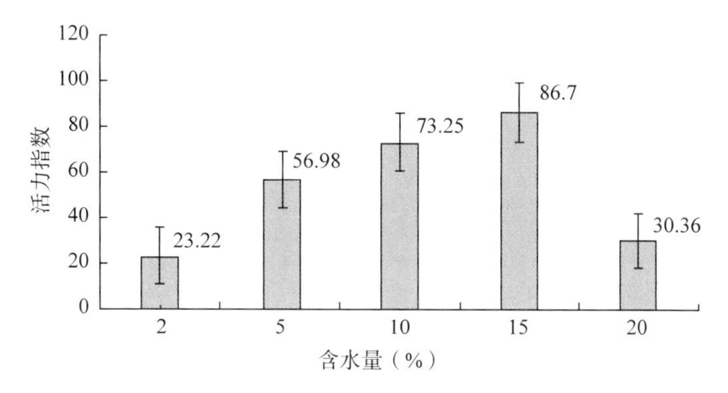

图 4-14　含水量不同的处理对叉孢苏铁种子活力指数的影响

(5) 不同含水量对叉孢苏铁幼苗根长的影响

由图 4-15 可知，随着含水量的不断增加，叉孢苏铁幼苗根长变化相对显著。含水量为 15%时叉孢苏铁幼苗根长最大值为 143. 7mm，之后幼苗根长略有下降。含水量在 5%和 15%时幼苗根长骤然增长至 86. 9mm 和 143. 7mm。含水量为 2%时幼苗根长最小为 23. 8mm。从整体来看叉孢苏铁在 15%～20%时幼苗生长较好。

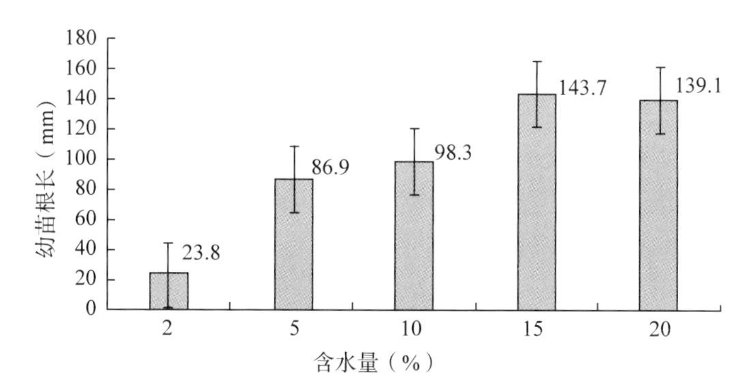

图 4-15　含水量不同的处理对叉孢苏铁幼苗根长的影响

(6) 不同含水量对叉孢苏铁幼苗株高的影响

不同水分条件处理对叉孢苏铁幼苗株高影响存在差异。由图 4-16 可知，叉孢苏铁幼苗株高在含水量为 15%达到最大值 180mm，在含水量为 20%时株高下降至 155mm。在含水量 2%～15%的幼苗株高随着含水量的增加叉孢苏铁幼苗株高不断增加，但当含水量超过 15%时胚芽长度反而呈下降趋势。从整体上看，含水量在 10%～15%时，叉孢苏铁幼苗株高长得较高。叉孢苏铁种子在含水量为 15%时具有最高的幼苗株高，因为其幼苗生长需要花费大量的水分，幼苗长出叶子，叶子进行光合作用和蒸腾作用需要消耗水分，增大了幼苗对水分的需求。

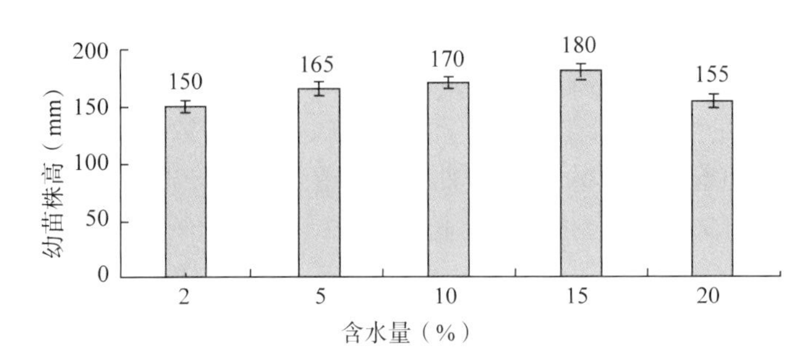

图 4-16　含水量不同的处理对叉孢苏铁幼苗株高的影响

4.1.2.3　讨论与结论

植物在生长过程中第一个阶段是种子萌发，种子萌发对水分的需求体现了种子对环境的适应，其生长状况反映了植物本身抗逆性的强弱，含水量是限制种子萌发以及幼苗生长的重要因素之一，也是决定植物种群稳定和发展的重要条件。

目前，水分胁迫对叉孢苏铁种子影响的研究还未见报道，因此该实验在实验室通过改变不同组分的含水量，测定其发芽率、发芽势、发芽指数、活力指数、萌发幼苗培根和胚芽长度等指标来研究水分胁迫对叉孢苏铁种子和六籽苏铁种子萌发及幼苗生长的影响。结果表明，水分胁迫对叉孢苏铁种子萌发及幼苗生长存在一定程度的抑制。在含水量为2%~15%条件下，叉孢苏铁种子发芽率、发芽势、发芽指数、活力指数、幼苗根长和幼苗株高随着含水量的升高而增大，当含水量为15%时，叉孢苏铁各检测指标达到最大值，说明含水量在15%左右更有利于叉孢苏铁种子萌发及幼苗的生长。

现有研究发现叉孢苏铁曾广泛用于民间的药用植物，对其进行实验研究和培育具有重大意义。目前相关科研人员对苏铁进行的研究并不多，且主要集中在物种分类学、解剖学、叶片结构分析以及虫害防治等方面。随着人口的增加，工农商业和基本的生活用水使用不断扩大等一系列问题，水资源问题已经成为全球面临解决的重大问题。本文研究了水分胁迫对种子萌发及幼苗生长的影响，为培育和保护野生物种，大面积植被恢复以及生物多样性保护提供理论基础，具有较大的研究价值。

4.1.3　宽叶苏铁

4.1.3.1　材料与方法

（1）材料

供试材料种子采自广西防城港市金花茶国家级自然保护区，样品由潘子平助理研究员鉴定。

（2）方法

种子采集后，去除种皮，沙藏。进行不同基质的种子萌发的盆栽研究，每个处理50颗种子。

4.1.3.2 结果与分析

(1)不同基质对宽叶苏铁种子发芽率的影响

采用不同基质[沙土、黄土、泥炭土以及混合土壤沙土+黄土(1∶1)]进行种子萌发实验研究。由表 4-7 可以看出，宽叶苏铁种子的萌发率相当高，其中沙土+黄土(1∶1)基质的萌发率高达 96%，沙土基质的萌发率有 92%，黄土基质的萌发率有 90%，最差的是泥炭土仅仅只有 80%，说明宽叶苏铁种子萌发需要一定的干燥和处温时间；泥炭土具有一定的保水能力，水分过多会造成种子发霉、腐坏。

表 4-7 不同基质对宽叶苏铁种子萌发特性的影响

处理基质	萌发初始时间	萌发终止时间	萌发(颗)	腐坏(颗)	萌发率(%)
沙土	6 月 8 日	7 月 5 日	46	4	92
黄土	6 月 13 日	7 月 10 日	45	5	90
泥炭土	6 月 5 日	6 月 30 日	40	10	80
沙土+黄土(1∶1)	6 月 10 日	7 月 10 日	48	2	96

(2)宽叶苏铁幼苗的生长特性

同种植物在不同生境下株高、球茎和冠幅等生物量会受到不同程度的影响。生物量是评价植株生长及生产力的直接指标，通过对形态指标的测定，可以反映出植物适应环境的能力，对保护极小种群物种和濒危植物具有重要的参考意义。实验采集宽叶苏铁种子种皮较硬，结构致密，透水性差，导致野外生境种子的萌发率低；实验对种子进行温水浸泡了 24 小时，促进种子吸水膨胀，再进行沙藏，从而提高种子发芽率。种子萌发后，待长出 2 片真叶，移栽至营养袋中。2018 和 2019 年每年 8 月 12 日测定相同的 10 株 1 年生和 2 年生幼苗的苗高、球茎和冠幅。用卷尺测量株高和冠幅，用游标卡尺测定球茎。研究结果显示(表 4-8)，宽叶苏铁 2 年生幼苗的生物量显著大于 1 年生幼苗的生物量，2 年生幼苗的株高、球茎和冠幅分别高出 1 年生幼苗 30. 20%、56. 83%和 144. 93%，说明宽叶苏铁幼苗生物量积累快，生长速度快。本研究中将宽叶苏铁进行引种栽培后发现，宽叶苏铁 2 年生幼苗的株高、球茎及冠幅显著高于 1 年生幼苗，说明宽叶苏铁幼苗的生长环境适宜、生长情况良好，引种栽培地水热环境等能满足宽叶苏铁的生长需求。

表 4-8 宽叶苏铁幼苗的生长特性

类型	苗高(cm)	球茎(mm)	冠幅(cm)
1 年生幼苗	15. 83±0. 18a	15. 22±0. 45a	10. 95±1. 06a
2 年生幼苗	20. 61±0. 23b	23. 87±0. 53b	26. 82±0. 92b
相对生长速率	0. 34±0. 11cm	0. 57±0. 05mm	1. 51±0. 27cm

注 同列不同字母表示差异显著($P<0.05$)。

4.1.3.3 结论与讨论

采用不同基质[沙土、黄土、泥炭土以及混合土壤沙土+黄土(1∶1)]进行种子萌发实验研究。十万大山苏铁种子的萌发率相当高，其中沙土+黄土(1∶1)基质的萌发率高达

96%，是沙土基质的萌发率有92%，黄土基质的萌发率有90%，最差的是泥炭土仅仅只有80%，表明十万大山苏铁种子萌发较高、较容易。因此，造成十万大山苏铁濒危的原因主要有以下几个方面。

①野生十万大山苏铁的自然更新完全依赖种子，开花结实植株极少，结实甚少繁殖率低下，这就造成了十万大山苏铁种群发展缺乏幼苗后备资源，种群规模逐渐减小而趋于濒危。

②生境破碎化会导致一个原始生境面积减小，同时形成大量边界生境区以及分布区向边界的距离大大减少，并且常常留下像补丁一样的生境残片。生境破碎化对生长在该生境的种群产生的影响是非常明显的，受到破坏的生境可能就是某一个特有物种的区域。破碎化的生境会使植物种群扩散受到限制，它对物种的正常散布和移居活动产生直接的障碍。正因为十万大山苏铁所处的生境出现破碎化后种群被分割、隔离而出现异质种群。

③由于分布区狭小，缺乏基因交流及长期的退化，其生态适应能力较弱。从生殖对策上看，由于苏铁为孑遗种，世代周期长，繁殖能力低，在生存上表现为K对策。

④生境的破坏，从调查情况来看，十万大山苏铁受到的威胁主要还是人为的干扰，特别是生长于保护区外的十万大山苏铁，比如生长于肉桂人工林中的植株，由于群众每年都要进行除草抚育，十万大山苏铁就被当作杂草清除；而分布于保护区内的十万大山苏铁，情况虽然比保护区外的较好，但也会被人盗挖，或是某些基建需要而威胁到其生境。大片的森林被毁，十万大山苏铁赖以生存的环境急剧恶化，使这古老的孑遗植物走向濒危。另外，十万大山苏铁本身存在着生存竞争中的弱点，如生长发育期长、雌雄异株、雌雄异熟、专一甲虫授粉影响结实率以及种子大型传播困难等。

4.1.4 叉叶苏铁

4.1.4.1 材料与方法

(1)材料

供试材料种子采自广西植物研究所，样品由韦霄研究员鉴定。

(2)方法

种子采集后，去除种皮，沙藏。进行不同基质的种子萌发的盆栽研究，每个处理60颗种子。采用游标卡尺和卷尺进行株高、冠幅、根长、根粗的测定，并称取叉叶苏铁幼苗的生物量数据。

4.1.4.2 结果与分析

(1)不同基质对叉叶苏铁种子发芽率的影响

采用不同基质(沙土、黄土、泥炭土以及珍珠岩)进行种子萌发实验研究。由表4-9可以看出，叉叶苏铁种子的萌发率在不同基质中，萌发率差异性较大，其中黄土基质的萌发率高达100%，是沙土基质的萌发率有90%，泥炭土基质的萌发率有83.33%，最差的是珍珠岩仅仅只有30%。黄土基质对叉叶苏铁萌发率和萌发时间都有较显著的促进作用，基质黄土萌发的时间更早，沙土、珍珠岩次之，泥炭土较晚。而珍珠岩中腐坏种子较多，这与珍珠岩保水较多相关，从而造成种子腐坏。

表 4-9　不同基质对叉叶苏铁种子萌发特性的影响

处理基质	萌发初始时间	萌发终止时间	萌发(颗)	腐坏(颗)	萌发率(%)
沙土	6 月 17 日	8 月 11 日	54	6	90
黄土	6 月 15 日	8 月 02 日	60	0	100
珍珠岩	6 月 22 日	8 月 11 日	18	42	30
泥炭土	6 月 12 日	8 月 25 日	53	7	83. 33

(2)叉叶苏铁幼苗的生长特性

结果显示，叉叶苏铁萌发后，在泥炭土基质中生长的种苗株高(31. 33±5. 47b)显著高于其他基质，其次是黄土(23. 58±2. 05a)，长得最差的是沙土中的种苗(表 4-10)。而叉叶苏铁种苗根长和根粗最佳的是在黄土中，分别是 15. 17±3. 42 和 9. 42±0. 87a；其次是珍珠岩，根长和根粗分别是 14. 75±2. 32a 和 8. 37±1. 49a；沙土基质表现最差，根长和根粗分别是 10. 8±5. 41a 和 8. 10±1. 02a。地上和地下鲜重最高的还是泥炭土基质，分别是 24. 829g 和 22. 240g。

表 4-10　叉叶苏铁幼苗的生长特性

类型	苗高(cm)	冠幅(cm)	根长(cm)	根粗(mm)	地上鲜重(g)	地上干重(g)	地下鲜重(g)	地上干重(g)
珍珠岩	22. 33±4. 32a	23. 76±5. 08a	14. 75±2. 32a	8. 37±1. 49a	22. 645	6. 732	22. 183	2. 278
黄土	23. 58±2. 05a	22. 19±4. 77a	15. 17±3. 42a	9. 42±0. 87a	21. 114	5. 583	19. 316	2. 555
泥炭土	31. 33±5. 47b	23. 42±2. 49a	12. 62±2. 74a	8. 81±1. 02a	24. 829	5. 386	22. 240	2. 504
沙土	20. 41±4. 10a	22. 62±3. 30a	10. 8±5. 41a	8. 10±1. 02a	22. 517	6. 377	18. 629	2. 244

注　同列不同字母表示差异显著(P<0. 05)。

4. 1. 4. 3　讨论与结论

采用沙土、黄土、泥炭土以及珍珠岩进行叉叶苏铁种子萌发实验研究。结果显示不同基质中，萌发率差异性较大，其中黄土基质的萌发率高达 100%，沙土基质的萌发率有 90%，泥炭土基质的萌发率有 83. 33%，最差的是珍珠岩仅仅只有 30%。在泥炭土基质中生长的种苗株高显著高于其他基质，而叉叶苏铁种苗根长和根粗最佳的是在黄土基质中。因此，在进行叉叶苏铁种子萌发过程中，应选择最佳的土壤基质为黄土。

4. 2　苏铁种子种苗分级标准研究

4. 2. 1　宽叶苏铁

4. 2. 1. 1　材料与方法

(1)材料

实验地在广西植物研究所，位于 110°17′E、25°01′N，属于中亚热带季风气候，海拔约 180m，全年平均气温约 19. 2℃。实验材料为广西植物研究所种植园 1 年生种苗 50 株。

（2）方法

①种苗质量相关指标的测定。分别测定每株宽叶苏铁种苗的株高、冠幅、球茎、主根长、主根粗。球茎测定采用游标卡尺测量苗木球茎直径，即苗干基部土痕处粗度；株高测定采用卷尺测量自球茎至顶芽基部的苗干长度；主根长用卷尺测量自根茎基部到最长根须末端的长度；球茎用游标卡尺测量根球茎粗度。

②种苗质量分级。本文采用主成分分析-K 聚类分析法对种苗进行分级。采用 SPSS 软件对各宽叶苏铁种苗的株高、冠幅、球茎、主根长、主根粗等 5 个测量数据进行相关分析与主成分分析，提取出主成分，并根据结果对种苗进行 K-聚类分析，得到宽叶苏铁种苗聚类结果，结合实际情况制定宽叶苏铁种苗分级标准。

4.2.1.2 结果与分析

（1）1 年生宽叶苏铁种苗的统计描述

对 1 年生宽叶苏铁种苗的测定结果进行统计学描述，结果见表 4-11。由表可知，株高 11.00～28.00cm，均值为 16.93cm；球茎 1.76～2.96cm，均值为 2.04cm；冠幅 18.97～32.40cm，均值为 24.97cm；主根长 12.00～39.00cm，均值为 20.72cm；主根粗 0.71～1.11cm，均值为 0.95cm。变异系数主根长最高为 0.34，其次是株高 0.33，冠幅 0.17，球茎 0.13，主根粗 0.11。

表 4-11　1 年生宽叶苏铁种苗的统计学描述

	最小值	最大值	均值	标准偏差	变异系数
株高(cm)	11.00	28.00	16.93	5.51	0.33
球茎(cm)	1.76	2.96	2.04	0.27	0.13
冠幅(cm)	18.97	32.40	24.97	4.31	0.17
主根长(cm)	12.00	39.00	20.72	7.07	0.34
主根粗(cm)	0.71	1.11	0.95	0.10	0.11

（2）1 年生宽叶苏铁种苗主要参数的相关性分析

对 1 年生宽叶苏铁种苗各指标进行相关分析，结果见表 4-12。由表可知，株高、球茎、冠幅 3 个参数显著相关，其中株高与球茎（0.665）、球茎与冠幅（0.628）相关极显著（$P<0.01$），株高与冠幅相关显著（$P<0.05$）且相关性具有统计学意义，说明株高、冠幅、球茎 3 个指标可以真实反映出种苗质量信息，具有代表性。

表 4-12　1 年生宽叶苏铁种苗质量指标的相关分析

	株高	球茎	冠幅	主根长	主根粗
株高	1				
球茎	0.665**	1			
冠幅	0.503*	0.628**	1		
主根长	-0.097	0.086	-0.116	1	
主根粗	0.062	0.305	-0.056	-0.024	1

注　**表示 在 0.01 级别（双尾），相关性显著。*表示 在 0.05 级别（双尾），相关性显著。

(3)1 年生宽叶苏铁种苗主成分分析

1 年生宽叶苏铁种苗主成分分析结果，见表 4-13 所示。由主成分分析结果可知，株高、冠幅、球茎 3 个主成分累积方差贡献率可达到了 86.402%，故可认为这 3 个主成分可代表全部指标信息。因此提取前 3 个特征值，并计算相应的特征向根，确定选用株高、冠幅、球茎 3 个指标进行聚类分析。

表 4-13　1 年生宽叶苏铁种苗主成分变量解释

主成分	初始特征值			提取载荷平方和		
	总计	方差贡献率(%)	累积方差贡献率(%)	总计	方差贡献率(%)	累积方差贡献率(%)
株高	2.234	44.671	44.671	2.234	44.671	44.671
球茎	1.084	21.672	66.343	1.084	21.672	66.343
冠幅	1.003	20.059	86.402	1.003	20.059	86.402
主根长	0.484	9.680	96.082			
主根粗	0.196	3.918	100.000			

由表 4-14 主成分矩阵内的数据计算获得的特征根，可以得到以下主成分公式：

$$F1=株高\times0.375+球茎\times0.408+冠幅\times0.359-主根长\times0.037+主根粗\times0.104 \quad (4\text{-}11)$$

$$F2=-株高\times0.106+球茎\times0.208-冠幅\times0.281+主根长\times0.518+主根粗\times0.722 \quad (4\text{-}12)$$

$$F3=株高\times0.032+球茎\times0.076+冠幅\times0.125+主根长\times0.816-主根粗\times0.555 \quad (4\text{-}13)$$

因此，种苗评价因子 F 计算公式为：

$$F=F1\times0.447+F2\times0.217+F3\times0.201 \quad (4\text{-}14)$$

表 4-14　主成分的特征根

特征根	株高	球茎	冠幅	主根长	主根粗
主成分 1	0.375	0.408	0.359	-0.037	0.104
主成分 2	-0.106	0.208	-0.281	0.518	0.722
主成分 3	0.032	0.076	0.125	0.816	-0.555

计算所有种苗的评价因子 F，并采用 K-聚类分析分为 2 个等级，初步获得聚类中心，见表 4-15。主成分分析结合 K-聚类分析所得分级标准见表 4-16。

表 4-15　1 年生宽叶苏铁种苗聚类分析结果

	初始聚类中心		最终聚类中心	
	Ⅰ级	Ⅱ级	Ⅰ级	Ⅱ级
株高	28.00	15.00	18.18	13.42
球茎	2.47	1.82	2.08	1.94
冠幅	32.40	26.50	25.79	22.65
主根长	39.00	16.50	29.92	17.47
主根粗	0.93	0.90	0.96	0.93

表 4-16　主成分分析结合 K-聚类分析所得分级标准

等级	株高(cm)	球茎(cm)	冠幅(cm)	主根长(cm)	主根粗(cm)
Ⅰ级	≥18.18	≥2.08	≥25.79	≥29.92	≥0.96
Ⅱ级	13.42~18.18	1.94~2.08	22.65~5.79	17.47~29.92	0.93~0.96

(4)1 年生宽叶苏铁种苗的聚类分析

使用 SPSS 软件对 1 年生宽叶苏铁种苗的株高、球茎、冠幅 3 个指标的数据进行聚类分析，结果见表 4-15。由表可得出各级种苗下限值如下：Ⅰ级种苗株高≥18.18cm，球茎≥2.08cm，冠幅≥25.79cm，主根长≥29.92cm，主根粗 0.96cm；Ⅱ级种苗株高 13.42~18.18cm，球茎 1.94~2.08mm，冠幅 22.65~5.79cm，主根长 17.47~29.92cm，主根粗 0.93~0.96cm。同一等级种苗的任一指标若达不到标准则降为下一级。

4.2.1.3　讨论与结论

种子种苗是濒危植物保育的基础，种苗质量的好坏直接影响着濒危植物回归自然的成败，制定科学合理的濒危植物种子种苗分级标准是保障保育回归大自然的必要手段。本文测定 1 年生宽叶苏铁株高、冠幅、球茎、主根长、主根粗 5 个数据作为质量分级指标，得出质量分级标准如下：Ⅰ级种苗株高≥18.18cm，球茎≥2.08cm，冠幅≥25.79cm，主根长≥29.92cm，主根粗 0.96cm；Ⅱ级种苗株高 13.42~18.18cm，球茎 1.94~2.08mm，冠幅 22.65~5.79cm，主根长 17.47~29.92cm，主根粗 0.93~0.96cm。本文测定了宽叶苏铁的株高、冠幅、球茎、主根长、主根粗 5 个数据进行质量指标的相关性和聚类分析，结合宽叶苏铁生产实际，将种苗球茎、株高、冠幅作为宽叶苏铁种苗质量分级的指标，既直观、容易测量，又简化了分级流程，在生产中具有一定的可操作性。其中聚类分析法是一种比较简单、方便、可靠的种苗分级方法。有研究证明，不同等级的种苗对植物生长、产量和质量有显著影响。因此，在实际种植过程中应观察宽叶苏铁种苗是否有无损伤、病斑、霉烂、虫蛀等状况。本实验所得到的种苗等级划分的结果，为宽叶苏铁栽培标准化和产业规范化提供科学依据与指导。

4.2.2　六籽苏铁

4.2.2.1　材料与方法

(1)材料

实验地在广西植物研究所，位于 110°17′E、25°01′N，属于中亚热带季风气候，海拔约 180m，全年平均气温约 19.2℃。实验材料为广西植物研究所种植园 1 年生种苗 50 株。

(2)方法

①种苗质量相关指标的测定。分别测定每株六籽苏铁种苗的株高、冠幅、球茎、主根长、主根粗。球茎测定采用游标卡尺测量苗木球茎直径，即苗干基部土痕处粗度；株高测定采用卷尺测量自球茎至顶芽基部的苗干长度；主根长用卷尺测量自根茎基部到最长根须末端的长度；球茎用游标卡尺测量根球茎粗度。

②种苗质量分级。本文采用主成分分析-K 聚类分析法对种苗进行分级。采用 SPSS 软件对各六籽苏铁种苗的株高、冠幅、球茎、主根长、主根粗等 5 个测量数据进行相关分析

与主成分分析，提取出主成分，并根据结果对种苗进行 K-聚类分析，得到六籽苏铁种苗聚类结果，结合实际情况制定六籽苏铁种苗分级标准。

4.2.2.2 结果与分析

(1)1 年生六籽苏铁种苗的统计描述

对 1 年生六籽苏铁种苗的测定结果进行统计学描述，结果见表 4-17。由表可知，株高 10.00~16.00cm，均值为 12.605cm；主根长 13.00~36.00mm，均值为 20.210mm；冠幅 10.00~20.00cm，均值为 14.726cm；球茎 1.55~2.76cm，均值为 2.163cm；主根粗 0.45~0.83cm，均值为 0.648cm；变异系数主根长最高为 0.29，其次是冠幅 0.19，主根粗 0.17，球茎 0.15，株高 0.14。

表 4-17　1 年生六籽苏铁种苗的统计学描述

	最小值	最大值	均值	标准偏差	变异系数
株高(cm)	10.00	16.00	12.605	1.776	0.14
球茎(cm)	1.55	2.76	2.163	0.329	0.15
冠幅(cm)	10.00	20.00	14.726	2.796	0.19
主根长(cm)	13.00	36.00	20.210	6.143	0.29
主根粗(cm)	0.45	0.83	0.648	0.107	0.17

(2)1 年生六籽苏铁种苗主要参数的相关性分析

对 1 年生六籽苏铁种苗各指标进行相关分析，结果见表 4-18。由表可知，主根长、主根粗、冠幅、株高 4 个参数显著相关，其中主根粗和冠幅(0.488)、主根长与株高(0.49)显著相关($P<0.05$)且相关性具有统计学意义，说明主根长、主根粗、冠幅、株高 4 个指标可以真实反映出种苗质量信息，具有代表性。

表 4-18　1 年生六籽苏铁种苗质量指标的相关分析

	株高	球茎	冠幅	主根长	主根粗
株高	1	0.244	-0.122	0.459*	-0.171
冠幅	0.244	1	0.346	0.318	0.488*
主根长	-0.122	0.346	1	0.419	0.148
主根粗	0.459*	0.318	0.419	1	-0.026
球茎	-0.171	0.488*	0.148	-0.026	1

注　** 表示 在 0.01 级别(双尾)，相关性显著。* 表示在 0.05 级别(双尾)，相关性显著。

(3)1 年生六籽苏铁种苗主成分分析

1 年生六籽苏铁种苗主成分分析结果，见表 4-19。由主成分分析结果可知，主根长、主根粗、冠幅、株高、球茎为指标的前 3 个主成分累积方差贡献率可达到了 86.442%，故可认为这 3 个主成分可代表全部指标信息。因此提取前 3 个特征值，并计算相应的特征向根，确定选用指标进行聚类分析。

表 4-19　1 年生六籽苏铁种苗主成分变量解释

主成分	初始特征值			提取载荷平方和		
	总计	方差贡献率(%)	累积方差贡献率(%)	总计	方差贡献率(%)	累积方差贡献率(%)
1	1.945	38.900	38.900	1.945	38.900	38.900
2	1.406	28.125	67.026	1.406	28.125	67.026
3	0.971	19.416	86.442			
4	0.412	8.234	94.676			
5	0.266	5.324	100.000			

由表 4-20 主成分矩阵内的数据计算获得的特征根，可以得到以下主成分公式：

F1＝株高×0.410+球茎×0.421+冠幅×0.805+主根长×0.636+主根粗×0.740　(4-15)

F2＝-株高×0.745-球茎×0.725-冠幅×0.250-主根长×0.223+主根粗×0.463　(4-16)

因此，种苗评价因子 F 计算公式为：

F＝F1×0.389+F2×0.28125　(4-17)

表 4-20　主成分的特征根

特征根	株高	球茎	冠幅	主根长	主根粗
主成分 1	0.410	0.421	0.805	0.636	0.740
主成分 2	0.745	-0.725	-0.250	-0.223	0.463

计算所有种苗的评价因子 F，并采用 K-聚类分析分为 2 个等级，初步获得聚类中心，见表 4-21。主成分分析结合 K-聚类分析所得分级标准，见表 4-22。

表 4-21　1 年生六籽苏铁种苗聚类分析结果

	初始聚类中心		最终聚类中心	
	Ⅰ级	Ⅱ级	Ⅰ级	Ⅱ级
株高(cm)	18.00	13.00	13.38	11.50
球茎(cm)	2.76	2.53	2.48	2.39
冠幅(cm)	22.40	18.44	18.21	15.79
主根长(cm)	37.00	16.50	30.92	17.75
主根粗(cm)	0.81	0.71	0.67	0.63

表 4-22　主成分分析结合 K-聚类分析所得分级标准

等级	株高(cm)	球茎(cm)	冠幅(cm)	主根长(cm)	主根粗(cm)
Ⅰ级	≥13.38	≥2.48	≥18.21	≥30.92	≥0.67
Ⅱ级	11.50~13.38	2.39~2.48	15.79~18.21	17.75~30.92	0.63~0.67

(4)1 年生六籽苏铁种苗的聚类分析

使用 SPSS 软件对 1 年生六籽苏铁种苗的株高、球茎、冠幅 3 个指标的数据进行聚类分析，结果见表 4-21。由表可得出各级种苗下限值如下：Ⅰ级种苗株高≥13.38cm，球茎≥2.48cm，冠幅≥18.21cm，主根长≥30.92cm，主根粗 0.67cm；Ⅱ级种苗株高 11.50~

13. 38cm，球茎 2. 39～2. 48cm，冠幅 15. 79～18. 21cm，主根长 17. 75～30. 92cm，主根粗 0. 63～0. 67cm。同一等级种苗的任一指标若达不到标准则降为下一级。

4. 2. 2. 3　讨论与结论

种子种苗是濒危植物保育的基础，种苗质量的好坏直接影响着濒危植物回归自然的成败，制定科学合理的濒危植物种子种苗分级标准是保障保育回归大自然的必要手段。本文测定 1 年生六籽苏铁株高、冠幅、球茎、主根长、主根粗 5 个数据作为质量分级指标，得出质量分级标准如下：Ⅰ级种苗株高≥13. 38cm，球茎≥2. 48cm，冠幅≥18. 21cm，主根长≥30. 92cm，主根粗 0. 67cm；Ⅱ级种苗株高 11. 50～13. 38cm，球茎 2. 39～2. 48cm，冠幅 15. 79～18. 21cm，主根长 17. 75～30. 92cm，主根粗 0. 63～0. 67cm。本文测定了六籽苏铁的株高、冠幅、球茎、主根长、主根粗 5 个数据进行质量指标的相关性和聚类分析，结合六籽苏铁生产实际，将种苗球茎、株高、冠幅作为六籽苏铁种苗质量分级的指标，既直观、容易测量，又简化了分级流程，在生产中具有一定的可操作性。其中聚类分析法是一种比较简单、方便、可靠的种苗分级方法。有研究证明，不同等级的种苗对植物生长、产量和质量有显著影响。因此在实际种植过程中应观察六籽苏铁种苗是否有无损伤、病斑、霉烂、虫蛀等状况。因此，本实验所得到的种苗等级划分的结果，为六籽苏铁栽培标准化和产业规范化提供科学依据与指导。

4. 2. 3　叉孢苏铁

4. 2. 3. 1　材料与方法

(1)材料

实验地在广西植物研究所，位于 110°17′E、25°01′N，属于中亚热带季风气候，海拔约 180m，全年平均气温约 19. 2℃。实验材料为广西植物研究所种植园 1 年生种苗 50 株。

(2)方法

①种苗质量相关指标的测定。分别测定每株叉孢苏铁种苗的株高、冠幅、球茎、主根长、主根粗。球茎测定采用游标卡尺测量苗木球茎直径，即苗干基部土痕处粗度；株高测定采用卷尺测量自球茎至顶芽基部的苗干长度；主根长用卷尺测量自根茎基部到最长根须末端的长度；球茎用游标卡尺测量根球茎粗度。

②种苗质量分级。本文采用主成分分析-K 聚类分析法对种苗进行分级。采用 SPSS 软件对各叉孢苏铁种苗的株高、冠幅、球茎、主根长、主根粗等 5 个测量数据进行相关分析与主成分分析，提取出主成分，并根据结果对种苗进行 K-聚类分析，得到叉孢苏铁种苗聚类结果，结合实际情况制定叉孢苏铁种苗分级标准。

4. 2. 3. 2　结果与分析

(1)1 年生叉孢苏铁种苗的统计描述

对 1 年生叉孢苏铁种苗的测定结果进行统计学描述，结果见表 4-23。由表可知，株高 13. 00～42. 00cm，均值为 24. 417cm；冠幅 15. 49～29. 39cm，均值为 22. 989cm；主根长 3. 50～19. 00cm，均值为 13. 750cm；球茎 1. 55～2. 76cm，均值为 2. 140cm；主根粗 6. 39～10. 90cm，均值为 8. 674mm；变异系数主根长最高为 0. 26，其次是株高 0. 24，冠幅 0. 17，

球茎和根都是0.13。

表4-23 1年生叉孢苏铁种苗的统计学描述

	最小值	最大值	均值	标准偏差	变异系数
株高(cm)	13.00	42.00	24.417	5.755	0.24
冠幅(cm)	15.49	29.39	22.989	3.835	0.17
主根长(cm)	3.50	19.00	13.750	3.566	0.26
主根粗(mm)	6.39	10.90	8.674	1.168	0.13
球茎(cm)	1.55	2.66	2.140	0.270	0.13

(2)1年生叉孢苏铁种苗主要参数的相关性分析

对1年生叉孢苏铁种苗各指标进行相关分析，结果见表4-24。由表可知，主根粗、株高2个参数显著相关，其中主根粗和株高(0.497)显著相关($P<0.05$)且相关性具有统计学意义，说明主根粗、株高2个指标可以真实反映出种苗质量信息，具有代表性。

表4-24 1年生叉孢苏铁种苗质量指标的相关分析

	株高	球茎	冠幅	主根长	主根粗
株高	1	0.219	-0.069	0.174	0.497 *
冠幅	0.219	1	-0.222	0.025	-0.288
主根长	-0.069	-0.222	1	0.061	-0.134
主根粗	0.174	0.025	0.061	1	0.05
球茎	0.497*	-0.288	-0.134	0.05	1

注 ** 表示在0.01级别(双尾)，相关性显著。* 表示在0.05级别(双尾)，相关性显著。

(3)1年生叉孢苏铁种苗主成分分析

1年生叉孢苏铁种苗主成分分析结果，见表4-25。由主成分分析结果可知，主根长、主根粗、冠幅、株高、球茎5个主成分累积方差贡献率可达到了77.082%，故可认为这3个主成分可代表全部指标信息。因此提取前3个特征值，并计算相应的特征向根，确定选用指标进行聚类分析。

表4-25 1年生叉孢苏铁种苗主成分变量解释

主成分	初始特征值			提取载荷平方和		
	总计	方差贡献率(%)	累积方差贡献率(%)	总计	方差贡献率(%)	累积方差贡献率(%)
1	1.483	29.652	29.652	1.483	29.652	29.652
2	1.303	26.053	55.704	1.303	26.053	55.704
3	1.069	21.378	77.082	1.069	21.378	77.082
4	0.797	15.947	93.029			
5	0.349	6.971	100.000			

由表4-26主成分矩阵内的数据计算获得的特征根，可以得到以下主成分公式：

F1=株高×0.410+球茎×0.421+冠幅×0.805+主根长×0.636+主根粗×0.740 (4-18)

F2=-株高×0.745-球茎×0.725-冠幅×0.250-主根长×0.223+主根粗×0.463 (4-19)

因此，种苗评价因子 F 计算公式：

$$F = F1 \times 0.389 + F2 \times 0.28125 \quad (4\text{-}20)$$

表 4-26 主成分的特征根

特征根	株高	冠幅	主根长	主根粗	球茎
主成分 1	0.829	0.096	−0.328	0.339	0.75
主成分 2	0.136	0.906	−0.491	−0.023	−0.471
主成分 3	0.163	0.157	0.582	0.77	−0.294

计算所有种苗的评价因子 F，并采用 K−聚类分析分为 2 个等级，初步获得聚类中心，见表 4-27。主成分分析结合 K−聚类分析所得分级标准，见表 4-28。

表 4-27 1 年生叉孢苏铁种苗聚类分析结果

	初始聚类中心		最终聚类中心	
	Ⅰ级	Ⅱ级	Ⅰ级	Ⅱ级
株高(cm)	42.00	13.00	31.83	21.94
冠幅(cm)	21.42	20.68	24.75	22.40
主根长(cm)	16.00	16.00	13.73	13.76
主根粗(mm)	9.18	8.34	8.92	8.59
球茎(cm)	2.44	2.15	2.32	2.08

表 4-28 主成分分析结合 K−聚类分析所得分级标准

等级	株高(cm)	球茎(cm)	冠幅(cm)	主根长(cm)	主根粗(cm)
Ⅰ级	≥18.18	≥2.08	≥25.79	≥29.92	≥0.96
Ⅱ级	13.42~18.18	1.94~2.08	22.65~5.79	17.47~29.92	0.93~0.96

(4)1 年生叉孢苏铁种苗的聚类分析

使用 SPSS 软件对 1 年生叉孢苏铁种苗的株高、球茎、冠幅 3 个指标的数据进行聚类分析，结果见表 4-27。由表可得出各级种苗下限值如下：Ⅰ级种苗株高≥18.18cm，球茎≥2.08cm，冠幅≥25.79cm，主根长≥29.92cm，主根粗 0.96cm；Ⅱ级种苗株高 13.42~18.18cm，球茎 1.94~2.08mm，冠幅 22.65~5.79cm，主根长 17.47~29.92cm，主根粗 0.93~0.96cm。同一等级种苗的任一指标若达不到标准则降为下一级。

4.2.3.3 讨论与结论

种子种苗是濒危植物保育的基础，种苗质量的好坏直接影响着濒危植物回归自然的成败，制定科学合理的濒危植物种子种苗分级标准是保障保育回归大自然的必要手段。本文测定一年生叉孢苏铁株高、冠幅、球茎、主根长、主根粗 5 个数据作为质量分级指标，得出质量分级标准如下：Ⅰ级种苗株高≥18.18cm，球茎≥2.08cm，冠幅≥25.79cm，主根长≥29.92cm，主根粗 0.96cm；Ⅱ级种苗株高 13.42~18.18cm，球茎 1.94~2.08mm，冠幅 22.65~5.79cm，主根长 17.47~29.92cm，主根粗 0.93~0.96cm。本文测定了叉孢苏铁的株高、冠幅、球茎、主根长、主根粗 5 个数据进行质量指标的相关性和聚类分析，结合叉孢苏铁生产实际，将种苗球茎、株高、冠幅作为叉孢苏铁种苗质量分级的指标，既直观、容易测量，又简化了分级流程，在生产中具有一定的可操作性。其中聚类分析法是一种比较简单、方便、可靠的种苗分级方法。有研究证明，不同等级的种苗对植物生长、产量和质量有显著影响。因此在实际种植过程中应观察叉孢苏铁种苗是否有无损伤、病斑、霉烂、虫蛀等状况。因此，本实验所得到的种苗等级划分的结果，为叉孢苏铁栽培标准化和产业规范化提供科学依据与指导。

4.2.4 德保苏铁

4.2.4.1 材料与方法

(1)材料

实验地在广西植物研究所，位于110°17′E、25°01′N，属于中亚热带季风气候，海拔约180m，全年平均气温约19.2℃。实验材料为广西植物研究所种植园1年生种苗50株。

(2)方法

①种苗质量相关指标的测定。分别测定每株德保苏铁种苗的株高、冠幅、球茎、主根长、主根粗。球茎测定采用游标卡尺测量苗木球茎直径，即苗干基部土痕处粗度；株高测定采用卷尺测量自球茎至顶芽基部的苗干长度；主根长用卷尺测量自根茎基部到最长根须末端的长度；主根粗用游标卡尺测量根茎粗度。

②种苗质量分级。本文采用主成分分析-K聚类分析法对种苗进行分级。采用SPSS软件对各德保苏铁种苗的株高、冠幅、球茎、主根长、主根粗等5个测量数据进行相关分析与主成分分析，提取出主成分，并根据结果对种苗进行K-聚类分析，得到德保苏铁种苗聚类结果，结合实际情况制定德保苏铁种苗分级标准。

4.2.4.2 结果与分析

(1)1年生德保苏铁种苗的统计描述

对1年生德保苏铁种苗的测定结果进行统计学描述，结果见表4-29。由表可知，株高215.00~410.00mm，均值为316.875mm；冠幅84.85~473.5mm，均值为176.375mm；主根长140~183mm，均值为163.563mm；球茎23.10~31.48mm，均值为25.943mm；主根粗9.74~12.88mm，均值为11.06mm；变异系数冠幅最高为0.25，其次是株高0.18，主根粗0.09，球茎和主根长都是0.08。

表4-29 1年生德保苏铁种苗的统计学描述

	最小值	最大值	均值	标准偏差	变异系数
株高(mm)	215.00	410.00	316.875	57.847	0.18
冠幅(mm)	84.85	224.94	158.34	40.129	0.25
球茎(mm)	23.10	31.48	25.943	2.163	0.08
主根粗(mm)	9.74	12.88	11.060	0.965	0.09
主根长(mm)	140.00	183.00	163.563	13.540	0.08

(2)1年生德保苏铁种苗主要参数的相关性分析

对1年生德保苏铁种苗各指标进行相关分析，结果见表4-30。由表可知，主根粗、株高 2 个参数显著相关，其中根粗和株高(0. 591)显著相关(P<0. 05)且相关性具有统计学意义，说明主根粗、株高 2 个指标可以真实反映出种苗质量信息，具有代表性。

表 4-30　1 年生德保苏铁种苗质量指标的相关分析

	株高	冠幅	球茎	主根粗	主根长
株高	1	0. 495	0. 111	0. 591*	0. 158
冠幅	0. 495	1	−0. 154	0. 264	−0. 1
球茎	0. 111	−0. 154	1	0. 359	0. 317
主根粗	0. 591*	0. 264	0. 359	1	0. 069
主根长	0. 158	−0. 1	0. 317	0. 069	1

注　** 表示在 0. 01 级别(双尾)，相关性显著。* 表示在 0. 05 级别(双尾)，相关性显著。

(3)1 年生德保苏铁种苗主成分分析

1 年生德保苏铁种苗主成分分析结果，见表 4-31。由主成分分析结果可知，对株高、冠幅、球茎、主根长、主根粗 5 个指标进行主成分分析，主成分 1、2、3 的累积方差贡献率可达到了 84. 071%，故可认为前 3 个主成分可代表全部指标信息。因此提取前 3 个特征值，并计算相应的特征向根，确定选用指标进行聚类分析。

表 4-31　1 年生德保苏铁种苗主成分变量解释

主成分	初始特征值			提取载荷平方和		
	总计	方差贡献率(%)	累积方差贡献率(%)	总计	方差贡献率(%)	累积方差贡献率(%)
1	2. 197	43. 923	42. 923	2. 197	42. 923	42. 923
2	1. 222	24. 437	68. 368	1. 222	24. 437	68. 368
3	0. 785	15. 702	84. 071			
4	0. 497	9. 945	94. 016			
5	0. 299	5. 984	100			

由表 4-32 主成分矩阵内的数据计算获得的特征根，可以得到以下主成分公式：

$$F1 = 株高\times0.367+冠幅\times0.331+球茎\times0.194+主根粗\times0.390+主根长\times0.145 \quad (4\text{-}21)$$

$$F2 = -株高\times0.183-冠幅\times0.312+球茎\times0.592-主根粗\times0.071+主根长\times0.576 \quad (4\text{-}22)$$

因此，种苗评价因子 F 计算公式为：

$$F = F1\times0.429+F2\times0.244 \quad (4\text{-}23)$$

表 4-32　主成分的特征根

特征根	株高	冠幅	球茎	主根粗	主根长
主成分 1	0. 367	0. 331	0. 194	0. 390	0. 145
主成分 2	−0. 183	−0. 312	0. 592	−0. 071	0. 576

计算所有种苗的评价因子 F，并采用 K−聚类分析分为 2 个等级，初步获得聚类中心，见表 4-33。主成分分析结合 K−聚类分析所得分级标准，见表 4-34。

表 4-33　1 年生德保苏铁种苗聚类分析结果

	初始聚类中心		最终聚类中心	
	Ⅰ级	Ⅱ级	Ⅰ级	Ⅱ级
株高	400.00	215.00	363.57	280.56
冠幅	224.94	151.99	193.35	131.11
球茎	25.54	23.34	26.22	23.33
主根粗	12.88	9.74	11.80	9.48
主根长	165.00	164.00	166.86	155.00

表 4-34　主成分分析结合 K-聚类分析所得分级标准

等级	株高(mm)	球茎(mm)	冠幅(mm)	根长(mm)	根粗(mm)
Ⅰ级	≥363.57	≥26.22	≥193.35	≥166.86	≥11.80
Ⅱ级	280.56~363.57	23.33~26.22	131.11~193.35	155.00~166.86	9.48~11.80

(4)1 年生德保苏铁种苗的聚类分析

使用 SPSS 软件对 1 年生德保苏铁种苗的株高、冠幅、球茎、主根粗、主根长 5 个指标的数据进行聚类分析，结果见表 4-33。由表可得出各级种苗下限值如下：Ⅰ级种苗株高≥363.57mm，球茎≥26.22mm，冠幅≥193.35mm，主根长≥166.86mm，主根粗≥11.80cm；Ⅱ级种苗株高 280.56~363.57mm，球茎 23.33~26.22mm，冠幅 131.11~193.35mm，主根长 155.00~166.86mm，主根粗 9.48~11.80mm。同一等级种苗的任一指标若达不到标准则降为下一级。

4.2.4.3　讨论与结论

种子种苗是濒危植物保育的基础，种苗质量的好坏直接影响着濒危植物回归自然的成败，制定科学合理的濒危植物种子种苗分级标准是保障保育回归大自然的必要手段。本文测定 1 年生德保苏铁株高、冠幅、球茎、主根长、主根粗 5 个数据作为质量分级指标，得出质量分级标准如下：Ⅰ级种苗株高≥363.57mm，球茎≥26.22mm，冠幅≥193.35mm，主根长≥166.86mm，主根粗≥11.80cm；Ⅱ级种苗株高 280.56~363.57mm，球茎 23.33~26.22mm，冠幅 131.11~193.35mm，主根长 155.00~166.86mm，主根粗 9.48~11.80mm。本文测定了德保苏铁的株高、冠幅、球茎、根长、根粗 5 个数据进行质量指标的相关性和聚类分析，结合德保苏铁生产实际，将种苗球茎、株高、冠幅作为德保苏铁种苗质量分级的指标，既直观、容易测量，又简化了分级流程，在生产中具有一定的可操作性。其中聚类分析法是一种比较简单、方便、可靠的种苗分级方法。有研究证明，不同等级的种苗对植物生长、产量和质量有显著影响。因此在实际种植过程中应观察德保苏铁种苗是否有无损伤、病斑、霉烂、虫蛀等状况。因此，本实验所得到的种苗等级划分的结果，为德保苏铁栽培标准化和产业规范化提供科学依据与指导。

4.2.5 叉叶苏铁

4.2.5.1 材料与方法

(1)材料

实验地在广西植物研究所，位于 110°17′E、25°01′N，属于中亚热带季风气候，海拔约 180m，全年平均气温约 19.2℃。实验材料为广西植物研究所种植园 1 年生种苗 50 株。

(2)方法

①种苗质量相关指标的测定。分别测定每株叉叶苏铁种苗的株高、冠幅、球茎、主根长、主根粗。球茎测定采用游标卡尺测量苗木球茎直径，即苗干基部土痕处粗度；株高测定采用卷尺测量自球茎至顶芽基部的苗干长度；根长用卷尺测量自根茎基部到最长根须末端的长度；球茎用游标卡尺测量根球茎粗度。

②种苗质量分级。本文采用主成分分析-K 聚类分析法对种苗进行分级。采用 SPSS 软件对各叉叶苏铁种苗的株高、冠幅、球茎、主根长、主根粗等 5 个测量数据进行相关分析与主成分分析，提取出主成分，并根据结果对种苗进行 K-聚类分析，得到叉叶苏铁种苗聚类结果，结合实际情况制定叉叶苏铁种苗分级标准。

4.2.5.2 结果与分析

(1)1 年生叉叶苏铁种苗的统计描述

对 1 年生叉叶苏铁种苗的测定结果进行统计学描述，结果见表 4-35。由表可知，株高 260.00~365.00mm，均值为 302.75mm；冠幅 124.90~242.49mm，均值为 172.81mm。主根长 141.00~200.00mm，均值为 169.05mm；球茎 18.78~26.64mm，均值为 21.89mm；主根粗 11.02~14.08mm，均值为 21.89mm；变异系数冠幅最高为 0.22，其次是株高 0.10，球茎变异系数为 0.10，主根长和主根粗的变异系数都是 0.08。

表 4-35 1 年生叉叶苏铁种苗的统计学描述

	最小值	最大值	均值	标准偏差	变异系数
株高(mm)	260.00	365.00	302.75	30.50	0.10
冠幅(mm)	124.90	242.49	172.81	37.46	0.22
球茎(mm)	18.78	26.64	21.89	1.87	0.09
主根粗(mm)	11.02	14.08	12.74	1.06	0.08
主根长(mm)	141.00	200.00	169.05	13.63	0.08

(2)1 年生叉叶苏铁种苗主要参数的相关性分析

对 1 年生叉叶苏铁种苗各指标进行相关分析，结果见表 4-36。由表可知，冠幅、株高 2 个参数显著相关(0.449)，主根粗和球茎 2 个指标存显著相关(0.461)显著相关($P<0.05$)且相关性具有统计学意义，说明根粗、株高 2 个指标可以真实反映出种苗质量信息，具有代表性。

表 4-36 1 年生叉叶苏铁种苗质量指标的相关分析

	株高	冠幅	球茎	主根粗	主根长
株高	1	-0.449*	0.051	0.244	-0.164
冠幅	-0.449*	1	-0.219	0.199	0.262
球茎	0.051	-0.219	1	0.461*	0.149
主根粗	0.244	0.199	0.461*	1	0.210
主根长	-0.164	0.262	0.149	0.210	1

注 ** 表示在 0.01 级别(双尾)，相关性显著。* 表示在 0.05 级别(双尾)，相关性显著。

(3)1 年生叉叶苏铁种苗主成分分析

1 年生叉叶苏铁种苗主成分分析结果，见表 4-37。由主成分分析结果可知，主根长、主根粗、冠幅、株高、球茎 5 个指标的前 3 个主成分累积方差贡献率可达到了 80.898%，故可认为这 3 个主成分可代表全部指标信息。因此，提取了 2 个特征值，并计算相应的特征向根，确定选用指标进行聚类分析。

表 4-37 1 年生叉叶苏铁种苗主成分变量解释

主成分	初始特征值			提取载荷平方和		
	总计	方差贡献率(%)	累积方差贡献率(%)	总计	方差贡献率(%)	累积方差贡献率(%)
1	1.628	32.564	32.564	1.628	32.564	1.628
2	1.596	31.912	64.477	1.596	31.912	1.596
3	0.821	16.421	80.898			0.821
4	0.727	14.549	95.446			0.727
5	0.228	4.554	100			0.228

由表 4-38 主成分矩阵内的数据计算获得的特征根，可以得到以下主成分公式：

$$F1=株高\times0.475-球茎\times0.147-冠幅\times0.41+主根长\times0.336+主根粗\times0.243 \quad (4\text{-}24)$$

$$F2=-株高\times0.104+球茎\times0.415+冠幅\times0.288+主根长\times0.361+主根粗\times0.80 \quad (4\text{-}25)$$

因此，种苗评价因子 F 计算公式为：

$$F=F1\times0.326+F2\times0.319 \quad (4\text{-}26)$$

表 4-38 主成分的特征根

特征根	株高	冠幅	主根长	主根粗	球茎
主成分 1	0.475	-0.41	0.336	0.243	-0.147
主成分 2	-0.104	0.288	0.361	0.80	0.415

计算所有种苗的评价因子 F，并采用 K-聚类分析分为 2 个等级，初步获得聚类中心，见表 4-39。主成分分析结合 K-聚类分析所得分级标准，见表 4-40。

表 4-39　1 年生叉叶苏铁种苗聚类分析结果

	初始聚类中心		最终聚类中心	
	Ⅰ级	Ⅱ级	Ⅰ级	Ⅱ级
株高	365	270	318.18	283.89
冠幅	242.49	134.91	208.61	143.51
球茎	23.22	22.04	23.2	21.51
主根粗	14	13.88	13.84	11.66
主根长	175	155	172.89	155.91

表 4-40　主成分分析结合 K-聚类分析所得分级标准

等级	株高(cm)	球茎(cm)	冠幅(cm)	根长(cm)	根粗(cm)
Ⅰ级	≥318.18	≥23.2	≥208.61	≥172.89	≥13.84
Ⅱ级	283.89~318.18	21.51~23.2	143.51~208.61	155.91~172.89	11.66~13.84

(4)1 年生叉叶苏铁种苗的聚类分析

使用 SPSS 软件对 1 年生叉叶苏铁种苗的株高、球茎、冠幅 3 个指标的数据进行聚类分析，结果见表 4-39。由表可得出各级种苗下限值如下：Ⅰ级种苗株高≥318.18mm，球茎≥23.2mm，冠幅≥208.61mm，根长≥172.89mm，根粗 13.84mm；Ⅱ级种苗株高 283.89~318.18mm，球茎 21.51~23.2mm，冠幅 143.51~208.61mm，根长 155.91~172.89mm，根粗 11.66~13.84mm。同一等级种苗的任一指标若达不到标准则降为下一级。

4.2.5.3　讨论与结论

苗木的质量由多个质量指标构成，测定的指标越多，获得的苗木质量信息就越完整，但在实际生产中，多项指标测定操作烦琐，容易损伤种苗，需要选择能够代表种苗质量的主要指标进行分级。为确定影响叉叶苏铁的种苗质量的主要因子，本文测定 1 年生叉叶苏铁株高、冠幅、球茎、主根长、主根粗 5 个数据作为质量分级指标，得出质量分级标准如下：Ⅰ级种苗株高≥318.18mm，球茎≥23.2mm，冠幅≥208.61mm，根长≥172.89mm，根粗 13.84mm；Ⅱ级种苗株高 283.89~318.18mm，球茎 21.51~23.2mm，冠幅 143.51~208.61mm，根长 155.91~172.89mm，根粗 11.66~13.84mm。本文测定了叉叶苏铁的株高、冠幅、球茎、主根长、主根粗 5 个数据进行质量指标的相关性和聚类分析，结合叉叶苏铁生产实际，将种苗球茎、株高、冠幅作为叉叶苏铁种苗质量分级的指标，既直观、容易测量，又简化了分级流程，在生产中具有一定的可操作性。其中聚类分析法是一种比较简单、方便、可靠的种苗分级方法。本研究结果表明，株高、冠幅和主根长是体现苗木质量的重要指标。因此，依据分析结果，同时结合生产实践，确定以株高、冠幅、主根长测定值作为种苗质量分级标准。但在实际生产中，选择种苗时，除分级标准外，还应考虑苗木种苗是否完整、是否有病虫害等因素。因此，本实验所得到的种苗等级划分的结果，为叉叶苏铁栽培标准化和产业规范化提供科学依据与指导。

4.3 迁地保护中苏铁病虫害调查与综合防治对策研究

4.3.1 材料与方法

4.3.1.1 研究地点

青秀山迁地保护苏铁园地处22°79′E、108°39′N，是青秀山风景区内的植物专类园之一。始建于1998年，原址是一片马尾松林及粉单竹林的半山斜坡，坡度8°~20°，海拔175~210m。经过改造建成的苏铁植物专类园，依自然地势而存在。目前面积约80亩(含小苗繁育场地)。年平均气温为21.6℃，最冷月为1月，月平均气温为12.5℃，极端最冷月气温-2.1℃；最热月是7月，月平均气温为28.7℃，极端最高气温为40.4℃。春季气温低，天气多变，忽冷忽热，多连绵雨；夏季高湿多雨，热季较长；秋季气候温和；冬季较干燥，也不很寒冷，平均气温一般在10~17℃。全年无霜期达340天以上。充足的热量，可满足植物生长需要。苏铁园区域的土壤主要是由砂岩和砂页岩发育而成的赤红壤，pH值5.5~7.0，因地形呈缓坡，不易积水，对苏铁类植物的迁地保育有先天的地理优势。

4.3.1.2 研究内容

调查青秀山苏铁园内苏铁类植物病虫害种类、危害特点、危害程度以及发生规律。切实参与青秀山苏铁园的养护管理工作，了解景区绿化养护工作要求，分析园区病虫害发生原因及养护管理存在的问题，研究苏铁类植物病虫害的综合防治策略，提出防治和养护管理的改进建议。

4.3.1.3 病虫害调查方法

(1)苏铁类植物病虫害种类调查

全园逐株观察。2017年11月至2020年12月参与园区的养护工作，结合园区的植物普查工作，同时开展苏铁类植物病虫害的种类调查。植物普查在园区内以地毯式搜索和清点方式开展，逐一给每株苏铁类植物挂牌编号统计种类和数量。在挂牌时候需拍照记录每株植株的全株、羽叶、叶柄、鳞叶、球花、茎干、珊瑚根等形态特征以区分每个苏铁种类，并同步开展病虫害种类调查工作。

仔细检查记录全株是否受病虫害，全株的受害状，受害叶片或虫体附着位置，卵、幼虫、蛹的躲藏位置等，挖掘已经枯死的植株根部周围土壤，检查是否存在地下害虫。将有病害状(卷曲、霉变、发黄、腐烂等)的症状分别归类，将各症状类型的样本和图片材料送给相关专家鉴定。使用扫捕法、搜索法、诱集法等方法进行害虫成虫的采集，并将有虫害状(虫卵、虫孔或虫粪)的羽叶或叶柄剪切带回实验室进行饲养，拍照记录各虫态，结合相关文献资料进行种类鉴定。

(2)苏铁类植物病虫害季节性变化规律调查

2019年12月至2020年11月通过每月调查记录1次各种病虫害的发生情况，分析苏铁类植物病虫害种类季节性变化规律。参照国家林业和草原局印发的《森林病虫害预测预报管理办法》和《主要林业有害生物国家林业局成灾标准》将调查过程中每月的病害、虫害危害程度分为轻度(+)、中度(++)、重度(+++)3 个等级(表 4-41)。

表 4-41　病虫害危害程度标准表

病虫害种类		轻度	中度	重度
虫害	叶部害虫	叶片受害率≤30%	30%<叶片受害率≤75%	叶部受害率>75%
	蛀干害虫	有虫株率≤30%	30%<有虫株率≤75%	有虫株率>75%
病害		病害发生率≤5%	5%<发生率≤30%	病害率>30%

4.3.2　结果与分析

4.3.2.1　园区苏铁类植物资源现状

青秀山苏铁园总体上可分为核心展示区和繁育区。根据引种记录，自建园以来共引种苏铁类植物 75 种，分属 2 科 8 属。2017 年 11 月至 2019 年 12 月园区工作人员在每个区域开展地毯式的挂牌工作，逐一给每株苏铁类植物挂牌编号，统计种类和数量，统计结果如下。

核心展示区共有苏铁植株 3518 株，收集于散落的民间或由兄弟单位赠送，多数植株为已开过花的成年植株。其中植株数量较多的种类分别是苏铁占核心区总数量的 24.47%，德保苏铁占 20.44%，越南篦齿苏铁占 19.44%，石山苏铁占 10.60%，叉孢苏铁占 7.11%，叉叶苏铁占 6.40%，鳞秕泽米占 5.69%(彩图 51)。以这 7 个种类为骨干树种，根据骨干树种的形态特征，以小片种群配植的形式，形成高低错落、疏密有致的景观主体框架，再辅以其他观赏植物和硬质景观配置。

其他种类数量合计仅占总数的 5.86%，如摩瑞大泽米 *Macrozamia moorei*、劳氏非洲铁 *Encephalartos laurentianus*、宽叶角状铁 *Ceratozamia latifolia*、贺氏双子铁 *Dioon holmgrenii*、攀枝花苏铁等，以收集种类为主，每个种类的引种数量通常不超过 10 株，以同种类小组的种植方式进行展示，有意识地组成几条精品景观和苏铁类植物种类科普路线。搭配恐龙雕塑群，整体呈现出“苏铁森林”的景观效果。

繁育区的苏铁类植物数量已达到 6800 株，基本是由核心区成年植株的种子繁育而成。树龄基本都在 10 年以内，由于核心区植株密度较大，繁育的后代存在杂交的可能，所以定植时严格将自繁植株与引种植株分开种植，避免混淆。自繁苏铁植株记为与母本相同的种类，目前繁育区的苗木仅用于苏铁园后山区域的景观改造。主要繁育种类与核心展示区的主要种类基本相同，有德保苏铁、叉叶苏铁、海南苏铁、叉孢苏铁等。青秀山每年都会开展苏铁类植物的繁育工作，繁育区的植株数量还在不断增加。

4.3.2.2　苏铁类植物病虫害种类调查结果

(1)曲纹紫灰蝶

曲纹紫灰蝶 *Chilades pandava*(彩图 52)，属鳞翅目灰蝶科紫灰蝶属，以幼虫取食苏铁类植物嫩叶为害，不危害已革质化的羽叶，成虫产卵量多，幼虫食量大，严重时 2~3 天嫩叶和叶柄都可被吃光，给景观带来极大影响。Jones(2002)记录其主要危害苏铁科植物，但在园区内发现野牛非洲铁 *Encephalartos bubalinus* 的嫩叶同样也受危害。

在园区内全年都能发生，发生的高峰期在 5~8 月，曲纹紫灰蝶的高发期与苏铁类植物新发嫩叶的高峰期相吻合。曲纹紫灰蝶“多发”“难防”主要有 3 个方面的原因，一是环境适宜，食物充足。青秀山年平均气温为 21.6℃，最冷月为 1 月，月平均气温为 12.5℃。加上苏铁类植物种类丰富，嫩叶抽叶时间不齐，幼苗抽叶次数多，植株数量密度大，全年可见嫩叶，十分有利于曲纹紫灰蝶的繁殖，冬季亦发生危害，世代重叠严重。二是各虫态生存能力强，药剂控制难。成虫不在苏铁上取食物，药剂的胃毒作用难以对成虫起效。卵散产，量多个体小，很多卵产于拳卷的羽叶缝隙、鳞叶缝隙中，通常难以察觉。由于很多苏铁嫩叶上有茸毛，对药剂的分布和吸收有一定的影响。幼虫初孵时个体小(彩图 53)，躲在拳叶内或茸毛下取食，初孵幼虫难以完全控制。老熟幼虫生命力强，在食物缺乏的环境中还能提前化成个体较小的蛹。通常在叶柄基部或枯枝落叶中化蛹，化蛹位置隐蔽，防治压力大。三是天敌种类少，目前报道的天敌有山雀、画眉、麻雀，但由于天敌数量少且不是专食性，难以起到控制虫口的作用。由于幼虫取食有隐蔽性，不易直接观察到虫体，养护过程中应警惕以下几种情况的发生，对曲纹紫灰蝶的危害有一定的指示作用。

①断叶，部分羽叶接近展叶的时期，老熟幼虫会把叶柄咬断，在拳叶内继续取食直至化蛹，蛹会包裹在断叶内随断叶掉落。

②虫粪，幼虫取食量大，会排泄大量粪便。幼虫躲避在拳叶或叶柄的缝隙中取食，但是粪便会排出，可根据粪便的多少和新鲜程度追踪幼虫。

③蚂蚁，幼虫会从腹部背腺分泌蜜露，在户外常见到蚂蚁追随取食搬运蜜露，若看到蚂蚁在嫩叶上互相碰触传递信息搬运食物，很可能是嫩叶上有曲纹紫灰蝶幼虫危害。

④嫩叶长短差异大，特别是羽叶数量多的苏铁类植物，成年植株中同一批嫩叶的生长速度基本是相近的。若外围的嫩叶已长得很长，内圈的还很短，那么很可能是内圈的中心位置已被幼虫危害，影响其伸长。

(2)苏铁白轮盾蚧

苏铁白轮盾蚧 *Aulacaspis yasumatsui*(彩图 54)，属盾蚧科白轮盾蚧属。该虫以成、若虫群集在叶片上刺吸汁液危害，使叶片出现白色斑点或黄化，影响光合作用，甚至叶片布满介壳，造成叶片枯黄，严重的还会造成整株枯死。园区内全年可危害，7~9 月最多。雌虫在介壳内产卵，卵在介壳内孵化。初孵的若虫一部分会在介壳内停留一段时间再爬出介壳，另一部分则固定在介壳内，固定在介壳内的若虫随着生长发育，形成介壳重叠的现象。

苏铁白轮盾蚧是苏铁类植物上一种异常难以控制的害虫。栖息位置隐蔽，常藏匿于鳞叶、叶柄、叶背处，甚至还可以藏匿于根系之中，危害初期不易发觉(彩图 55)。介壳对虫体的保护作用强，药剂难以接触到虫体发挥药效，且虫体死亡后，介壳还可以附在植物上很长时间，层层叠叠对下层的活虫体继续起保护作用。养护人员也很难判断药剂是否有效。

(3)炭疽病

苏铁类植物的炭疽病由炭疽菌 *Colletotrichum* sp. 引起，不同的植物种类和不同的羽叶生长时期发病症状都会有所差异，一种多见于老叶，是从边缘或叶尖开始发病，病斑有不明显的轮纹，病斑边缘波浪状有黄色晕圈(彩图 56)。当病斑横向扩展至整个羽叶横截面时，上部分叶片枯死，颜色也为褐色，稍皱缩，病斑呈“V”字形继续向基部扩展，感病部分通常不断裂，不掉落，发病后期形似火烧。一种多见于刚展叶的新叶，初期表现为边缘失绿的现象，随后出现水浸状的病斑，病斑从边缘逐渐向叶脉扩散，小羽片尖端最先干枯，皱缩变脆后掉落。

(4)苏铁叶枯病

苏铁叶枯病 *Phomopsis cycadis*，老叶上发病较多，多数从叶尖开始发病，部分从叶缘开始，或同时进行(彩图 57)。病斑为椭圆形、近圆形或长条形，病斑边缘为红褐色细纹，中央灰白色，病健交界明显，病斑可穿透至羽叶背面，一般从小羽叶叶尖纵向往叶基部扩展，小羽叶上半部逐渐干枯直至叶基部，也有少量从叶边缘感病，病斑逐渐融合。最后干枯的小羽叶断裂掉落，部分干枯羽叶叶背有灰黑色霉层。

(5)苏铁斑点病

苏铁斑点病 *Ascochyta cycadia*，中文叫法较为多样，亦有称白斑病、叶斑病。多数从羽叶叶缘或叶尖开始发病，病斑不规则形状，初为淡黄色小点，后期病斑中央红褐色至灰白色，边缘有黄色晕圈或并肩交接明显(彩图 58)。顶部或见光的小羽片发病更严重，病斑向叶柄处扩展，纵向扩展速度大于横向速度，严重时会互相连接成大斑点，多数会变黄，严重时整张羽叶干枯。

(6)青苔病

园区内老叶普遍发生，由附生绿球藻 *Chlorococcum* sp. 和一些病原真菌复合侵染造成，形成一层暗绿色密生藻体附着于叶面或叶柄，严重影响景观和光合作用(彩图 59)。国内外暂无苏铁类植物发生青苔病的报道。青苔病的发生与青秀山苏铁园园区环境湿度大、近年来使用大量叶面肥有关。新叶通常不发病，叶龄越大感病越严重，下垂叶片重于上部叶片。

(7)根茎腐烂病

大多数种类的苏铁类植物对根腐真菌的攻击都很敏感，根茎病害致死率高，即便病株经过处理后已再次出芽发根，仍可能复发。根茎腐烂病的病原是 *Fusarium solani*，由于苏铁茎干淀粉含量高，致病后通常会引起其他真菌和昆虫进入呈现出复合症状。初发病的位置不同，发病症状也有所差别。

①根腐(彩图 60)。发病初期不易察觉，整株植物外观正常，羽叶依然保持绿色。随着病程的发展，羽叶开始青枯下垂或发黄，挖出观察根部通常可见主根或侧根已坏死，坏死区域会逐渐向上蔓延，然后植株倾斜或者倾倒。茎干较大的植株感病后期敲击茎干基部能听到空洞的闷响声，此时多数根部已完全腐烂，变成黑褐色纤维。

②茎腐(彩图 61)。多数茎腐病株初发于茎干顶部或茎干中上部，根腐症状常伴随着茎干腐烂的发生，但是发生茎腐时根系仍可能是完好的。发病初期症状不明显，中后期羽叶青枯。腐烂发生在茎顶时，叶柄基部发黑，生长点软烂。剖视发病茎干内部可见组织变成褐色，水渍状软烂，有臭味，挤压病部有黏稠液体。有时会吸引某些腐生昆虫侵入，若从外部看到有小飞虫围绕茎干基本可判断内部已发生软腐，特别在高温高湿的季节切开患部经常可见有大量腐生性昆虫的幼虫，且伴随恶臭味。发病急，若不及时处理腐烂面积会迅速扩散，最后整株死亡。

③烂皮(彩图 62)。主要发生在茎干皮层成龟裂状的种类，叶痕宿存的种类基本未见

发病。表现为叶基层松动或裂开，无明显虫孔，无虫粪，严重时一整圈叶基层爆裂且内有潮湿黑色碎屑，但是髓部位完好。部分植株后期能自愈长新皮，有些则逐渐空洞或死亡。

(8)球花畸形病

球花畸形病表现为小孢子叶球畸形，出现一圈溢缩，小孢子叶发育不良(彩图63)。发病后小孢子叶球仍然可以能继续伸长，但十分影响景观。多见于早春，开花较早的植株，目前国内外还未见相关的报道，发病机理尚不明了。根据园区的发生情况推测应该与早晚温差大，与天气异常变换相关。

4.3.2.3 病虫害的发生规律与现状分析

(1)园区病虫害的季节性变化规律和受害程度

根据2019年12月至2020年11月连续每月进行各病虫害种类的发生情况调查，结果统计见表4-42。

表4-42 青秀山苏铁园病虫害季节性变化和危害程度调查结果

	1月	2月	3月	4月	5月	6月	7月	8月	9月	10月	11月	12月
曲纹紫灰蝶 *Chilades pandava*	+	+	+	+	++	++	++	++	+	+	+	+
苏铁白轮盾蚧 *Aulacaspis yasumatsui*	+	+	+	+	+	+	++	++	++	+	+	+
炭疽菌 *Colletotrichum*sp.			+	++	+	+	+	++	+			
苏铁叶枯病 *Phomopsis cycadis*			+	++	+	+	++	++	++	+		
苏铁斑点病 *Ascochyta cycadia*								+	+	+		
青苔病 *Chlorococcum* sp.			+	++	+++	++	+	+	+			
根茎腐烂病 *Fusarium solani*			+			+	+					
球花畸形病		+	+									

注 未发生( )，轻度(+)，中度(++)，重度(+++)。

曲纹紫灰蝶在5~8月危害程度增高，与全园苏铁大量抽新叶的时间相互契合，园区在5~8月基本每周都会对新发的嫩叶喷药，所以全园的苏铁类植物叶片受害率基本控制在30%~40%。其余月受害率在10%以下，轻度发生，与这时期全园抽叶的苏铁数量基本吻合。部分苏铁嫩叶抽叶时间提早或推迟，幼苗的繁殖量大，植株数量多，且幼苗的嫩叶生长期不固定，抽叶次数多，全年持续的有嫩叶抽出，给曲纹紫灰蝶提供了充足的食物源。

苏铁白轮盾蚧在7~9月的危害程度增高，一是此时多数苏铁类植物的新生嫩叶到了展叶期，二是此时是大孢子叶孕育种子的初期，苏铁类植物茎干顶部的小环境通透性变差，密集的大孢子叶、凋谢的雄花堆积在茎干顶部，多头苏铁旧羽叶未剪，新羽叶已初步长成、密集的茎顶环境十分适合苏铁白轮盾蚧的繁育。园区的苏铁类植物叶片受害率上升至35%左右。随着园林养护工作的开展，其余月的受害程度维持在20%以下。冬季可在珊瑚根上发现虫体，主根系未发现受害。虽然只有曲纹紫灰蝶和苏铁白轮盾蚧2种，但这2种害虫全年可见，防治压力大。

病害主要发生在2~10月，2020年南宁2~3月最低气温9℃，最高气温29℃，气温异常，温差大，导致开花早的小孢子叶球出现畸形的症状。3月气温逐渐回暖，多数病害开始显症，根据园区的养护习惯每年惊蛰前后会进行一次全园喷药，对炭疽病和叶枯病起到了一定的控制作用，但园区的药剂防治对青苔病基本无效。进入4月雨水增多湿度大，炭疽病、叶枯病略微加重。青苔病明显加重，且发生至严重等级，十分影响景观。5~10月，主要通过人工修剪，摘除病叶的措施来维持景观和减少病害的发生，同时配合防治曲纹紫灰蝶时加入广普型的杀菌剂作为预防。根茎腐烂病主要在梅雨季节和高温高湿季节发病，发病率低，未普遍发生，但是一旦发病，极度容易致死，造成的损失最大。特别是古树植株应注意防护，全年需要检查。

(2)园区主要苏铁种类根茎腐烂发病程度比较

青秀山苏铁园内根茎腐烂病相对比其他病虫害种类有着少量发生，但致死率高的特点，是园区养护过程中应十分重视的一种病害，对于珍稀的苏铁类植物，特别是古树群，死亡每一株都是巨大的损失。2015年青秀山管委会风景园林局要求全园必须定期检查茎干腐烂的发生情况，发现腐烂情况立即采取相关处理措施，并记录每病株的发病情况和治疗处理方法，因此园区留存了2015年以来根茎腐烂病的相关图片记录和病株数据。在全面考虑某种病害发病率和严重程度时，常采用病情指数来计算，但目前国内外都暂无苏铁类植物根茎腐烂病的分级标准。本研究连续5年追踪青秀山苏铁园苏铁类植物根茎腐烂的症状，自拟以下苏铁类植物根茎腐烂病的分级标准(表4-43)。

表4-43　苏铁类植物根茎腐烂病严重程度分级标准

严重度级别	发病程度	代表值
0级 Grade0	根部、茎部均无腐烂	0
1级 Grade1	根系或茎干或树皮腐烂<10%	1
2级 Grade2	10%≤根系或茎干或树皮腐烂<25%	2
3级 Grade3	25%≤根系或茎干或树皮腐烂<50%	3
4级 Grade4	50%≤根系或茎干或树皮腐烂<75%	4
5级 Grade5	根系或茎干或树皮腐烂≥75%	5

综合在实地调查苏铁类植物种类数量及生存状况的相关数据，以及在养护过程中检查情况和处理病株时观察到的腐烂程度级别，计算核心展示区中植株数量最多的7个种类，苏铁、德保苏铁、越南篦齿苏铁、石山苏铁、叉孢苏铁、叉叶苏铁、磷比泽米铁，在2016—2020年内5年间的根茎腐烂病的发病率和病情指数，以初步比较根茎腐烂病在不同苏铁种类上的发生情况(表4-44)。计算公式：

$$\text{发病率的计算公式：发病率(\%)} = \frac{\text{病株数}}{\text{总株数}} \times 100\% \qquad (4\text{-}27)$$

$$\text{病情指数计算公式：病情指数} = \frac{\sum(\text{各级腐烂株数} \times \text{各级代表值})}{\text{总株数} \times \text{最高级代表值}} \times 100 \qquad (4\text{-}28)$$

表 4-44　主要苏铁种类根茎腐烂发病程度比较

品种	发病率(%)	病情指数
苏铁 *Cycas revoluta*	0.93	0.74
德保苏铁 *Cycas debaoensis*	1.25	1.00
越南篦齿苏铁 *Cycas elongata*	5.41	4.27
石山苏铁 *Cycas sexseminifera*	2.68	2.57
叉孢苏铁 *Cycas segmentifida*	2.40	2.08
叉叶苏铁 *Cycas bifida*	2.67	2.49
鳞秕泽米铁 *Zamia furfuracea*	0.00	0.00

苏铁、德保苏铁、越南篦齿苏铁、石山苏铁、叉孢苏铁、叉叶苏铁、磷比泽米铁为青秀山核心景区景观构成的骨干树种，近5年间除了磷比泽米铁之外，其余种类都曾出现不同程度的茎干腐烂，其中越南篦齿苏铁发病率和病情指数均最高，达到5.41%和4.27，其余种类的发病率均小于3%。石山苏铁、叉孢苏铁、叉叶苏铁的病情指数在2~3，德保苏铁和苏铁的发病率和病情指数相对其他几种主要苏铁科植物都低，在今后的养护工作中，越南篦齿苏铁应是防治根茎腐烂病工作的重点检查和关注种类。

(3)苏铁类植物栽培养护与病虫害关系

青秀山苏铁园整体呈现“苏铁森林”的景观效果，主体景观群落主要是苏铁科苏铁属植物，其余非苏铁类植物仅作点植效果。园区80余亩的面积内大量的同科同属植物种植在一起，生物群落结构较为简单，对病虫害的自然控制因素难以发挥主导作用，曲纹紫灰蝶、介壳虫、叶枯病等苏铁病虫害常年发生不可避免。因此青秀山苏铁园就如农业上的果园、大田经济作物的管理类似，人工介入，加强养护管理必不可少，否则后期很容易出现病虫害大爆发，造成难以控制的局面。同时若人工栽培养护方法不合理，也会对苏铁类植物的生长造成影响，难以达到控制病虫害发生的目的。栽培养护工作对病虫害的影响主要有以下几点。

①土壤选择和种植深度。由于苏铁类植物都是肉质根系。如果土壤碱性和黏性过大，未拌透气透水颗粒基质的纯红壤土会直接影响根系的透气性。有些苏铁类植物属于地下茎，主根具有收缩功能，会将茎干拉入地下。种植太深，土壤不适合，透气透水性差的土壤十分容易因积水导致烂根。

②水分控制和肥料管理。土壤、水分、肥料三者相辅相成，是苏铁类植物养根之本。以南宁的降水量，很少需要特地为苏铁类植物浇水。但景观上的其他配置植物如沿阶草、曼陀罗等则需要定期淋水，所以在进行淋水作业时候应尽可能不要漫灌苏铁类植物的根部。地下水位太高，排水不畅，长期积水容易使得病菌从根部入侵，导致苏铁类植物烂根。同时虽然苏铁类植物耐贫瘠，但长期的养护实例表明苏铁类植物却是喜肥物种。而其根系适应的种植土和栽培基质却不容易保持养分。特别是营养生殖十分消耗植株的养分。在雄花凋谢后或雌花孕种时期经常见到叶片发黄的现象，植株长势弱或营养不良则更容易感染病虫害。因此定期施肥保证养分充足，以提高植株的抵抗力也是园区病虫害防治中的重要事项之一。

③景观环境修整。青秀山苏铁园的绿化成垂直式的架构，苏铁类植物的植株高度也错

落不一，虽然层次多样化给视觉上带来更多美的感受，但更容易发生层层遮挡的情况。如果上层植物对中下层植物过分的荫蔽和遮挡，一方面会影响植株光合作用进而影响长势，另一方面也有利于病虫害的发生，特别是介壳虫、青苔病这类喜欢湿润荫蔽环境的病虫害。此外有些多头苏铁因生长点多，自身的羽叶相互交叉本身就很容易导致茎顶环境密闭，植株本身就为病虫害的生存营造了适合小环境。因此，在种植时就要注意植株的间距，定期修剪以保证苏铁类植物的立地环境通风透光，及时将病叶、枯叶清理出园区以减少病虫害的发生。

(4)苏铁类植物幼苗繁育与病虫害关系

青秀山苏铁园的苏铁类植株有上万株，其中有 2/3 的数量是通过种子繁育而来。繁育苗目前主要用于景区的景观的建设中，并且繁育工作还在持续地进行当中。生产健康植株、小苗不带病虫是繁育苗木应用到景观建设的基础，也是减少苏铁类植物病虫害在园林景观应用中发生的根本途径。

与成年植株相比，幼年植株抵抗病虫害的能力更低。所以从种子采收到出苗养护，病虫害的防治工作就应该同步展开。如苏铁白轮盾蚧不仅危害苏铁羽叶，也会附着在大孢子叶和种子上，种子采收后应同时剪掉大孢子叶，避免密集的大孢子叶给介壳虫继续繁殖的机会。播种时苏铁类植物的肉质种皮容易腐烂造成病原菌侵染使种子败育。播种前最好剥去肉质种皮，并用杀菌剂和杀虫剂浸泡 24 小时后再播种或晾干后储藏。种植前先用 40% 五氯硝基苯 1500g/亩拌土进行土壤消毒，预防土传病害。播种后通常在翌年的 3~4 月即可看到个别幼叶出土，5~6 月为嫩叶出土高峰期。此时也正是曲纹紫灰蝶的高发期。若第一张或第二张嫩叶被取食，将严重影响小苗生长，甚至可导致小苗因无法进行光合作用而死亡。预防曲纹紫灰蝶危害是出苗后的首要工作。成年植株 1 年通常只生长 1 次嫩叶，一次抽叶多张，只要在嫩叶期做好防护便不会再受曲纹紫灰蝶危害。但幼苗全年都在生长，一年多次抽叶，每次只生长 1~2 张叶，嫩叶期持续时间长。且园区繁育数量大，加上南宁气候温和，适宜的环境和充足的食物使得某些病虫害无须越冬，这也是青秀山苏铁园病虫害防治压力逐年加大的原因。

4.3.3 综合防治对策

青秀山苏铁园处于旅游风景区，兼具植物保护研究和科普观光两项重责，景区人流量大，生态环境复杂，植物种类繁多。依靠单一的某种措施和方法通常难以达到较好的防治效果。根据本次调查结果和园区的绿化养护生产实际，提出以下的综合防治对策。

4.3.3.1 重视植物检疫，设置引种苗木隔离观察区

青秀山苏铁园自建园以来引种工作一直在进行当中，至 2020 年，国内的苏铁种类已基本收集完全。随着青秀山与国内外植物园和科研机构的合作交流增多，国外苏铁的引种和苏铁类植物种类的交换变得更加频繁。有害生物随种子、苗木扩散的风险增大。特别是在引入国外苏铁种类时，需特别注意一些发生初期不明显，但潜伏期长，国内尚未报道有感染，国外却发生较为严重的苏铁类病虫害，如象鼻虫科 Curculionidae、疫霉属 *Phytophthora* 引起的腐烂病等，景区应严格把控苗木和种子的引入，严格遵循国家的植物检验制度。设置专门的引种苗隔离存放观察点，尽可能避免从其他地区引入新种后直接同园区的

苏铁类植物混合栽种。同时，与其他单位交换时，应选择健康植株或饱满的种子，并做好病虫害的消杀工作，确保送出的植株或种子不携带病虫害。

4.3.3.2 坚持园林技术防治为基础，实施园林精细化管理

苏铁类植物专类园的绿化管理必定是以养护苏铁类植物为本(图4-17)。一切的园林养护技术和病虫害防治措施都是为了植物能有旺盛健康的长势而服务的，园林精细化管理即是从苏铁类植物本身及其立地环境空间条件为考量，实施科学的栽培管理和养护措施，既保证景观效果，有利于植物生长，又能直接或间接的减少、抑制或消灭病虫害。每一株苏铁类植物从植物根部环境、植株本身和植物的立地空间都要有精细化的考量和养护措施，以优化生长环境，提升长势来提高植株的抗病虫能力。

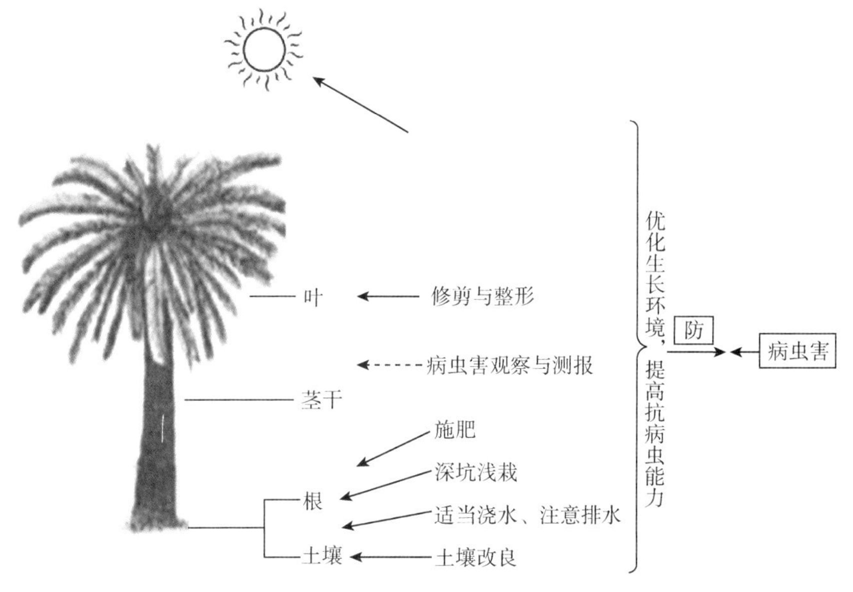

图4-17 园林精细化管理技术路线

(1)防寒与遮光

防寒与遮光主要是针对气温和光照对苏铁类植物生长产生负面影响时而采取的措施。

气温对苏铁生长的影响主要表现在冷影响和热影响两个方面。冷影响主要是由于霜冻或者冰雹造成的，基本上所有的苏铁类植物都分布在热带或亚热带地区，南宁处于亚热带，气候上对苏铁类植物的栽培有着得天独厚的优势，通常来说原生地在温带或者高海拔地区的苏铁类植物，对短时的霜冻和低温均有一定的抵抗能力。在华南地区可以安全过冬，园区内一般不需要对苏铁类植物进行特殊的防寒抗冻措施。但有一小部分来自热带地区的种类和小苗只能适应热带高温环境，长期处于低温环境(<0℃)会对植株产生损伤，对于这些种类越冬期应采取防寒防冻措施，如用防寒布包裹主干，提前盖膜，霜冻期淋水升温等。苏铁类植物的冻伤通常不会立刻体现，而是在回温后2~3天内逐步表现出来，受冻叶片会出现黄色或红色的烧伤状斑面。2016年1月23~25日，南宁市出现1~6℃的低温天气，24日凌晨青秀山上出现大范围的霜冻，园区内多数苏铁植株顶部都出现结霜的情况，天未亮公园便紧急安排工人和水车进行喷水除霜，由于措施采取及时，未出现苏

铁类植物受冻损害的情况。

热影响通常在夏季主要影响小苗，且高温和光照的负面影响是同时产生的。对于定植于土中的成年植株来说，热影响并不是广泛和永久的，成年植株若出现晒伤，将干死的羽叶剪掉，妥善养护等待下一次长叶便好。但高温对小苗的影响可能是致命的，在南宁夏季最高气温可达到38℃左右，水泥或石板道路的温度则可能达到45℃以上。即便进行遮光，地表的温度也足够煮熟一株小苗，所以切勿在夏季直接将盆栽小苗摆在水泥道路上。不同种类的苏铁对光照的需求是不同的，如波温铁属、角果铁属、鳞木铁属等就需要低光照甚至全阴环境。而多数苏铁属，双子铁属和非洲铁属则喜欢全日照。光照过于强烈会出现叶面灼伤、嫩叶干死的情况。光照不足会出现长叶数量减少或叶片徒长，十分影响美观。长期处在不匹配的光照环境中，极易发生病虫害，尤其是介壳虫和根茎腐烂病。评判某种苏铁类植物的需光程度，主要是通过它的原生环境来分析。但某些种类对光照的要求不是绝对的，如原生地在全阳山坡上的德保苏铁，移至半阴环境下表现也不错。这需要在养护工作中多记录和总结。但不管是阳生型、半阴型或阴生型，在苏铁植物的幼苗期，特别是刚移植装盆的时候，都必须要进行遮光。否则容易出现叶面灼伤发白的情况，严重的直接整株干死。在户外种植时，可在植株上部拉起黑色遮光网进行遮光。阳生型的小苗最少也要等到根系长定后再直接暴露在阳光下。

(2)修剪与整形

苏铁类植物不同于其他园林树木，不需要频繁修剪。修剪的目的是保持树形优美，剪除病虫羽叶、交叉羽叶，疏空树冠，提高吸收阳光的表面积，减少荫蔽处，防止老叶挤压嫩叶生长，减少病虫害的发生。单株苏铁植株的修剪要遵循以下几个原则。

①下雨天不修剪。若下雨天必须修剪时，切忌用勾刀拉扯，暴力拉扯容易造成叶柄和茎干连接处有伤口，潮湿时容易积水。从顶部发生茎干腐烂，雨天必须修时，应用高位枝剪直接剪断。

②羽叶少的苏铁种类叶片不发黄、无病虫害、不垂落，无须修剪。如石山苏铁、锈毛苏铁等种类，一年只长一次叶，每次只有几张叶，不需要频繁剪，通常羽叶可保持2~3年，应避免过度修剪影响光合作用。

③病虫叶发病初期及时剪，嫩叶期受害后确定无法继续生长的羽叶，需及时剪掉，以刺激植株再次长出嫩叶。介壳虫发生初期，需及时剪去过密枝和病虫叶，保持树体通透，避免扩散传播。

④剪叶的目的是为了保持美观、通透。如福建苏铁、多头篦齿苏铁等羽叶较多的种类，应避免羽叶互相遮盖，若多个植株伸出互相遮挡的羽叶，可适当地舍弃一边，保证另一边的羽叶正常伸展。原则上先剪老叶。但注意不要在嫩叶未展叶时完全减掉老叶，如果过早地减掉老叶，嫩叶却被曲纹紫灰碟危害，那么这株苏铁可能整年都不美观。最好在嫩叶到达展叶期后，再将老叶完全剪除。

此外在立地空间上还需注意景观环境的优美，定期修剪和抬高苏铁园上层乔木的枝条，给苏铁类植物营造良好的透光环境，保持苏铁植株茎干顶部小环境通透，及时清理落在顶部的乔木落叶，球花观赏期过后立即进行人工移除，特别是未结种子的大孢子叶应尽快剪除，减少曲纹紫灰蝶和介壳虫的躲避场所。每株苏铁类植物都应做树盘，定期疏松树盘表土，促进珊瑚根的生长；清理覆盖树盘上的落叶和其他杂物，保持根茎处环境通透，破坏曲纹紫灰蝶和介壳虫化蛹和越冬的场所。苏铁植株之间若发生互相遮挡，竞争生长空间，应及时对植株进行取舍，在保证景观的情况下将过密的苏铁植株移栽，保持适中的栽培密度。

(3)病虫害观察记录与测报

园林精细化管理不仅仅是要把植物种活，还需要了解植物生长变化、病虫害发生等问题，并及时采取相应的措施。对于苏铁类植物等珍稀植物的精细化管理要安排专人负责专门的片区，并让每个人清楚自己的职责，及时记录和整理工作日志；每周对养护工作的完成情况和出现的问题做集中汇报，特别是对于致死率高、严重发生的病虫害，需要特别注意观察发生和危害情况。在病虫害的高发期及时作出决策进行防治。对于茎干腐烂病应每季度检查记录植株茎干空洞情况，发现腐烂情况立即处理，严防根茎腐烂病，避免出现感染植株死亡。对发生严重的病虫害种类开展预测预报，以便及早开展防治。

(4)施肥

苏铁植物耐贫瘠，但长期的养护实例表明苏铁植物是喜肥物种。其根系适应的种植土和栽培基质却不容易保持养分。保持充足的养分是植株健康生长的基础，也是抵御病虫害入侵的基础。施肥的方法可分为沟状深施、根系追水肥、喷施叶面肥 3 种形式。深施基肥通常在春季萌芽前。根系追肥可在花前或果后。叶面肥可以结合病虫害防治喷药时一起施用。

①深施基肥。以使用有机肥为主，同时可加入适量的 15-15-15 缓释复混肥和微量元素肥(尤其是铁肥，常见的如硫酸亚铁和螯合态铁)一起使用。春季施肥目的是促进植物在早春萌芽，同时将肥料深施也是为了给植株提供半年以上的养分。这里提到的有机肥，指的是商品有机肥而不是自行堆沤的粪肥，在建园之初，青秀山曾自行堆沤鸡粪肥，动物粪肥含氮量高，起初确实能让植物生长良好、叶片浓绿，但随后的问题也逐步突显。存储和运输不方便，气味重十分影响环境，同时粪肥堆沤的不完全还会造成病虫害大量发生。之后园区减少农家有机肥的使用，逐步改成商品有机肥与化学肥料结合，弥补了商品有机肥肥效慢的短板。在一定程度上减少了病虫害的发生。

施肥沟的标准是长 60cm×宽 30cm×深 40cm(六籽苏铁、德保苏铁等矮小茎干苏铁可适当缩小施肥沟的长宽)，每次施肥时以前后或左右对向挖坑，每年施肥坑朝向统一，便于下一次施肥时转换方向，不至于混乱而导致同一地方多次施肥。挖施肥坑时在坑边用尼龙布垫放挖起的土壤。有机肥、复混肥和微量元素肥料均根据包装说明确定用量。可分两层施入施肥沟便于混合均匀和操作，先填 15cm 的土层撒入一半的肥料，翻土搅拌均匀后踩实；另一半的肥料与尼龙袋上的土壤混合均匀后再回填，最后踩紧施肥坑，恢复绿化，并在施肥坑的位置上淋水。如遇到土壤分层时，可在挖坑时将较好的土壤与较差的土壤分开堆放，更换差土再回填，施肥的同时也同步完成土壤改良工作。

②施水肥。在养护过程中发现营养生殖十分消耗苏铁植物的养分。在雄花凋谢后或雌花孕种时期经常见到叶片发黄的现象，所以园区通常选择在 6~9 月，雄花凋谢期或种子采收后，对苏铁类植物施水肥。水肥比颗粒肥能更快让植物吸收，水肥直接在市面上采购，配置好溶液后，用施肥枪注射在根系周围。

③喷施叶面肥。叶面肥可结合喷施农药一起使用，目的是加速嫩叶革质化，缩短嫩叶期，以减少食叶害虫的危害。但过度施用容易导致青苔病的发生，可根据叶面的实际情况适时施用。

(5)深坑浅栽

园区过密区域的植株需要及时移栽，苏铁类植物的移栽工作全年都可进行，但最好在植株处于生长停滞期时开展，此时对植株的影响较小。俗话说“养树先养根”，根系的生长发育情况对树木的成活和生长意义重大。由于苏铁类植物通常生长在石山区域或排水较好的砂壤土区，肉质根系较脆易断，移植时不易保持完整土团，所以园区多数情况下都是裸根移植，一是可以减少移植的人工，二是方便吊装和运输。对于非生长停滞期的裸根植株，需剪去球花、嫩叶或部分羽叶，以减少茎干养分的消耗。避免淋雨和暴晒，尽早种植。种植时应选择排水性良好的土壤，裸根植株种植坑的直径至少为苏铁植株地径的 2 倍以上，种植深度需特别注意，禁止出现“埋脖子”的情况。容易积水的地势上还需适当垫高、抬高种植。由于一些苏铁类植物属于地下茎，主根具有收缩功能，会将茎干拉低入地下，种植太深透气性差容易积水导致烂根。适当的扩大种植坑，浅种或抬高种植有利于根茎膨大，防止积水。此外由于园区内苏铁类植物多数情况下都是浅种，应给茎干横生、倾斜的植株做支撑或牵拉，防止暴雨过后土壤松软，羽叶较多、顶部较重而发生倾斜或倾倒。支撑杆可用水泥砌成或用不锈钢焊接。水泥支撑可制成仿树干状颜色和纹理，不锈钢可用棕榈叶包扎外层，并在支撑杆基部种植绿萝攀附，使得支撑杆与景观融为一体，保持功能性和美观性。

(6)适当浇水、注意排水

水分过多是苏铁类植物栽培中导致植株死亡最常见的情况之一。园区目前通过观察苏铁类植物的叶形和质地初步判断不同种类的需水差异，需水量稍微多的苏铁类植物通常是热带雨林下的种类，这些种类的叶面较为宽阔和柔软。耐旱型种类叶面较细，表面有毛或重度革质化。苏铁园园区的浇水工作主要是针对配置的地被植物和蕨类植物，以南宁的降水量，很少需要特地为苏铁类植物浇水。淋周围地被时应禁止漫灌苏铁根部。地下水位太高，排水不畅，长期积水容易导致苏铁类植物烂根。一些地下茎种类，如阿氏非洲铁，最初并没有根系积水的问题，但随着植株的生长，根系和茎干会不断地向下延伸，如果深处土壤的排水性差或地下水位高也会导致根系腐烂，所以种植此类型的苏铁植物时应适当的抬高种植，以保持植株周围排水顺畅。

(7)土壤改良

土壤是植物得以固定和生长发育的基地，植物生长所需的水分和营养物质也基本来自土壤。选择合适的土壤是苏铁类植物栽培首当考虑的问题，无论是盆栽还是地栽，均需要土壤有良好的排水性能。园区选址在青秀山的南破面上，整体没有积水问题。苏铁园区域的土壤主要是由砂岩和砂页岩发育而成的赤红壤，部分区域黏性稍微偏大。在栽种前通常通过加入粗沙和小石粒(直径<1cm)来改良，即挖好种植坑，将原土与粗沙砾 1:1 混合后再种植苏铁。对于在定植后才出现土壤过黏或板结等问题的植株，则可结合冬季深施肥挖施肥坑的时候进行改良，第一年在植株对向两侧挖环形施肥坑，放入肥料和新土，第二年挖另外两侧，逐年改完植株周围一圈的土壤。

苏铁类植物有一种背地性生长的根，因形似珊瑚而被称为珊瑚根，可见于地表附近或土壤浅层处。同时珊瑚根可与蓝细菌共生，起到固氮作用。珊瑚根可作为苏铁类植物生长情况和土壤透气性情况的参考评判指标。在土质较硬或板结的土壤上很少见到珊瑚根的生长。

4.3.3.3 合理利用化学药剂，灵活开展病虫防治作业

化学防治目前仍然是在短时间内迅速控制或消灭病虫害，避免病虫害大暴发的重要方法。但化学防治的缺点也很明显，容易引起人畜中毒，杀伤天敌，污染环境。重复使用单一农药还会使某些病虫害产生抗药性或发生药害。同时针对景区经营的特殊性，亦不能使用高毒、残留时间长、气味较重的农药。因此采用化学药剂进行防治时，应根据病虫害发生的程度，科学的选择农药种类，安排合理的施药方法，降低防治成本，提高防治效率。

①针对虫害，使用15L电动背壶重点喷施受害部位。园区内的主要虫害是曲纹紫灰蝶和苏铁白轮盾蚧，曲纹紫灰蝶主要危害嫩叶，苏铁白轮盾蚧多从叶柄部开始往羽叶背面向上扩散危害。两者多数都从茎干顶部开始发生，所以两者可以结合喷施一起防治。在抽叶期，重点喷施嫩叶和茎干顶部及叶柄。可选用高效、低毒、广谱的药剂，如阿维菌素、康宽、高效氯氰菊酯等针对曲纹紫灰蝶使用。同时添加矿物油、有机硅等助剂增强药剂的附着性，以杀灭介壳虫。

②针对侵染性叶部病害，结合虫害防治，使用300L喷药车全园喷施。园区内侵染性叶部病害主要有炭疽病、叶枯病和斑点病，都是由真菌引起，可用甲基托布津、多菌灵等进行防治。使用化学药剂防治叶部病害时需要喷洒的范围较大，可同时加入杀虫剂进行全园喷药。在适宜的时机，杀菌、杀虫同时进行，可降低人工成本。

③对于根茎腐烂病，要做好打持久战的准备，针对不同的发生情况，不同的发病程度，结合化学药剂选择合适的方法灵活处理，处理方法以及优缺点见表4-45。

表4-45 苏铁类植物根茎腐烂病处理方法

措施	优点	缺点	备注
切除病部直至健康部位，然后用高锰酸钾碳化	操作简单，能直接除去病部	创面大，伤口难以恢复，容易发生再侵染	针对根部已完全或大部分腐烂的情况
在病部钻多个孔、针管注射药剂，让药剂从上至下流动，清洗发病部位	对植株整体样貌的破坏最小	如果是湿腐烂，药剂根本注射不进去。茎干比较大的植株，注射的药剂也难以覆盖全面	针对受害情况较轻的干腐症状
茎干烂皮，把烂的皮层全部刮除，用黄泥或伤口涂抹胶混合广谱药剂涂抹病部	操作简单	涂抹后较影响美观	针对茎干大面积烂皮的情况
药剂灌根	操作简单	对于内部已发生腐烂的病株，吸收能力差，难以达到效果	做预防用，特别针对地径较大、难以移植的植株
火烧病株(模拟攀枝花苏铁保护区的做法，采取烧山的办法，减少病虫害)		在林区点火十分危险，需做好灭火和保护措施	暂不明是否会对病株产生二次伤害，应谨慎使用

总的来说，根茎越大的植株，发生腐烂后的治愈可能性越低，苏铁类植物根茎腐烂病的防治重点在于“防”。这要求在园林工作中注重日常养护，增强树势，提升树木的抗病能力，定期检查，早发现早治理。检查时做“看，捏，敲，清”四点：一是看长势、看叶子、

看小飞虫，长势好的即便是空洞腐烂，也可能自愈，叶子发黄、叶柄发红或耷拉趴地，一般顶部腐烂，若有腐生类的小飞虫围绕着茎干飞，必定是湿腐，这样的情况很严重必须立即处理。二是捏茎干顶部，特别是长期未长叶的植株，“秃头”苏铁不一定是在休眠，也可能是因为根茎已腐烂。三是敲击茎干，发现空洞的，先看树势。若树势十分好，暂时可不做处理。若树势差，可用电钻钻孔探内部腐烂情况。钻出的纤维是湿臭、溢水的，则在空洞部位多钻几处，尽可能挤压出臭水，再塞入高锰酸钾或生石灰；钻出的纤维是干的，则用多菌灵或甲基托布津灌入防止继续腐朽。需根据实际情况灵活处理，尽可能地消灭病原又避免继续伤害植株。四是将病部和腐烂组织及时清理出园区，防止反复侵染和扩散。无法清理的需定时喷药预防扩散。

4.3.3.4 以绿色生态为主，保护和利用天敌进行生物防治

旅游景区和公园的病虫害防治工作始终是以绿色生态为主，传统的化学药剂虽然可以迅速地控制病虫害，但对害虫的天敌和有益生物也会产生影响。生物防治以菌治病、以菌治虫、以虫治虫或以鸟治虫等自然环保的措施恰好符合园区的需求。目前青秀山上鸟类种类和数量较多，苏铁植株上经常可见鸟类做窝，最常见的捕食性昆虫天敌瓢虫、草蛉、食蚜蝇等在青秀山上也有发现，这都是介壳虫的重要天敌。应对园区的鸟类和天敌昆虫给予充分保护。同时青秀山上植被茂盛，适合天敌的引入、生存和繁殖，具有开展生物防治的良好先天条件。积极开展园林植物病虫害生物防治技术研究，通过引入或利用现有的天敌生物，建立起自然控制系统，对苏铁园乃至整个青秀山风景区都有十分积极的意义。

4.3.3.5 积极探索，推进物理防治的研究

物理防治包括光、色诱杀，食诱杀，性诱杀，热力处理，人工击卵等。青秀山苏铁园已安装黑光灯，每年的惊蛰前后也会悬挂黄板，但对主要害虫的诱杀效率太低，效果并不理想。在实际工作中发现，夏季繁殖高峰期的曲纹紫灰蝶喜欢在大理石地板附近群集飞舞，对于昆虫诱捕器和信息诱导素的研究是苏铁园进行物理防治的一个切入口。许多昆虫的雌虫通过性腺释放出雄虫能够嗅到的信息素，以便雄虫能够及时找到雌虫交配。因此，通过抓捕雌成虫，提取信息素，分析其成分，进行人工合成。应用人工合成的信息激素制作诱捕器放置在苏铁园内，诱捕雄成虫，使雌虫得不到正常的交配，即可减少害虫的数量。

4.3.3.6 开发科普新项目，将防治工作融入科普

由于病虫害防治重要性的知识不够普及，不少游客对施用化学农药的做法十分排斥和不理解。青秀山作为“国家生态环境科普基地”“全国中小学生研学实践教育基地”“全国自然教育学校”，在宣传保护苏铁类植物重要性的同时，亦有责任和义务告知公众病虫害防治工作也是保护珍稀植物中重要的一环。

近年来青秀山大力开展科普教育工作，与学校开展共建把科普研学常态化延伸到了校园。苏铁园是学生游学时通常会经过的一个景点，目前苏铁类植物的科普内容主要是在宣传苏铁类植物的重要性及其分布和分类上，可以考虑将科普内容向昆虫和病虫害方向上做一个延伸，曾经恐龙以苏铁植物为食物，现在某些昆虫也以苏铁叶为食甚至达到了严重危害的程度。在学生游学至苏铁园时增设捕抓曲纹紫灰蝶制作蝴蝶标本等项目，既丰富了科普活动的趣味性，又能在一定程度上减少虫口数量。

4.3.3.7 进行景观提升改造，合理利用非苏铁类植物混交

通过实地调查和统计，青秀山苏铁园内目前应用的非苏铁类植物共有38种(表4-46)，种类较为多样。这些植物的作用是作为苏铁类植物的景观配置或园区的点缀。

表4-46 青秀山苏铁园非苏铁类植物名录

类型	序号	名称		科	属
乔木类	1	马尾松	*Pinus massoniana*	松科	松属
	2	人面子	*Dracontomelon duperreanum*	漆树科	人面子属
	3	观光木	*Michelia odora*	木兰科	观光木属
	4	苹婆	*Sterculia nobilis*	梧桐科	苹婆属
	5	小叶榕	*Ficus microcarpa*	桑科	榕属
	6	荔枝	*Litchi chinensis*	无患子科	荔枝属
	7	红锥	*Castanopsis hystrix*	壳斗科	锥属
	8	相思木	*Acacia confusa*	豆科	相思子属
	9	桄榔	*Arenga pinnata*	棕榈科	桄榔属
	10	罗汉松	*Podocarpus macrophyllus*	罗汉松科	罗汉松属
	11	黄花风铃木	*Handroanthus chrysanthus*	紫葳科	风铃木属
灌丛类	12	棕竹	*Rhapis excelsa*	棕榈科	棕竹属
	13	龙血树	*Dracaena angustifolia*	百合科	龙血树属
	14	苏铁蕨	*Brainea insignis*	乌毛蕨科	苏铁蕨属
	15	粉单竹	*Bambusa chungii*	禾本科	簕竹属
	16	黄花曼陀罗	*Datura aurea*	茄科	曼陀罗属
	18	野芋	*Colocasia antiquorum*	天南星科	芋属
	19	花叶良姜	*Alpinia zerumbet*	姜科	山姜属
	20	紫背竹竽	*Stromanthe sanguinea*	竹芋科	卧花竹芋属
	22	富贵蕨	*Blechnum orientale*	乌毛蕨科	乌毛蕨属
	23	肾蕨	*Nephrolepis auriculata*	肾蕨科	肾蕨属
	24	南美水仙	*Eucharis granndiflora*	石蒜科	油加律属
	25	白子莲	*Agapanthus africanus*	石蒜科	百子莲属
地被类	26	吊兰	*Chlorophytum comosum*	天门冬科	龙舌兰亚科
	27	鸢尾	*Iris tectorum*	鸢尾科	鸢尾属
	28	吊竹梅	*Tradescantia zebrina*	鸭跖草科	吊竹梅属
	29	风雨兰	*Zephyranthes citrina*	石蒜科	葱莲属
	30	沿阶草	*Ophiopogon bodinieri*	百合科	沿阶草属
	31	玉龙草	*Ophiopogon japonicus*	百合科	沿阶草属
	32	马尼拉草坪	*Zoysia matrella*	禾本科	结缕草属
攀附类	33	鸟巢蕨	*Asplenium nidus*	铁角蕨科	巢蕨属
	33	鹿角蕨	*Platycerium wallichii*	鹿角蕨科	鹿角蕨属
	34	兔脚蕨	*Daurallia bullata*	骨碎补科	骨碎补属
	35	贴生石韦	*Pyrrosia adnascens*	水龙骨科	石韦属
	36	绿萝	*Epipremnum aureum*	天南星科	天南星科
	37	炮仗花	*Pyrostegia venusta*	紫葳科	炮仗藤属
	38	狮子尾	*Rhaphidophora hongkongensis*	天南星科	崖角藤属

所应用的乔木中，人面子和小叶榕枝条伸展能力强，冠幅较为宽大，容易对下层的苏铁类植物造成过度遮光，应注意修剪或整株移除。灌木中粉单竹的落叶容易积累在苏铁茎干顶部，给介壳虫营造了良好的躲避场所。棕竹与苏铁类植物可发生相同的病虫害，如炭疽病、考氏白盾蚧等，应移除或减少使用。沿阶草、鸢尾等地被种植 2~3 年后容易出现老化叶片变长，植株过密的情况，应定期翻耕重新种植，减少病虫再杂乱的地被中越冬越夏。攀附植物应尽可能地减少攀附在苏铁类植株的茎干上，避免茎干湿度过大或因积水而感染茎干腐烂病。黄花曼陀罗、竹芋类以及姜科植物病虫害少，南美水仙、白子莲形态优美且开花时有特点，可将过密区域的苏铁类植物移植，增大这类特色植物的种植面积，以避免园区成纯苏铁类植物林，达到混交减少病虫害的效果。

4.3.4 结　论

青秀山苏铁园苏铁类植物的病虫害有 8 种：曲纹紫灰蝶、苏铁白轮盾蚧、炭疽病、苏铁叶枯病、苏铁叶斑病、青苔病、根茎腐烂病和球花畸形。青苔病和球花畸形是通过本次调查首次在苏铁类植物上发现的病害种类，且青苔病在园区内已严重发生，应该引起足够的重视。根茎腐烂病发病率低但致死率高，是苏铁类植物迁地保护的重大隐患。越南篦齿苏铁的发病率和病情指数最高，在预防根茎腐烂病工作时，越南篦齿苏铁应是重点检查的对象。

结合病虫害调查和生产工作，分析了青秀山苏铁园病虫害的发生和栽培养护、苗木繁育的关系，并发现在园区管理上还存在科研力量薄弱、劳动力不足、缺少养护标准和规程等问题。

针对园区病虫害种类和养护实际情况提出了综合治理对策，即应重视植物检疫，设置引种苗木隔离观察区；坚持园林技术防治为基础，实施园林精细化管理；合理利用化学药剂，灵活开展病虫防治作业；以绿色生态为主，保护和利用天敌进行生物防治；积极探索推进物理防治的研究；开发科普新项目，将防治工作融入科普；进行景观提升改造，合理利用非苏铁类植物混交等多角度、多切入口、多项措施来解决园区苏铁类植物的病虫害问题。

综上，本研究对青秀山苏铁园开展苏铁类植物病虫害调查，并提出了综合防治对策，制定了园区养护规程。对进一步提升青秀山苏铁园苏铁类植物迁地保育工作有着重要意义，也为广西或全国类似珍稀植物迁地保育园区的养护管理提供了参考依据。

4.4 专类园养护规程

总结出一套苏铁科植物养护规程，对迁地保护的苏铁科植物专类园今后的工作乃至其他珍稀植物专类园的养护都具有十分重要的意义。

根据以往的养护经验，对苏铁科植物生长起关键性作用的养护措施是水肥管理、土壤改良、立地环境改善和病虫害防治，故设定以下苏铁专类园日常养护及病虫害防治规程表（表 4-47、表 4-48）。

表 4-47　苏铁园养护规程

养护措施		实施时间	操作规程	注意事项
施肥管理	深施肥	11月至翌年1月	①在每株苏铁类植物滴水线内边缘，对向挖2个施肥沟，长60cm×宽30cm×深40cm(六籽苏铁、德保苏铁等矮小茎干苏铁可适当缩小施肥沟的长宽)。 ②使用有机肥为主，同时加入适量的缓释复混肥和微量元素肥，将肥料混合挖起的土壤回填	每年施肥所挖的坑朝向统一，便于下一次施肥时转换方向，不至于混乱而导致同一地方多次施肥
	根部注射水肥	6~8月雄花普遍凋谢后进行	①提前配置好水肥溶液。 ②用高压注射器在每株苏铁植株滴水线内的4个点注射，每次注射时以水肥漫出土表为止	水肥和叶面肥亦对非苏铁类植物施用
	叶面肥	每年2次，春季、秋季各1次	在春季和秋季全园喷药预防病虫害时加入叶面肥，肥料和农药一起喷施。若当年雨水多，湿度大，则可减少叶面肥的施用次数，减少青苔病的发生	
土壤改良		11~12月	配合冬季深施肥时进行，挖起施肥坑时注意土壤情况，将大块石块、板结土移除和更换，用砂壤土、腐叶土与肥料混合后回填	移除出的大块石块和尘土要清理出场地，不要随意丢弃影响美观
水分管理		视情况而定	①根据植物的生长情况、土壤的干湿程度、天气情况来控制浇水次数，旱则浇，不旱不浇，浇则浇透。 ②新种植物当日必须淋透定根水	浇水时候尽可能避免直接灌淋苏铁类植物顶部或球花，避免藏水引起腐烂
立地环境改善	修剪顶层植物	1~3月	①修整人面子、相思木、荔枝树等上层乔木的树形骨架，剪除交叉枝条、平行枝、逆向枝、徒长枝、病虫枝条，保持树形优美树木健康生长，并给下层苏铁类植物预留生长空间和充足阳光。 ②梳理过密粉单竹，清理过渡延伸的竹根	
	梳理中层非苏铁类植物	3~4月	景观上以苏铁类植物为主，其他配植植物，如野芋、紫背竹芋、花叶良姜等若侵占到苏铁类植物的生长空间时，需及时进行修剪或移栽	
	优化底部空间	全年可实施	①整理树盘：为每株苏铁类植物修建圆形树盘，松土，清理覆盖树盘的地被、落叶和其他杂物。 ②整理沿阶草：沿阶草过密过盛区域，用割灌机打低，断草移出场地，粉碎后堆沤发酵二次利用。 ③被游客踩踏区域及时硬化或补苗。 ④除杂，保证树盘范围内无杂草	
	修剪顶层植物	1~3月	①修整人面子、相思木、荔枝树等上层乔木的树形骨架，剪除交叉枝条、平行枝、逆向枝、徒长枝、病虫枝条，保持树形优美、树木健康生长，并给下层苏铁类植物预留生长空间和充足阳光。 ②梳理过密粉单竹，清理过渡延伸的竹根	
苏铁类植物形态管理		全年可实施	①对横向生长的茎干设立支撑，以防顶部过重折断，支撑杆用棕榈叶包裹后种植绿萝攀附，保持美观。 ②修剪苏铁叶，重点剪除病虫羽叶和交叉羽叶。 ③德保苏铁、叉叶苏铁等羽叶展开度大的种类，适当用绳子牵引，确保不挡路不剐蹭行人。 ④定期用鼓风机或人工清除积累在苏铁类植物茎干顶部的落叶和杂物，减少介壳虫的发生	

表 4-48　苏铁园病虫害防治规程

病虫害种类	病虫害症状	防治时期	防治方法	防治频率
曲纹紫灰蝶	幼虫取食嫩叶，严重时叶柄可被吃光	苏铁类植物抽嫩叶时期(成年株主要在5~10月，幼年株全年需进行防治)	①结合清理苏铁类植物顶部落叶杂物、整理树盘等措施清理消灭躲藏的蛹。 ②在幼虫危害期，喷施阿维菌、康宽或高效氯氰菊酯等药剂。 ③喷药时要细致周到，仔细喷到叶面、叶尖、磷叶缝隙处等。 ④已经被啃食得停止生长的嫩叶，尽早剪除，刺激植株再次抽叶	注意检查新生嫩叶情况，从嫩叶萌发期至革质化期，每周1次
苏铁白轮盾蚧	喜躲藏在荫蔽环境，多数从鳞叶处开始发生，严重时可布满叶柄甚至叶背，严重影响景观	①全年需注重植株立体空间环境整洁，保持通风透气。 ②喷药防治的重点时期在若虫孵化盛期，重点在8~10月	①防治要点在于修剪，过密的羽叶适当修剪，雌雄花观赏期过后及时剪除，茎干顶部落叶堆积时及时清除，尽可能保持通风透光的茎顶环境，根部树盘要整洁，通过尽可能减少介壳虫喜欢的荫蔽环境来控制害虫。 ②在进行紫灰蝶喷药防治时加入吡虫啉、矿物油、有机硅等同时防治介壳虫	结合养护工作，全年持续进行
叶部干枯、斑点型病害(炭疽病、叶枯病、斑点病)	羽叶出现枯萎、断叶、斑点等症状	3~10月均有发生	①每月定期人工摘除或修剪干枯部分，掉落的病叶清理出园区集中销毁，注重修剪整形，避免羽叶互相紧密重叠。 ②用多菌灵、苯甲丙环唑或戊唑醇等喷雾。 ③喷药或淋水时候，水压不要过强，尽可能雾化，避免强力冲击造成伤口	①全年重视苏铁植株整形，增强树势的工作。 ② 3~10月每月全园进行一次化学防治工作
青苔病	叶面上有一层暗绿色密生藻体附着物，影响光合作用和景观	春末夏初时最明显，通常在4~5月表现得最明显	①避免过度使用叶面肥。 ②保持植株立体环境通风透光。严重受害的老叶及时剪除。 ③主要依靠修剪和整形进行防治，非必要时不建议使用化学去青苔药剂，避免对植株生长产生影响	根据情况及时开展修剪工作
根部腐烂	外表症状不明显，感染中后期羽叶青枯下垂，严重的植株倾斜或倾倒，主根或侧根坏死。整株死亡概率大，难治愈	最好在干燥的天气下处理病株，避免淋雨	①加强栽培管理和养护，提高植株抗病能力。 ②重视检疫，不引入带病植株。 ③根系施水肥时，在水肥溶液中加入恶霉灵、根腐宁等药剂做预防。 ④已经发病的植株视发病情况和腐烂程度处理，根系完全腐烂的将根部切除至健康部位，用高锰酸钾碳化或生石灰消毒后重新换土种植，只有半边或小部分腐烂且树势良好的，用恶霉灵或根腐宁混合生根剂灌根	①观察树势变化。 ②越南篦齿苏铁每季度都要检查每株植株的根茎生长情况和空洞情况，并填写检查记录表。检查时候做到，看树势、捏茎顶，敲茎干听声音
茎干腐烂	外表症状不明显，敲击茎干空洞，内部软烂发臭、顶部生长点腐烂或叶基层松动爆裂	最好在干燥的天气下处理病株，避免淋雨	①定期敲茎基部，检查记录根部空洞情况。已受害的植株视腐烂程度决定是切除病害后消毒碳化还是钻孔灌药保守治疗。 ②钻孔灌药时，钻孔点要覆盖全面，足够深入，确保药剂能从上至下流动清洗发病部位。若钻出的纤维是湿臭、溢水的，无法注射药剂，则在空洞部位多钻几处，尽可能先挤压出臭水，再塞入高锰酸钾或生石灰	

第5章 华南苏铁科植物主要部位活性成分研究

5.1 苏铁主要部位活性成分研究

5.1.1 德保苏铁

5.1.1.1 材料与方法

(1)材料

植物材料：德保苏铁植物样品采自广西植物研究所种植园内，选取生长健康、无病虫害的人工栽培植株。挖取植株后，洗净泥土，按照根、叶柄、叶、茎干进行分离，在不影响植株正常生长发育的前提下，摘取其雄球花和雌球花。将以上部位洗净沥干水分后放入烘箱中，在60℃环境下，烘干至恒重。粉碎过筛，制成样品粉末，做好标记备用。

仪器：离心机(珠海黑马医学仪器有限公司)，TU-1901型双光束紫外可见分光光度计(北京普析通用仪器有限责任公司)，DL-720E智能超声波，万分之一电子分析天平(梅特勒-托利多仪器有限公司)，HH-S4数显恒温水浴锅(金坛双捷实验仪器厂)，离心机(赛默飞世尔科技公司)，QE-100高速粉碎机(浙江屹立工贸有限公司)，电热恒温鼓风干燥箱(上海跃进医疗器械厂)。

试剂：芦丁对照品(批号：B20771，HPLC≥98%，购于上海源叶生物科技有限公司)，D(+)-无水葡萄糖(批号：B21882，HPLC≥98%，购于上海源叶生物科技有限公司)，去离子水、无水乙醇、浓硫酸、亚硝酸钠、氢氧化钠、硝酸铝(购于西陇科学股份有限公司)，苯酚[购于阿拉丁(上海)有限公司]。以上试剂均为分析纯。

(2)方法

①芦丁标准溶液及标准曲线的制备。精密称取13.2mg芦丁(已在105℃下干燥至恒重)，置入25mL容量瓶中，用60%乙醇溶解并稀释至刻度线，摇匀，制成0.528mg/mL芦

丁标准溶液。精密吸取芦丁标准溶液 0mL、0.4mL、0.8mL、1.2mL、1.6mL、2.0mL 于 25mL 容量瓶，用 60%乙醇溶液，补足至 2.0mL；加入 5%亚硝酸钠溶液 0.5mL 摇匀，放置 6 分钟；加入 10%硝酸铝溶液 0.5mL，放置 6 分钟；加入 4%氢氧化钠溶液 4.0mL，用 60%乙醇溶液定容后，摇匀，放置 15 分钟。以相同处理方法的 60%乙醇溶液为参比溶液，于 510nm 处测定不同浓度下标准曲线的吸光值。以芦丁含量浓度(mg/mL)为横坐标(x)，吸光值为纵坐标(Y)，制作标准曲线，并计算回归方程。回归方程如下所示：

$$Y=9.6255x-0.0058,\ R^2=0.9996 \tag{5-1}$$

②葡萄糖标准溶液和标准曲线的制备。精密称取干燥至恒重的葡萄糖(已在 105℃下干燥至恒重)48mg，置于 100mL 容量瓶中，用去离子水溶解并定容，制成 0.48mg/mL 葡萄糖标准溶液。精密吸取葡萄糖标准溶液 0.1mL、0.2mL、0.3mL、0.4mL、0.5mL 于 25mL 容量瓶中，用蒸馏水补至 2mL。分别加入 5%苯酚溶液 1mL 混匀，再加入浓硫酸 4mL，摇匀并放置 5 分钟后，于 80℃条件下水浴 15 分钟，待水浴结束后迅速冷却至室温。以同样方法处理的去离子水为参比溶液，在 490nm 波长处测定标准溶液的吸光值。以葡萄糖浓度(μg/mL)为横坐标(x)，吸光值为纵坐标(Y)，制作标准曲线，并计算回归方程。回归方程为：

$$Y=0.0436x+0.0017,\ R^2=0.9994 \tag{5-2}$$

③供试品溶液的制备与总黄酮、总多糖含量测定。分别称取德保苏铁不同部位的样品粉末各 0.5g 于 50mL 离心管中，再按照 1∶25 的料液比，加入 80%乙醇溶液 12.5mL。混匀后，于 50℃、300W 的高频条件下超声提取 30 分钟。提取结束后，离心过滤，得总黄酮提取液。再加入 12.5mL 的 80%乙醇溶液，相同条件下，重复提取 3 次。合并滤液并定容于 50mL 的容量瓶中。按照①的步骤测定样品中总黄酮的吸光值并计算出总黄酮含量。计算公式如下所示：

$$总黄酮含量=\frac{(C_1\times N_1\times V_1)}{(V_2\times W_1)} \tag{5-3}$$

式中，C_1 为标准曲线计算得到的浓度；N_1 为稀释倍数；V_1 为样液总体积；V_2 为测定时取样体积；W_1 为样品质量。

称取德保苏铁不同部位样品 0.2g 粉末于 50mL 离心管中，按照 1∶40 的料液比加入 8mL 去离子水，混匀后于 60℃、350W 下提取 45 分钟，提取完成后冷却至室温。离心 15 分钟，取上清液，加入 3 倍体积的 95%乙醇溶液，醇沉 24 小时。醇沉结束后，离心，弃上清，得总多糖沉淀，用温热的去离子水溶解后转移至 50mL 容量瓶中并定容。取 2.0mL 样品溶液于 25mL 容量瓶中，按照①的步骤添加试剂，测定总多糖溶液的吸光值并计算出总多糖含量。计算公式如下所示：

$$多糖含量=\frac{(C_2\times N_2\times V_3)}{(V_4\times W_2)} \tag{5-4}$$

式中，C_2 为标准曲线计算得到的浓度；N_2 为稀释倍数；V_3 为样液总体积；V_4 为测定时取样体积；W_2 为样品质量。

④DPPH(1,1-二苯基-2-三硝基苯肼自由基)清除能力测定。分别准确吸取总黄酮和总多糖的样品提取液 4.0mL 于 10mL 离心管中，再加入 4mL 浓度为 0.1mmol/L 的 DPPH 溶

液，在旋涡混合器充分混匀后，于室温条件下，避光室温条件下放置 30 分钟。参比为相应浓度的样品溶液，于 517nm 处测定吸光值，记为 A_1；用 4.0mL 样品溶剂代替样液，测定的吸光值记为 A_2；用蒸馏水代替样液，测定的吸光值记为 A_0。以相同浓度梯度的抗坏血酸做对照。每种处理做 3 组平行试验。

$$\text{DPPH 清除率}(\%)=\left(1-\frac{A_1-A_2}{A_0}\right)\times 100\% \tag{5-5}$$

⑤OH(羟基自由基)清除能力测定。分别准确吸取总黄酮和总多糖的样品提取液 2.0mL 于 10mL 离心管中，加入 2.5mmol/L 水杨酸溶液和 5.0mmol/L 的硫酸亚铁溶液各 1.0mL，再加入 2.0mL 去离子水，在旋涡混合器充分混匀后，加入 5mmol/L 的过氧化氢溶液 1.0mL 启动反应。随后置于 37℃条件下，水浴 30 分钟后，于 510nm 处测定吸光值，记为 A_3；用 1.0mL 去离子水代替 5mmol/L 的过氧化氢溶液，测定吸光值记为 A_4；用 2.0mL 去离子水代替样品提取液，测定吸光值记为 A_5。以相同浓度梯度的抗坏血酸做对照。每种处理做 3 组平行试验。

$$\text{OH 清除率}(\%)=\left(1-\frac{A_3-A_4}{A_5}\right)\times 100\% \tag{5-6}$$

⑥O_2^-(超氧阴离子)清除能力测定。准确吸取 Tris-HCl 缓冲溶液 4.5mL 和去离子水 2.5mL 于 20mL 离心管中，随后置于 25℃条件下水浴 20 分钟，再分别加入总黄酮和总多糖的样品提取液 1.5mL 和 25mmol/L 的邻苯三酚溶液 0.5mL，在旋涡混合器充分混匀后，于 25℃条件下水浴 8 分钟，最后加入 0.1mmol/L HCl 终止反应。用相应的样品溶剂作参比，于 320nm 处测定吸光值，记为 A_6；用 0.5mL 的去离子水代替邻苯三酚溶液，测定的吸光值记为 A_7；用 1.5mL 去离子水代替样品提取液，测定吸光值记为 A_8。以相同浓度梯度的抗坏血酸做对照。每种处理做三组平行试验。

$$O_2^-\text{ 清除率}(\%)=\left(1-\frac{A_6-A_7}{A_8}\right)\times 100\% \tag{5-7}$$

(3)数据分析

采用 Excel 软件对数据进行收集与初步整理，采用 SPSS 软件进行数据的聚类分析和差异性分析(Duncan 法)，采用 Origin 软件进行绘图。

5.1.1.2 结果与分析

(1)德保苏铁不同部位黄酮含量分析

由图 5-1 可知，德保苏铁各个部位均含有总黄酮，但其含量存在不同程度上的差异。其根、叶柄、雄球花、茎干 4 个部位的总黄酮含量不存在显著性差异($P>0.05$)，但均显著低于叶和雄球花中的总黄酮含量($P<0.05$)。雌球花的醇提物中的总黄酮含量最高，为 5.41mg/100mg；叶中总黄酮含量次之，为 2.19mg/100mg；叶柄中黄酮含量最低，为 0.41mg/100mg。

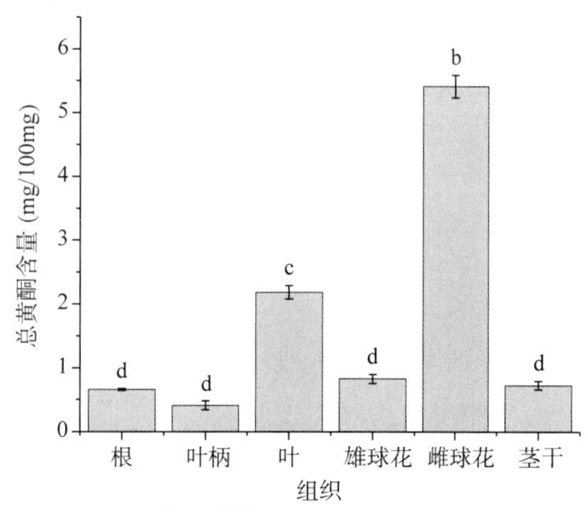

图 5-1 德保苏铁不同组织总黄酮含量

注 不同字母标注表示差异显著，$P<0.05$。下同。

(2)德保苏铁不同部位多糖含量分析

由图 5-2 可知，德保苏铁不同部位的总多糖含量介于 1.65~19.40mg/100mg。不同部位多糖含量表现为茎干>雄球花>根>雌球花>叶柄>叶，叶柄和叶中的总多糖含量不存在显著性差异且显著低于其他部位($P<0.05$)，根、雄球花和雌球花中的总黄酮含量不存在显著性差异($P<0.05$)。茎干中总多糖含量显著高于其他部位($P<0.05$)。

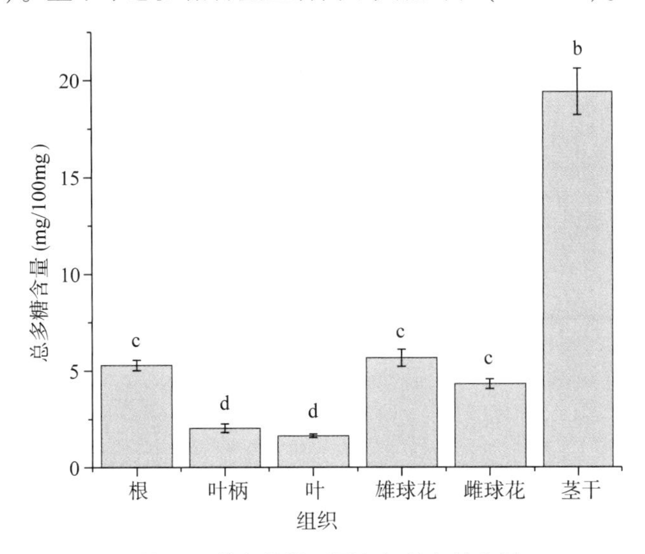

图 5-2 德保苏铁不同组织总多糖含量

(3)德保苏铁不同部位总黄酮的抗氧化活性分析

由图 5-3(A)可知，6 个部位中的总黄酮对 DPPH 自由基的清除能力存在显著性差异($P<0.05$)，其中茎干提取液对 DPPH 自由基清除能力较强，为 81.95%；叶次之，为 69.98%；叶柄的清除率在所有部位中最低，为 8.11%。由图 5-3(B)可知，6 个部位对羟自由基清除能力均存在显著性差异($P<0.05$)，雄球花总黄酮提取液的清除能力最高，为 10.97%；根清除能力最低，为 0.53%。由图 5-3(C)可知，叶柄、雄球花和雌球花对 O_2^- 清除能力不存在显著性差异，根的总黄酮提取液对 O_2^- 清除能力最高，为 61.03%；叶清除能力最低，为 37.32%。

(4)相关性分析

由表 5-1 可知，德保苏铁不同部位黄酮含量与 DPPH 清除率存在极显著($P<0.01$)的正相关关系，与 OH 清除率存在显著($P<0.05$)的正相关，而与 O_2^- 不存在显著相关性。

表 5-1 德保苏铁不同部位的总黄酮含量与抗氧化活性的相关性

指标	总黄酮含量	DPPH 清除率	OH 清除率	O_2^- 清除率
总黄酮含量	1	0.884**	0.516*	−0.325
DPPH 清除率		1	0.631**	−0.477*
OH 清除率			1	−0.675**
O_2^- 清除率				1

注 *表示在 0.05 水平(双侧)上显著相关；**表示在 0.01 水平(双侧)上极显著相关。下同。

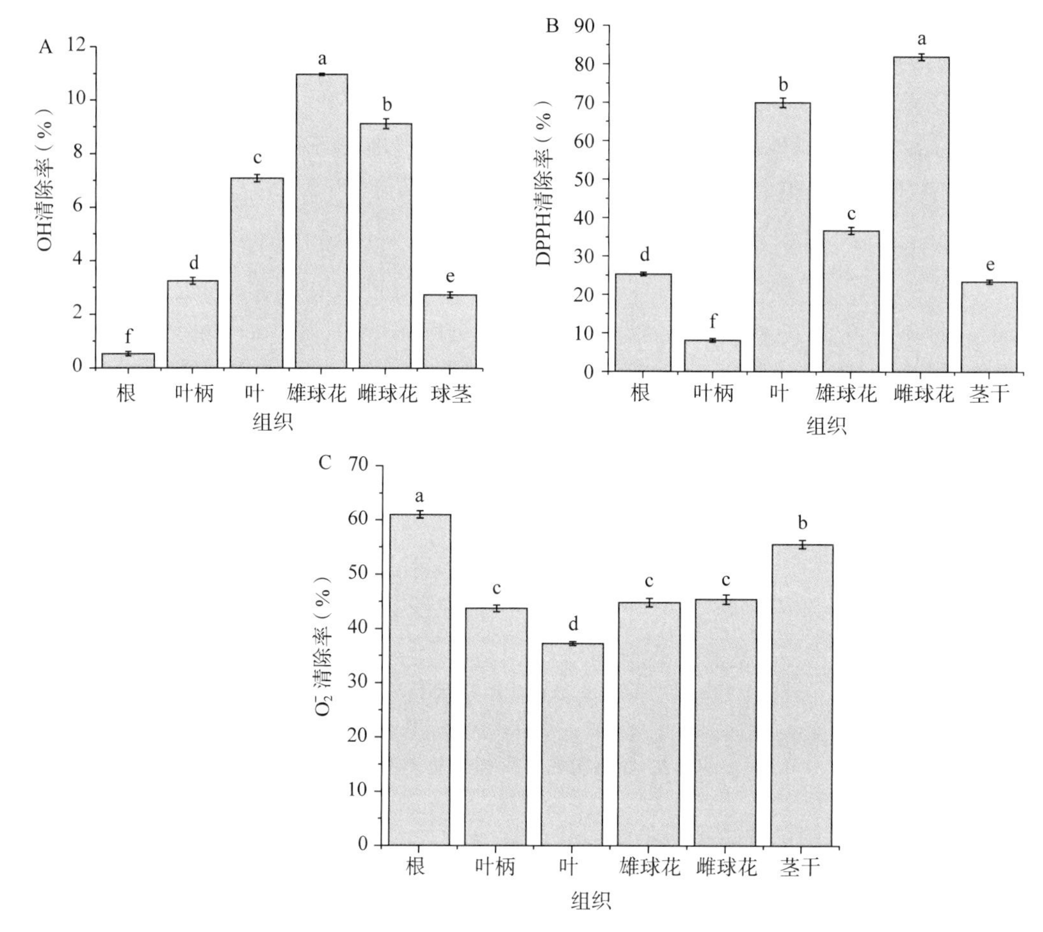

A：不同部位的总黄酮对 DPPH 的清除率；B：不同部位的总黄酮对 OH 的清除率；C：不同部位的总黄酮对 O_2^- 的清除率

图 5-3　德保苏铁不同部位总黄酮提取液对 DPPH、OH、O_2^- 清除能力

5.1.1.3　结论

德保苏铁各个部位的总黄酮和总多糖的含量存在不同程度上的差异。雌球花的醇提物中的总黄酮含量最高，为 5.41mg/100mg。叶柄中黄酮含量最低，为 0.41mg/100mg。不同部位多糖含量表现为茎干>雄球花>根>雌球花>叶柄>叶，茎干中总多糖含量最高，为 19.40mg/100mg。对德保苏铁不同部位中的总黄酮醇提物进行抗氧化能力的测定，结果表明，其中茎干提取液对 DPPH 自由基清除能力较强，为 81.95%；叶次之。雄球花总黄酮提取液对 OH 清除能力最高，为 10.97%。根的总黄酮提取液对 O_2^- 清除能力最高，为 61.03%。本文还进一步探究总黄酮含量与抗氧化活性的关系，结果发现德保苏铁中的总黄酮含量与 DPPH 清除率存在极显著($P<0.01$)的正相关关系，与 OH 清除率存在显著($P<0.05$)的正相关，而与 O_2^- 不存在显著相关性。

5.1.2 六籽苏铁

5.1.2.1 材料与方法

(1)材料

植物材料：六籽苏铁植物样品采自广西植物研究所种植园内，选取生长健康、无病虫害的人工栽培植株。挖取植株后，洗净泥土，按照根、叶柄、叶、茎干进行分离，在不影响植株正常生长发育的前提下，摘取其雄球花和雌球花。将以上部位洗净沥干水分后放入烘箱中，在 60℃ 环境下，烘干至恒重。粉碎过筛，制成样品粉末，做好标记备用。

所使用的仪器、试剂与 5.1.1 相同。

(2)方法

同 5.1.1 中德保苏铁中活性成分的含量与抗氧化能力的测定方法。

5.1.2.2 结果与分析

(1)六籽苏铁不同部位黄酮含量分析

由图 5-4 可知，六籽苏铁各个部位的总黄酮含量存在一定的差异。雌球花中的总黄酮含量最高，为 1.14mg/100mg；茎干中的含量最低，为 0.13mg/100mg。具体表现为雌球花>叶>雄球花>叶柄>根>茎干。

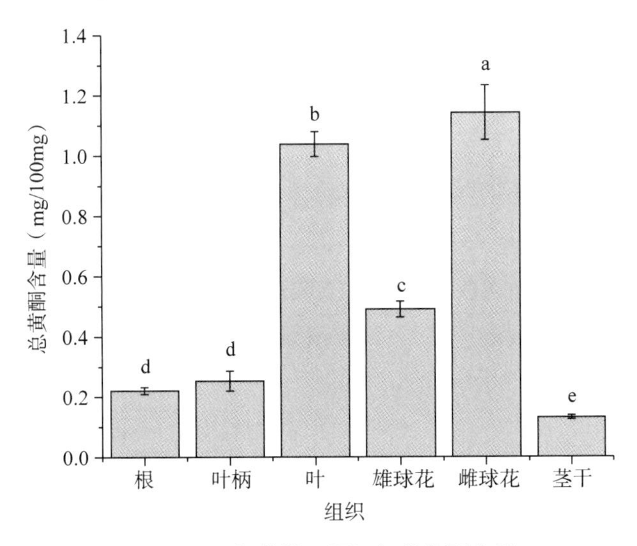

图 5-4 六籽苏铁不同组织总黄酮含量

(2)六籽苏铁不同部位多糖含量分析

由图 5-5 可知，六籽苏铁总多糖含量介于 1.59~24.43mg/100mg，茎干中多糖含量最高且远远高于其余 5 个部位，约为雄球花的 3.36 倍，根中含量最低。不同部位多糖含量表现为茎干>雄球花>雌球花>叶>叶柄>根，其中叶和雌球花这 2 个部位多糖含量不存在显著差异。

(3)六籽苏铁不同部位总黄酮的抗氧化活性分析

由图 5-6(A)可知，根、叶、茎干这 3 个部位对 DPPH 自由基清除能力差异不显著，

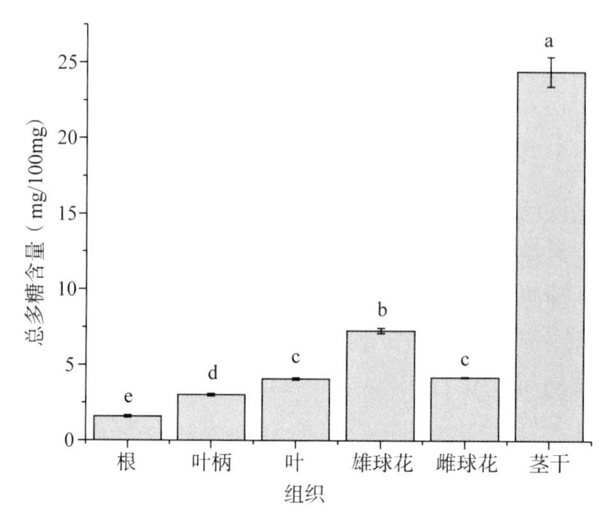

图 5-5　六籽苏铁不同组织总多糖含量

其中雌球花提取液对 DPPH 自由基清除能力较强，为 52.08%；雄球花次之，为 23.33%；叶柄的清除率在所有组织中最低，为 11.85%。由图 5-6(B)可知，雄球花和根中的总黄酮提取液对 OH 的清除能力，显著高于其他部位，其中清除能力最强的为雄球花中的总黄酮提取液，为 11.44%。由图 5-6(C)可知，六籽苏铁 6 个部位的总黄酮提取液对 O_2^- 清除能力均存在显著性差异，其中茎干中的总黄酮对 O_2^- 清除能力最高，为 68.65%，叶柄清除能力最低，为 27.45%。

(4)相关性分析

由表 5-2 可知，六籽苏铁不同部位总黄酮含量与 DPPH 清除率存在极显著的正相关关系，而与 OH 清除率、O_2^- 清除率不存在相关性。

表 5-2　六籽苏铁不同部位总黄酮含量与抗氧化活性的相关性

指标	总黄酮含量	DPPH 清除率	OH 清除率	O_2^- 清除率
总黄酮含量	1	0.708**	-0.413	-0.374
DPPH 清除率		1	-0.301	-0.130
OH 清除率			1	0.422
O_2^- 清除率				1

5.1.2.3　结论

六籽苏铁各个部位的总黄酮和总多糖的含量存在不同程度上的差异。雌球花的醇提物中的总黄酮含量最高，为 1.14mg/100mg。茎干中黄酮含量最低，为 0.13mg/100mg。不同部位黄酮含量表现为雌球花>叶>雄球花>叶柄>根>茎干。茎干中多糖含量最高且远远高于其余 5 个部位，为 24.43mg/100mg，根中含量最低。不同部位多糖含量表现为茎干>雄球花>雌球花>叶>叶柄>根。对六籽苏铁不同部位中的总黄酮醇提物进行抗氧化能力的测定结果表明，雌球花提取液对 DPPH 自由基清除能力较强，为 52.08%。叶柄的清除率在所有组织中最低，为 11.85%。雄球花和根中的总黄酮提取液对 OH 的清除能力，显著高于

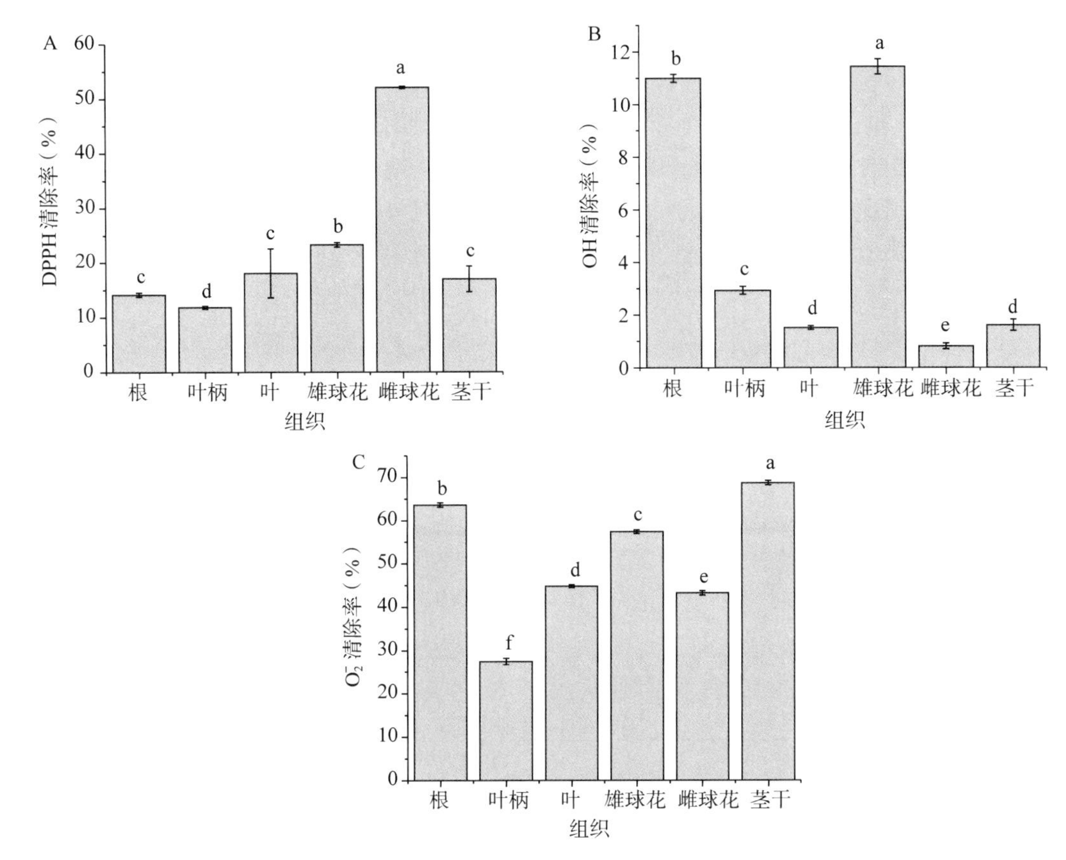

A：不同部位的总黄酮对 DPPH 的清除率；B：不同部位的总黄酮对 OH 的清除率；C：不同部位的总黄酮对 O_2^- 的清除率

图 5-6　六籽苏铁不同部位总黄酮对 DPPH、OH 和 O_2^- 清除能力

其他部位，其中清除能力最强的为雄球花中的总黄酮提取液，为 11.44%。由六籽苏铁茎干中的总黄酮对 O_2^- 清除能力最高，为 68.65%；叶柄清除能力最低，为 27.45%。六籽苏铁不同部位总黄酮含量与 DPPH 清除率存在极显著的正相关关系，而与 OH 清除率、O_2^- 清除率不存在相关性。

5.1.3　锈毛苏铁

5.1.3.1　材料与方法

（1）材料

植物材料：锈毛苏铁植物样品采自广西植物研究所种植园内，选取生长健康、无病虫害的人工栽培植株。挖取植株后，洗净泥土，按照根、叶柄、叶、茎干进行分离，在不影响植株正常生长发育的前提下，摘取其雄球花和雌球花。将以上部位洗净沥干水分后放入烘箱中，在 60℃环境下，烘干至恒重。粉碎过筛，制成样品粉末，做好标记备用。

所使用的仪器、试剂与 5.1.1 相同。

（2）方法

同 5.1.1 中德保苏铁中活性成分的含量与抗氧化能力的测定方法。

5.1.3.2 结果与分析

(1)锈毛苏铁不同部位总黄酮含量分析

由图 5-7 可知，锈毛苏铁各个部位的总黄酮含量存在不同程度上的差异，其中叶部的醇提物中总黄酮含量最高，为 8.61mg/100mg；雌球花中总黄酮含量次之，为 2.17mg/100mg；雄球花中总黄酮含量最低，为 0.41mg/100mg，但与根、茎干中的总黄酮含量不存在显著性差异(P>0.05)。不同部位总黄酮含量具体表现为叶>雌球花>叶柄>茎干>雄球花>根。

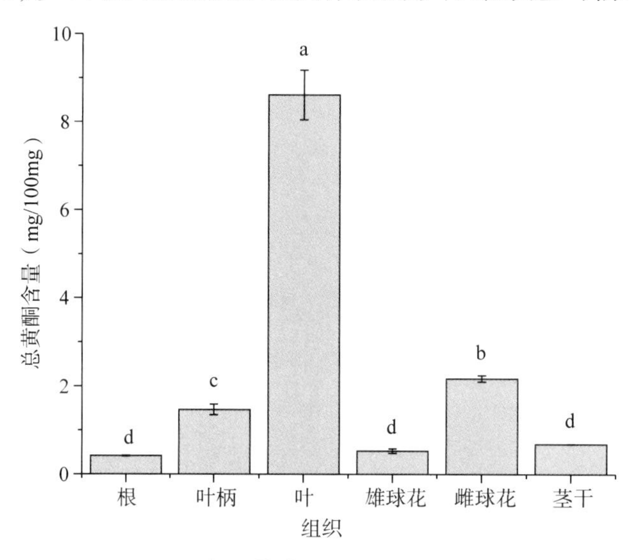

图 5-7 锈毛苏铁不同组织总黄酮含量

(2)锈毛苏铁不同部位多糖含量分析

由图 5-8 可知，锈毛苏铁总多糖含量介于 1.21~16.59mg/100mg，其中茎干中总多糖含量最高且远远高于其余 5 个部位，根中含量最低。不同部位多糖含量表现为茎干>雄球花>叶柄>雌球花>叶>根，其中叶柄和雌球花多糖含量不存在显著性差异(P>0.05)。

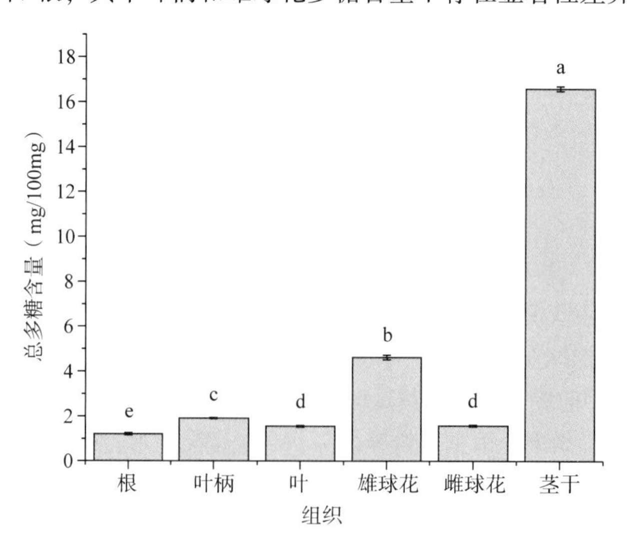

图 5-8 锈毛苏铁不同组织总多糖含量

(3)锈毛苏铁不同部位黄酮提取物抗氧化活性分析

由图 5-9(A)可知，6 个部位中的总黄酮对 DPPH 清除能力均存在显著性差异($P<0.05$)，叶中的总黄酮对 DPPH 清除能力较强，为 79.47%；雌球花次之，为 57.21%；根的清除率最低，为 14.14%。由图 5-9(B)可知，叶柄中的总黄酮对 OH 清除能力最高，为 7.20%；茎干清除能力最低，为 1.99%。叶和茎干对 OH 的清除能力不存在显著性差异($P>0.05$)。由图 5-9(C)可知，6 个部位中的总黄酮对 O_2^- 清除能力均存在显著性差异($P<0.05$)，根中的总黄酮对 O_2^- 清除能力最高，为 65.90%；叶柄清除能力最低，为 27.72%。

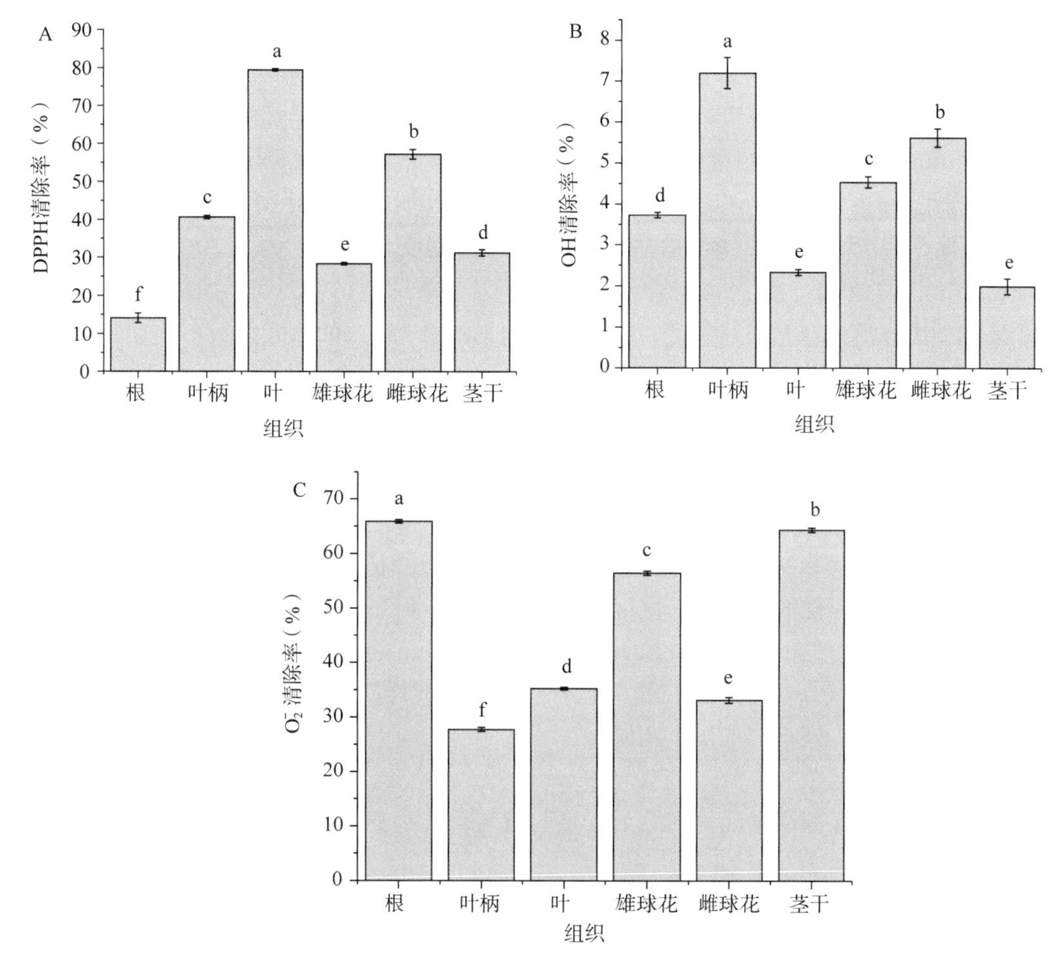

A：不同部位的总黄酮对 DPPH 的清除率；B：不同部位的总黄酮对 OH 的清除率；C：不同部位的总黄酮对 O_2^- 的清除率

图 5-9 锈毛苏铁不同部位的总黄酮对 DPPH、OH、O_2^- 清除能力

(4)相关性分析

由表 5-3 可知，锈毛苏铁不同部位的总黄酮含量与 DPPH 清除率存在极显著的正相关。而与 DPPH 和 O_2^- 的清除能力不存在相关性。

表 5-3 锈毛苏铁不同部位总黄酮含量与抗氧化活性的相关性

指标	总黄酮含量	DPPH 清除率	OH 清除率	O_2^- 清除率
总黄酮含量	1	0.771**	-0.414	-0.379
DPPH 清除率		1	-0.087	-740**
OH 清除率			1	-0.586*
O_2^- 清除率				1

5.1.3.3 结论

锈毛苏铁叶中的总黄酮含量最高，为 8.61mg/100mg，雄球花中总黄酮含量最低。不同部位总黄酮含量具体表现为叶>雌球花>叶柄>茎干>雄球花>根。总多糖含量介于 1.21~16.59mg/100mg，其中茎干中总多糖含量最高，根中含量最低。不同部位多糖含量表现为茎干>雄球花>叶柄>雌球花>叶>根。总黄酮的抗氧化实验表明，叶中的总黄酮对 DPPH 清除能力较强，为 79.47%；叶柄中的总黄酮对 OH 清除能力最强，为 7.20%；根中的总黄酮对 O_2^- 清除能力最强，为 65.90%。相关性分析结果表明，锈毛苏铁不同部位中的总黄酮含量与 DPPH 清除率存在极显著的正相关，而与 DPPH 和 O_2^- 的清除能力不存在相关性。

5.1.4 叉叶苏铁

5.1.4.1 材料与方法

(1)材料

植物材料：叉叶苏铁植物样品采自广西植物研究所种植园内，选取生长健康、无病虫害的人工栽培植株。挖取植株后，洗净泥土，按照根、叶柄、叶、茎干进行分离，在不影响植株正常生长发育的前提下，摘取其雄球花和雌球花。将以上部位洗净沥干水分后放入烘箱中，在 60℃环境下，烘干至恒重。粉碎过筛，制成样品粉末，做好标记备用。

所使用的仪器、试剂与 5.1.1 相同。

(2)方法

同 5.1.1 中德保苏铁中活性成分的含量与抗氧化能力的测定方法。

5.1.4.2 结果与分析

(1)叉叶苏铁不同部位黄酮含量分析

由图 5-10 可知，叉叶苏铁不同部位之间的总黄酮含量存在不同程度上的差异。其中茎干中的总黄酮含量显著高于其他部位($P<0.05$)，为 3.51mg/100mg，根中的含量最低为 0.19mg/100mg。叶柄和雄球花中的总黄酮含量不存在显著性差异($P>0.05$)。不同部位总黄酮含量表现为茎干>雌球花>叶>叶柄>雄球花>根。

(2)叉叶苏铁不同部位多糖含量分析

由图 5-11 可知，叉叶苏铁总多糖含量介于 1.10~5.07mg/100mg，其中雌球花中多总糖含量最高，且显著高于其他部位($P<0.05$)，为 5.07mg/100mg；雄球花与茎干中的总多糖含量次之；根与叶柄中总多糖含量显著低于其他部位($P<0.05$)，但两者之间不存在显著差异相近，但根中总多糖含量最低，为 1.10mg/100mg($P>0.05$)。不同部位总多糖含量

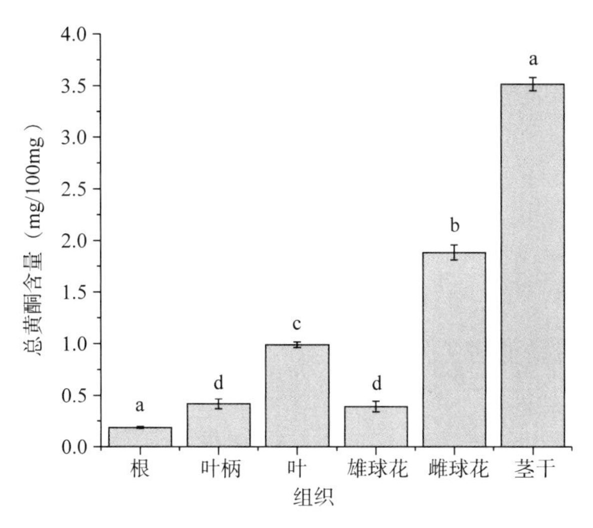

图 5-10　叉叶苏铁不同组织总黄酮含量

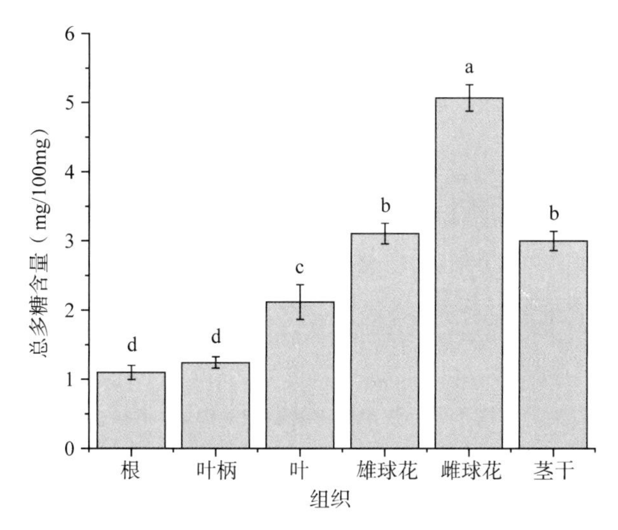

图 5-11　叉叶苏铁不同组织总多糖含量

表现为雌球花>雄球花>茎干>叶>叶柄>根。

(3)叉叶苏铁不同部位总黄酮提取物抗氧化活性分析

由图 5-12(A)可知，茎干总黄酮对 DPPH 清除能力最强，为 78.69%；雌球花次之，为 42.52%；根和叶柄对 DPPH 清除率不存在显著差异，为 7.29%和 8.54%，其中根的清除率在所有部位中最低。由图 5-12(B)可知，雄球花中的总黄酮对 OH 清除能力最好，为 21.96%；叶清除能力最低，为 3.20%。由图 5-12(C)可知，叶中总黄酮对 O_2^- 清除能力最低，为 36.99%；其余部位均大于 50%；雄球花清除能力最强，为 64.51%。根和叶柄中的总黄酮对 O_2^- 清除能力不存在显著性差异($P>0.05$)，分别为 53.75%和 54.31%。

(4)相关性分析

由表 5-4 可知，叉叶苏铁不同部位总黄酮含量与对 DPPH 清除率之间存在极显著($P<0.01$)的正相关关系，与对 OH、O_2^- 不存在显著相关性。

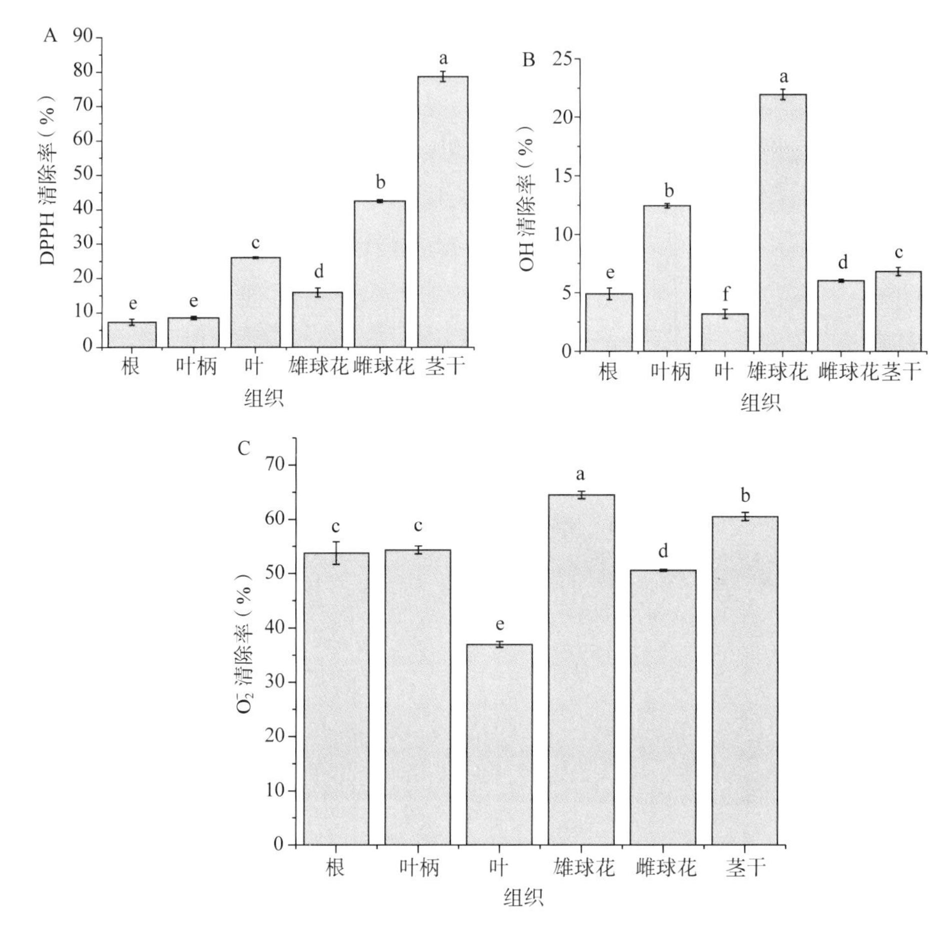

A：不同部位的总黄酮对 DPPH 的清除率；B：不同部位的总黄酮对 OH 的清除率；C：不同部位的总黄酮对 O_2^- 的清除率

图 5-12　叉叶苏铁不同部位中的总黄酮对 DPPH、OH、O_2^- 清除能力

表 5-4　叉叶苏铁不同部位总黄酮含量与抗氧化活性的相关性

指标	总黄酮含量	DPPH 清除率	OH 清除率	O_2^- 清除率
总黄酮含量	1	0.995**	-0.297	0.173
DPPH 清除率		1	-0.261	0.188
OH 清除率			1	0.694**
O_2^- 清除率				1

5.1.4.3　结论

叉叶苏铁茎干中的总黄酮含量显著高于其他部位（$P<0.05$），为 3.51mg/100mg，根中的含量最低为 0.19mg/100mg。不同部位总黄酮含量表现为茎干>雌球花>叶>叶柄>雄球花>根。叉叶苏铁总多糖含量介于 1.10~5.07mg/100mg，雌球花中多总糖含量显著高于其他部位（$P<0.05$），为 5.07mg/100mg，根中总多糖含量最低，为 1.10mg/100mg。不同部位总多糖含量表现为雌球花>雄球花>茎干>叶>叶柄>根。不同部位中的总黄酮抗氧化能力测定结果表明，茎干中的总黄酮对 DPPH 清除能力最强，为 78.69%；雄球花中的总黄酮对

OH、O_2^- 清除能力最好，分别为 21.96%、64.51%。相关性分析结果表明，叉叶苏铁不同部位总黄酮含量与对 DPPH 清除率之间存在极显著(P<0.01)的正相关关系，而与对 OH、O_2^- 清除率不存在显著相关性(P>0.05)。

5.1.5 叉孢苏铁

5.1.5.1 材料与方法

(1)材料

植物材料：叉孢苏铁植物样品采自广西植物研究所种植园内，选取生长健康、无病虫害的人工栽培植株。挖取植株后，洗净泥土，按照根、叶柄、叶、茎干进行分离，在不影响植株正常生长发育的前提下，摘取其雄球花和雌球花。将以上部位洗净沥干水分后放入烘箱中，在 60℃环境下，烘干至恒重。粉碎过筛，制成样品粉末，做好标记备用。

所使用的仪器、试剂与 5.1.1 相同。

(2)方法

同 5.1.1 中德保苏铁中活性成分的含量与抗氧化能力的测定方法。

5.1.5.2 结果与分析

(1)叉孢苏铁不同部位的总黄酮含量分析

由图 5-13 可知，叉孢苏铁各个部位中之间的总黄酮含量存在不同程度上的差异性，其中叶中的总黄酮含量显著高于其他部位，为 7.82mg/100mg；雌球花中黄酮含量次之，为 3.61mg/100mg；茎干中黄酮含量最低，为 0.31mg/100mg。不同部位黄酮含量表现为叶>雌球花>雄球花>叶柄>根>茎干。

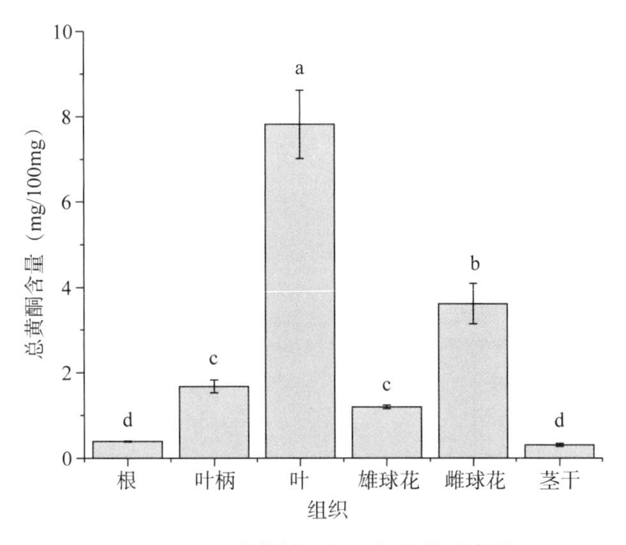

图 5-13　叉孢苏铁不同组织总黄酮含量

(2)叉孢苏铁不同部位多糖含量分析

由图 5-14 可知，叉孢苏铁总多糖含量介于 0.93~28.32mg/100mg，茎干中的总多糖含量最高且远远高于其余 5 个部位，叶柄中含量最低。不同部位多糖含量表现为茎干>雄球花>根>叶>雌球花>叶柄，其中叶柄、叶和雌球花这 3 个部位总多糖含量不存在显著性差异。

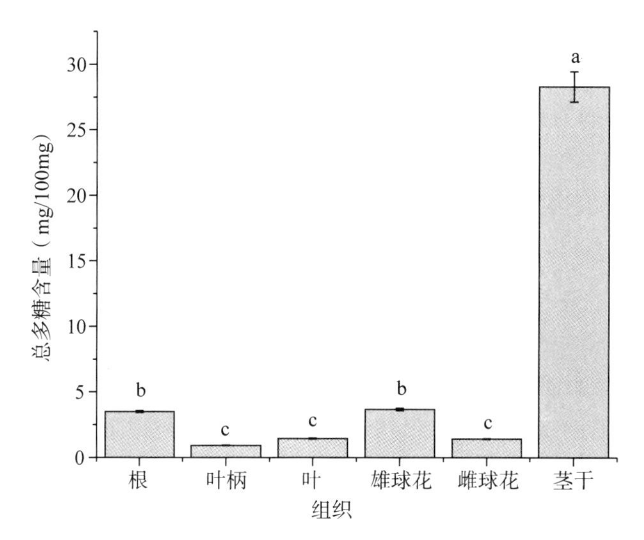

图 5-14　叉孢苏铁不同组织总多糖含量

(3) 叉孢苏铁不同部位中的总黄酮与抗氧化活性分析

由图 5-15(A) 可知，6 个部位对 DPPH 清除能力存在不同程度的差异性，其中叶和雌

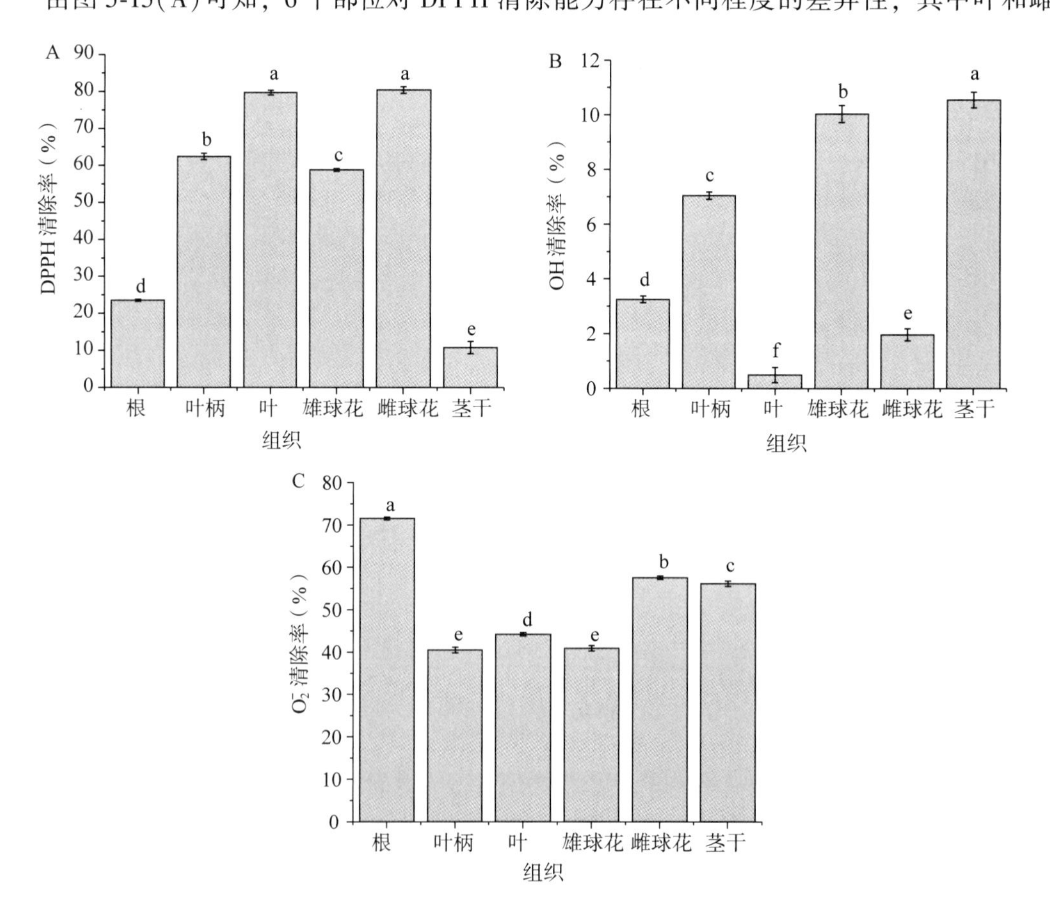

A：不同部位的总黄酮对 DPPH 的清除率；B：不同部位的总黄酮对 OH 的清除率；C：不同部位的总黄酮对 O_2^- 的清除率

图 5-15　叉孢苏铁不同部位中总黄酮对 DPPH、OH、O_2^- 清除能力

球花提取液对 DPPH 自由基清除能力最强，为分别 79.72%和 80.44%；叶柄次之，为 62.41%；茎干中总黄酮的清除率最弱，为 10.80%。由图 5-15(B)可知，6 个部位中的总黄酮对 OH 清除能力的差异性较大，茎干中的总黄酮清除能力最高，为 10.55%；叶清除能力最低，为 0.50%。由图 5-15(C)可知，除叶柄和雄球花中的总黄酮对 O_2^- 清除能力不存在显著性差异外($P>0.05$)，其他部位的总黄酮对 O_2^- 的清除能力均存在显著性差异。其中根中总黄酮对 O_2^- 清除能力最高，为 71.57%；叶柄和雄球花清除能力较低，为 40.53%和 40.93%。

(4)相关性分析

由表 5-5 可知，叉孢苏铁不同部位的总黄酮含量与 DPPH 和 OH 清除率存在极显著的相关性($P<0.01$)，相关系数为 0.743、−0.714，分别呈正相关和负相关。与 O_2^- 清除率不存在显著相关性。

表 5-5 叉孢苏铁不同部位总黄酮含量与抗氧化活性的相关性

指标	总黄酮含量	DPPH 清除率	OH 清除率	O_2^- 清除率
总黄酮含量	1	0.743**	−0.714**	−0.348
DPPH 清除率		1	−0.541*	−0.551*
OH 清除率			1	−0.275
O_2^- 清除率				1

5.1.5.3 结论

叉孢苏铁叶中的总黄酮含量显著高于其他部位，为 7.82mg/100mg，茎干中黄酮含量最低，为 0.31mg/100mg。不同部位黄酮含量表现为叶>雌球花>雄球花>叶柄>根>茎干。叉孢苏铁总多糖含量介于 0.93~28.32mg/100mg，茎干中的总多糖含量最高，叶柄中含量最低。不同部位多糖含量表现为茎干>雄球花>根>叶>雌球花>叶柄。6 个部位对 DPPH 清除能力存在不同程度的差异性，雌球花中的总黄酮对 DPPH 自由基清除能力最强，为 80.44%；茎干中总黄酮的清除率最弱，为 10.80%。但茎干中的总黄酮对 OH 清除能力最高，为 10.55%；叶清除能力最低。根中总黄酮对 O_2^- 清除能力最高，为 71.57%；叶柄和雄球花清除能力较低，为 40.53%和 40.93%。叉孢苏铁不同部位的总黄酮含量与 DPPH 和 OH 清除率存在极显著的相关性($P<0.01$)，但分别呈正相关和负相关。与 O_2^- 清除率不存在显著相关性。

5.1.6 贵州苏铁

5.1.6.1 材料与方法

(1)材料

植物材料：贵州苏铁植物样品采自广西植物研究所种植园内，选取生长健康、无病虫害的人工栽培植株。挖取植株后，洗净泥土，按照根、叶柄、叶、茎干进行分离，在不影响植株正常生长发育的前提下，摘取其雄球花和雌球花。将以上部位洗净沥干水分后放入烘箱中，在 60℃环境下，烘干至恒重。粉碎过筛，制成样品粉末，做好标记备用。

所使用的仪器、试剂与 5. 1. 1 相同。

(2)方法

同 5. 1. 1 中德保苏铁中活性成分的含量与抗氧化能力的测定方法。

5.1.6.2 结果与分析

(1)贵州苏铁不同部位黄酮含量分析

由图 5-16 可知，贵州苏铁各个部位中的总黄酮含量均存在显著性差异($P<0.05$)，其中根中总黄酮含量最高，为 4. 01mg/100mg；雌球花中黄酮含量次之，为 3. 47mg/100mg；雄球花中黄酮含量最低，为 0. 31mg/100mg。不同部位黄酮含量表现为根>雌球花>叶>叶柄>茎干>雄球花。

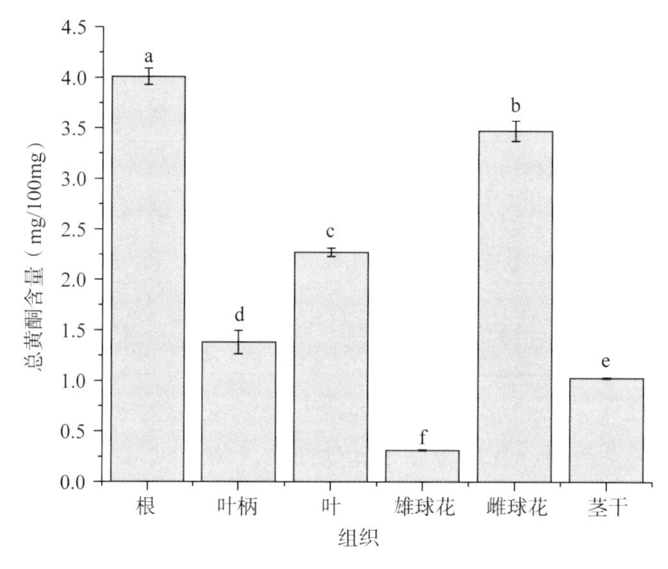

图 5-16 贵州苏铁不同组织总黄酮含量

(2)贵州苏铁不同部位多糖含量分析

由图 5-17 可知，贵州苏铁不同部位中的总多糖含量介于 1. 07～19. 06mg/100mg，茎干中总多糖含量远高于其他部位，叶柄中含量最低。不同部位多糖含量表现为茎干>根>叶>雄球花>雌球花>叶柄，其中叶、雄球花和雌球花这 3 个部位的总多糖含量不存在显著性差异($P>0.05$)。

(3)贵州苏铁不同部位总黄酮的抗氧化活性分析

由图 5-18(A)可知，6 个部位中的总黄酮对 DPPH 清除能力均存在显著性差异($P<0.05$)，其中雌球花中的总黄酮对 DPPH 清除能力最强，为 80. 77%；叶次之，为 51. 85%；雄球花中的总黄酮对 DPPH 清除能力，在所有组织中最低，为 6. 69%。由图 5-18(B)可知，6 个部位对 OH 清除能力均存在显著性差异($P<0.05$)，雄球花清除能力最高，为 14. 37%；叶清除能力最低，为 0. 95%。由图 5-18(C)可知，根和叶柄对 O_2^- 清除能力差异不显著，茎干中总黄酮对 O_2^- 清除能力最高，为 67. 24%；叶柄的清除能力最低，为 33. 09%。

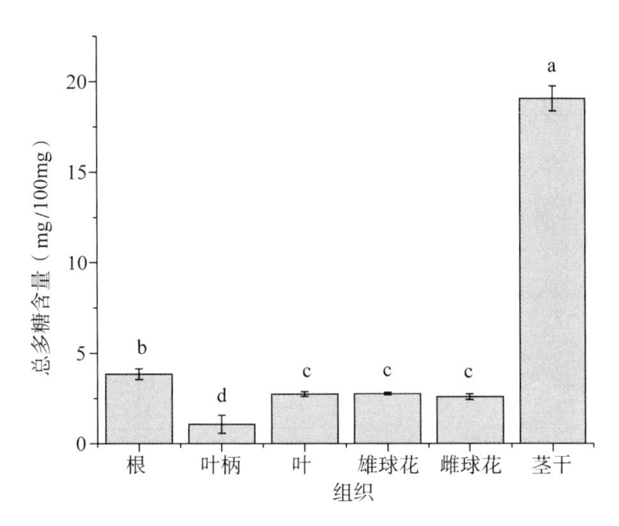

图 5-17　贵州苏铁不同组织总多糖含量

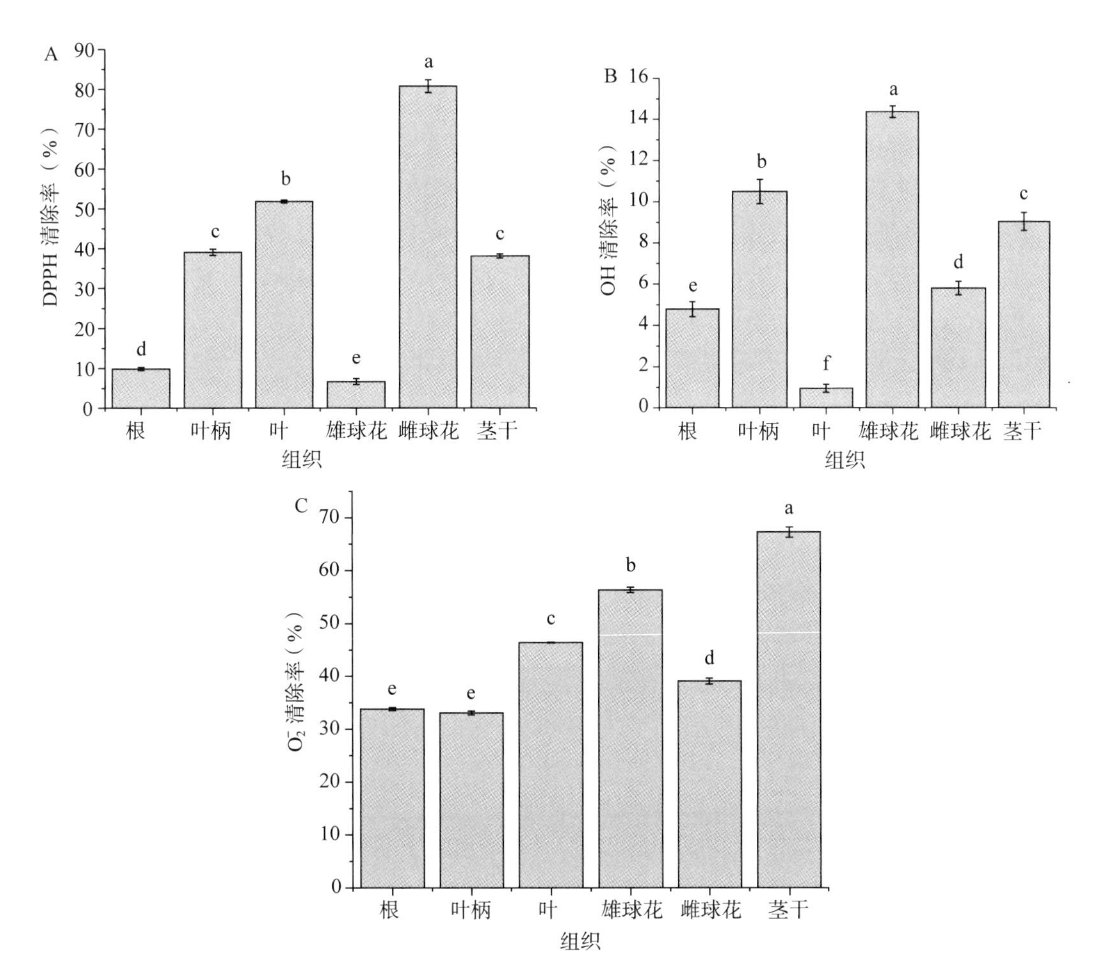

A：不同部位的总黄酮对 DPPH 的清除率；B：不同部位的总黄酮对 OH 的清除率；C：不同部位的总黄酮对 O_2^- 的清除率

图 5-18　贵州苏铁不同部位中的总黄酮对 DPPH、OH、O_2^- 清除能力

(4)相关性分析

由表5-6可知，贵州苏铁不同部位总黄酮含量与OH和O_2^-清除能力存在极显著的负相关关系，相关系数为-0.719和-0.673，与DPPH清除能力不存在相关性。

表5-6　贵州苏铁不同部位总黄酮含量与抗氧化活性的相关性

指标	总黄酮含量	DPPH清除率	OH清除率	O_2^-清除率
总黄酮含量	1	0.316	-0.719**	-0.673**
DPPH清除率		1	-0.457	-0.151
OH清除率			1	0.333
O_2^-清除率				1

5.1.6.3　结论

贵州苏铁各个部位中的总黄酮含量均存在显著性差异(P<0.05)，其中根中总黄酮含量最高，为4.01mg/100mg；雄球花中黄酮含量最低。不同部位黄酮含量表现为根>雌球花>叶>叶柄>茎干>雄球花。贵州苏铁不同部位中的总多糖含量介于1.07~19.06mg/100mg，茎干中总多糖含量远高于其他部位。不同部位多糖含量表现为茎干>根>叶>雄球花>雌球花>叶柄。6个部位中的总黄酮对DPPH清除能力均存在显著性差异(P<0.05)，其中雌球花中的总黄酮对DPPH清除能力最强，为80.77%；雄球花最低，为6.69%。6个部位对OH清除能力均存在显著性差异(P<0.05)，雄球花清除能力最高，为14.37%；叶清除能力最低，为0.95%。茎干中总黄酮对O_2^-清除能力最高，为67.24%，叶柄的清除能力最低，为33.09%。贵州苏铁不同部位总黄酮含量与OH和O_2^-清除能力存在极显著的负相关关系，与DPPH清除能力不存在相关性。

5.1.7　宽叶苏铁

5.1.7.1　材料与方法

(1)材料

植物材料：宽叶苏铁植物样品采自广西植物研究所种植园内，选取生长健康、无病虫害的人工栽培植株。挖取植株后，洗净泥土，按照根、叶柄、叶、茎干进行分离，在不影响植株正常生长发育的前提下，摘取其雄球花和雌球花。将以上部位洗净沥干水分后放入烘箱中，在60℃环境下，烘干至恒重。粉碎过筛，制成样品粉末，做好标记备用。

所使用的仪器、试剂与5.1.1相同。

(2)方法

同5.1.1中德保苏铁中活性成分的含量与抗氧化能力的测定方法。

5.1.7.2　结果与分析

(1)宽叶苏铁不同部位黄酮含量分析

由图5-19可知，宽叶苏铁各个部位中的总黄酮含量存在不同程度的差异性，其中叶中总黄酮含量最高，为4.11mg/100mg；叶柄中总黄酮含量次之，为2.31mg/100mg；茎干中黄酮含量最低，为0.31mg/100mg。雄球花与根中的总黄酮含量不存在显著性差异。不

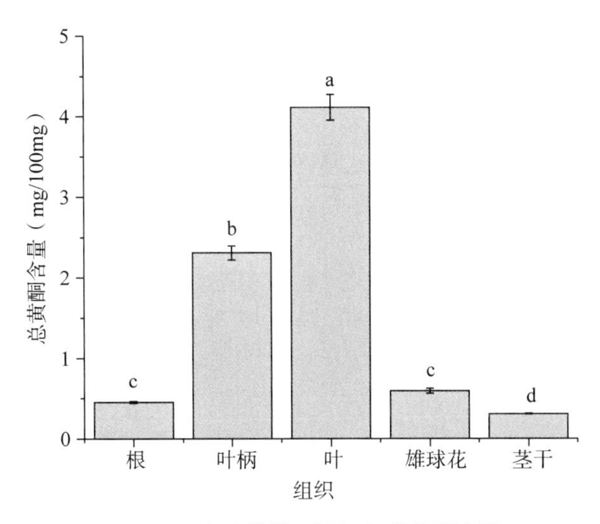

图 5-19　宽叶苏铁不同组织总黄酮含量

同部位总黄酮含量表现为叶>叶柄>雄球花>根>茎干。

(2)宽叶苏铁不同部位总多糖含量分析

由图 5-20 可知，宽叶苏铁总多糖含量介于 2.08~45.09mg/100mg，茎干中总多糖含量最高且远高于其余 5 个部位。不同部位中总多糖含量表现为茎干>雄球花>根>叶>叶柄，其中根和雄球花这 2 个部位的总多糖含量差异不显著。

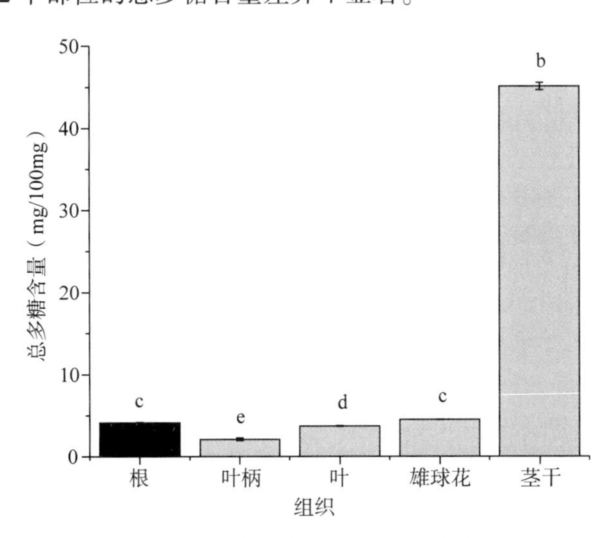

图 5-20　宽叶苏铁不同组织总多糖含量

(3)宽叶苏铁不同部位黄酮提取物抗氧化活性分析

由图 5-21(A)可知，叶中总黄酮对 DPPH 清除率显著高于其他部位，为 79.38%。其次为叶柄，清除率为 66.90%。茎干中总多糖的清除率在所有组织中最低，为 10.57%。由图 5-21(B)可知，除叶柄和茎干外其余部位对 OH 清除能力均存在显著性差异(P<0.05)，雄球花清除能力最高，为 17.36%；叶清除能力最低，为 3.81%。由图 5-21(C)可知，宽叶苏铁 6 个部位中的总多糖对 O_2^- 清除能力均存在显著性差异(P<0.05)，根中的总黄酮对

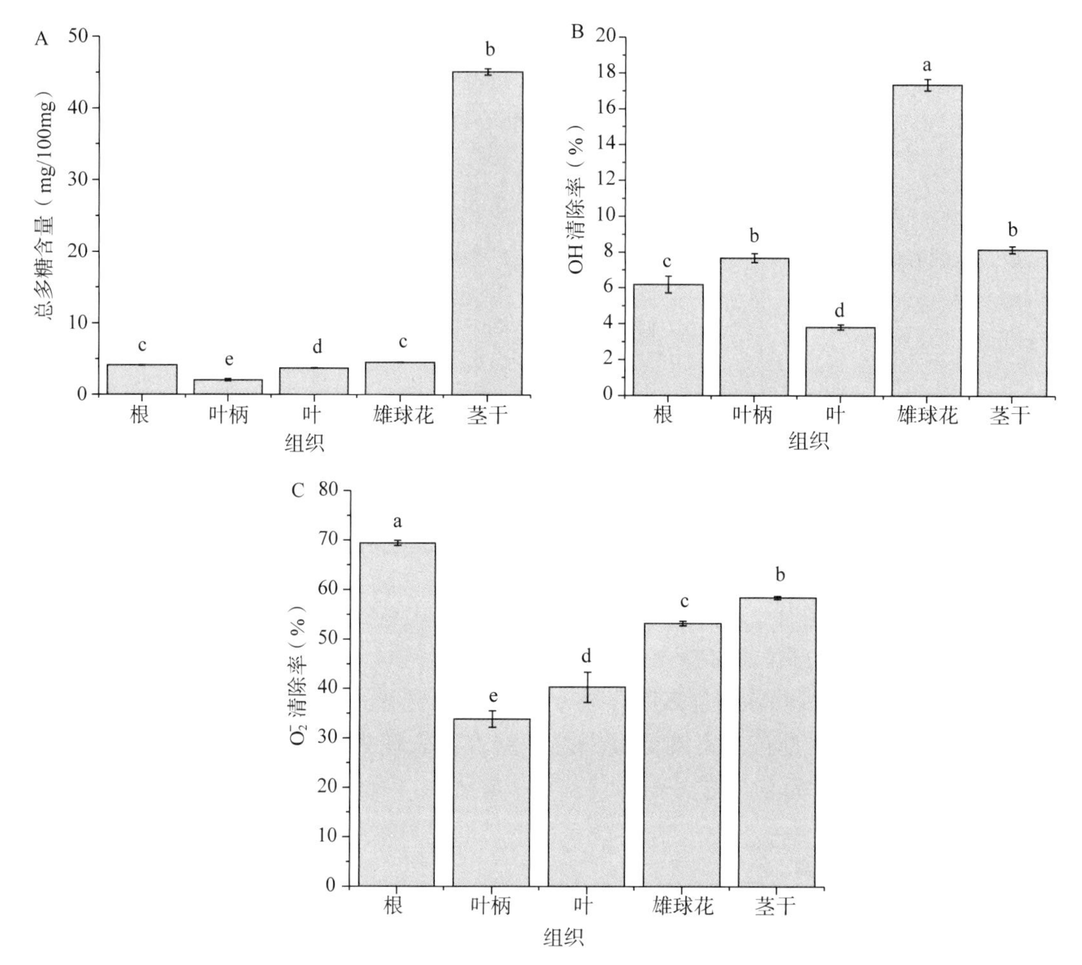

A：不同部位的总黄酮对 DPPH 的清除率；B：不同部位的总黄酮对 OH 的清除率；C：不同部位的总黄酮对 O_2^- 的清除率

图 5-21　宽叶苏铁不同部位中总黄酮对 DPPH、OH、O_2^- 清除能力

O_2^- 清除能力最高，为 69.37%；叶柄清除能力最低，为 33.82%。

(4)相关性分析

由表 5-7 可知，宽叶苏铁不同部位中的总黄酮含量与 DPPH、OH、O_2^- 均存在相关性。与 DPPH 清除率存在极显著的正相关关系，与 OH 呈极显著的负相关关系，与 O_2^- 呈极显著的负相关关系。

表 5-7　宽叶苏铁不同部位的总黄酮含量与抗氧化活性的相关性

指标	总黄酮含量	总多糖含量	DPPH 清除率	OH 清除率	O_2^- 清除率
总黄酮含量	1	-0.442	0.949**	-0.534*	-0.763**
总多糖含量		1	-0.633*	-0.032	0.324
DPPH 清除率			1	-0.482	-0.800**
OH 清除率				1	0.134
O_2^- 清除率					1

5.1.7.3 结论

宽叶苏铁叶中总黄酮含量最高，为 4.11mg/100mg，茎干中黄酮含量最低，为 0.31mg/100mg。不同部位总黄酮含量表现为叶>叶柄>雄球花>根>茎干。宽叶苏铁总多糖含量介于 2.08~45.09mg/100mg，不同部位中总多糖含量表现为茎干>雄球花>根>叶>叶柄，其中茎干中总多糖含量远高于其余 5 个部位。叶中总黄酮对 DPPH 清除率显著高于其他部位，为 79.38%，茎干中总多糖对 DPPH 的清除率最低，为 10.57%。除叶柄和茎干外其余部位对 OH 清除能力均存在显著性差异($P<0.05$)，雄球花中的总黄酮对 OH 清除能力最高，为 17.36%；叶清除能力最低，为 3.81%。宽叶苏铁根中的总黄酮对 O_2^- 清除能力最高，为 69.37%；叶柄清除能力最低，为 33.82%。宽叶苏铁不同部位中的总黄酮含量与 DPPH、OH、O_2^- 均存在相关性。与 DPPH 清除率存在极显著的正相关关系，与 OH 呈极显著的负相关关系，与 O_2^- 呈极显著的负相关关系。

5.1.8 长叶苏铁

5.1.8.1 材料与方法

(1)材料

植物材料：长叶苏铁植物样品采自广西植物研究所种植园内，选取生长健康、无病虫害的人工栽培植株。挖取植株后，洗净泥土，按照根、叶柄、叶、茎干进行分离，在不影响植株正常生长发育的前提下，摘取其雄球花和雌球花。将以上部位洗净沥干水分后放入烘箱中，在 60℃环境下，烘干至恒重。粉碎过筛，制成样品粉末，做好标记备用。

所使用的仪器、试剂与 5.1.1 相同。

(2)方法

同 5.1.1 中德保苏铁中活性成分的含量与抗氧化能力的测定方法。

5.1.8.2 结果与分析

(1)长叶苏铁不同部位黄酮含量分析

由图 5-22 可知，长叶苏铁各个部位中的总黄酮含量存在不同程度的差异性，其中雌球花中的总黄酮含量显著高于其他部位($P<0.05$)，为 3.14mg/100mg。其次为叶中的总黄酮含量。叶柄中的总黄酮含量与雄球花中的总黄酮含量不存在显著性差异($P>0.05$)，茎干和根中的总黄酮含量同样不存在显著性差异($P>0.05$)。不同部位黄酮含量表现为雌球花>叶>雄球花>叶柄>根>茎干。

(2)长叶苏铁不同部位多糖含量分析

由图 5-23 可知，长叶苏铁茎干中的总多糖含量最高，为 29.47mg/100mg，根中含量次之，为 13.93mg/100mg；叶柄中多糖含量最低，为 2.43mg/100mg。不同部位多糖含量表现为茎干>根>雌球花>雄球花>叶>叶柄。

(3)长叶苏铁不同部位黄酮提取物抗氧化活性分析

由图 5-24(A)可知，长叶苏铁 6 个部位中总黄酮对 DPPH 清除能力均存在显著性差异($P<0.05$)，其中雌球花中的总黄酮对 DPPH 清除能力较强，为 81.56%；雄球花次之，为 23.95%；叶柄的清除率最低，为 5.82%。由图 5-24(B)可知，6 个部位对 OH 清除能力均

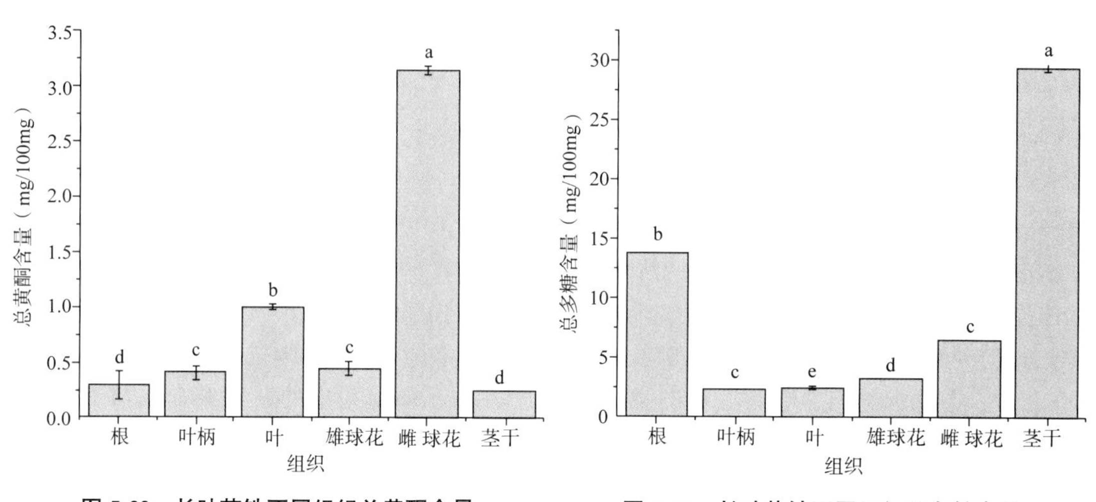

图 5-22　长叶苏铁不同组织总黄酮含量

图 5-23　长叶苏铁不同组织总多糖含量

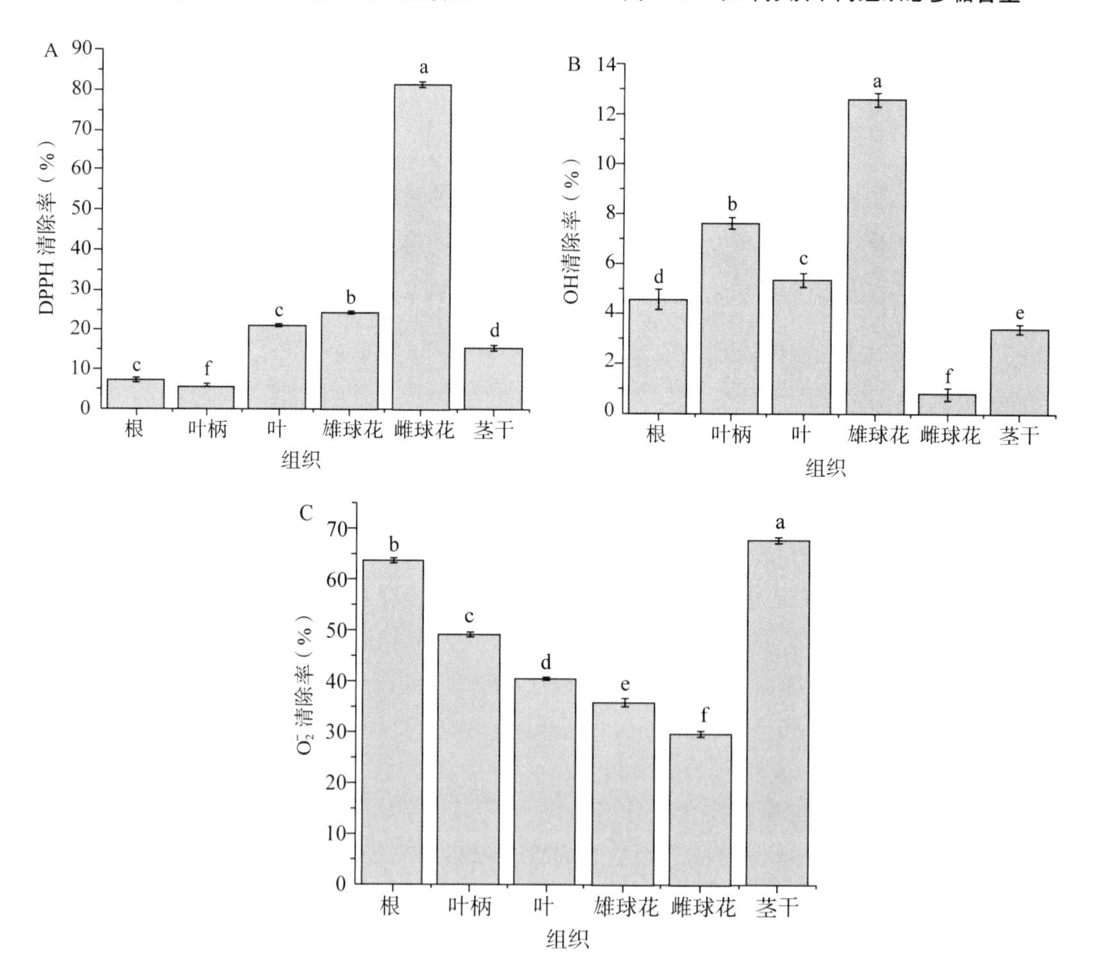

A：不同部位的总黄酮对 DPPH 的清除率；B：不同部位的总黄酮对 OH 的清除率；C：不同部位的总黄酮对 O_2^- 的清除率

图 5-24　长叶苏铁不同部位中总黄酮对 DPPH、OH、O_2^- 清除能力

存在显著性差异($P<0.05$)，其中雄球花中总黄酮清除能力最高，为 12.62%；雌球花清除能力最低，为 0.85%。由图 5-24(C)可知，长叶苏铁 6 个部位中总黄酮对 O_2^- 清除能力均同样存在显著性差异($P<0.05$)，茎干提取液对 O_2^- 清除能力最高，为 68.09%；雌球花清除能力最低，为 29.78%。

(4)相关性分析

由表 5-8 可知，长叶苏铁不同部位中的总黄酮含量与 DPPH、OH、O_2^- 的清除率均存在相关性。具体表现为与 DPPH 的清除率呈极显著($P<0.01$)的正相关关系，与 OH 清除能力呈显著($P<0.05$)的负相关关系，与 O_2^- 的清除率呈极显著($P<0.01$)的负相关关系。

表 5-8　长叶苏铁不同部位总黄酮含量与抗氧化活性的相关性

指标	总黄酮含量	DPPH 清除率	OH 清除率	O_2^- 清除率
总黄酮含量	1	0.967**	-0.563*	-0.687**
DPPH 清除率		1	-0.481*	-0.679**
OH 清除率			1	-0.174
O_2^- 清除率				1

5.1.8.3　结论

长叶苏铁雌球花中的总黄酮含量显著高于其他部位($P<0.05$)，为 3.14mg/100mg。茎干中的总黄酮含量最低。不同部位黄酮含量表现为雌球花>叶>雄球花>叶柄>根>茎干。长叶苏铁茎干中的总多糖含量最高，为 29.47mg/100mg，叶柄中多糖含量最低。不同部位多糖含量表现为茎干>根>雌球花>雄球花>叶>叶柄。长叶苏铁 6 个部位中总黄酮对 DPPH、OH、O_2^- 清除能力均存在显著性差异($P<0.05$)，其中雌球花中的总黄酮对 DPPH 清除能力最强，为 81.56%。雄球花中总黄酮对 OH 清除能力最高，为 12.62%。茎干中总黄酮对 O_2^- 清除能力最高，为 68.09%。长叶苏铁不同部位中的总黄酮含量与 DPPH、OH、O_2^- 的清除率均存在相关性。具体表现为与 DPPH 的清除率呈极显著($P<0.01$)的正相关关系，与 OH 清除能力呈显著($P<0.05$)的负相关关系，与 O_2^- 的清除率呈极显著($P<0.01$)的负相关关系。

5.1.9　台湾苏铁

5.1.9.1　材料与方法

(1)材料

植物材料：台湾苏铁植物样品采自广西植物研究所种植园内，选取生长健康、无病虫害的人工栽培植株。挖取植株后，洗净泥土，按照根、叶柄、叶、茎干进行分离，在不影响植株正常生长发育的前提下，摘取其雄球花和雌球花。将以上部位洗净沥干水分后放入烘箱中，在 60℃环境下，烘干至恒重。粉碎过筛，制成样品粉末，做好标记备用。

所使用的仪器、试剂与 5.1.1 相同。

(2)方法

同 5.1.1 中德保苏铁中活性成分的含量与抗氧化能力的测定方法。

5.1.9.2 结果与分析

(1)台湾苏铁不同部位黄酮含量分析

由图 5-25 可知，台湾苏铁 3 个部位中的总黄酮含量均存在显著性差异($P<0.05$)，其中根中的总黄酮含量最高，为 1.02mg/100mg；叶柄中黄酮含量次之，为 0.56mg/100mg；叶中黄酮含量最低，为 0.47mg/100mg。

(2)台湾苏铁不同部位多糖含量分析

由图 5-26 可知，台湾苏铁叶柄中多糖含量最高，为 0.31mg/100mg；叶中含量次之，为 0.03mg/100mg；根中多糖含量最低，为 0.02mg/100mg，但根和叶中的总多糖含量不存在显著性差异($P>0.05$)。

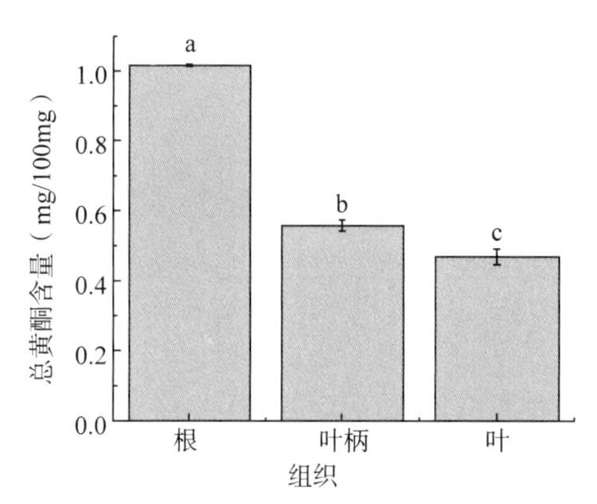

图 5-25 台湾苏铁不同组织总黄酮含量

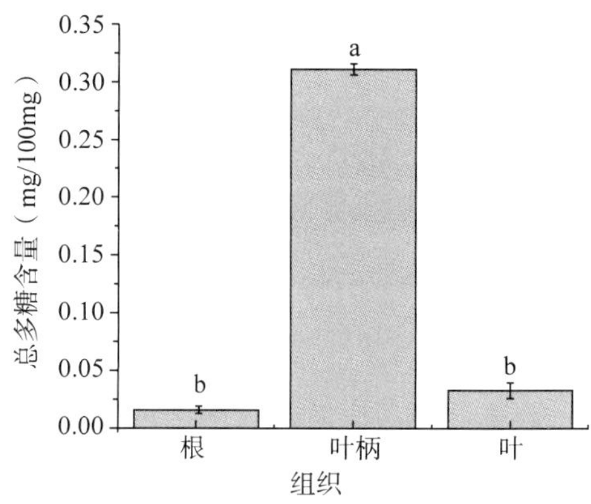

图 5-26 台湾苏铁不同组织总多糖含量

(3)台湾苏铁不同部位抗氧化活性分析

由图 5-27(A)可知，根和叶柄这 2 个部位对 DPPH 清除能力不存在显著性差异($P>0.05$)，其中叶柄提取液对 DPPH 清楚能力略高于根，为 20.50%；根为 19.34%；叶的清除率最低，为 14.38%。由图 5-27(B)可知，3 个部位对 OH 清除能力均存在显著性差异($P<0.05$)，叶柄清除能力最高，为 9.69%；叶部清除能力最低，为 1.52%。由图 5-27(C)可知，台湾苏铁 3 个部位中的总黄酮对 O_2^- 清除能力均存在显著性差异($P<0.05$)，叶部提取液对 O_2^- 清除能力最高，为 51.01%；根清除能力最低，为 36.06%。

(4)相关性分析

由表 5-9 可知，台湾苏铁 3 个部位中的总黄酮含量仅与 O_2^- 清除能力($P<0.01$)存在极显著的负相关关系，相关系数为-0.912，而与 DPPH 和 OH 清除能力不相关。

表 5-9 台湾苏铁不同部位中总黄酮含量与抗氧化活性的相关性

指标	总黄酮含量	DPPH 清除率	OH 清除率	O_2^- 清除率
总黄酮含量	1	0.334	-0.232	-0.912**
DPPH 清除率		1	0.576	-0.414
OH 清除率			1	-0.087
O_2^- 清除率				1

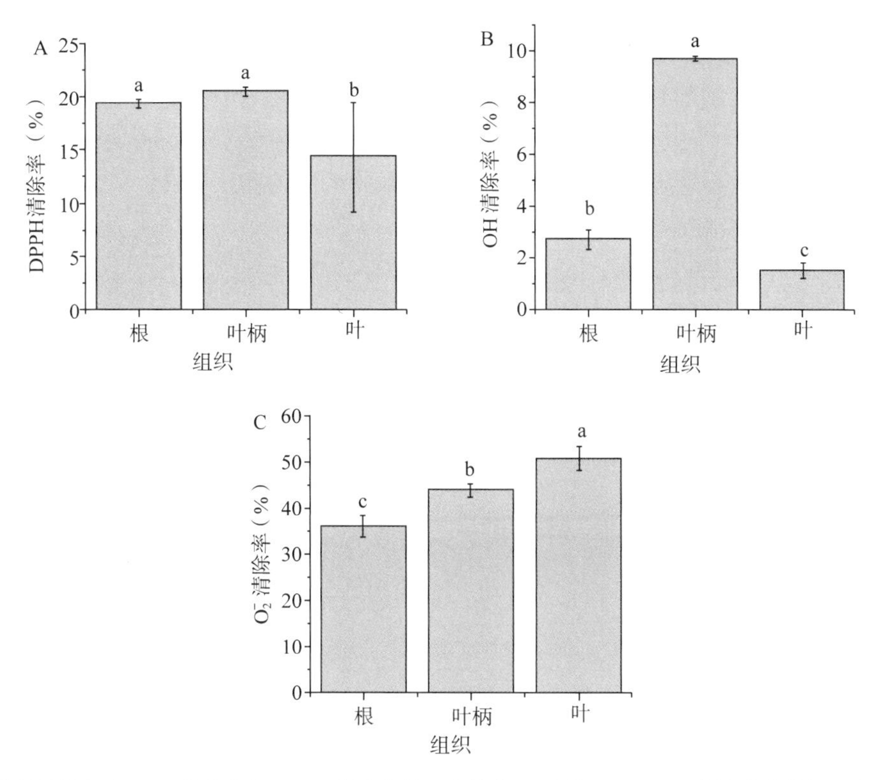

A：不同部位的总黄酮对 DPPH 的清除率；B：不同部位的总黄酮对 OH 的清除率；C：不同部位的总黄酮对 O_2^- 的清除率

图 5-27　台湾苏铁不同部位 DPPH、OH、O_2^- 清除能力

5.1.9.3　结论

台湾苏铁 3 个部位中的总黄酮含量均存在显著性差异($P<0.05$)，其中根中的总黄酮含量最高，为 1.02mg/100mg；叶柄中黄酮含量次之，叶中黄酮含量最低。台湾苏铁叶柄中总多糖含量最高，为 0.31mg/100mg；叶中含量次之，根中多糖含量最低。根和叶柄这 2 个部位对 DPPH 清除能力不存在显著性差异($P>0.05$)，其中叶柄提取液对 DPPH 清楚能力略高于根，为 20.50%；叶的清除率最低，为 14.38%。3 个部位对 OH 清除能力均存在显著性差异($P<0.05$)，叶柄清除能力最高，为 9.69%；叶部清除能力最低。台湾苏铁 3 个部位中的总黄酮对 O_2^- 清除能力均存在显著性差异($P<0.05$)，叶中总黄酮对 O_2^- 清除能力最高，为 51.01%；根清除能力最低。台湾苏铁 3 个部位中的总黄酮含量仅与 O_2^- 清除能力($P<0.01$)存在极显著的负相关关系。

5.1.10　四川苏铁

5.1.10.1　材料与方法

(1)材料

植物材料：四川苏铁植物样品采自广西植物研究所种植园内，选取生长健康、无病虫害的人工栽培植株。挖取植株后，洗净泥土，按照根、叶柄、叶、茎干进行分离，在不影响植株正常生长发育的前提下，摘取其雄球花和雌球花。将以上部位洗净沥干水分后放入烘箱中，在60℃环境下，烘干至恒重。粉碎过筛，制成样品粉末，做好标记备用。

所使用的仪器、试剂与5.1.1相同。

(2)方法

同5.1.1中德保苏铁中活性成分的含量与抗氧化能力的测定方法。

5.1.10.2 结果与分析

(1)四川苏铁不同部位黄酮含量分析

由图5-28可知，四川苏铁3个部位中的总黄酮含量均存在显著性差异，其中叶中的总黄酮含量最高，为4.39mg/100mg；叶柄次之，为3.69mg/100mg；茎干中黄酮含量最低，为1.81mg/100mg。

(2)四川苏铁不同部位多糖含量分析

由图5-29可知，四川苏铁3个部位中的总多糖含量均存在显著性差异，其中茎干中多糖含量最高，为0.47mg/100mg；叶柄次之，为0.32mg/100mg；叶中多糖含量最低，为0.14mg/100mg。

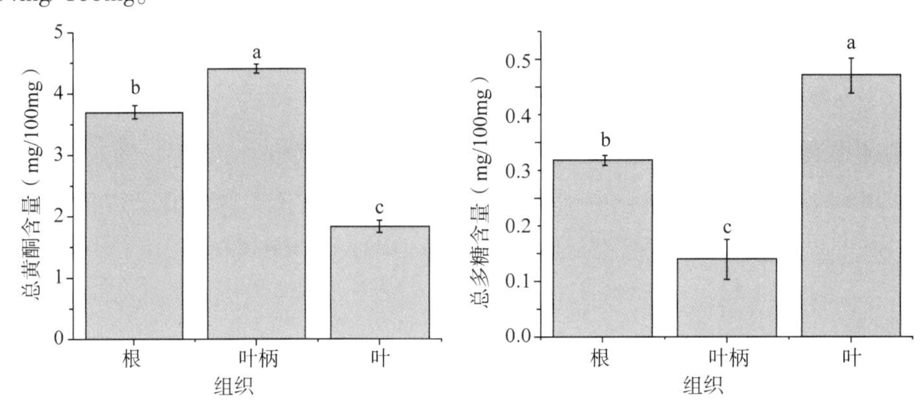

图5-28　四川苏铁不同组织总黄酮含量　　**图5-29　四川苏铁不同组织总多糖含量**

(3)四川苏铁不同部位抗氧化活性分析

由图5-30(A)可知，叶柄中的总黄酮对DPPH的清除能力显著高于其他两个部位($P<0.05$)，为26.02%。而叶和茎干中总黄酮对DPPH的清除能力不存在显著性差异($P>0.05$)。由图5-30(B)可知，3个部位对OH清除能力均存在显著性差异($P<0.05$)，其中叶柄的清除能力最高，为10.61%；叶清除能力最低，为1.09%。由图5-30(C)可知，四川苏铁叶和茎干中的总黄酮对O_2^-清除能力不存在显著性差异($P>0.05$)，其中茎干中的总黄酮对O_2^-清除能力略高于叶，为32.99%；叶柄清除能力最低，为28.39%。

(4)相关性分析

由表5-10可知，四川苏铁不同部位中的总黄酮含量与对3种自由基的清除率均不存在相关性。

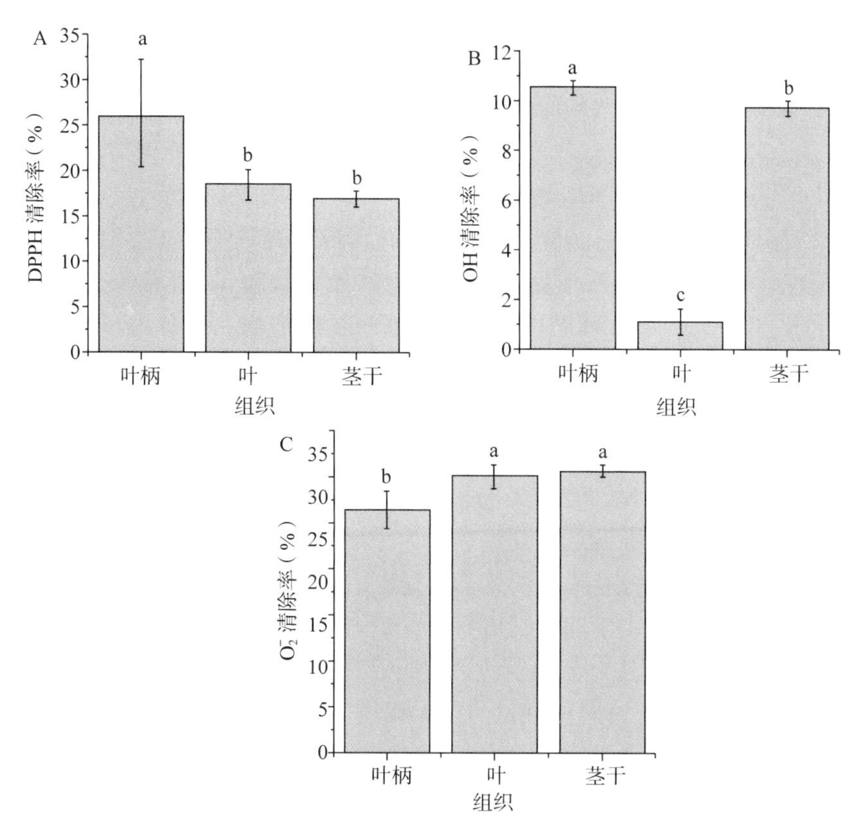

A：不同部位的总黄酮对 DPPH 的清除率；B：不同部位的总黄酮对 OH 的清除率；C：不同部位的总黄酮对 O_2^- 的清除率

图 5-30　四川苏铁不同部位 DPPH、OH、O_2^- 清除能力

表 5-10　四川苏铁不同部位总黄酮含量与抗氧化活性的相关性

指标	总黄酮含量	DPPH 清除率	OH 清除率	O_2^- 清除率
总黄酮含量	1	0.336	-0.639	-0.294
DPPH 清除率		1	0.357	-0.522
OH 清除率			1	-0.087
O_2^- 清除率				1

5.1.10.3　结论

四川苏铁 3 个部位中的总黄酮含量均存在显著性差异，其中叶中的总黄酮含量最高，为 4.39mg/100mg；茎干中黄酮含量最低。四川苏铁 3 个部位中的总多糖含量均存在显著性差异，其中茎干中多糖含量最高，为 0.47mg/100mg；叶柄次之，叶中最低。叶柄中的总黄酮对 DPPH 的清除能力最强，且显著高于其他两个部位（$P<0.05$），为 26.02%。3 个部位对 OH 清除能力均存在显著性差异（$P<0.05$），其中叶柄的清除能力最高，为 10.61%；叶清除能力最低，为 1.09%。四川苏铁叶和茎干中的总黄酮对 O_2^- 清除能力不存在显著性差异（$P>0.05$），其中茎干中的总黄酮对 O_2^- 清除能力略高于叶，为 32.99%。四川苏铁不同部位中的总黄酮含量与对 3 种自由基的清除率均不存在相关性。

5.2 苏铁主要化学成分及抗氧化活性比较分析

5.2.1 不同部位的化学成分

目前，针对药用植物中的总黄酮、总多糖等化学成分含量测定与提取方法，主要分为浸提法、回流法、微波法、超声辅助提取法和超临界萃取法等(宁娜等，2020；赵强等，2019；胡春苗等，2015)。超声辅助提取是将样品与提取溶剂一同置入超声场中，利用超声波的机械效应、空化效应及热效应，通过增加分子的运动速率、穿透力，促进药效成为化学分子加速溶于溶剂中的一种高效的提取方法。由于，超声辅助提取操作简单、成本较低、提取效率高、对热不稳定的物质较为友好等优点，现已广泛应用于天然药物化学成分的含量测定等方面。姜鹏程等(2023)采用超声辅助的提取方法对当归藤中的总黄酮进行了含量测定，结果表明当归藤中的总黄酮提取率为12.59%。刘静等(2023)研究表明，在超声辅助提取的条件下，核桃分心木中的总黄酮提取率为7.78%。

但目前超声辅助提取法用于苏铁属植物总黄酮等化学成分等方面的研究较少，国内仅见徐东伟等(2016)采用该方法对苏铁中的总黄酮提取工艺进行优化和含量的测定。苏铁作为一种孑遗植物，资源珍贵，被誉为植物界"大熊猫"。同时，我国古籍中记载苏铁其性味甘、平、涩，有小毒(Kowalska et al.，1995)，具有清热、止血、散瘀的功效，用于痢疾、吐血、便血、胃痛、尿血、月经过多、跌打肿痛和高血压等疾病(中国药材公司，1994)。近年来，研究者发现苏铁中的黄酮类化合物含量较高(周燕等，2001)，黄酮类可能为苏铁中主要的药效成分。但我国苏铁属植物资源十分丰富，且入药品种之间的界限较为模糊。因此，本研究以9种苏铁属植物为材料，采用超声辅助的提取方法，对不同苏铁属植物不同部位的总黄酮和总多糖进行含量的测定和比较。

对10种苏铁属植物不同部位中的总黄酮含量进行比较发现(表5-11)，10种苏铁属植物中锈毛苏铁、叉孢苏铁、宽叶苏铁、四川苏铁等4种苏铁的叶中的总黄酮含量最高，德保苏铁、六籽苏铁、长叶苏铁等3种苏铁雌球花中的总黄酮含量最高，贵州苏铁根中的总黄酮含量最高，叉叶苏铁、台湾苏铁茎干中的总黄酮含量最高。由此可见，苏铁属植物中的总黄酮集中分布于叶中。黄酮类化合物广泛分布于植物中，但其作为一种次生代谢产物，因不同部位的生理功能的差异，其在植物体内的分布叶存在着差异，如叶片中的黄酮类化合物含量往往高于其他部位。黄酮类化合物可以吸收紫外线，并在植物体内发挥抗氧化作用，保护植物免受过量光照的伤害，黄酮类化合物还可以调节植物体内的活性氧(ROS)水平，这对于维持光合作用的正常进行至关重要(Brunetti et al.，2018)。总的来说，黄酮类化合物与光合色素的关系主要体现在它们对光能的吸收和利用上，以及对光合作用过程中产生的活性氧的调控上。黄酮类化合物与光合色素之间的关系是相辅相成的，它们共同参与并调控植物的光合作用，以维持植物的生长和发育。然而，关于黄酮类化合物与光合色素之间具体的相互作用机制，目前的研究还不够充分，需要进一步的探索其在植物体叶片中起到防御、吸收紫外线等多种作用。这可能是苏铁属植物叶片中总黄酮含量较高的原因之一。

表 5-11　10 种苏铁属植物不同部位的总黄酮含量

植物名称	根	叶柄	叶	雄球花	雌球花	茎干	全株
锈毛苏铁	0. 415±0. 009	1. 462±0. 119	8. 613±0. 564	0. 527±0. 049	2. 171±0. 070	0. 683±0. 005	13. 871
叉孢苏铁	0. 393±0. 010	1. 678±0. 150	7. 819±0. 799	1. 196±0. 042	3. 614±0. 478	0. 309±0. 037	15. 009
贵州苏铁	4. 011±0. 081	1. 462±0. 119	2. 272±0. 042	0. 312±0. 005	3. 472±0. 079	1. 028±0. 006	12. 557
叉叶苏铁	0. 187±0. 009	0. 416±0. 048	0. 990±0. 027	0. 388±0. 051	1. 884±0. 074	3. 515±0. 063	7. 380
德保苏铁	0. 658±0. 018	0. 411±0. 068	2. 185±0. 106	0. 829±0. 073	5. 411±0. 027	0. 723±0. 067	10. 217
六籽苏铁	0. 220±0. 012	0. 252±0. 033	1. 038±0. 041	0. 490±0. 026	1. 141±0. 090	0. 131±0. 007	3. 272
宽叶苏铁	0. 455±0. 011	2. 306±0. 089	4. 111±0. 161	0. 592±0. 030	—	0. 307±0. 005	7. 771
长叶苏铁	0. 303±0. 123	0. 426±0. 054	1. 006±0. 015	0. 452±0. 061	3. 138±0. 052	0. 254±0. 005	5. 579
四川苏铁	—	3. 694±0. 115	4. 393±0. 060	—	—	1. 807±0. 059	9. 894
台湾苏铁	0. 935±0. 026	0. 430±0. 020	1. 057±0. 045	—	—	2. 268±0. 016	4. 690

注　—表示未检测。下同。

中药材等天然药物发挥其药效的物质基础并非单一，而是多种化学物质相互协同的结果。因此，本文除对苏铁中的总黄酮进行含量测定外，还对其中的总多糖含量进行了测定。多聚糖，简称多糖，常由几百个甚至几千个单糖通过糖苷键链接形成，广泛存在于植物体内，是构成生命的四大基本物质之一，与诸多生命活动密切相关。近年来，大量研究表明，总多糖具有增强免疫、抗肿瘤、抗氧化、降血糖等功效(锦雀等，2008)。有研究表明，除药用价值外，苏铁还具有一定的食用价值，其茎和种子含有丰富的淀粉，可加工后食用(Zhu et al.，2019)。本研究对 10 种苏铁属植物不同部位中的总多糖含量进行比较发现(表 5-12)，除叉叶苏铁外，其余的 9 种苏铁属植物中总多糖含量最高部位均为茎干，且茎干中的总多糖含量远远高于其他部位，由此可知，苏铁属植物中的总多糖主要分布于茎干中。

表 5-12　10 种苏铁属植物不同部位的总多糖含量

植物名称	根	叶柄	叶	雄球花	雌球花	茎干	全株
锈毛苏铁	1. 215±0. 056	1. 920±0. 027	1. 561±0. 043	4. 624±0. 107	1. 583±0. 044	16. 594±0. 105	27. 497
叉孢苏铁	3. 505±0. 074	0. 928±0. 015	1. 450±0. 047	3. 664±0. 093	1. 422±0. 021	28. 320±1. 158	39. 289
贵州苏铁	3. 855±0. 295	1. 072±0. 501	2. 748±0. 147	2. 769±0. 079	2. 583±0. 002	19. 062±0. 685	32. 089
叉叶苏铁	1. 098±0. 102	1. 242±0. 084	2. 118±0. 250	3. 105±0. 149	5. 066±0. 016	3. 000±0. 139	15. 629
德保苏铁	5. 281±0. 268	2. 043±0. 221	1. 651±0. 090	5. 655±0. 440	4. 321±0. 005	19. 398±1. 196	38. 349
六籽苏铁	1. 585±0. 085	3. 012±0. 086	4. 092±0. 079	7. 272±0. 172	4. 193±0. 035	24. 434±0. 979	44. 588
宽叶苏铁	4. 143±0. 046	2. 083±0. 159	3. 737±0. 043	4. 524±0. 024	—	45. 087±0. 447	59. 574
长叶苏铁	13. 931±0. 035	2. 441±0. 009	2. 567±0. 010	3. 211±0. 007	6. 548±0. 019	29. 473±0. 364	58. 171
四川苏铁	—	0. 318±0. 010	0. 141±0. 035	—	—	—	0. 930
台湾苏铁	0. 163±0. 037	0. 202±0. 032	0. 171±0. 007	—	—	0. 557±0. 036	1. 093

10 种苏铁属植物之间比较发现，总黄酮含量较高的为叉孢苏铁和锈毛苏铁，含量较低的为长叶苏铁和六籽苏铁；总多糖含量最高的为宽叶苏铁和长叶苏铁。本文认为造成该种现象的原因，一方面可能是因为 10 种苏铁由于品种和生态环境存在差异，使得其植物

体内相关次生代谢产物的代谢途径存在差异，进而影响其物质的积累。另一方面，不同苏铁属植物中的黄酮类化合物种类可能存在差异，而本研究所采用的超声提取工艺一致，并未有针对性地对提取工艺进行优化，导致部分苏铁中的总黄酮并未完全溶出或遭到破坏。因此，还需进一步优化每一种苏铁的总黄酮提取工艺，来得到更为准确的开发依据。

5.2.2 总黄酮的抗氧化活性比较

对 10 种苏铁属植物中的总黄酮对 DPPH 的清除率比较分析发现(表 5-13)，有 5 种苏铁属植物雌球花中的总黄酮对 DPPH 清除率高于其他部位，其中德保苏铁、六籽苏铁、长叶苏铁雌球花部位的总黄酮含量高于其他部位，这可能是造成这 3 种苏铁雌球花中总黄酮对 DPPH 清除率较高的原因之一。锈毛苏铁和宽叶苏铁叶中较高含量的总黄酮也可能是其总黄酮提取液对 DPPH 清除率较高的原因之一。由此可见，苏铁属植物中的总黄酮含量与 DPPH 清除率存在一定的关系。黄梦等(2023)对肉桂子总黄酮含量与抗氧化能力进行相关性分析发现，其总黄酮含量与总还原能力、DPPH 清除率呈极显著的正相关关系。郭昌庆等(2023)研究表明，花榈木叶中的总黄酮的抗氧化能力与总黄酮含量保持一致，具有较为明显的量效关系。但研究结果还发现，贵州苏铁总黄酮含量最高的部位为根，但其根的总黄酮提取液对 DPPH 清除率却远低于雌球花。所含黄酮种类的不同可能是产生该现象的原因，根中可能主要为黄酮苷类等结合态的黄酮，而雌球花的各项生理活动较为活跃，其黄酮类多以游离态存在。10 种苏铁属植物相比较发现，对 DPPH 清除效果最好的为叉孢苏铁。

表 5-13 不同苏铁属植物中总黄酮对 DPPH 的清除率

植物名称	根	叶柄	叶	雄球花	雌球花	茎干
锈毛苏铁	14. 138±1. 272	40. 688±0. 427	79. 473±0. 325	28. 375±0. 318	57. 213±1. 260	31. 240±0. 861
叉孢苏铁	23. 517±0. 271	62. 406±0. 833	79. 718±0. 667	58. 800±0. 385	80. 444±0. 903	10. 797±1. 671
贵州苏铁	9. 879±0. 404	39. 094±0. 754	51. 853±0. 386	6. 694±0. 749	80. 768±1. 618	38. 102±0. 567
叉叶苏铁	7. 286±0. 905	8. 543±0. 486	26. 063±0. 241	15. 903±1. 315	42. 518±0. 426	78. 692±1. 472
德保苏铁	25. 285±0. 467	8. 106±0. 466	69. 976±1. 260	36. 713±0. 920	81. 948±0. 859	23. 425±0. 539
六籽苏铁	14. 156±0. 381	11. 847±0. 261	18. 091±4. 485	23. 333±0. 405	52. 079±0. 213	16. 986±2. 357
宽叶苏铁	28. 854±0. 732	66. 901±0. 265	79. 384±0. 312	26. 584±0. 298	—	10. 574±4. 820
长叶苏铁	7. 357±0. 305	5. 818±0. 369	20. 892±0. 302	23. 946±0. 643	81. 562±1. 209	15. 392±0. 622
四川苏铁	2. 725±0. 385	9. 692±0. 053	1. 521±0. 249	—	—	—
台湾苏铁	2. 276±0. 243	22. 316±0. 308	14. 070±0. 538	—	—	1. 367±0. 786

10 种苏铁属植物中总黄酮对 OH 的清除率结果，见表 5-14。由表可知，除锈毛苏铁、四川苏铁和台湾苏铁外，其他 7 种苏铁属植物中对 OH 的清除率最高的均为雄球花的总黄酮提取液。但结合以上数据可知，总黄酮含量最高的为叶和雌球花。由此可知，苏铁属植物中的总黄酮含量与对 OH 的清除率之间并不存在量效关系。杨文慧等(2020)也研究表明，食用菌抗氧化活性及总黄酮含量不存在相关性。因此，本文推测黄酮类化合物的结构或类型上的差异可能是造成清除率产生差异的主要原因。本研究仅对四川苏铁的根、叶柄和叶中的总黄酮进行了抗氧化能力的测定，但这 3 个部位的总黄酮提取液对 OH 的清除率

却高于其他苏铁属植物，由此可见四川苏铁的总黄酮提取液在清除 OH 方面具有较大的潜力。与此同时，在对 O_2^- 的清除率的抗氧化实验中，也发现了相同的结果(表 5-15)。虽然根中的总黄酮含量较低，但 10 种苏铁属植物中有 4 种苏铁的根中总黄酮提取液对 O_2^- 的清除率却高于其他部位，由此可见，与对 OH 的清除率相同，苏铁总黄酮提取液对 O_2^- 的清除率与总黄酮含量也不存在量效关系。9 种苏铁属植物中，其中对 O_2^- 清除能力较好的为六籽苏铁和叉叶苏铁。

表 5-14　不同苏铁属植物中总黄酮对 OH 的清除率

植物名称	根	叶柄	叶	雄球花	雌球花	茎干
锈毛苏铁	3. 730±0. 070	7. 202±0. 383	2. 329±0. 073	4. 537±0. 136	5. 621±0. 223	1. 995±0. 192
叉孢苏铁	3. 245±0. 123	7. 044±0. 135	0. 497±0. 275	10. 038±0. 312	1. 966±0. 220	10. 547±0. 285
贵州苏铁	4. 785±0. 366	10. 491±0. 588	0. 950±0. 199	14. 373±0. 294	5. 801±0. 325	9. 039±0. 438
叉叶苏铁	4. 907±0. 493	12. 448±0. 179	3. 199±0. 394	21. 965±0. 450	6. 040±0. 122	6. 820±0. 360
德保苏铁	0. 529±0. 082	3. 248±0. 129	7. 085±0. 136	10. 971±0. 044	9. 122±0. 186	2. 739±0. 114
六籽苏铁	10. 993±0. 153	2. 931±0. 148	1. 515±0. 073	11. 437±0. 287	0. 819±0. 111	1. 613±0. 216
宽叶苏铁	6. 181±0. 470	7. 680±0. 256	3. 811±0. 146	17. 362±0. 320	—	8. 155±0. 193
长叶苏铁	4. 551±0. 426	7. 660±0. 260	5. 402±0. 217	12. 621±0. 222	0. 850±0. 205	3. 384±0. 202
四川苏铁	19. 344±0. 363	20. 500±0. 462	14. 381±4. 895	—	—	—
台湾苏铁	16. 399±0. 636	12. 506±0. 605	14. 748±1. 427	—	—	15. 603±0. 836

表 5-15　不同苏铁属植物中总黄酮对 O_2^- 的清除率

植物名称	根	叶柄	叶	雄球花	雌球花	茎干
锈毛苏铁	65. 899±0. 307	27. 718±0. 369	35. 224±0. 246	56. 485±0. 384	33. 130±0. 521	64. 381±0. 367
叉孢苏铁	71. 567±0. 340	40. 527±0. 680	44. 213±0. 403	40. 926±0. 642	57. 530±0. 410	56. 151±0. 635
贵州苏铁	33. 797±0. 288	33. 090±0. 354	46. 412±0. 072	56. 325±0. 512	39. 053±0. 576	67. 239±0. 989
叉叶苏铁	53. 749±2. 092	54. 312±0. 723	36. 989±0. 551	64. 512±0. 686	50. 557±0. 190	60. 539±0. 775
德保苏铁	61. 029±0. 704	43. 767±0. 626	37. 318±0. 352	44. 877±0. 774	45. 471±0. 860	55. 587±0. 771
六籽苏铁	63. 662±0. 503	27. 453±0. 747	44. 794±0. 320	57. 344±0. 414	43. 207±0. 516	68. 653±0. 506
宽叶苏铁	69. 373±0. 508	33. 823±1. 680	40. 289±3. 086	53. 241±0. 456	—	58. 428±0. 335
长叶苏铁	63. 618±0. 168	49. 074±0. 411	40. 376±0. 566	36. 052±0. 598	29. 778±0. 456	68. 089±0. 547
四川苏铁	36. 070±2. 557	43. 939±1. 356	51. 013±2. 557	—	—	—
台湾苏铁	46. 119±2. 259	46. 947±1. 791	50. 317±3. 522	—	—	32. 151±2. 223

综合以上数据可知，苏铁属植物中的总黄酮含量与对 DPPH 的清除率存在一定的量效关系，而与对 OH 的清除率、O_2^- 的清除率不存在量效关系。整体上来看，10 种苏铁属植物中，叶和雌球花中的总黄酮对 DPPH 的清除率高于其他部位；雄球花中的总黄酮对 OH 的清除率高于其他部位；根和茎干中的总黄酮对 O_2^- 的清除率高于其他部位。10 种植物相互比较发现，叉孢苏铁和四川苏铁中的总黄酮在抗氧化活性方面优于其他苏铁，最具开发成抗氧化剂的潜力。

参考文献

陈宝玲，宋希强，余文刚，等，2010. 濒危兰科植物再引入技术及其应用[J]. 生态学报，30(24)：7055-7063.

陈翠，康平德，汤王外，等，2009. 云南重楼种苗分级栽培生长情况分析[J]. 云南中医学院学报，32(5)：52-54+60.

陈芳清，谢宗强，熊高明，等，2005. 三峡濒危植物疏花水柏枝的回归引种和种群重建[J]. 生态学报，25(7)：1811-1817.

陈海玲，路雪林，叶泉清，等，2019. 基于 SSR 标记探讨三种金花茶植物的遗传多样性和遗传结构[J]. 广西植物，39(3)：318-327.

陈家瑞，李楠，2003. 我国苏铁资源在世界上的地位及其保护对策[J]. 中国林业，11：21-23.

陈家瑞，萨仁，1998，亚洲苏铁植物，兼谈中国苏铁的保护[C]// 海峡两岸植物多样性与保育. 台北：国立自然科学博物馆，47-64.

陈家瑞，杨思源，1996a. 多歧苏铁——中国苏铁属一新种.［J］. 植物分类学报，34(3)：239.

陈家瑞，杨思源，1996b. 多歧苏铁的修订.［J］. 植物分类学报，34(5)：563-564.

陈家瑞，2007. 单羽苏铁的昆虫传粉[C]// 第五届全国苏铁学术会议论文摘要汇编：34.

陈家瑞，1996. 中国苏铁[J]. 植物杂志(2)：3-6.

陈家瑞，1998. 宽叶苏铁的昆虫传粉[C]// 第二届全国苏铁学术会议论文摘要集：17.

陈泰国，唐健民，邹蓉，等，2024. 基于 SSR 标记的广西德保苏铁与叉孢苏铁遗传多样性分析[J]. 分子植物育种，1：14.

陈泰国，韦霄，唐健民，等，2024. 3 种苏铁属植物总黄酮、总多糖含量及抗氧化活性研究[J]. 广西科学院学报，40(1)，50-57.

陈焘，李杰峰，张迟，等，2020. 基于 EST-SSR 标记的野生榧树居群遗传多样性分析[J]. 安徽农业大学学报，47(2)：224-231.

楚永兴，2013. 多歧苏铁和长柄叉叶苏铁杂交育种的初步研究[J]. 山东林业科技，43(3)：13-15.

崔秀明，王朝梁，陈中坚，1998. 种苗分级对三七生长和产量的影响[J]. 中药材，21(2)：60-61.

戴云花，沈逸雨，徐文静，等，2024. 不同光强对不同叶色辣椒色素及光合特性的影响[J]. 分子植物育种：1-11.

邓才富，申明亮，易思荣，等，2008. 垫江牡丹种苗分级试验研究[J]. 中国现代中药(4)：46-47.

邓朝义，1999. 两种野生苏铁多样性变异研究[J]. 贵州林业科技，27(2)，48-49.

邓朝义，2002. 贵州苏铁属植物资源[J]. 黔西南民族师范高等专科学校学报，10(2)：86-90.

邓丽丽，邹蓉，唐健民，等，2023. 基于 SSR 分子标记的广西极小种群野生植物长叶苏铁遗传多样性分析[J]. 广西科学院学报，39(3)，261-267.

董丽敏，戴亮芳，白李唯丹，等，2019. 濒危羊踯躅子代幼苗遗传多样性的 SSR 分析[J]. 西北植物学报，39(4)：613-619.

杜久军，左力辉，梁海永，等，2018. 5 种榆树光合特性对比[J]. 分子植物育种，16(7)：2348-2357.

范丽娴，2008. 社区参与德保苏铁保育与可持续发展模式研究[D]. 桂林：广西师范大学.

方水娇，李楠，罗文永，2007. 利用 RGA 分子标记对德保苏铁(*Cycas debaoensis* Y. C. Zhong et C. J. Chen)遗传多样性的初步研究[C]// 第五届全国苏铁学术会议论文摘要汇编.

傅立国，陈谭清，郎楷永，等，2000. 中国高等植物(第三卷)[M]. 青岛：青岛出版社.
傅瑞树，2001. 苏铁耐旱、抗寒及光合生理特性研究[J]. 武夷科学(1)：44-50.
甘金佳，2013. 德保苏铁传粉生物学研究[D]. 南宁：广西大学.
葛颂，洪德元，1998. 泡沙参复合体(桔梗科)的物种生物学研究 IV. 等位酶水平的变异和分化[J]. 植物分类学报. 36(6)：581-589.
龚丽莉，杨永琼，余志祥，等，2022. 苏铁属植物资源的保护及建议[J]. 中国林副特产(1)：85-87.
龚奕青，2012. 四川苏铁的资源调查和遗传多样性研究及其保育策略[D]. 广州：中山大学.
龚奕青，2015. 叉叶类苏铁的遗传分化和谱系地理研究[D]. 昆明：云南大学.
管中天，周林，1996. 中国苏铁植物[M]. 成都：四川科学技术出版社.
郭昌庆，夏诗琪，邵齐飞，等，2023. 花榈木不同部位总黄酮含量测定和抗氧化作用研究[J]. 南方林业科学，51(3)：11-14，35.
郭友好，1994. 传粉生物学与植物进化[M]// 陈家宽，杨继. 植物进化生物学. 武汉：武汉大学出版社：232-280.
胡宝忠，胡国宣，2002. 植物学[M]. 北京：中国农业出版社，3：370.
胡春苗，刘晋仙，郭瑞齐，等，2015. 银杏叶总黄酮提取纯化技术的研究进展[J]. 时珍国医国药，26(9)：2225-2227.
胡适宜，1982. 被子植物胚胎学[M]. 北京：人民教育出版社：1-6.
胡松华，2011. 观赏苏铁[M]. 北京：中国林业出版社.
黄梦，刘宏炳，杨珍，等，2023. 肉桂子化学成分鉴定、总黄酮提取工艺优化及其抗氧化活性研究 [J]. 化学试剂，1-13 .
黄双全，郭友好，2000. 传粉生物学的研究进展[J]. 科学通报，45(3)：225-237.
黄双全，2012. 二十一世纪中国传粉生物学的研究：良好的开端[J]. 生物多样性，20(3)：239-240.
黄向旭，吴梅，宋娟娟，等，2003. 德保苏铁核型分析[J]. 热带亚热带植物学报，11(3)：260-262.
黄应锋，廖绍波，陈勇，等，2013. 深圳梅林仙湖苏铁的种群特征与保护研究[J]. 林业科学研究，26(5)：668-672.
黄玉源，张宏达，2001. 部分苏铁植物根的解剖结构研究[C]// 第三届全国苏铁学会论文摘要集：23.
黄玉源，2012. 秀叶苏铁与德保苏铁调查研究[J]. 农业研究与应用，142(5)：1-3.
黄玉源，2001. 中国苏铁科植物的系统分类与演化研究[M]. 北京：气象出版社，11-83.
贾伟锋，巫瑞，郑明燕，等，2023. 不同品种藤本月季盛花期光合特性的综合评价[J]. 分子植物育种：1-13.
简曙光，吴梅，刘念，2005. 葫芦苏铁遗传多样性的等位酶分析[J]. 广西植物，25(6)：566-569+561.
简曙光，张立敏，2013. 台湾苏铁复合体的分子谱系地理学研究[C]// 生态文明建设中的植物学会议论文集.
江苏新医学院，1979. 中药大词典[M]. 上海：上海科学技术出版社.
姜鹏程，陆晔晗，常芮宁，等，2003. 当归藤总黄酮超声提取工艺优化[J]. 中成药，45(12)：4081-4085.
蒋宏，2004. 云南苏铁属(*Cycas* L.)的增补与修正 [C]//第四届全国苏铁学术会议论文摘要集.
锦雀，黄丽英，苏聪枚，2008. 中草药多糖提取分离纯化研究进展[J]. 中药材(11)：1760-1765.
黎德丘，2004. 广西野生苏铁资源现状与保护对策[J]. 中南林业调查规划，23(3)：33-36.
李昂，葛颂，2002. 植物保护遗传学研究进展[J]. 生物多样性，10(1)：61-71.
李静，2006. 中国大蕈甲科部分分类群分类研究(鞘翅目：扁甲总科)[D]. 保定：河北大学.
李娟，林建勇，何应会，等. 广西崇左叉叶苏铁种群结构与分布格局研究[J]. 广东农业科学，43(12)：25-29.
李楠，方水娇，林平义，等，2007. 德保苏铁(*Cycas debaoensis* Y. C. Zhong et C. J. Chen)的回归和种群重

建. [C]// 第五届全国苏铁学术会议论文摘要汇编.
李义明, 2003. 种群生存力分析: 准确性和保护应用[J]. 生物多样性, 11(4): 340-350.
李正文, 陈丽丽, 李志刚, 等, 2012. 德保苏铁回归后几个生理指标的比较研究[J]. 广西植物, 32(2): 243-247.
梁庚云, 唐健民, 谷睿, 等, 2022. 珍稀濒危植物石山苏铁种子萌发特性研究[J]. 广西科学院学报, 38(1): 53-60.
林建勇, 李娟, 梁瑞龙, 2019. 灌木层的叉叶苏铁种内和种间竞争[J]. 森林与环境学报, 39(2): 159-164.
刘博, 刘有军, 2018. 十万大山保护区发现国家Ⅰ级保护苏铁新群落[J]. 广西林业(9): 5.
刘静, 叶朋飞, 张春艳, 等, 2023. 响应面法优化核桃分心木总黄酮提取工艺研究[J]. 农产品加工(21): 58-62.
刘兰, 黄小柱, 黄磊, 等, 2014. 珍稀濒危贵州苏铁传粉生物学特性研究[J]. 广东农业科学, 41(21): 41-44.
刘兰, 黄小柱, 潘德权, 等, 2014. 珍稀濒危植物贵州苏铁种子形态特性的数值分析[J]. 种子, 33(11): 56-57+60.
刘林德, 王仲礼, 祝宁, 2003. 传粉生物学研究简史[J]. 生物学通报, 38(5): 59-61.
刘念, 1998. 海南岛苏铁一新种[J]. 植物分类学报. 36(6): 552-554.
刘念, 2002. 台湾苏铁复合体的遗传多样性[C]// 中科院华南植物所华南植物园. 第五届全国生物多样性保护与持续利用研讨会论文摘要集: 42-43.
刘伟丽, 李楠, 李志刚, 2006. 苏铁类植物光合特性的研究[C]//中国植物学会系统与进化专业委员会. 全国系统与进化植物学研讨会暨第九届系统与进化植物学青年研讨会论文摘要集.
龙丹丹, 2011. 叉叶苏铁复合体(*Cycas bifida* complex)的资源调查与保护遗传学研究[D]. 广州: 中山大学.
卢燕, 2023. 极小种群保护的中国传奇[J]. 绿色中国(9): 16-22.
陆照甫, 杨荣钦, 梁立, 等, 2004. 德保苏铁的生态类型[C]//陈家瑞. 第四届全国苏铁学术会议论文摘要集: 37-38.
罗群凤, 冯源恒, 吴东山, 等, 2022. 基于 SSR 标记的大明松天然群体遗传多样性分析[J]. 广西植物, 42(8): 1367-1373.
罗在柒, 李文刚, 刘兰, 等, 2010. 贵州苏铁野生居群径级构件与种群动态[J]. 林业调查规划, 35(6): 30-33.
罗在柒, 王莲辉, 李文刚, 等, 2011. 贵州苏铁组织培养研究[J]. 安徽农业科学, 39(2): 859-860.
骆文华, 邓涛, 赵博, 等, 2013. 濒危植物德保苏铁种子休眠与萌发[J]. 种子, 32(1): 72-74.
吕宝忠, 1994. 多态信息量(PIC)等于杂合度吗? [J]. 遗传, 16(4): 31-33.
马晓燕, 简曙光, 吴梅, 等, 2003. 德保苏铁居群特征及保护措施[J]. 广西植物, 23(2): 123-126.
马永, 李楠, 钟业聪, 等, 2005. 叉孢苏铁 ISSR 反应条件的优化及初步应用[J]. 亚热带植物科学, 34(1): 10-13.
马永, 2005. 广西百色地区叉孢苏铁复合体的分类学与遗传多样性研究[D]. 南宁: 广西大学.
莫鹏巧, 黄玉源, 钟晓青等, 2018. 利用正交设计法对叉叶苏铁 ISSR-PCR 反应体系的优化研究[J]. 植物研究, 123(3): 304-309.
宁娜, 韩建军, 李广平, 等, 2020. 苦参总黄酮提取工艺研究进展[J]. 山东化工, 49(5): 90+92.
农保选, 黄玉源, 刘驰, 2011. 基于 RAPD 分析的中国苏铁属部分种类亲缘关系探讨[J]. 广西植物, 31(2): 167-174+226.
欧阳子龙, 张磊, 苏大宏, 等, 2023. 珍稀濒危植物迁地保护与园林应用-以南宁植物园为例[J]. 广西科学院学报(4), 412-425.

潘光波，赵峰磊，2011. 野生德保苏铁植物地理分布及优先保护区域研究[J]. 农业研究与应用，4：30-32.
潘李泼，陈泰国，朱舒靖，等，2023. 叉叶苏铁的生理生态特性研究[J]. 绿色科技，25(14)：85-88+105.
祁铭，周琦，倪州献，等，2019. 基于SSR技术的古银杏群体遗传结构分析[J]. 生态学杂志，38(9)：2902-2910.
秦惠珍，盘波，赵健，等，2022. 极小种群野生植物白花兜兰ISSR遗传多样性分析[J]. 广西科学，29(6)：1134-1140.
秦惠珍，杨秀德，唐健民，等，2022. 极小种群野生植物十万大山苏铁SSR和ISSR反应体系建立及引物筛选[J]. 分子植物育种(8)，2689-2698.
任宗昕，王红，罗毅波，2012. 兰科植物欺骗性传粉[J]. 生物多样性，20(3)：270-279.
宋绪忠，杨华，余海珍，2023. 两种光环境下泰顺杜鹃和鹿角杜鹃光合特性的日变化[J]. 浙江林业科技，43(2)：17-21.
孙键，2013. 仙湖苏铁传粉生态学研究[D]. 广州：中山大学.
孙湘来，石绍章，刘志伟，等，2019. 濒危植物葫芦苏铁种子繁育技术研究[J]. 安徽农业科学，47(2)：117-119.
唐安军，龙春林，2007. 低温保存技术在顽拗性种子种质保存中的利用[J]. 广西植物，27(5)：759-764.
唐健民，陈泰国，邹蓉，等，2024. 珍稀濒危植物石山苏铁的SSR引物设计和遗传多样性分析[J]. 广西科学，30(1)，139-148.
唐健民，秦惠珍，潘子平，等，2022. 十万大山苏铁种苗质量分级研究[J]. 河南农业(32)，19-21.
唐健民，秦惠珍，邹蓉，等，2021. 极小种群野生植物十万大山苏铁幼苗的光合生理特性[J]. 分子植物育种，19(11)：3756-3762.
滕文军，姜红岩，温海峰，等，2019. 北京市28种地被植物光合特性的研究[J]. 草原与草坪，39(3)：35-42.
汪殿蓓，暨淑仪，陈飞鹏，等，2007. 仙湖苏铁种群构件与土壤养分因子的相互关系[J]. 东北林业大学学报(4)：22-24+55.
汪殿蓓，暨淑仪，陈飞鹏，2009. 仙湖苏铁群落主要种群的空间分布格局[J]. 西南师范大学学报(自然科学版)，34(1)：93-97.
王昌洪，涂俊超，王昌梅，等，2023. 轿子山国家级自然保护区重点保护植物生存状况及保护建议[J]. 林业调查规划，48(2)：75-79+153.
王超红，2007. 德保苏铁居群生物学及其保护生物学研究[D]. 桂林：广西师范大学.
王定跃，2001. 苏铁科系统分类研究[C]// 第三届全国苏铁学术会议暨第三届中国植物学会苏铁分会会员代表大会论文摘要集：28-30.
王定跃. 中国苏铁[M]. 广州：广东科技出版社，1996.
王定跃，1996a. 苏铁目的系统分类及简介[M]// 王发祥，梁惠波，陈潭清，等. 中国苏铁. 广州：广东科技出版社：9-16.
王定跃，1996b. 苏铁科的系统分类与地理分布[M]// 王发祥，梁惠波，陈潭清，等. 中国苏铁. 广州：广东科技出版社：12-32.
王定跃，1996c. 中国苏铁属的分类研究[M]// 王发祥，梁惠波，陈潭清，等. 中国苏铁. 广州：广东科技出版社：33-142.
王定跃，1996d. 中国苏铁属的资源分布及保护对策[M]// 王发祥，梁惠波，陈潭清，等. 中国苏铁. 广州：广东科技出版社：225-237.
王发祥，梁惠波，陈谭清，等，1996. 中国苏铁[M]. 广州：广东科技出版社.

王力刚，张玉柱，崔琳，2021. 黑龙江省的西部松嫩平原 6 个杨树品种光合特征[J]. 东北林业大学学报，49(8)：40-44+63.
王乾，李朝銮，杨思源，等，1997. 攀枝花苏铁传粉生物学研究[J]. 植物学报，39(2)：156-163.
王婷，安淑静，韩彬凯，等，2022. 康杰芳. 山茱萸种苗质量分级研究[J]. 时珍国医国药，33(2)：463-466.
王祎晴，肖斯悦，席辉辉，等，2021. 云南西南地区 3 种苏铁属植物的分布现状和生境特征[J]. 植物资源与环境学报，30(1)：36-43.
王运华，李楠，陈庭，等，2014. 种间转移扩增筛选仙湖苏铁微卫星位点及其遗传多样性研究[J]. 广西植物，34(5)：608-613.
王峥峰，彭少麟，任海，2005. 小种群的遗传变异和近交衰退[J]. 植物遗传资源学报，6(1)：101-107.
王中仁，1998. 术语"Biosystematics"和"Complex"的概念和中文译法辨析[J]. 植物分类学报，36，369-571.
韦发南，1994. 广西一种新的苏铁[J]. 广西植物，14(4)：300.
韦发南，1996a. 广西野生苏铁资源及其分类研究(一)[J]. 广西植物，16(1)：1-2.
韦发南，1996b. 广西野生苏铁资源及其分类研究(二)[J]. 广西植物，17(3)：206-212.
韦丽君，陈金湘，黄玉源，等，2012. 我国两种特有苏铁的生态环境及叶片结构[J]. 植物生理学报，48(10)：986-992.
文祥凤，和太平，徐峰，2005. 德保苏铁茎的解剖学研究[J]. 广西植物，25(4)：335-337.
吴二焕，李东海，杨小波，等，2021. 海南苏铁种群结构与森林群落郁闭度的关系[J]. 生物多样性，29(11)：1461-1469.
吴二焕，2021. 海南苏铁种群特征及其幼苗生长对不同光环境的生理响应[D]. 海口：海南大学.
伍群玉，黄中强，马书云，等，2007. 苏铁植物无性繁殖技术研究[J]. 西南林学院学报，78(2)：33-36+40.
席辉辉，王祎晴，潘跃芝，等，2022. 中国苏铁属植物资源和保护[J]. 生物多样性，30(7)：13.
席旭东，姬丽君，晋小军，2012. 蒙古黄芪种苗分级移栽的比较研究[J]. 中国农学通报，28(34)：284-288.
夏快飞，梁承邺，叶秀粦，2005. 钙调素及钙离子相关蛋白在植物细胞中的研究进展[J]. 广西植物，25(3)：269-273.
夏志宁，马焕成，郑艳玲，2020. 叉叶苏铁和攀枝花苏铁对冰冻胁迫的生理生化响应[J]. 西南林业大学学报(自然科学)，40(5)：166-173.
肖龙骞，葛学军，龚洵，等，2003. 贵州苏铁遗传多样性研究 [J]. 云南植物研究，25(6)：648-652.
肖龙骞，2006. 中国苏铁属植物的遗传多样性研究[C]// 中国植物学会系统与进化专业委员会. 全国系统与进化植物学研讨会暨第九届系统与进化植物学青年研讨会论文摘要集：1.
肖淑贤，侯沁文，蔡子平，等，2020. 潞党参的种苗质量分级标准[J]. 中国现代中药，22(10)：1675-1678+1688.
肖燕，赵鸿杰，陈雪梅，等，2023. 遮阴对烈香山茶生长及光合特性的影响[J]. 防护林科技，221(2)：40-43.
肖志娟，翟梅枝，王振元，等，2014. 微卫星 DNA 在分析核桃遗传多样性上的应用[J]. 中南林业科技大学学报，34(2)：55-61.
谢建光，刘念，2012. 苏铁属叉叶苏铁亚组国产种类的羽片比较解剖学研究[J]. 广西植物，32(5)：587-592.
徐东伟，王绍辉，刘同祥，2016. 苏铁总黄酮提取工艺研究[J]. 中央民族大学学报(自然科学版)，25(2)：58-62.
徐金光，解孝满，刘和风，1994. 聚类分析法在苗木质量分级中的应用[J]. 山东林业科技(4)：20-21.

许恬，2018. 德保苏铁种子繁育及苗期养护技术要点[J]. 广东蚕业，52(8)：15-16.
杨磊，曹秋梅，冯缨，等，2023. 珍稀濒危植物阜康阿魏的遗传多样性及遗传结构[J]. 植物研究，43(1)：51-58.
杨亲二，2010. 浅析“集合种”的概念并略论我国古代文献中植物学名的考订[J]. 云南植物研究，32，74-76.
杨泉光，李楠，李志刚，等，2009. 苏铁属花粉萌发及保存条件研究[J]. 广西植物，29(5)：673-677.
杨泉光，李楠，李志刚，等，2010. 越南篦齿苏铁传粉媒介的研究[J]. 热带亚热带植物学报，18(2)：129-132.
杨泉光，宋洪涛，杨海娟，等，2012. 苏铁类植物传粉生物学研究进展(综述)[J]. 亚热带植物科学，41(3)：83-88.
杨文慧，孟敏，王晓飞，等，2020. 不同食用菌的抗氧化活性及总黄酮含量测定研究[J]. 时珍国医国药，31(2)：300-303.
姚志，郭军，金晨钟，等，2021. 中国纳入一级保护的极小种群野生植物濒危机制[J]. 生物多样性，29(3)：394-408.
叶子飘，2010. 光合作用对光和 CO_2 响应模型的研究进展[J]. 植物生态学报，34(6)：727-740.
印红等，2011. 常见苏铁识别手册[M]. 北京：中国林业出版社.
于永福，1999. 国家重点保护野生植物名录(第一批)[J]. 植物杂志(5)：4-11.
余远焜，1983. 用逐步聚类进行苗木质量分级的方法[J]. 广西林业科技资料(1)：9-14.
岳雪华，2019. 水杉野生种群的遗传多样性和遗传结构[D]. 上海：华东师范大学.
湛青青，2010. 叉叶苏铁复合群的谱系地理学研究[D]. 北京：中国科学院研究生院.
张红瑞，李鑫，陈振夏，等，2023. 基于 SSR 分子标记的裸花紫珠种质资源遗传多样性分析及 DNA 指纹图谱构建[J]. 中草药(12)，3971-3982.
张宏达，钟业聪，1997. 广西苏铁植物新种[J]. 中山大学学报(自然科学版)，36(3)：72+68-71.
张花粉，李勇，吴鸿，2007. 四种苏铁属植物小孢子发生的重要特征及其系统学意义 [C]// 陈家瑞. 第五届全国苏铁学术会议论文集摘要汇编.
赵强，杨洁，赵三虎，等，2019. 鱼腥草总黄酮提取及其药理作用研究进展[J]. 分子植物育种，17(23)：7918-7923.
中国科学院中国植物志编辑委员会，1978. 中国植物志（第七卷）：裸子植物门. [M]. 北京：科学出版社.
中国药材公司，1994. 中国中药资源志要[M]. 北京：科学出版社.
钟业聪，陈家瑞，1997. 德保苏铁——中国苏铁一新种. [J]. 植物分类学报，35(6)：571.
钟业聪，1994. 广西的苏铁植物资源[J]. 广西林业(2)：40.
周明昆，李正文，李志刚，等，2012. 模拟酸雨对德保苏铁叶片光合作用及根系分泌有机酸的影响[J]. 南方农业学报，43(5)：587-591.
周翔，高江云，2011. 珍稀濒危植物的回归：理论和实践[J]. 生物多样性，19(1)：97-105.
周燕，张晓璐，彭树林，等，2001. 苏铁植物研究概况. [J]. 世界科学技术，3(1)，47-50+58.
庄嘉楠，路宏朝，杨鸽，等，2021. 略阳乌鸡黑羽和白羽群体微卫星遗传多态性分析[J]. 中国家禽，43(4)：107-112.
邹玲俐，黄仕训，2007. 桂林植物园地被植物资源及园林应用探讨[J]. 广西园艺，18(16)：34-36.
Armstrong J E，1997. Pollination by deceit in nutmeg(Myristica insipida，Myristicaceae)：Floral displays and beetle activity at male and female trees[J]. American Journal of Botany，84：1266-1274.
Azuma H，Kono M，2006. Estragole(4-allylanisole) is the primary compound in volatiles emitted from the male and female cones of Cycas revoluta[J]. Journal of Plant Research，119：671-676.
Bailey L H，1926. Cycadaceae[J]. Manual of Cultivated Plants，77.

Bailey L H, 1949. Cycadaceae[J]. Manual of Cultivated Plants, 98.

Biswas C, Johri M, 1997. The gymnosperms. [M]. New Delhi: Springer-Verlag Press.

Botstein D, White R L, Skolnick M, et al, 1980. Construction of a genetic linkage map in man using restriction fragment length polymorphisms[J]. American journal of human genetics, 32(3), 314.

Brunetti C, FinI A, Sebastiani F, et al, 2018. Modulation of Phytohormone Signaling: A Primary Function of Flavonoids in Plant-Environment Interactions[J]. Frontiers in Plant Science, 9: 1042.

Burke J J, Velten J, Oliver M J, 2002. In Vitro Analysis of Cotton Pollen Germination [J]. Agronomy Journal, 96: 359-368.

Chamberlain C, 1935. Gymnosperms: structure and evolution. [M]. Chicago: University of Chicago Press.

Chamberlain C J, 1926. Hybrids in cycads[J]. Botanical Gazette, 81(4), 401-418.

Chaw S M, Walters T W, Chang C C, 2005. A phylogeny of cycads(Cycadales) inferred from chloroplast matK gene, trnK intron, and nuclear rDNA ITS region[J]. Molecular Phylogenetics and Evolution, 37(1): 214-234.

Cibrian-Jaramillo A, Hird A, Oleas N, et al, 2013. What is the conservation value of a plant in a botanic garden? Using indicators to improve management of ex situ collections[J] . The Botanical Review, 79, 559-577.

Connell S W, Land P G, 1990. Pollination biology of *Macrozamia riedlei*—the role of insects[C]//Stevenson D W, Norstog K J. Proceedings of the Second International Conference on Cycad biology, Townsville, Australia: 96-102.

Consiglio T K, Bourne G R, 2011. Pollination and breeding system of a Neotropical palm Astrocaryum vulgare in Guyana: a test of the predictability of syndromes[J]. Journal of Tropical Ecology, 17: 577-592.

Curnow R N, Wright S, 1979. Evolution and the genetics of populations, volume 4: Variability within and among natural populations[J]. Biometrics, 35(1): 359.

Dennis W M, 1992. Stevenson. A formal classification of the extant cycads[J]. Brittonia(44): 220-223.

Donaldson J S, Nänni I, Bosenberg J D, 1995. The role of insects in the pollination of *Encephalartos cycadifolius*[C]// Vorster P. Stellenbosch, Proceedings of the Third International Conference on Cycad Biology: 423-434.

Donaldson J S, 2003. Cycads status survey and conservation action plan. International Union for Conservation of Nature [J]. Switzerland: Gland, 26.

Donaldson J S, 1997. Is there a floral parasite mutualism in cycad pollination? The pollination biology of *Encheph-alartos villosus*(Zamiaceae)[J]. American Journal of Botany, 84: 1398-1406.

Enblin A, Sandner T M, Matthies D, 2011. Consequences of exsitu cultivation of plants: Genetic diversity, fitness and adaptation of the monocarpic *Cynoglossum officinale* L. in botanic gardens. [J]. Biological Conservation, 144(1), 272-278.

Faegri K, van der PIJI L, 1979. The Principles of Pollination Ecology[M]. Oxford: Pergamon Press .

Feng X Y, Liu J, Gong X, 2016. Species Delimitation of the Cycas segmentifida Complex(Cycadaceae) Resolved by Phylogenetic and Distance Analyses of Molecular Data[J]. Frontiers in Plant Science, 7, 134.

Feng X Y, Liu J, Chiang Y C, et al, 2017. Investigating the Genetic Diversity, Population Differentiation and Population Dynamics of *Cycas segmentifida*(Cycadaceae) Endemic to Southwest China by Multiple Molecular Markers[J]. Frontiers in Plant Science, 8.

Feng X Y, Wang X H, Chiang Y C, et al, 2021. Species delimitation with distinct methods based on molecular data to elucidate species boundaries in the *Cycas taiwaniana* complex(Cycadaceae)[J]. Taxon, 70, 477-491.

Franklin I A, 1980. Evolutionary change in small population[C]// Soule M E, Wilcox B A. Conservation Biology: An Evolutionary Ecological Perspective, Sunderland, 135-149.

Gao Z, Thomas B A, 1989. A review of fossil cycad megasporophylls with new evidence of Crossozamia pomel and its associated leaves from the lower Permian of Taiyuan, China[J]. Review of Palaeobotany and Palynology,

60: 205-223.

García-Robledo C, Kattan G, Murcia C, 2004. Beetle pollination and fruit predation of *Xanthosoma daguense* (Araceae) in an Andean cloud forest in Colombia[J]. Journal of Tropical Ecology, 20: 459-469.

Gest H, 1993. Photosynthetic and quasi-photosynthetic bacteria[J]. FEMS Microbiol Lett, 112: 1-6 .

Gong Y Q, Gong X, 2016. Pollen-mediated gene flow promotes low nuclear genetic differentiation among populations of *Cycas debaoensis*(Cycadaceae)[J]. Tree Genetics & Genomes, 12(5): 93.

Gong Y Q, Zhan Q Q, Nguyen K S, et al, 2015. The historical demography and genetic variation of the endangered *Cycas multipinnata*(Cycadaceae) in the Red River region, examined by chloroplast DNA sequences and microsatellite markers[J]. Plos One, 10(2), e0117719.

Gottsberger G, 1999. Pollination and evolution in Neotropical Annonaceae[J]. Plant Species Biology, 14: 143-152.

Hall J A, Walter G H, 2011. Does pollen aerodynamics correlate with pollination vector? Pollen settling velocity as a test for wind versus insect pollination among cycads(Gymnosperm: Cycadaceae: Zamiaceae)[J]. Biological Journal of the Linnean Society, 104: 75-92.

Hall J A, Walter G H, Bergstrom D M, 2004. Pollination ecology of the Australian cycad *Lepidozamia peroffskyana*(Zamiaceae)[J]. Australian Journal of Botany, 52: 333-343.

Hemborg Å M, Bond W J, 2005. Different rewards in female and male flowers can explain the evolution of sexual dimorphism in plants[J]. Biological Journal of the Linnaean Society, 85: 97-109.

Henderson A, Pardini R, Robello J F, 2000. Pollination of *Bactris*(Palmae) in an Amazon forest[J]. Brittonia, 52: 160-171.

Hetherington A M, Woodward F I, 2003. The role of stomata in sensing and driving environmental change[J]. Nature, 424(6951): 901-908.

Hill K D, 1994a. The Cycas media group(Cycadaceae) in New Guinea[J]. Australian Systematic Botany, 7: 543-567.

Hill K D, 1994b. The Cycas rumphii complex(Cycadaceae) in New Guinea and the Western Pacific[J]. Australian Systematic Botany, 7: 543-567.

Hutchison D W, Templeton A R, 1999. Correlation of pairwise genetic and geographic distance measures: inferring the relative influences of gene flow and drift on the distribution of genetic variability[J]. Evolution, 53(6), 1898-1914.

Initsky O A, Pashtetsky A V, Plugatar Y V, et al, 2018. Dependency of a photosynthesis rate in Nerium oleander L. on environmental factors, leaf temperature, transpiration, and their change during vegetation in subtropics[J]. Russian Agricultural Sciences, 44(3): 224-228.

Irene T, Maren R, William T, et al, 2009. Cone insects and putative pollen vectors of the endangered cycad, Cycasmicronesica[J]. Micronesica, 41(1): 83-99.

James L, Brewbaker, Beyoung H K, 1963. The essential role of calcium ion in pollen germination and pollen tube growth[J]. American Journal of Botany, 50(9): 859.

John J B, Jeff V, Melvin J O, 2004. In Vitro Analysis of Cotton Pollen Germination[J]. Agronomy Journal, 96: 359-368.

Jürgens A, Webber AC, Gottsberger G, 2000. Floral scent compounds of Amazonian Annonaceae species pollinated by small beetles and thrips[J]. Photochemistry, 55: 551-558 .

Kaljund K, Jaaska V, 2010. No loss of genetic diversity in small and isolated populations of *Medicago sativa* subsp. *falcata*[J]. Biochemical Systematics and Ecology, 38(4): 510-520.

Kiem S, 1972. Pollination of Cycads[J]. Fairchild Trop Gdn Bull, 27: 13-19.

Klavins S D, Kellogg D W, Krings M, et al, 2005. Coprolites in a middle Triassic cycad pollen cone: Evidence for insect pollination in early cycads? [J]. Evolutionary Ecology research, 7: 479-488.

Klavins S D, Taylor E L, Krings M, et al, 2005. Gymnosperms from the middle Triassic of Antarctica: the first structurally preserved cycad pollen cone[J]. International Journal of Plant Sciences, 164: 1007-1020.

Kono M, Tobe H, 2007. Is *Cycas revoluta*(Cycadaceae) wind-or insect-pollinated? [J]. American Journal of Botany, 94: 847-855 .

Kowalska M T, Itzhak Y, Puett D, 1995. Presence of aromatase inhibitors in cycads[J]. Journal of Ethnopharmacology, 47(3): 113-116.

Leschen R A B, 2003. Fauna of New Zealand 47; Erotylidae(Insecta: Coleoptera: Cucujoidea): Phylogeny and review[M]. New Zealand: Manaaki Whenua Press.

Li H L, 1963. Woody Flora of Taiwan[M]. Narberth, Penn: Livingston Pub. Co. 31-33.

Linnaeus C, 1753. Species plantarum[J]. Stockholm, 1188.

Liu J, Zhou W, Gong X, 2015. Species delimitation, genetic diversity and population historical dynamics of *Cycas diannanensis*(Cycadaceae) occurring sympatrically in the Red River region of China. [J]. Frontiers in Plant Science, 6, 696.

Liu N, Qin G Q, 2004. Notes on some species of Cycas(Cycadaceae) from China. in The biology, structure and systematics of the Cycadales-Proceedings of the sixth international conference on cycad biology[M]. (Ed. Lindstrom, J. A.) Chonburi(Thailand): The Nong Nooch Tropical botanical Garden: 1-4.

Mound L, Terry I, 2001. Thrips pollination of the Central Australian Cycad *Macrozamia macdonnellii* (Cycadales)[J]. International Journal of Plant Sciences, 162: 147-154.

Munoz M, Warner J, Albertazzi F J, 2010. Genetic diversity analysis of the endangered slipper orchid *Phragmipedium longifolium* in Costa Rica[J]. Plant Systematics and Evolution, 290(1-4): 217-223.

Nagel J, Peña J E, Habeck D, 1989. Insect pollination of atemoya in Florida[J]. Florida Entomologist, 72: 207-211.

Norstog K J, Nicholls T J, 1997. The biology of the cycads[M]. Ithaca, USA: Cornell University Press.

Norstog K J, Stevenson D W, Niklas K J, 1986. The role of beetles in the pollination of *Zamia furfuracea*[J]. Biotropica, 18: 300-306.

Norstog K J, 1987. Cycads and the origin of insect pollination[J]. American Scientist, 75: 270-279.

Nybom H, 2004. Comparison of different nuclear DNA markers for estimating intraspecific genetic diversity in plants[J]. Molecular Ecology, 13(5): 1143-1155.

Oberprieler R G, 2004. "Evil weevils"-the key to cycad survival and diversification? [C]// Lindstrom A. Proceedings of the 6th International Cycad Conference on Cycad Biology. Pattaya, Thailand: 170-194.

Osborne R, 1995. The world cycad census and a proposed revision of the threatened species status for cycad taxa[J]. Biological Conservation, 71, 1-12.

Osborne R, Robbertse P J, Claassen M L, 1992. The longevity of cycad pollen in storage[J]. South African Journal of Botany, 58(4): 250-254.

Pant D D, Mehra, B, 1962. Studies on gymnospermous plants[J]. Allahabad(India): Central Book Dept.: 11-66.

Pearson H W, 1906. Notes on South African cycads[J]. Transactions of the South African Philosophical Society, 16: 341-354.

Pellmyr O, Tang W, Groth I, et al, 1991. Cycad cone and angiosperm floral volatiles: Inferences for the evolution of insect pollination[J]. Biochemical Systematic and Ecology, 19: 623-627.

Pilger, R, 1926. Cycadaceae. In A. Engler[J]. Die Naturlichen pflanzenfamlien(2nd ed.), 13: 44-82.

Poltito V, 1988. Low temperature storage of pistachio pollen [J]. Euphytica, 39: 265-269 .

Proches S, Johnson S D, 2009. Beetle pollination of the fruit-scented cones of the South African cycad *Stangeria eriopus*[J]. American Journal of Botany, 96: 1722-1730.

Proctor M, Yeo P, Lack A, 1996. The natural history of pollination[M]. London: Harper Collins Publishers.

Rattray G, 1913. Notes on the pollination of some South African cycads[J]. Transactions of the Royal Society of South Africa, 3: 257-270.

Real L, 1983. Pollination Biology[M]. Florida: Academic Press.

Sangin P, Forster P I, Mingmuang M, et al, 2008. A phylogeny for two cycad families(Stangeriaceae and Zamiaceae) based on chloroplast DNA sequences[J]. Bulletin of the National Museum of Nature and Science. Series B. Botany, 34, 75-82.

Scariot A O, Lleras E, Hay J D, 1991. Reproductive biology of the palm Acrocomia aculeate in central Brazil[J]. Biotropica, 23: 12-22.

Seymour R S, Terry I, Roemer R B, 2004. Respiration and thermogenesis by cones of the Australian cycad *Macrozamia machinii*[J]. Functional Ecology, 18: 925-930.

Soulé M E, Simberloff D, 1986. What do genetics and ecology tell us about the design of nature reserves? [J]. Biological Conservation, 35(1): 19-40.

Sporne, K R, 1965. The morphology of gymnosperms, the structure and evolution of primitive seed plants[J]. London: Huchinson University. Library, 31: 103-118.

Steward A N, 1958. Manual of vascular plants of the lower Yangtze Valley, China[J]. Manual of vascular plants of the lower Yangtze Valley, China.

Suinyuy T N, Donaldson J S, Johnson S D, 2010. Scent chemistry and patterns of thermogenesis in male and female cones of the African cycad *Encephalartos natalensis*(Zamiaceae)[J]. South African Journal of Botany, 76: 717-725.

Suinyuy T N, Donaldson J S, Johnson S D, 2012. Geographic variation in cone volatile composition among populations of the African cycad *Encephalartos villosus*[J]. Biological Journal of the Linnean Society, 106: 514-527.

Suinyuy T N, Donaldson J S, Johnson S D, 2013. Variation in the chemical composition of cone volatiles within the African cycad genus *Encephalartos*. [J]. Phytochemistry, 85: 82-91.

Sunbury T N, Donaldson J S and Johnson S D, 2009. Insect pollination in the Africa cycad *Encephalartos friderici-guilielmi* Lehm[J]. South African Journal of Botany, 75: 682-688.

Tang J M, Zou R, Wei X, et al, 2023. Genetic Diversity and Genetic Structure of The Rare and Endangered Relict Plant *Cycas Shiwandashanica* [J]. Applied Ecology and Environmental Research, 21(4): 3521-3531.

Tang W, Liu N, Lindstrom A, et al, 2011c. *Cycas debaoensis* conservation project in China[C]// Proceedings of the 9th international conference on cycad biology. Shenzhen, China: 60.

Tang W, Oberprieler R, Yang S L, 1999. Beetles(Coleoptera) in cones of Asian *Cycas*: Diversity, evolutionary patterns, and implications for Cycas taxonomy[C]// Chen C J. 'Biology and conservation of cycads: Proceedings of the fourth international conference on cycad biology'. Beijing, 280-297.

Tang W, Stephen R, 2011a. A putatively new genus of Pharaxonothinae(Coleoptera: Erotylidae) collected from *Cycas* in Asia[C]// Zhang L. Proceedings of the 9th international conference on cycad biology. Shenzhen, China, 28.

Tang W, Xu G, Lindstrom A, et al, 2011b. Weevils in the cones of Asian *Cycas*: their phylogeny based on analysis of the 16S rRNA mitochondrial gene[C]// Zhang L. Proceedings of the 9th international conference on cycad biology. Shenzhen, China.

Tang W, 1986a. Pollinating cycad [J]. Journal Cycad Society of South Africa, 8: 16-19 .

Tang W, 1986b. Collection and storing pollen [J]. Journal Cycad Society of South Africa, 7: 4-6.

Tang W, 1987a. Insect pollination in the cycad *Zamia pumila*[J]. American Journal of Botany, 74: 90-99.

Tang W, 1987b. Heat production in cycad cones[J]. Botanical Gazette, 148: 165-174.

Tang J M, Zou R, Chen T G, et al, 2023. Comparative Analysis of the Complete Chloroplast Genomes of Six Endangered Cycas Species: Genomic Features, Comparative Analysis, and Phylogenetic Implications[J]. Forests, 14(10), 2069.

Tao Y Q, Chen B, Kang M, et al, 2021. Genome-wide evidence for complex hybridization and demographic history in a group of Cycas from China[J]. Frontiers in Genetics, 12, 717200.

Terry I, Moore C J, Forster P I, et al, 2004. Pollination ecology of the genus *Macrozamia*: Cone volatiles and pollinator spasticity[C]// Lindstrom A. Proceedings of the 6th international conference on cycad biology. Pattaya, Thailand. a, 155-169.

Terry I, Moore C J, Walter G H, et al, 2004. Association of cone thermogenesis and volatiles with pollinator specificity in *Macrozamia* cycads[J]. Plant Systematic and Evolution. b, 243: 233-247.

Terry I, Roe M, Tang W, et al, 2009. Cone insects and putative pollen vectors of the endangered cycad, *Cycas micronesica*[J]. Micronesica, 41(1): 83-99.

Terry I, Walter G H, Donaldson J S, et al, 2005. Pollination of Australian *Macrozamia* cycads: Effectiveness and behaviour of specialist vectors in a dependent mutualism[J]. American Journal of Botany, 92: 116-125.

Terry I, Walter G H, Moore C, et al, 2007. Odour-mediated push-pull pollination in cycads[J]. Science, 318: 70.

Terry I, 2001. Thrips and weevils as dual, specialist pollinators of the Australian cycad *Macrozamia communis* (Zamiaceae)[J]. International Journal of Plant Sciences, 162: 1293-1305 .

Terry I, 2011. Thermogenesis of cycad cones in several *Cycas* species and implications for pollination[C]// Zhang L. Proceedings of the 9th international conference on cycad biology. Shenzhen, China.

Thomas E M, 2010. Cycad mutualist offers more than pollen transport[J]. American Journal of Botany, 97(5): 841-845.

Tukada M, Higuchi H, Furukawa T, et al, 2005. Flower visitors to cherimoya, *Annona cherimola*(Magnoliales: Annonaceae) in Japan[J]. Applied Entomology and Zoology, 40: 317-324.

Voeks R A, 2002. Reproductive ecology of the piassava palm(*Attalea funifera*) of Bahia, Brazil. [J]. Journal of Tropical Ecology, 18: 121-136.

Vovides A P, Ogata N, Sosa V, 1997. Pollination of the endangered Cuban cycad *Microcycas calocoma*. [J]. Botanical Journal of the Linnean Society, 125: 201-210 .

Wang D Y, 1995a. A new species of Cycas(Cycadaceae) from China[J]. Encephalartos, 43: 11-14.

Wang D Y, 1995b. A preliminary study on the Cycas bifida complex. [J]. Encephalartos, 44: 31-38.

Wang X H, Li J, Zhang L M, et al, 2019. Population differentiation and demographic history of the *Cycas taiwaniana* complex(Cycadaceae) endemic to South China as indicated by DNA sequences and microsatellite markers[J]. Frontiers in Genetics, 10, 1238.

Wei X, Jiang M, 2021. Meta-analysis of genetic representativeness of plant populations under ex situ conservation in contrast to wild source populations[J]. Conservation Biology, 35(1), 12-23.

Wilson G W, 2002. Insect pollination in the cycad genus *Bowenia* Hook. Ex Hook. F. (Stangeriaceae)[J]. Biotropica, 34: 438-441.

Wright S, 1972. Evolution and the genetics of populations. A treatise in four volumes. Volume 4. Variability within and among natural populations[J]. Journal of Biosocial Science, 4(2): 253-256.

Wright S, 1931. Evolution in mendelian populations[J]. Genetics, 16(2): 97-159.

Wu Z Y, Raven P H, 1999. Flora of China. [M]. Science Press, Beijing & Missouri Botanical Garden Press, St. Louis.

Xiao L Q, Gong X, 2006. Genetic differentiation and relationships of populations in the *Cycas balansae* complex

(Cycadaceae) and its conservation implications[J]. Annals of Botany, 97, 807-812.

Xiao S Y, Ji Y H, Liu J, et al, 2020. Genetic characterization of the entire range of *Cycas panzhihuaensis*(Cycadaceae)[J]. Plant Diversity, 42(1): 7-18.

Xie J, Jian S, Liu N, 2005. Genetic variation in the endemic plant *Cycas debaoensis* on the basis of ISSR analysis [J]. Australian journal of botany, 53(2): 141-145.

Yang S L, Meerow A W, 1996. The *Cycas pectinata*(Cycadaceae) complex: Genetic structure and gene flow[J]. International Journal of Plant Science, 157: 468-483.

Yang S Y, Wan S G, Tang Z F, et al, 1999. Restoration experiment of *Cycas panzhihuaensis* in Biology and conservation of cycads-Proceedings of the fourth international conference on cycad biology[M]. Beijing: International Academic Publishers: 364-367.

Yang Y, Li Y, Li L F, et al, 2008. Isolation and characterization of microsatellite markers for *Cycas debaoensis* (Cycadaceae)[J]. Molecular Ecology Resources, 8(4): 913-915.

Yang Y Y, Tang J M, Zou R, et al, 2023. The genetic diversity and genetic structure of the germplasm resources of the medicinal orchid plant *Habenaria dentata* [J]. Genes, 14(9): 1749.

Zhang H D, Zhong Y C, 1997. New Cycas from Guangxi[J]. Acta Scientiarum Naturalium Universitatis Sunyatseni, 36(3): 67-71.

Zhang H D, Zhong YC, Huang Y Y, et al, 1998. Additions to the Cycadaceous flora of China[J]. Acta Scientiarum Naturalium Universitatis Sunyatseni. 37(4): 6-8.

Zheng Y, Liu J, Gong X, 2016. Tectonic and climatic impacts on the biota within the Red River Fault, evidence from phylogeography of Cycas dolichophylla(Cycas daceae)[J]. Scientific Reports, 6(1): 33540.

Zheng Y, Liu J, Feng X Y, et al, 2017. The distribution, diversity, and conservation status of Cycas in China[J]. Ecology and Evolution, 7(9): 3212-3224.

Zhu F, 2019. Recent advances in modifications and applications of sago starch[J]. Food Hydrocolloids, 96(1): 412-423.

Zhu X L, Zou R, Qin H Z, et al, 2023. Genome-wide diversity evaluation and core germplasm extraction in ex situ conservation: A case of golden Camellia tunghinensis [J]. Evolutionary Applications, 16(9): 1519-1530.

附录Ⅰ　广西苏铁科植物育苗生产标准操作规程

1　主要内容和适用范围

本规程按制定了广西壮族自治区苏铁科植物育苗生产标准操作规程。用于指导和规范广西苏铁科植物规范化种植基地的苗木生产。本操作规程明确规定了广西苏铁科植物种子育苗和分蘖育苗的各个基本技术要求。本规程适用于广西苏铁科植物育苗的培育管理。

2　规范性引用文件

2.1　GB6001—1985　育苗技术规程
2.2　GB5084—1992　农田灌溉水质量标准
2.3　GB3095—1996　大气环境质量标准
2.4　GB4285—1995　土壤环境质量二级标准
2.5　GB4285—1989　农药安全使用标准

3　术语与定义

下列术语和定义适用于本标准。

3.1　实生苗

采用种子繁殖而成的苗木。

3.2　分蘖苗

采用苏铁母株的根基部和主干上的蘖芽繁殖而成的苗木。

4　生态环境要求

4.1　育苗基地应选择大气无污染的地区，空气环境质量达 GB3095—1996 的二级以上标准。

4.2　育苗基地的水源为不受到污染的雨水、地下水和地表水。水质按 GB5084—1992 的二级标准执行。

4.3　育苗基地土壤应为酸性赤红壤、黄红壤或石灰土上。土壤农残和重金属含量按

GB4285—1995 的二级标准执行。

5 种类

分布于广西的苏铁科苏铁属植物：德保苏铁、长叶苏铁、锈毛苏铁、贵州苏铁、叉孢苏铁、六籽苏铁、宽叶苏铁、叉叶苏铁。

6 育苗技术

6.1 繁殖方法

种子繁殖和分蘖扦插繁殖。

6.2 种子繁殖

6.2.1 授粉

6.2.1.1 方法

当雄花的大孢子叶展开时，选择晴朗天气期间，将花粉均匀抖落在雌花上，用毛刷轻轻拍动雌花，使得花粉掉落在珠孔上。每隔一天授粉一次，连续 3~4 次即可。

6.2.1.2 时间

5~6 月为最佳授粉期。雄花花粉成熟时，花序由淡黄色转为黄色，小孢子叶张开，花粉粒蓬松，抖动花序，花粉粒随即掉落，收集的方法是将一张报纸平铺在雄花旁，雄花微倾在报纸上，轻轻抖动，或用毛刷轻轻刷动小孢子叶，使花粉落在报纸上，随后收入瓶中待用。德保苏铁的雌雄花期有时候并不能同步，雌花可能晚几日绽放，可将花粉放入冷藏室储藏一段时间，待雌花开放时授粉。

6.2.2 采种

于 10~11 月果实成熟期当果实的外种皮由原来的绿色变成黄色或橘红色时进行采收。

6.2.2 种子处理

种子成熟采收后，摊放于通风阴凉的地方，除去杂质。采用含水量为 5%~6%的粗河沙层积保湿贮藏或低温储存。

6.2.3 苗床选择和整地

选择排灌方便、土壤疏松肥沃的酸性砂壤土或石灰土作苗床。育苗前 2~3 个月应整地深翻 30cm，平整细耙，除尽杂草杂物，施足施肥。基肥以有机肥为主。播前开沟起畦，畦宽 100cm，畦面高 20cm，畦长和方向视苗圃地方位而定。畦起好后，每亩采用多菌灵 2.5kg 进行消毒灭菌。

6.2.4 播种期

广西南部地区可即采即播，北部地区以 2~3 月播种为宜。

6.2.5 播种前处理和方法

播种前采用 1000mg/L GA3、50%多菌灵 800~1000 倍和 40%辛硫磷 1500 倍液混合浸种 24 小时，去除浮粒后即可播入苗床。播种方法为开沟点播，行距为 10cm，株距 5cm，覆土 3cm。播种时，种子种孔朝下。

6.2.6 搭设遮阴棚

冬季搭塑料薄膜小拱棚保温保湿，夜晚封闭小拱棚，白天在天气晴朗时开口通风透气。

6.2.7 苗木田间管理

6.2.7.1 淋水保湿

播种后畦面覆盖一层稻草，淋透水。在没有雨水情况下，采用喷洒方式每 7 天淋水一次。

6.2.7.2 松土除草

及时中耕除草。使其表面疏松，利于根向下扎。

6.2.7.3 装盆壮苗盘根

9~10 月，当苗床上的小苗第一叶或第二叶完全革质化后，开始装盆养护，育苗盆可选用口径 12~14cm、高 10~12cm 的塑料种植盆。装盆的目的：一是防止小苗根系过度扎入深处，后期移苗困难容易造成根部损伤。二是装盆后易于定量施肥，防止肥料流失，使小苗生长统一。三是装盆后容易搬运，且小苗根部能尽可能地盘在盆内，移栽或下地种植不易伤根，容易恢复长势。盆苗的摆放场地应是半阴不积水的通风环境，若摆放场地地面是泥土面，可先铺一层塑料地膜，将盆苗摆在地膜上，起到防止根部穿盆和预防杂草的作用。装盆后 1 周内遇到高温暴晒天气，应先拉起遮阴网，防止移苗后出现日灼叶片发白的现象。

6.2.7.4 盆苗水肥管理

装盆后每季度每盆放 10g 左右 15-15-15 控释复合肥，保证新叶营养，加快嫩叶革质化速度。放肥前可用小锄头先除草、松土后，再放入肥料覆盖。德保苏铁耐干旱忌积水，浇水原则上不干不浇，浇水必淋透。

6.2.7.5 病虫害防治

病虫害主要的曲纹紫灰蝶、介壳虫及叶枯病、根腐病。

曲纹紫灰蝶　灰蝶的危害从 4 月开始出现，直至 11 月，6~9 月较为严重，只危害嫩叶，叶片革质化后便不再危害。故盆苗抽叶时，每 5~7 天，需用 2%阿维菌素乳油 100~1500 倍液、4.5%高效氯氰菊酯乳油 1500~2000 倍液喷嫩叶，直至叶片完全革质化。

介壳虫　介壳虫通常在春秋两季危害，在叶柄基部或叶背吸食枝叶，造成叶片发黄。尽早发现，在低龄若虫未形成蜡质时期进行化学防治效果最佳。可选用药剂有 40%毒死蜱乳油 1000~1500 倍液，或 95%矿物油 100~300 倍液。

叶枯病　叶枯病是危害苏铁叶片的主要病害之一，属于真菌病害，感病初期叶片边缘出现黄白色斑点，随后斑点逐渐变大扩散，感病后期可使小叶成段枯死或整张枯死。化学防治要抓住发病初期，用 25%丙环唑乳油 1500 倍液或 50%多菌灵 800~1000 倍喷洒叶面。

根腐病　德保苏铁苗期根腐病多数情况下是由于栽培土不透气、水分过多或砂质太细造成。若发现有根部腐烂的情况，应清除原来的种植土，刮除腐烂部位，用高锰酸钾炭化后，换透气性良好的种植土混合生根粉，重新种植。

6.2.7.6　苗木出圃

苗木出圃包括起苗、苗木分级、包装和运输。苗木出圃时间以春季 2~3 月为宜。

6.3　分蘖育苗

6.3.1　材料选择和处理

苏铁蘖芽的萌生部位集中于茎基部和干部，适宜选择充实饱满的 3 年以上的或有 4、5 片叶子的蘖芽作为繁殖材料。

6.3.2　时间

从春季至秋季均可进行，以春季为好。

6.3.3　方法

当苏铁老株基部蘖芽长到 2 年以上、有鸭蛋大小时，便可将其切离母株，剪去叶片，置于阴凉处 5~7 天，待伤口处黏液干后，移栽入掺沙的培养土中，浇透水，以后控制浇水。栽好的蘖芽置于半阴处 40~50 天即可生根，同时长出叶子，待叶子较老后再移栽上盆。

6.3.4　催根

栽前可以涂草木灰、硫黄粉等处理伤口。之后将其栽种于沙中，基质深度约为蘖芽高度的一半，浇一遍水，以后就放在室内有光照的地方来养护。一般 2 个月左右新根就能萌发了，3~4 个月左右的时间就能抽生出 1~2 片新叶了。

6.3.5　移栽

等到新叶全部展开后，就可以将其移入培养土中进行管理了。培养土一般适宜用腐叶土、菌根土、河沙、钙镁磷肥按照 9∶4∶6∶1 的比例混合配制而成。

6.3.6　分蘖后的管理

浇水方面，做到“不干不浇，浇则浇透”即可，同时注意避免盆内积水。苏铁能耐瘠薄，对肥力的要求并不高。施肥方面，在苏铁幼苗时期可每隔约一个月施一次薄饼肥水，在其生长旺盛期，可以每隔大约 20 天交替施 0.3%的尿素液肥和 0.2%的磷酸二氢钾液肥，也可以进行根外追肥，用 0.1%的硫酸亚铁液肥即可。

6.3.6　病虫害防治

按 6.2.7.5 执行。

6.3.7　苗木出圃

苗木出圃时间以春季 2~3 月为宜。

附录Ⅱ　文中彩图

彩图 1　德保苏铁野生种群生境

彩图 2　六籽苏铁野生种群生境

彩图 3　锈毛苏铁野生种群生境

彩图 4　叉叶苏铁野生种群生境

彩图 5　叉孢苏铁野生种群生境

彩图 6　贵州苏铁野生种群生境

彩图 7　宽叶苏铁野生种群生境

彩图 8　长叶苏铁野生种群生境

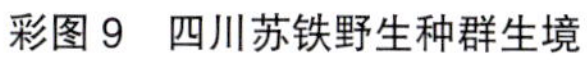

彩图 9　四川苏铁野生种群生境

彩图 10　台湾苏铁野生种群生境

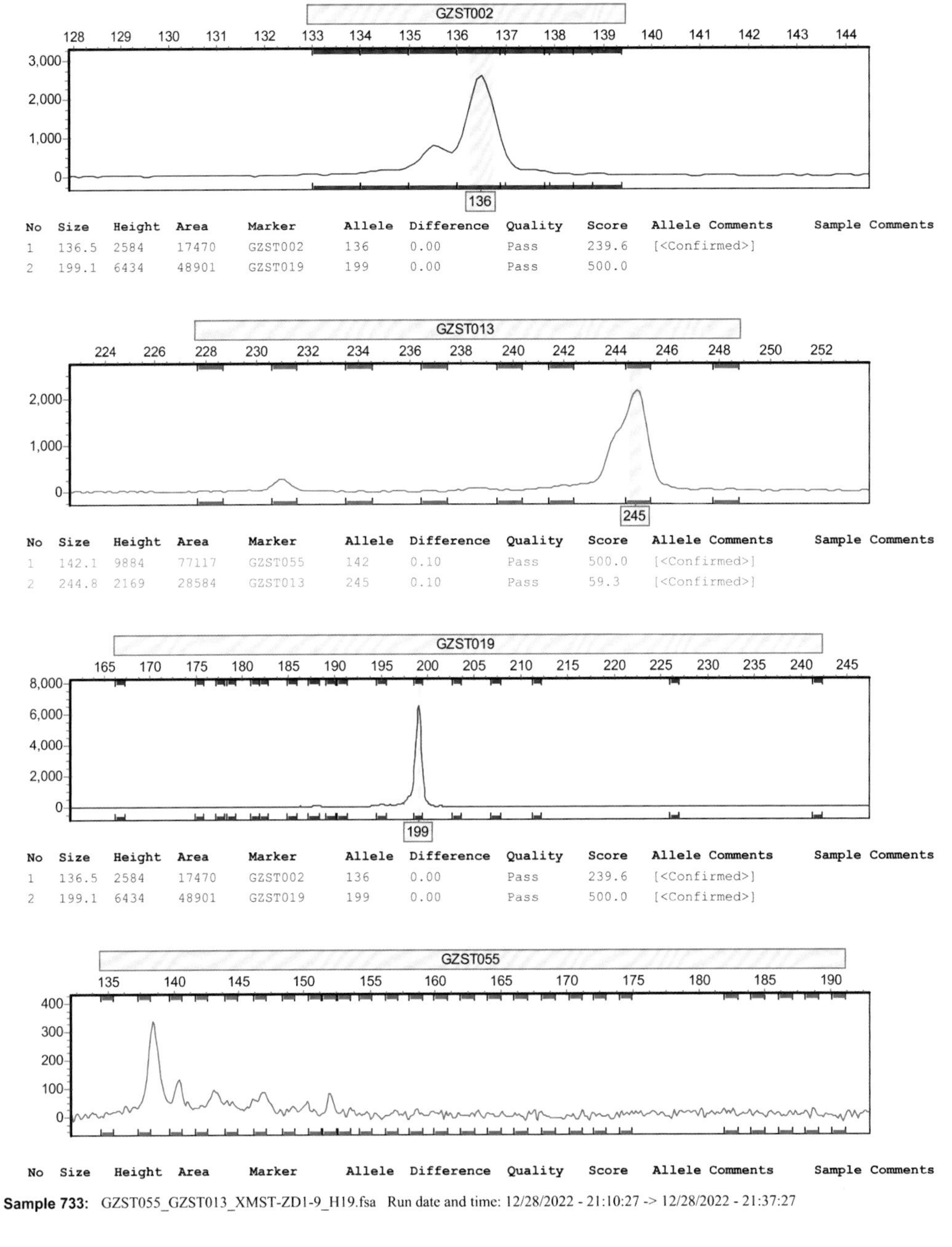

Sample 733: GZST055_GZST013_XMST-ZD1-9_H19.fsa Run date and time: 12/28/2022 - 21:10:27 -> 12/28/2022 - 21:37:27

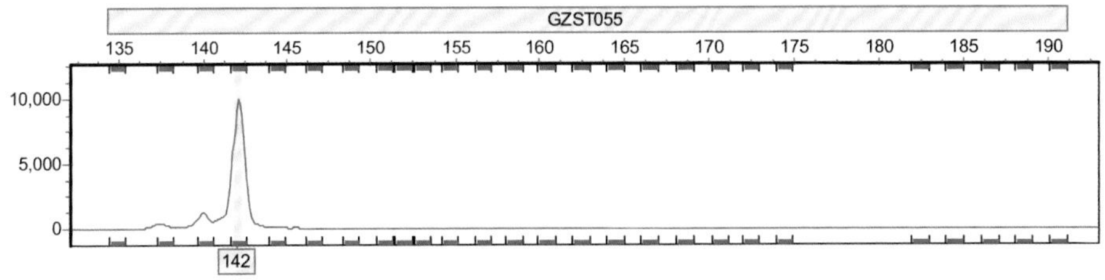

No	Size	Height	Area	Marker	Allele	Difference	Quality	Score	Allele Comments	Sample Comments
1	142.1	9884	77117	GZST055	142	0.10	Pass	500.0	[<Confirmed>]	

彩图 11　分型峰图

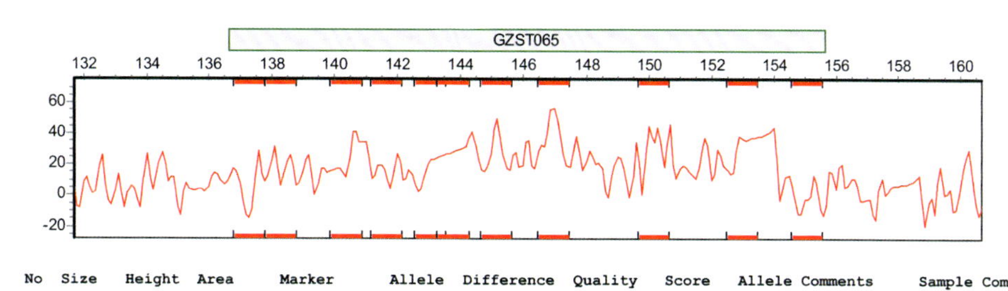

Sample 733: GZST002_GZST019_GZST065_XMST-ZD1-9_H19.fsa Run date and time: 12/28/2022 - 13:35:41 -> 12/28/2022 - 14:03:01

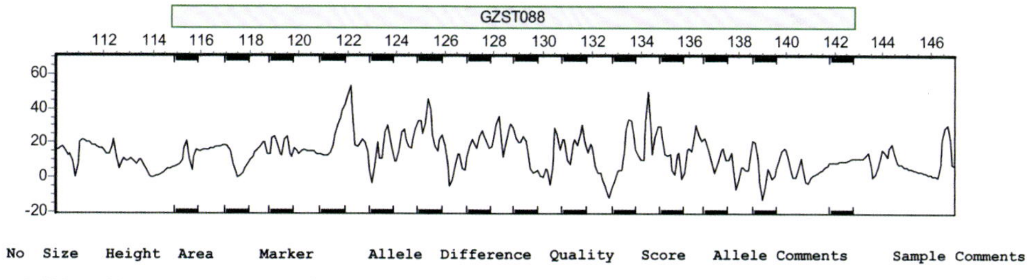

Sample 733: GZST088_XMST-ZD1-9_H19.fsa Run date and time: 12/29/2022 - 15:17:35 -> 12/29/2022 - 15:44:35

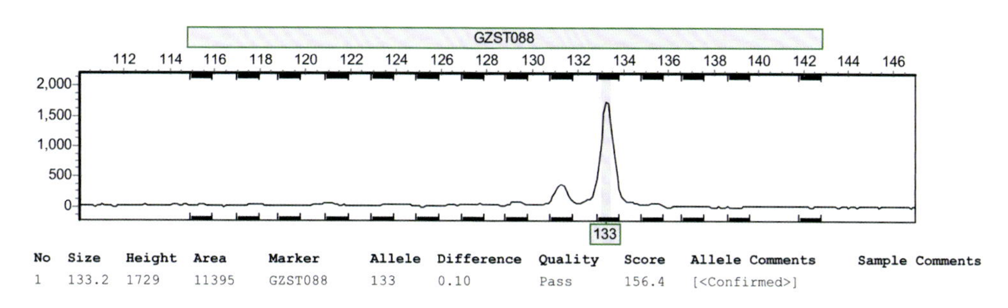

彩图 11 分型峰图（续）

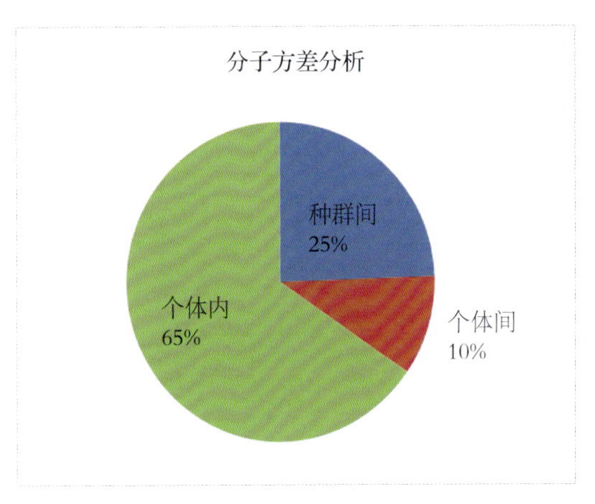

彩图 12　德保苏铁种群的分子方差分析

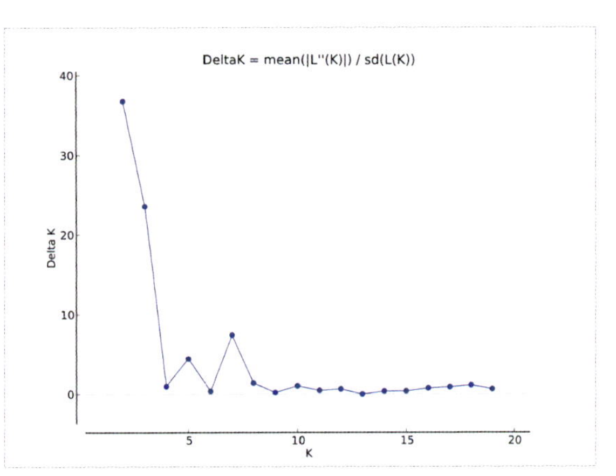

彩图 13　德保苏铁种群 K 值变动图

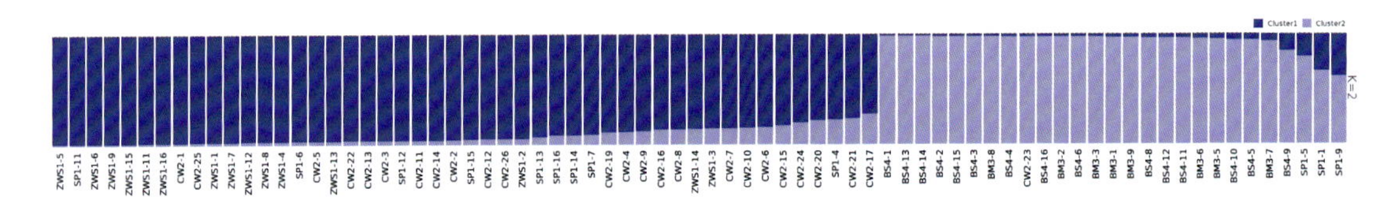

彩图 14　德保苏铁种群 K=2 时 75 个样品的 structure 结果

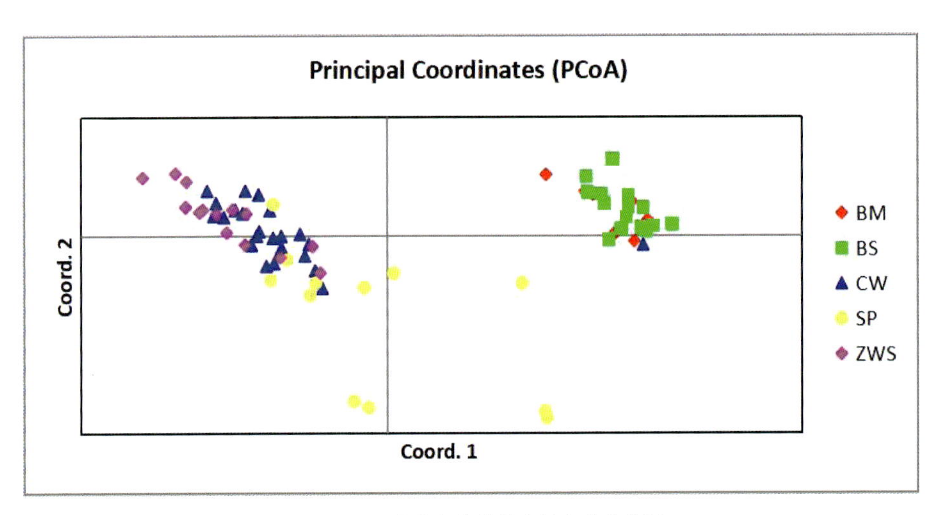

彩图 15　75 个德保苏铁样本的主成分分析

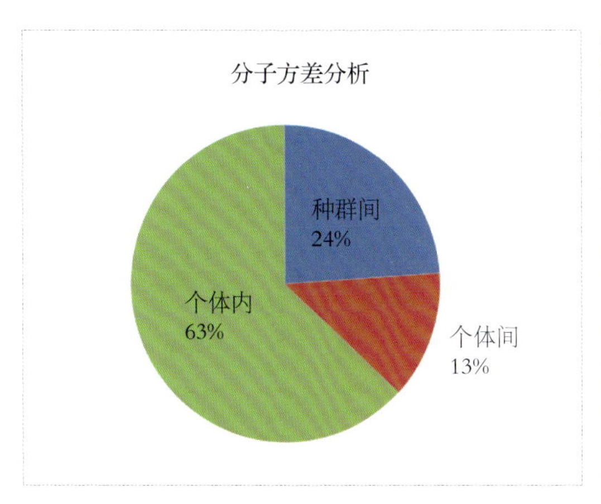

彩图 16 六籽苏铁种群的分子方差分析

DeltaK = mean(|L''(K)|) / sd(L(K))

Delta K

K

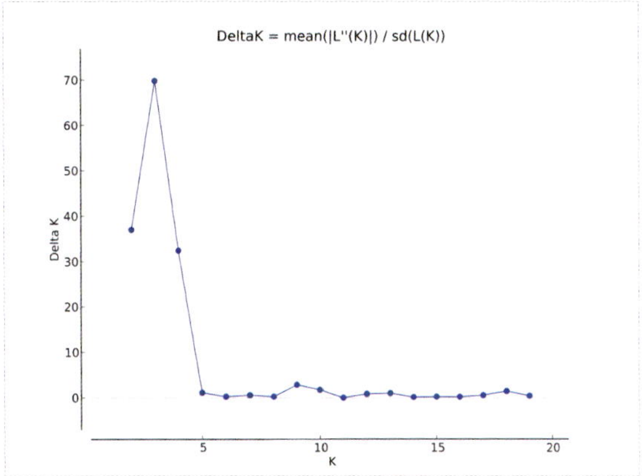

彩图 17 六籽苏铁种群 K 值变动图

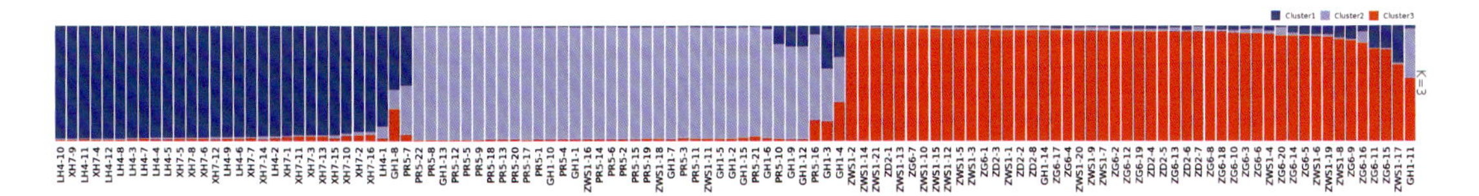

彩图 18 六籽苏铁种群 K=3 时 114 个样品的 structure 结果

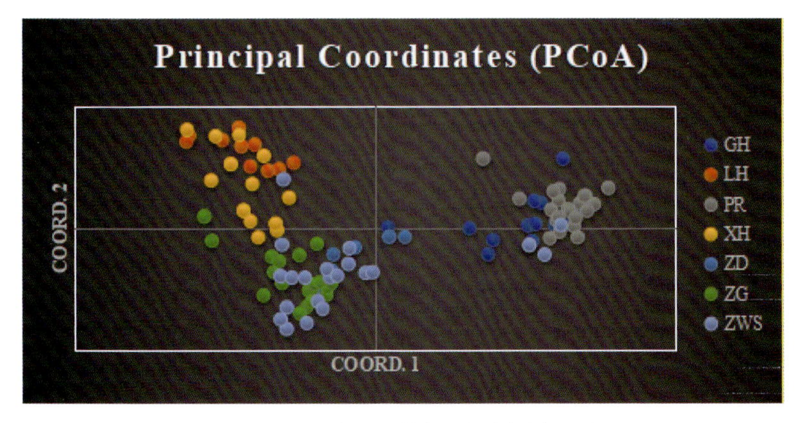

彩图 19 114 个六籽苏铁样本的主坐标分析

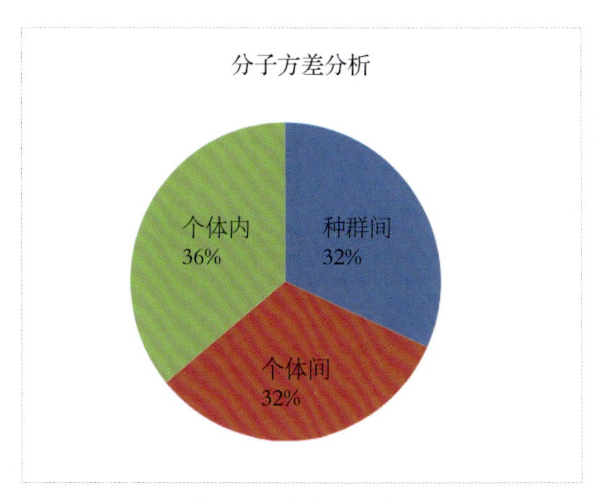

彩图 20 锈毛苏铁种群的分子方差分析（AMOVA）

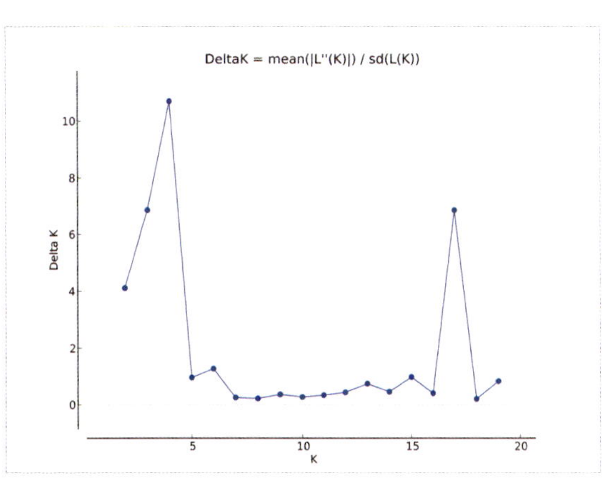

彩图 21 锈毛苏铁种群的 K 值变动图

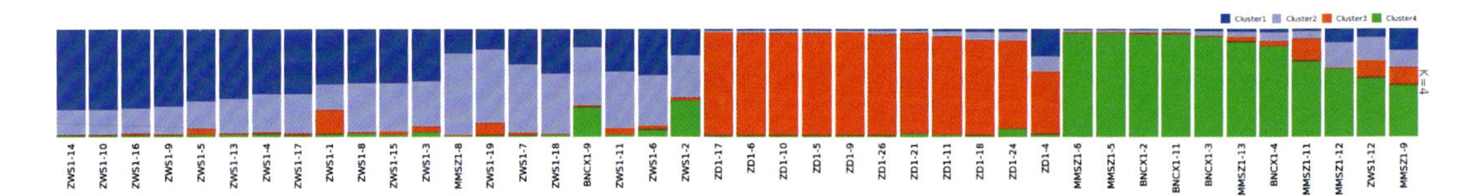

彩图 22　锈毛苏铁种群 K=4 时 42 个样品的 structure 结果

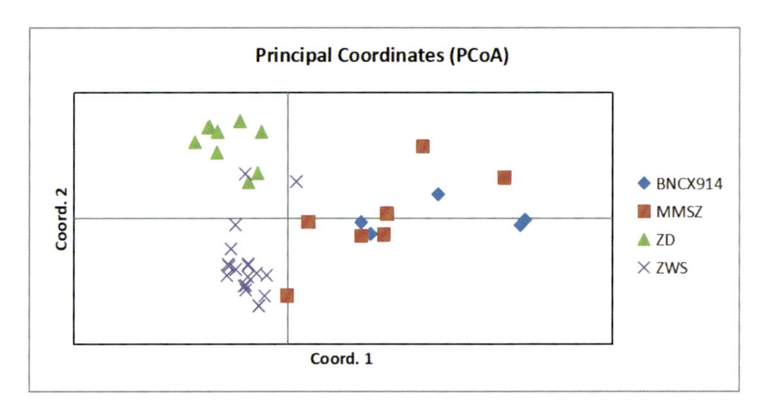

彩图 23　锈毛苏铁种群 42 个样本的主坐标分析

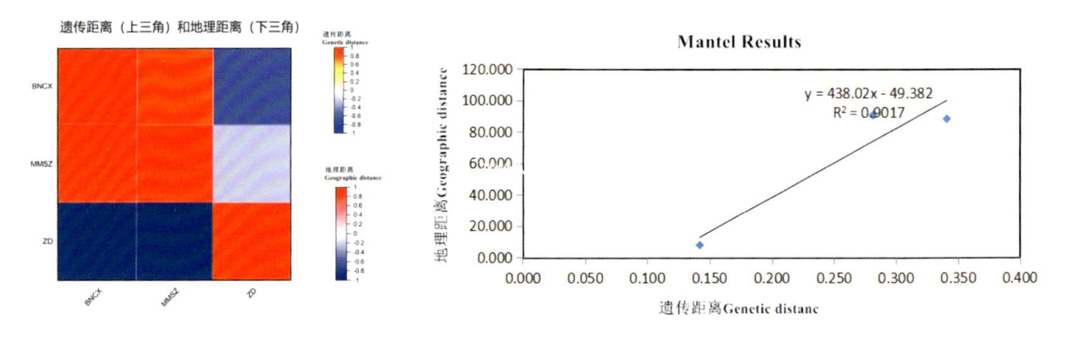

彩图 24　4 个锈毛苏铁种群遗传距离与地理距离的相关性分析

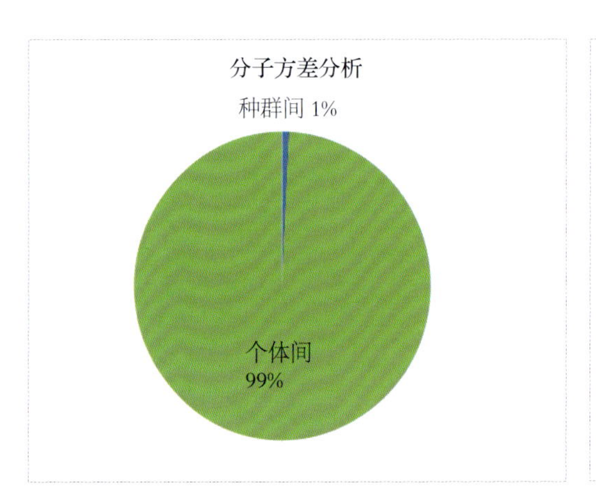

彩图 25　贵州苏铁种群的分子方差分析（AMOVA）

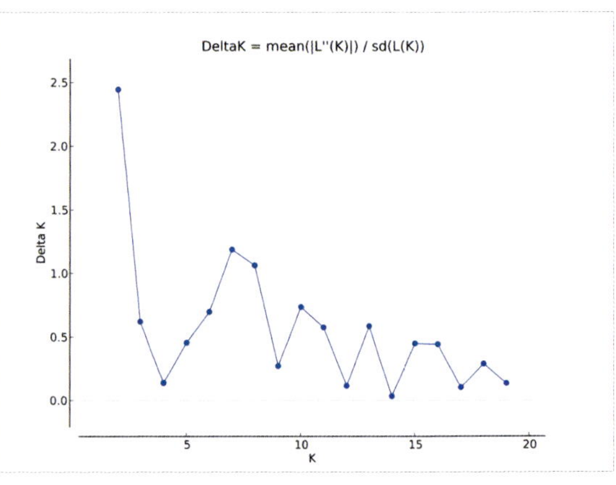

彩图 26　贵州苏铁种群的 K 值变动图

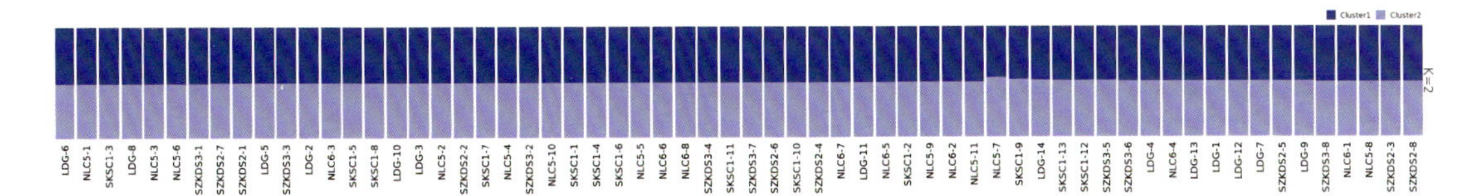

彩图 27 贵州苏铁种群 K=2 时 62 个样品的 structure 结果

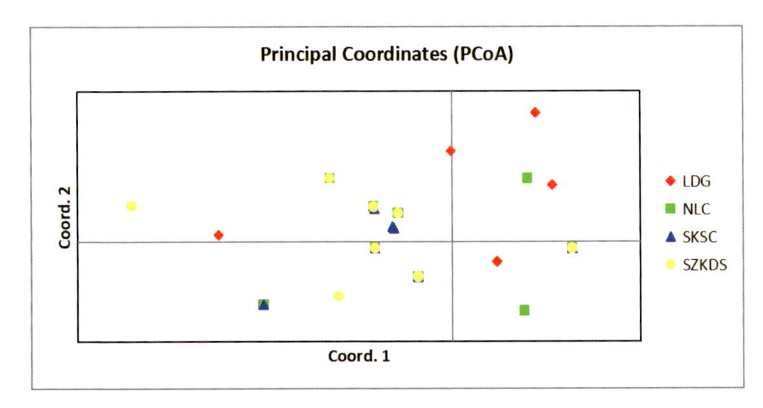

彩图 28 贵州苏铁种群的主成分分析（PCoA）

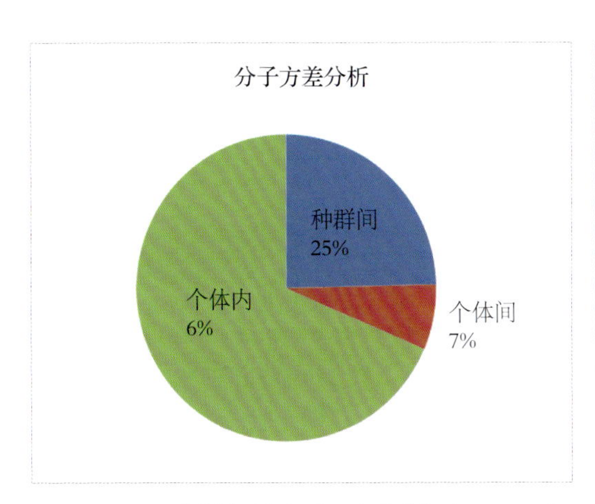

彩图 29 叉叶苏铁群体间分子方差分析（AMOVA）

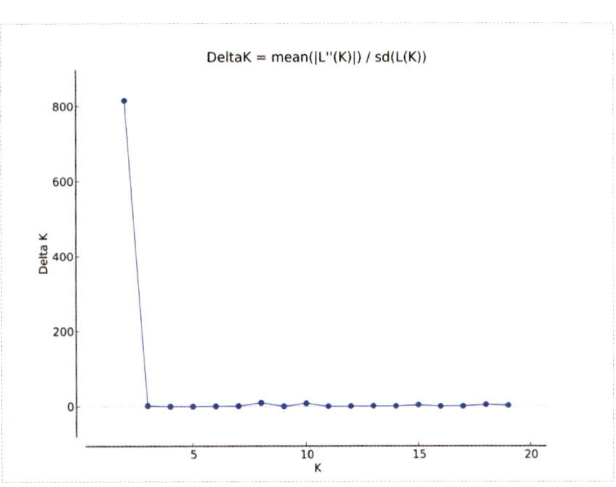

彩图 30 叉叶苏铁群体最佳类群数（K）变化趋势

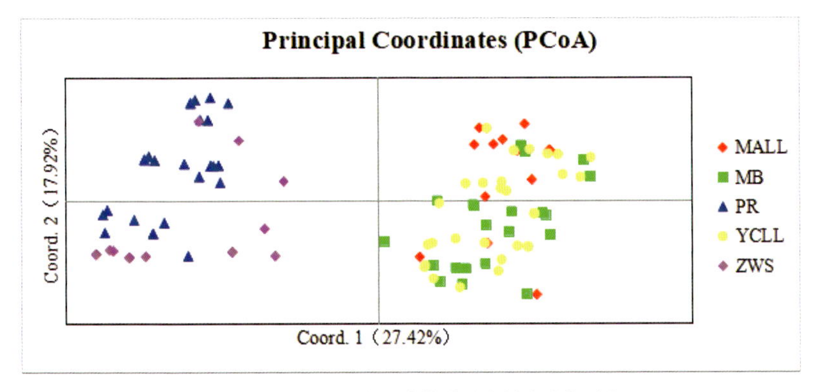

彩图 31 109 个叉叶苏铁样本的主坐标分析

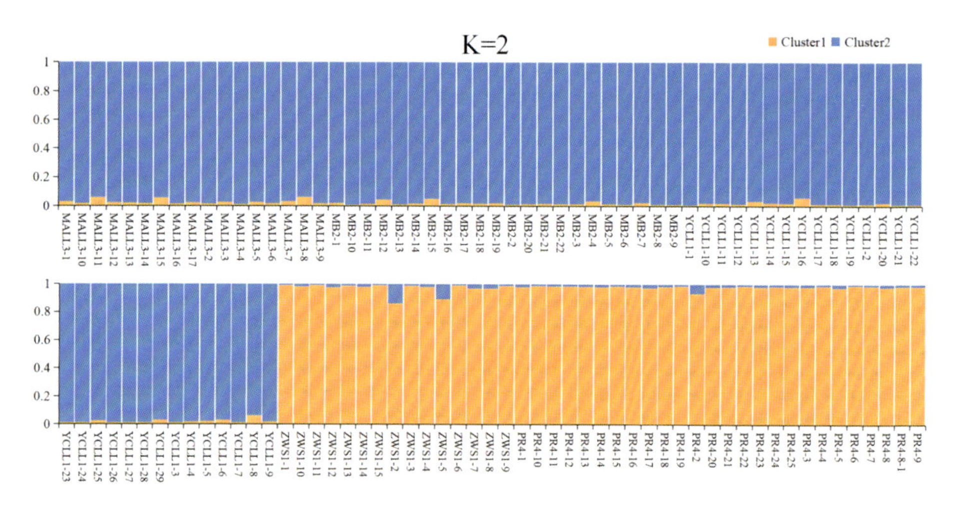

彩图 32　叉叶苏铁的 Structure 结果（K=2）

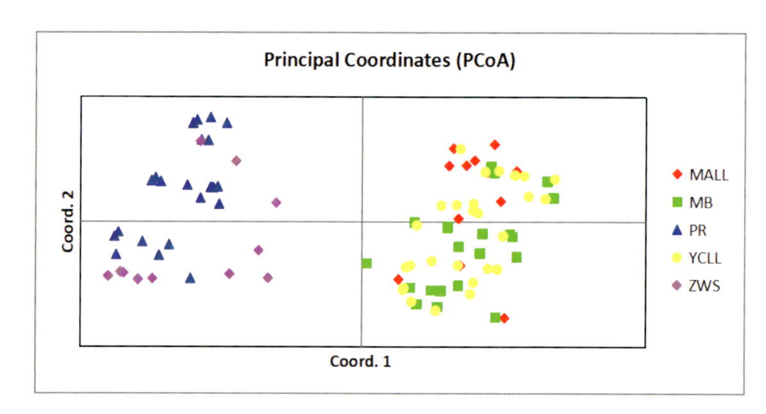

彩图 34　42 个长叶苏铁样本的主坐标分析

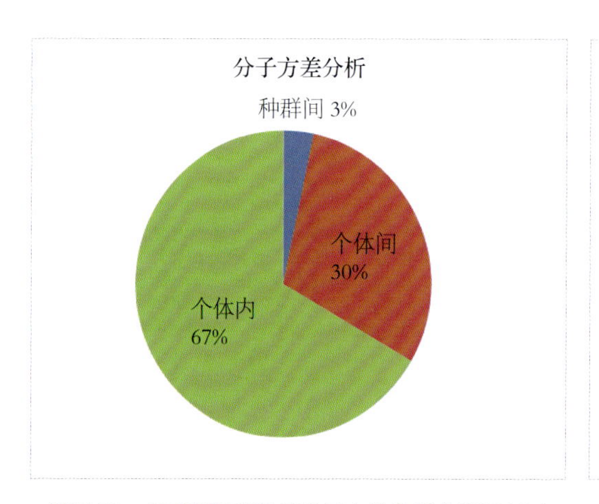

彩图 33　长叶苏铁群体间分子方差分析（AMOVA）

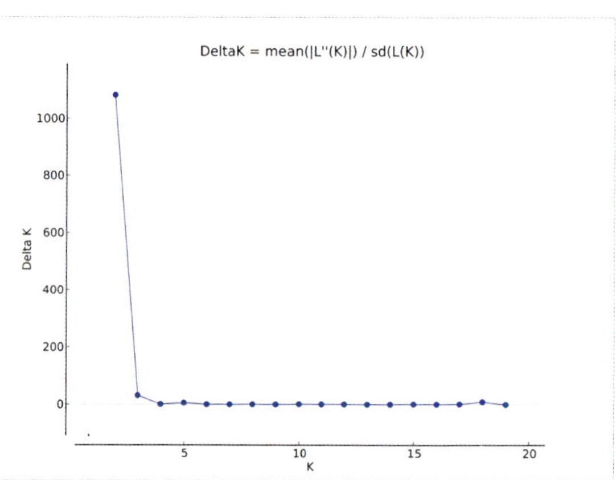

彩图 36　叉孢苏铁种群最佳类群数 ΔK

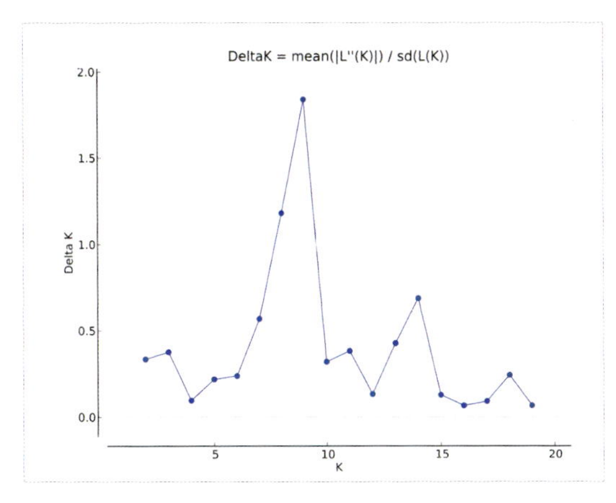

彩图 35-1 长叶苏铁种群最佳类群数（K）变化趋势

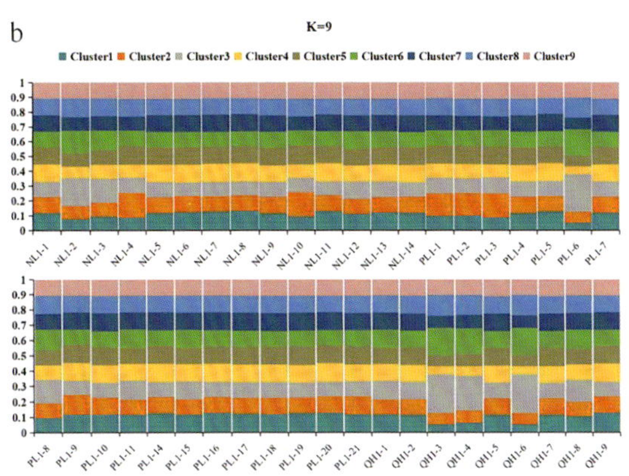

彩图 35-2 42 个长叶苏铁样品的 structure 结果

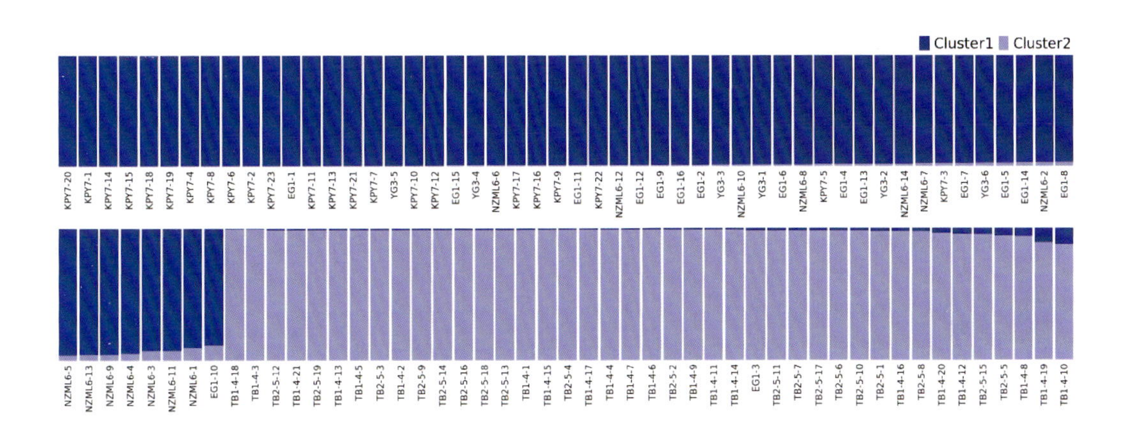

彩图 37 叉孢苏铁种群 K=2 时样品的 structure 结果

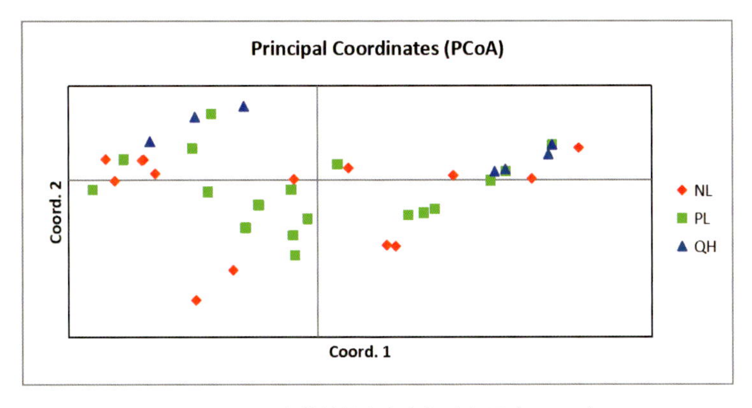

彩图 39 叉孢苏铁样本主坐标分析图（PCoA）

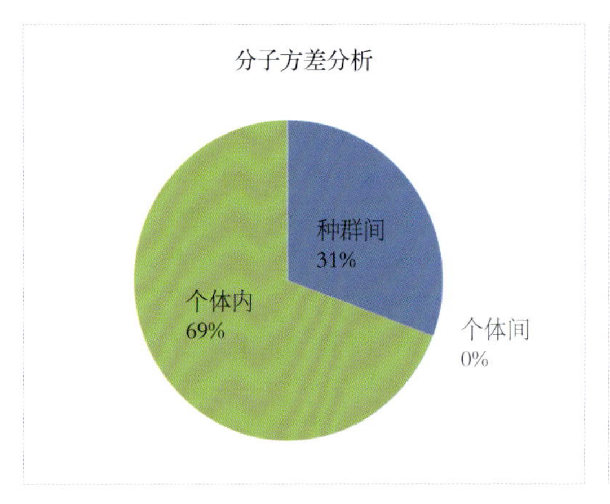

彩图 38　叉孢苏铁群体分子方差分析（AMOVA）

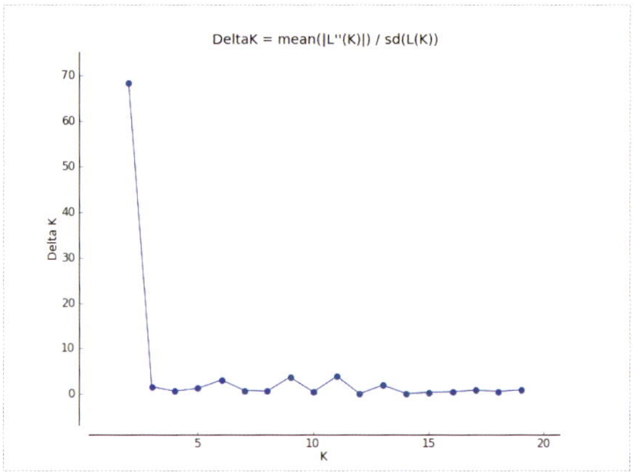

彩图 40　宽叶苏铁种群的 K 值变动图

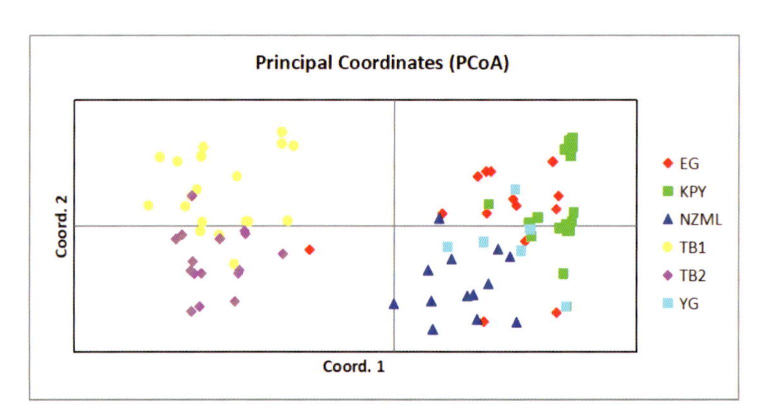

彩图 39　叉孢苏铁样本主坐标分析图（PCoA）

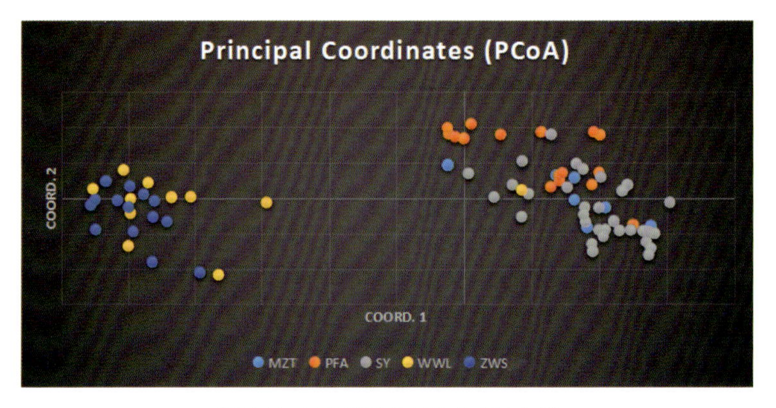

彩图 41　宽叶苏铁种群的主坐标分析

①液氮保存花粉后人工授粉；②新鲜花粉人工授粉；③无纺布掩盖排除风和昆虫传粉

彩图 42　液氮保存后的花粉与新鲜花粉人工授粉的结实情况

A. 排除虫媒传粉允许风媒传粉；B. 排除风媒传粉允许昆虫进入传粉；C. 自然授粉；D. 排除风媒和虫媒传粉

彩图 43　排除法实验示意图

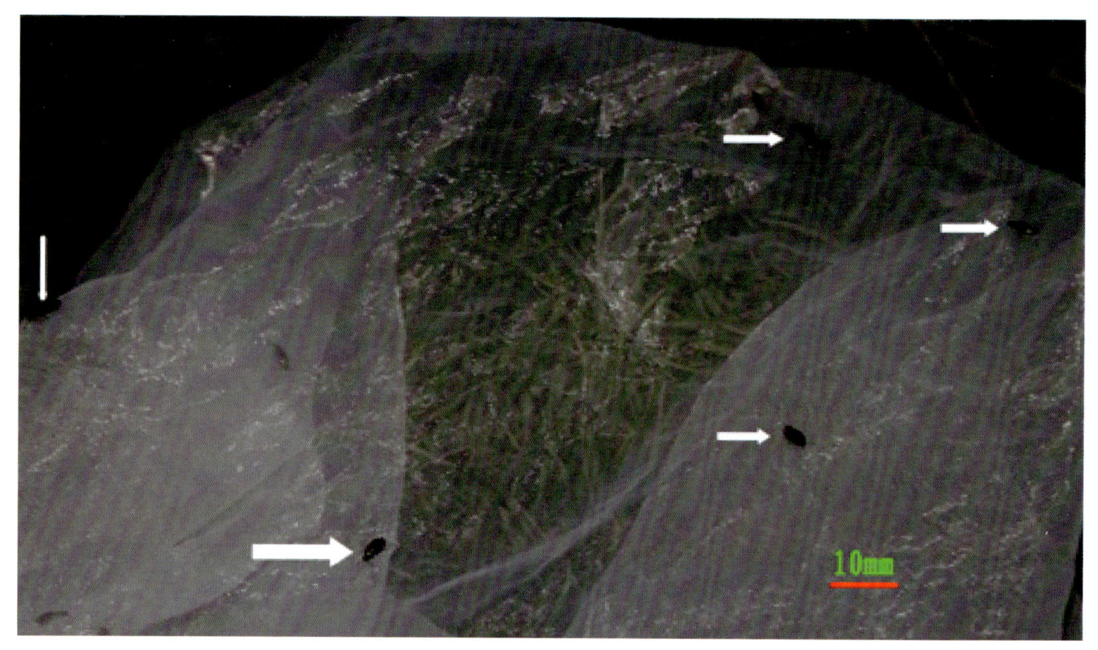

彩图 44　观察并统计访花昆虫数量（箭头所示为传粉甲虫）

彩图 45　德保苏铁雄球花发育过程

彩图 46　德保苏铁雌球花发育过程

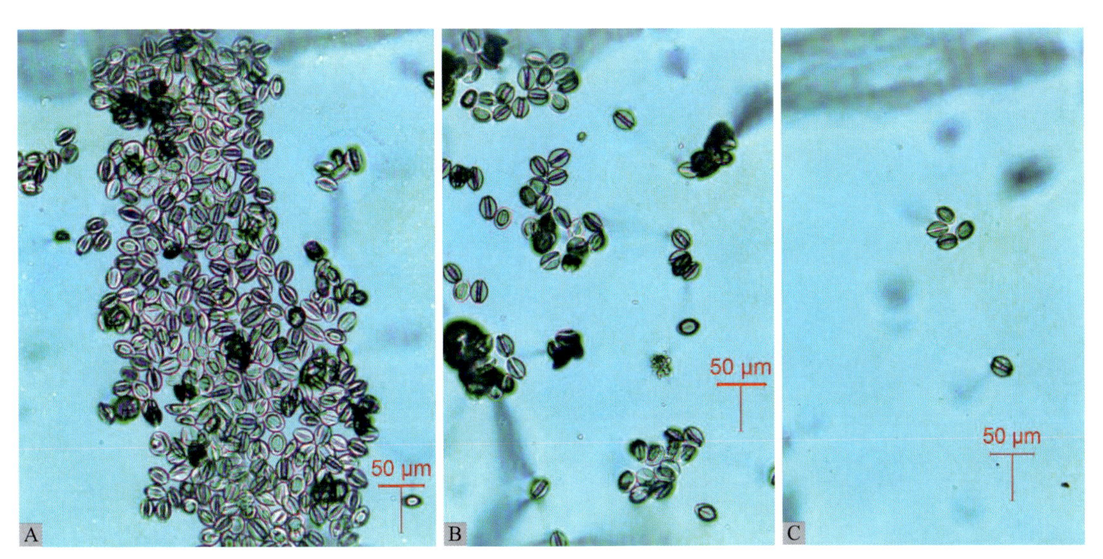

A：距离雄球花 0.3m 处收集到的花粉，B：距离雄球花 0.6m 处收集到的花粉，C：距离雄球花 1.2m 处收集到的花粉

彩图 47 载玻片收集到的风媒传播的花粉

(A) 大量大蕈甲科甲虫在散粉期的雄球花上啃食小孢子叶叶肉组织。(B) 雌球花授粉期，徘徊于胚珠附近的甲虫（箭头所示）。(C) 甲虫背视图。(D) 散粉期结束时，雄球花中轴含有大量甲虫的幼虫（箭头所示）。(E) 土中的传粉甲虫的幼虫和蛹（箭头所示），(F) 荧光染料颗粒（箭头所示）显示传粉甲虫的踪迹。图中标尺 =5mm

彩图 48

A1~A3 为德保苏铁授粉期间雌球花上发现的甲虫背面观及虫体上所携带的花粉；B1~B5 为德保苏铁散粉期间雄球花上发现的甲虫腹面观及虫体上所携带的花粉。A1、B1 比例尺 =2mm，其他图的比例尺 =50μm。

彩图 49　球花上的甲虫（大蕈甲科）及其携带的花粉

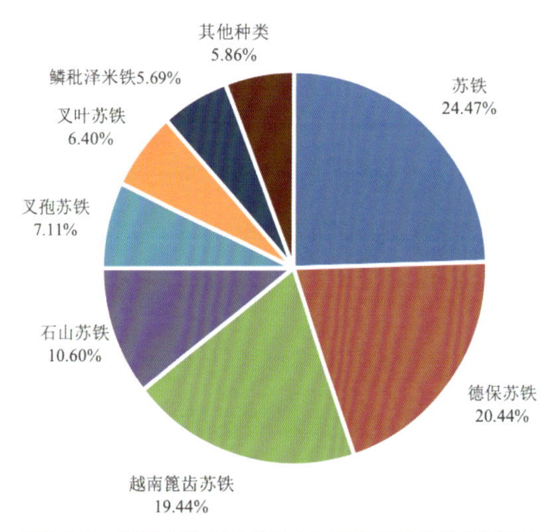

彩图 50　青秀山核心展示区主要苏铁类植物种类数量占比

彩图 52　曲纹紫灰蝶危害症状

A. 成虫 Adult；B. 卵 Eggs；C. 蛹 Pupa；D. 幼虫 Larvae

彩图 51 曲纹紫灰蝶各虫态

彩图 53 苏铁白轮盾蚧（左♂，右♀）

彩图 54　苏铁白轮盾蚧的危害症状

彩图 55　苏铁炭疽病的症状

彩图 56　苏铁叶枯病的症状

彩图 57 苏铁斑点病的症状

彩图 58 苏铁斑点病的症状

彩图 59 苏铁类植物根腐症状

彩图 60　苏铁类植物茎干腐烂症状

彩图 61　苏铁类植物皮层腐烂症状

彩图 62　苏铁类植物球花畸形

野外调查图片

唐健民博士开展苏铁野外资源调查

韦霄研究员、唐健民副研究员和邹蓉副研究员
开展苏铁野外资源调查

李德祥高级工程师和杨泉光副高级工程师
开展苏铁资源野外调查

韦霄研究员、邹蓉副研究员和陈泰国硕士
开展苏铁资源野外调查

李德祥高级工程师、杨泉光副高级工程师和
许恬工程师开展苏铁资源野外调查

邹蓉副研究员和陈泰国硕士研究生
开展贵州苏铁资源野外调查

唐健民副研究员开展
锈毛苏铁野外资源调查

唐健民副研究员和陈泰国硕士研究生
开展长叶苏铁野外资源调查

邹蓉副研究员开展叉孢苏铁野外资源调查

邹蓉副研究员开展
宽叶苏铁野外资源调查

专家咨询和指导

著名苏铁专家韦发南研究员和韦霄研究员探讨苏铁保护栽培工作

南宁植物园苏铁植物研究组赴云南黄连山国家级自然保护区开展苏铁资源野外调查

著名苏铁专家韦发南研究员指导苏铁杂交育种

南宁植物园苏铁植物研究组赴云南石洞村（苏铁村）调研人工栽培情况

桂林植物园迁地保护

桂林植物园苏铁科植物迁地保护专类园一角

广西苏铁种质资源基地

南宁植物园青秀山苏铁园(即广西苏铁种质资源保护基地)

南宁植物园青秀山苏铁园——1370 年树龄“苏铁王”

南宁植物园青秀山苏铁园——种质资源圃

南宁植物园青秀山苏铁园——种质资源圃（篦齿苏铁古树群）

南宁植物园青秀山苏铁园——苏铁会客厅（种质资源圃景点之一）

南宁植物园青秀山苏铁园——引种观察圃

南宁植物园青秀山苏铁园——仿生境栽培圃

南宁植物园青秀山苏铁科植物迁地保护专类园一角

南宁和桂林植物园种苗繁育保护区

南宁植物园青秀山苏铁园——引种观察圃

南宁植物园青秀山苏铁园——种质开发圃播种区

南宁植物园青秀山苏铁园——种质开发圃

桂林植物园苏铁种苗繁殖区

南宁植物园青秀山苏铁园——年龄梯度区
（由历年人工播种繁育苗组成）

南宁植物园青秀山苏铁园——种质开发圃
（罚没苏铁保育区）

南宁植物园青秀山苏铁园——种质开发圃（人工繁育苗木摆苗区）

德保苏铁回归

德保苏铁石山生境野外回归定植现场

苏铁罚没展示区

南宁植物园青秀山苏铁园——执法罚没苏铁展示区

10种苏铁植物介绍

德保苏铁

锈毛苏铁

叉叶苏铁

叉孢苏铁

贵州苏铁

宽叶苏铁

长叶苏铁

台湾苏铁

四川苏铁

石山苏铁